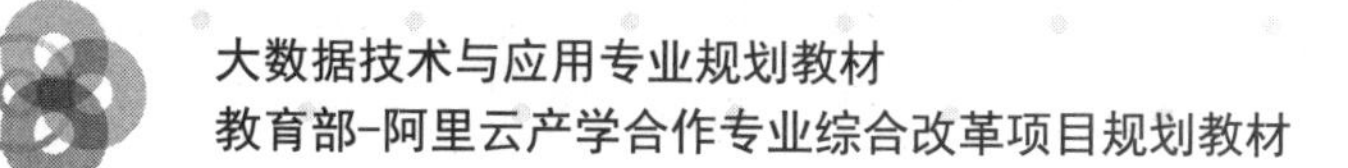

大数据技术与应用专业规划教材

教育部-阿里云产学合作专业综合改革项目规划教材

大数据挖掘与应用

◎ 王振武 编著

清华大学出版社

北京

内 容 简 介

本书对大数据挖掘与应用的基本算法进行了系统的介绍，每种算法不仅包括对算法基本原理的介绍，而且配有大量的例题以及基于阿里云数加平台的演示，这种理论与实践相结合的方式极大地方便了读者对抽象的数据挖掘算法的理解和掌握。

本书共17章，内容覆盖了数据预处理、关联规则挖掘算法、分类算法和聚类算法及常见的数据挖掘应用，具体章节包括大数据简介、数据预处理技术、关联规则挖掘、逻辑回归方法、KNN算法、朴素贝叶斯分类算法、随机森林分类算法、支持向量机、人工神经网络算法、决策树分类算法、K-means聚类算法、K-中心点聚类算法、自组织神经网络聚类算法、DBSCAN聚类算法以及社交网络分析方法及应用、文本分析方法及应用和推荐系统方法及应用等内容。

本书可作为高等院校数据挖掘课程的教材，也可作为从事数据挖掘工作及其他相关工程技术工作的人员的参考书。

图书在版编目(CIP)数据

大数据挖掘与应用/王振武编著. —北京：清华大学出版社，2017（2019.1重印）
（大数据技术与应用专业规划教材）
ISBN 978-7-302-46043-5

Ⅰ. ①大… Ⅱ. ①王… Ⅲ. ①数据采集－高等教育－教材 Ⅳ. ①TP274

中国版本图书馆CIP数据核字(2016)第315830号

责任编辑：刘 星 王冰飞
封面设计：刘 键
责任校对：梁 毅
责任印制：刘祎淼

出版发行：清华大学出版社
网 址：http://www.tup.com.cn，http://www.wqbook.com
地 址：北京清华大学学研大厦A座 **邮 编**：100084
社 总 机：010-62770175 **邮 购**：010-62786544
投稿与读者服务：010-62776969，c-service@tup.tsinghua.edu.cn
质量反馈：010-62772015，zhiliang@tup.tsinghua.edu.cn
课件下载：http://www.tup.com.cn，010-62795954
印 装 者：三河市龙大印装有限公司
经 销：全国新华书店
开 本：185mm×260mm **印 张**：24.25 **插 页**：1 **字 数**：588千字
版 次：2017年6月第1版 **印 次**：2019年1月第5次印刷
印 数：3801～4600
定 价：49.50元

产品编号：072070-01

序言 1

DT 时代的数据思维与智能思维

本套云计算大数据丛书出版正值信息科技领域进入新一轮巨变，中国经济面临转型机遇的特殊时期。全球信息科技行业伴随着云计算、大数据、物联网、人工智能的发展即将进入一个泛智能的时代，云计算成为数字经济的基础设施；数据驱动、泛在智能成为各行各业转型升级的基础，不仅传统的 IT 从业人员面临能力升级，大多数在校大学生也面临新一轮知识体系的更新，各个垂直行业面临新一轮的人才升级。新一代人才教育与培训，需要一套产学一体的培训课程体系，这是阿里云愿意投身云计算大数据网络安全人才培养体系的时代背景。云计算、大数据、网络安全不仅关乎网络强国的大使命，也逐步成为各行各业专业人才的"元学科"，会逐步成为高等与职业教育的通识课程，一些发达国家已经在中小学立法普及编程课，已经开始指向这个趋势。"懂云计算，有数据思维，理解智能化"，未来可能是每一个工程技术人员与专业人士的必要素质。

2016 年开始，全球信息科技进入一个新的加速爆发周期，可能发生的大概率事件是：二十年之内，有一半的人类知识工作者会被人工智能替代，有服务能力的机器人会诞生，全世界的产业工人会少于机器人；虚拟现实和增强现实会替代今天的智能手机，变成一个新的入口；各行各业都会需要基于物联网的智能化，"中国制造"会成为广泛意义的"中国智造"。

新一轮科技带来了生活方式的变革，生产方式的变革，还有学习方式的变革，这几个趋势的背后，是云计算作为一种普惠科技的基础设施，大数据成为新能源，智能化成为一种新常识。

2016 年，全世界的短视频总量增长了 6 倍，直播业务在中国增长了 10 倍，远在偏远小镇的青年可以通过直播做电子商务，转化率可以提升十倍以上。当一个技术的使用成本趋近于零的时候，会带来广泛的社会效应。十年以前的直播只有电视台能做，需要专门的摄像机等设备，而今天的直播只需要一个手机，而且是多对多带互动的。无论是短视频，还是直播，背后都有云计算作为普惠科技的支撑作用，由此带来的，所有与知识传播有关的教育，包括整个内容行业，都会被它改变，随着大数据和人工智能的加入，人类学习的方式交互性会更强，"学习系统"会根据不同人的理解程度做个性化的推荐与辅导。

这意味着知识生产与知识传播方式的根本性转变，这个恰恰是云计算、人工智能等科技与各行各业产生化学反应的交叉点，数据是这个转变的新能源。

在 2016 年 10 月，阿里云和法院系统合作，发布了一个面向法律服务的智能应用"法小淘”，通过把数千万份法律判例文本化，“法小淘”智能应用可以为普通老百姓以及初级律师提供“打官司”的咨询服务，根据用户输入的案件信息给出建议，包括推荐合适的律师。貌似与科技远离的法律服务也用上了人工智能，这是垂直行业泛智能化的一个小例子。

中国制造进入智能时代

在工业界，阿里云跟中石化合作，协助他们做了企业的电商平台；与徐工合作，推动工厂基于工业云的智能化；与上汽合作，推出具有智能服务的互联网汽车，都收到积极的市场反馈。中国制造，面临智能化的产业机遇，借助互联网人口和产业布局两大优势成为未来的第一个智能产品制造国。

在接下来的几年，互联网＋智能制造的叠加会在很多个垂直领域出现，数据智能与制造业结合，产生“跨界重混”的效果，甚至制造业就不是以制造为主，而是以服务化为主。这个巨大的重构背后依赖云和大数据。也因为这个需求，我们可预见到工业企业对云计算大数据人才的需求会越来越强烈。

“创业化生存”与共享经济的兴起

创业化，会成为一种常态，越来越多的年轻人开始告别公司，兴起中的数字经济体，都是基于云平台的网络化协作组织；云计算成为共享经济的超级容器，催生新一代创业者和“斜杠青年”。十年以后，或许一半以上的从业者都是“斜杠青年”，今天美国就有数千万人是跨工作、跨公司的“斜杠青年”。

过去十年，云计算使得创业公司的创业门槛降低了 10 倍，没有云计算，Airbnb、NetFlix、推特、Uber 等公司不可能这么快成长壮大，新一代创业者的一个核心能力就是要懂技术，理解数据和算法的价值，缺少技术理解力的创业者将面临更大的同质化压力。一句话，无论是草根创业，还是做一个“斜杠青年”，必要的数据思维是生存本能。

创业化和共享经济的崛起，有赖于云计算作为基础设施，大数据作为新能源的全新范式，新一代创业公司需要大量的科技人才。

在未来的经济环境里，普惠云科技的基础设施化、制造的智能化、软件的泛化以及数据无处不在，是一个大趋势，并且不断向各行各业渗透。本套丛书就是希望在这个普惠科技与各行各业深度融合的时代为下一代科技人才的培养提供更多产业界的经验与实践。

感谢清华大学出版社出版本套云计算与大数据方面的系列教材。感谢各位高校老师的辛苦努力和用心付出，使得本系列教材能够付梓出版。

——阿里云业务总经理　刘松

序言 2

近年来，随着移动互联网、物联网以及云计算的迅猛发展，大数据成为了世界各地学术界、产业界以及政府部门的关注热点。早在 2009 年，联合国就启动了“全球脉动计划”，拟通过大数据推动落后地区的发展，2012 年，美国政府提出“大数据研究和发展倡议”，发起了全球开放政府数据的运动，2015 年，中国政府也通过了“促进大数据发展行动纲要”；在学术界，美国麻省理工大学计算机科学与人工智能实验室建立了大数据科学技术中心（ISTC），英国牛津大学成立了首个综合运用大数据的医药卫生科研中心；在产业界，IBM、Microsoft、阿里巴巴等都提出了各自的大数据解决方案或应用。

在对大数据的研究和应用过程中，数据挖掘始终占据着核心位置。与传统的数据相比，大数据的特征可以总结为 5 个 V，即体量大（Volume）、速度快（Velocity）、模态多（Variety）、难辨识（Veracity）和价值大（Value），这些特征给数据挖掘工作带来了新的挑战。

本教材以数据挖掘的研究任务为主线，系统介绍了常见的各类算法及应用。在介绍过程中，本书不仅通过深入浅出的例题讲解、完整规范的源程序实现展示了众多算法的原理，而且基于阿里云数加平台，给出了算法平台级的实现及应用，以便读者更深入地理解大数据挖掘的原理及应用。

相信此书可以帮助读者学习和掌握大数据挖掘的常用算法，更好地理解大数据挖掘的应用场景，进而推动大数据在更加广泛范围内的应用。

——中国矿业大学（北京）机电与信息工程学院院长　钱旭

前言

大数据泛指大规模、超大规模数据集，因可从中挖掘出有价值的信息而备受关注。数据挖掘是一个涉及数据库技术、人工智能、统计学、机器学习等多个学科的领域，并且已经在各行各业有着非常广泛的应用。为适应我国数据挖掘的教学工作，笔者在数据挖掘教学实践的基础上，参阅了多种国内外最新版本的教材，编写了本书。本书可以作为高等院校研究生的教材，也可以为相关行业的工程技术人员提供有益的参考。

本书是教育部阿里云产学合作项目，在内容安排上循序渐进，对大数据挖掘的基本算法进行详细的讲解。本书的最大特点是理论与实践相结合，算法理论与产业一线实践相结合，全书几乎所有的算法都配有实例和基于阿里云数加平台的演示。这种理论与实践相结合的方法克服了重理论、轻实践的内容组织方式，极大地方便了读者的理解。具体而言，本书17章内容之间的关系如下图所示。

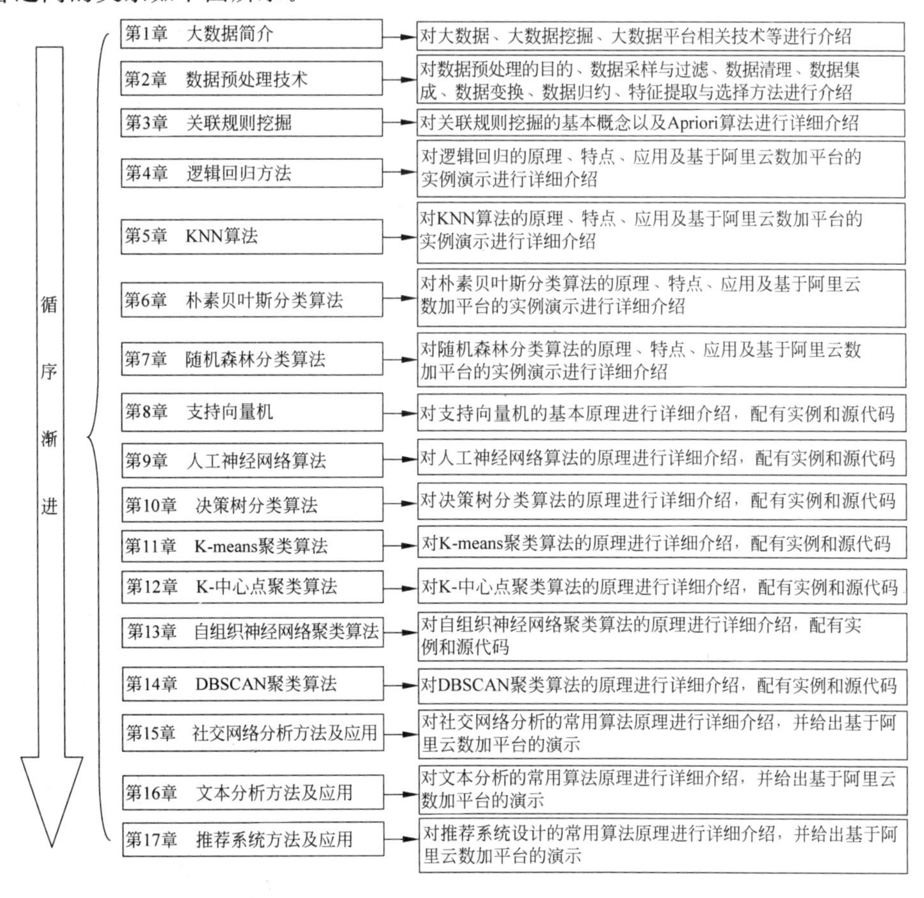

本书提供教学课件，读者可从 www.tup.com.cn 网站自行下载。由于编者水平有限，本书必定存在不妥和不足之处，恳请专家和读者批评指正。

编　者

2017 年 3 月

目　录

第一篇　基　础　篇

第二篇 技 术 篇

第三篇 综合应用篇

第一篇
基础篇

[illegible]数千万份法律判例文本化，"法小淘"智能应用可以为普通老百姓以及初级律师[illegible]的咨询服务，根据用户输入的案件信息给出建议，包括推荐合适的律师。[illegible]技术的法律服务也用上了人工智能，这是[illegible]智能化的一个小例子。

中国制造进入智能时代

在产业界，阿里云跟[illegible]合作，[illegible]企业的[illegible]，与[illegible]合作，推动了[illegible]的智能化；与[illegible]汽合作，推出具有智能[illegible]的[illegible]，[illegible]的市场[illegible]中国制造，面临智能化的产业机遇，[illegible]大优势成为未来的[illegible]制造时代。

[illegible]的几年，互联网+智能制造[illegible]

[illegible]

[illegible]的经济环境中，[illegible]趋势，并且不断向各行各业渗透。[illegible]

[illegible]融合的时代大[illegible]

[illegible]出版社[illegible]数[illegible]的系列教材[illegible]

[illegible]，使得本系列教材能够[illegible]

[illegible]

第1章 大数据简介

1.1 大 数 据

1.1.1 大数据的定义

大数据是一个较为抽象的概念，正如信息学领域大多数新兴概念一样，大数据至今尚无确切、统一的定义，不同的机构或个人给出了不同的定义。

麦肯锡咨询公司在其报告《Big data: The next frontier for innovation, competition, and productivity》中将大数据定义为“大数据指的是大小超出常规数据库工具获取、存储、管理和分析能力的数据集”。但它同时强调，并不是说一定要超过特定TB值的数据集才能算是大数据。这个定义只是强调了大数据的数据量“大”的特点，并且也没有给出具体的量化标准，到底多“大”的数据才算是大数据。

国际数据公司(International Data Company, IDC)对大数据的定义为：大数据一般涉及2种或2种以上数据形式。它要收集超过100TB的数据，并且是高速、实时数据流；或者是从小数据开始，但数据每年会增长60%以上。这个定义给出了量化标准，但只强调数据量大、种类多、增长快等数据本身的特征。

维基百科将大数据定义为：大数据是指利用常用软件工具获取、管理和处理数据所耗时间超过可容忍时间的数据集。这个概念也不是一个精确的概念，因为对主流软件工具和可容忍时间的范围不好界定。

研究机构Gartner给出了这样的定义：大数据是需要新处理模式才能具有更强的决策力、洞察发现力和流程优化能力的海量、高增长率和多样化的信息资产。这个定义也是一个描述性的定义，对大数据的本质刻画还是不够清晰。

亚马逊公司的大数据科学家John Rauser给出了一个简单的定义：大数据是任何超过了一台计算机处理能力的数据量。这同样是一个非常宽泛的定义，对大数据本质的理解也不够全面和深刻。

毫无疑问，对大数据的本质认识需要一个不断深化的过程，但这并不影响大数据科学的发展以及对大数据的应用。

1.1.2 大数据的特点

虽然不同的企业或个人对大数据都有着自己的不同解读，但人们都普遍认为，大数据有5个“V”的特征[1]，即Volume、Velocity、Variety、Veracity和Value。

(1) 数据体量(volume)巨大。数据量大是大数据的基本属性。导致数据规模激增的原因很多,总地来说包括以下三个方面[2]。

① 随着互联网的广泛应用,使用网络的个人和机构增多,数据的生成、获取和分享变得更加容易。

② 随着物联网的快速发展,各种传感器的数据获取能力大幅提高,使得人们获取的数据越来越接近原始事物本身,描述同一事物的数据量激增。

③ 数据的增长速度随着数据应用的发展,数据维度越来越高,描述相同事物所需的数据量越来越大。

(2) 处理速度(velocity)快。随着数据的爆炸式增长,快速增长的数据量要求数据处理的速度也要相应地提升,才能使得大量的数据得到有效的利用,否则不断激增的数据不但不能为解决问题带来优势,反而成为快速解决问题的负担。另外,数据不是静止不动的,并且很多数据的价值会随着时间而迅速降低,如果不快速处理就会失去价值,大量的数据就没有意义。

(3) 数据类别(variety)丰富。大数据来自多种数据源,数据种类和格式日益丰富,包括结构化、半结构化和非结构化等多种数据形式,如网络日志、音视频、图片等。

(4) 数据应具有真实性(veracity)。研究大数据就是从庞大的网络数据中提取出能够解释和预测现实事件的过程。

(5) 价值密度低,商业价值(value)高。数据价值密度低是大数据关注的非结构化数据的重要属性。大数据为了获取事物的全部细节,不对事物进行抽象、归纳等处理,直接采用原始的数据,保留了数据的原貌,因此在呈现数据全部细节的同时也引入了大量没有意义、甚至错误的信息,因此相对于特定的应用,大数据关注的非结构化数据的价值密度偏低。但与此同时,由于大数据保留了数据的所有细节,所以通过分析数据可以发现巨大的商业价值。

1.1.3 大数据处理的挑战

在大数据时代,数据存在多源异构、分布广泛、动态增长、先有数据后有模式等诸多特点。正是这些与传统数据处理不同的特点,使得大数据时代的数据管理面临新的挑战。在应对处理大数据时代的各种技术挑战过程中,以下几个方面的问题需要高度关注[1]。

(1) 数据的异构性和不完备性问题。大数据的广泛存在和来源的多样性使得数据越来越多分散在不同的数据管理系统中,而且对于非结构化和半结构化的数据,不能用已有的简单数据结构来描述它们。因此,如何将多源异构的数据集成在一起是大数据处理的一个重要挑战。数据的不完备性是指在大数据条件下所获取的数据常常包含一些不完整的信息和错误的数据,在进行大数据分析之前必须对数据的不完备性进行有效处理才能分析出有价值的信息,这个处理通常在数据采集和预处理阶段完成。

(2) 数据处理的时效性问题。随着半结构化和非结构化数据的迅猛增长,给传统数据分析处理带来巨大的冲击和挑战。随着时间的流逝,数据中所蕴含的知识价值也随之衰减。因此,大数据处理的速度非常重要,一般来讲,数据规模越大,分析处理的时间就会越长,而在很多情况下用户要求立即得到数据的分析结果。大数据要求为复杂结构的数据建立合适的索引结构,这要求索引结构的设计要简单、高效,而且能在数据模式发生变化时很快地进行调整适应。在数据模式变更的假设前提下，设计新的索引方案将是大数据处理的主要挑战之一。

(3) 数据的安全与隐私保护问题。大数据的隐私保护既是技术问题也是社会学问题，需要学术界、商业界和政府部门共同参与。随着民众隐私意识的日益增强，合法合规地获取数据、分析数据和应用数据是进行大数据分析时必须遵循的原则。大数据时代的安全与传统安全相比，变得更加复杂，面临更多挑战。如何在大数据环境下确保信息共享的安全性和如何为用户提供更精细的数据共享安全策略等问题值得深入研究。

(4) 大数据能耗问题。随着大数据规模的不断扩张，数据中心存储规模也不断扩大，高能耗已逐渐成为制约大数据快速发展的一个主要瓶颈。要达到低成本、低能耗、高可靠性目标，通常要用到冗余配置、分布式并行计算等技术。大数据管理系统的能耗主要包括硬件能耗和软件能耗，二者中又以硬件能耗为主。解决能耗问题采取的手段包括：采用新型低功耗硬件；建立计算核心与二级缓存的直通通道；从应用、编译器、体系结构等多方面协同优化；引入可再生的新能源等。

(5) 大数据管理易用性问题。在大数据时代，数据的数量和复杂度的提高对数据的处理、分析、理解和呈现带来极大的挑战。从开始的数据集成到数据分析，到最后的数据解释过程，易用性贯穿于整个大数据处理的流程。易用性的挑战表现在两个方面：首先，大数据的数据量大，分析更复杂，得到的结果更加多样化，其复杂程度已经远远超出传统的关系数据库；其次，大数据复杂的分析过程制约了各行各业从大数据中获取知识的能力，大数据分析结果的可视化呈现将是大数据管理易用性的又一大挑战。

1.2 大数据挖掘

要理解大数据挖掘，首先要搞清楚数据挖掘的含义。数据挖掘(Data Mining，DM)又称数据库中的知识发现(Knowledge Discover in Database，KDD)，是涉及机器学习、人工智能、数据库理论以及统计学等学科的交叉研究领域。数据挖掘就是从数据库的大量数据中挖掘出有用的信息，即从大量的、不完全的、有噪声的、模糊的、随机的实际应用数据中，发现隐含的、规律性的、人们事先未知的，但又是潜在有用的并且最终可理解的信息和知识的非平凡过程。数据挖掘所挖掘的知识类型包括模型、规律、规则、模式、约束等。所谓**事先未知**的信息，是指该信息是预先未曾预料到的，即信息的新颖性。数据挖掘就是要发现那些不能靠直觉发现的、甚至是违背直觉的信息或知识，挖掘出的信息越是出乎意料就可能越有价值。潜在有用性是指发现的知识将来有实际效用，即这些信息或知识对于所讨论的业务或研究领域是有效的、有实用价值的和可实现的。一般而言，常识性的结论或已被人们掌握的事实或无法实现的推测都是没有意义的。最终可理解性要求发现的模式能被用户理解，目前它主要体现在简洁性上，即发现的知识要可接受、可理解、可运用，最好能用自然语言表达所发现的结果。非平凡通常是指数据挖掘过程不是线性的，在挖掘过程中有反复、有循环，所挖掘的知识往往不易通过简单的分析就能够得到，这些知识可能隐含在表面现象的内部，需要经过大量数据的比较分析，必要时要应用一些专门处理大数据量的数据挖掘工具。数据挖掘是一种决策支持过程，它主要基于人工智能、机器学习、模式识别、统计学、数据库、可视化技术等，高度自动化地分析企业的数据，做出归纳性的推理，从中挖掘出潜在的模式，帮助决策者调整市场策略，减少风险，做出正确的决策。

数据挖掘主要有数据准备、规律寻找和规律表示 3 个步骤。数据准备是从相关的数据源中选取所需的数据并整合成用于数据挖掘的数据集；规律寻找是用某种方法将数据集所含的规律找出来；而规律表示是尽可能地以用户可理解的方式(如可视化)将找出的规律表示出来。

1.2.1 大数据挖掘的定义

由于大数据存在复杂、高维、多变等特性，如何从真实、凌乱、无模式和复杂的大数据中挖掘出人类感兴趣的知识，迫切需要更深刻的机器学习理论进行指导。目前包含大规模数据的机器学习问题是普遍存在的，但是由于现有的许多机器学习算法是基于内存的，而大数据是无法装载到计算机内存的，因此现有的诸多算法不能直接处理大数据，如何提出新的机器学习算法以适应大数据处理的需求，是大数据时代的研究热点方向之一。

大数据环境下，数据挖掘的对象(即数据)有了新的特征，这决定大数据挖掘将被赋予新的含义，也产生了新的挖掘算法和模型。大数据挖掘是指从大数据集中寻找其规律的技术[6]。这个概念将大数据挖掘对象强调为“大数据集”，而在大数据集中，“寻找”变得更具有挑战性，因为大数据具有数据体量巨大、处理速度要快、数据类别丰富、高价值、低密度等特点，挖掘起来自然更加不容易。

1.2.2 大数据挖掘的特点

大数据的“5V”特点决定了大数据挖掘技术有了新的内涵。大数据挖掘技术包括：高性能计算支持的分布式、并行数据挖掘技术；面向多源、不完整数据的不确定数据挖掘技术；面向非结构化稀疏性的超高维数据挖掘技术；面向商业价值高但价值密度低特征的特异群组挖掘技术以及面向动态数据的实时、增量数据挖掘技术等[6]。具体而言，包括如下特点[6]。

1. “Volume”与分布式并行数据挖掘算法研究

大数据的“大”通常指 PB 级以上的，这一特点决定了大数据挖掘需要高性能计算支持的分布式并行技术。考虑到大规模数据的分布式、并行处理，对数据挖掘技术带来的挑战是 I/O 交换、数据移动的代价高，还需要在不同站点间分析数据挖掘模型间的关系。

2. “Variety”与不确定数据挖掘算法研究

“Variety”的含义之一就是“多源的”。不同数据源的数据由于数据获取设备和方式不同，挖掘的数据对象常常具有不确定、不完整的特点，这要求大数据挖掘技术能够处理不确定、不完整的数据集。由于大数据获取过程中数据缺失、含有噪声难以避免，数据填充、补齐是困难的，因此大数据挖掘技术要有更强的处理不确定、不完整数据集的能力。

3. “Variety”与基于语义的异构数据挖掘算法研究

“Variety”的第二个含义是“异构的”。大数据的组织结构包括结构化、非结构化和半结构化，这种多变的形式使得大数据更多地以数据网络的形式组织。大数据下的数据网络结点类型多样，路径表达有多种语义。理解语义、体现语义是相似性定义和计算的重要需求，是提升数据挖掘质量的关键因素。

4. “Variety”与非结构化、超高维、稀疏数据挖掘算法研究

“Variety”的第三个含义是“复杂的”。大数据环境下，来自网络文本(用户评论文本数据)、图像、视频的数据挖掘应用更加广泛，非结构化数据给数据挖掘技术带来了新的要求。特征提取是非结构化数据挖掘的重要步骤，大数据挖掘算法设计要考虑超高维特征和稀疏性。

5. “Velocity”与实时、增量数据挖掘算法研究

大数据时代的数据爆炸性增长，并且数据是动态演变的，这就要求数据处理的速度一定要快。时序数据挖掘是数据挖掘领域的一个研究主题，很多领域对数据挖掘的速度有更高的要求，如实时在线精准广告投放、证券市场高频交易等。

6. “Value”与聚类、非平衡分类、异常挖掘算法研究

“Value”的含义是“商业价值高、价值密度低”。大数据环境下产生了新的数据挖掘任务，如特异群组分析。特异群组是一类低密度、高价值的数据，它是指在众多行为对象中，少数对象群体具有一定数量的相同(或相似)行为模式，表现出相异于大多数对象而形成异常的群组。特异群组挖掘问题既不是异常点挖掘(只发现孤立点)，也不是聚类问题(将大部分数据分组)。

1.3 大数据挖掘的相关方法

在大数据环境下，面对“商业价值高、价值密度低”的大数据集，大数据挖掘增加了一项新任务，即特异群组分析[6]。因此，大数据挖掘涉及的相关内容包括数据预处理技术、关联规则挖掘、分类、聚类、异常检测、演变分析、特异群组分析及各种场景下的应用。

1.3.1 数据预处理技术

数据预处理(Data Preprocessing)是指在对数据进行数据挖掘的主要处理以前，先对原始数据进行必要的采样、清理、集成、转换、归约、特征选择和提取等一系列的处理工作，以达到挖掘算法进行知识获取研究所要求的最低规范和标准。这部分内容将在第2章进行详细介绍。

1.3.2 关联规则挖掘

关联分析(Association Analysis)就是从给定的数据集中发现频繁出现的项集模式知识，又称为关联规则(Association Rules)。关联分析广泛应用于市场营销、事务分析等领域。

通常关联规则具有 $X \Rightarrow Y$ 形式，即“$A_1 \wedge A_2 \wedge \cdots \wedge A_m \Rightarrow B_1 \wedge B_2 \wedge \cdots \wedge B_n$”的规则，其中，$A_i(i \in \{1,2,\cdots,m\})$，$B_j(j \in \{1,2,\cdots,n\})$均为属性-值的形式。关联规则 $X \Rightarrow Y$ 表示“数据库中的满足 X 中条件的记录(tuples)也一定满足 Y 中的条件”。Apriori 算法是关联规则挖掘中的重要算法，将在第3章介绍。

1.3.3 分类

分类(classification)就是找出一组能够描述数据集合典型特征的模型(或函数)，以便能够分类识别未知数据的归属或类别(class),即将未知事例映射到某种离散类别之一。分类模式(或函数)可以通过分类挖掘算法从一组训练样本数据(其类别归属已知)中学习获得。

分类可以用来预测数据对象的类标记。然而,在某些应用中,人们可能希望预测某些空缺或未知的数据值,而不是类标记。当被预测的值是数据数值时,通常称之为回归或预测(prediction)。第 5 章介绍 KNN 算法,第 6 章介绍朴素贝叶斯分类算法,第 7 章介绍随机森林分类算法,第 8 章介绍支持向量机,第 9 章介绍人工神经网络分类算法,第 10 章介绍决策树分类算法,它们都是经典的分类算法。

1.3.4 聚类

聚类分析(clustering analysis)与分类预测方法的明显不同之处在于:后者所学习获得分类预测模型所使用的数据是已知类别属性(class-labeled data),属于有监督学习方法;而聚类分析(无论是在学习还是在归类预测时)所分析处理的数据均是无(事先确定)类别归属的。类别归属标志在聚类分析处理的数据集中是不存在的,聚类也便于将观察到的内容分类编制(taxonomy formation)成类分层结构,把类似的事件组织在一起。第 11 章将介绍 K-means 聚类算法,第 12 章将介绍 K-中心点聚类算法,第 13 章将介绍自组织神经网络聚类算法,第 14 章将介绍 DBSCAN 聚类算法。

1.3.5 孤立点挖掘

数据库中可能包含一些与数据的一般行为或模型不一致的数据对象,这些数据对象被称为孤立点(Outlier)。大部分数据挖掘方法将孤立点视为噪声或异常而丢弃,然而在一些应用场合,如各种商业欺诈行为的自动检测中,小概率发生的事件(数据)往往比经常发生的事件(数据)更有挖掘价值。孤立点数据分析通常称作孤立点挖掘(Outlier Mining)。

孤立点可以使用统计试验检测。它假定一个数据分布或概率模型,并使用距离进行度量,到其他聚类的距离很大的对象被视为孤立点。基于偏差的方法通过考查一群对象主要特征上的差别来识别孤立点,而不是使用统计或距离度量。

1.3.6 演变分析

数据演变分析(Evolution Analysis)就是对随时间变化的数据对象的变化规律和趋势进行建模描述。这一建模手段包括概念描述、对比概念描述、关联分析、分类分析、时间相关数据(Time-Related)分析,时间相关数据分析又包括时序数据分析、序列或周期模式匹配及基于相似性的数据分析等。

1.3.7 特异群组分析

特异群组分析是发现数据对象集中明显不同于大部分数据对象(不具有相似性)的数据对象(称为特异对象)的过程。一个数据集中大部分数据对象不相似,而每个特异群组中的对象是相似的,这是一种大数据环境下新型的数据挖掘任务[6]。

1.4 大数据挖掘类型

1.4.1 Web 数据挖掘

随着互联网上信息不断呈现爆炸式的增长，互联网企业在这些海量的数据信息面前显得更加手足无措，合理利用网络上面的数据信息来提高网站的用户体验成为了首要需求。有需求就有进步，数据挖掘技术就这样被引入了互联网领域，从而发展成为一个独立的研究方向——Web 数据挖掘。

Web 数据挖掘就是传统数据挖掘技术在互联网领域的应用，它的目标就是从大量的、含噪声的、无结构化的网络数据中提取出潜藏在背后的、有价值的知识。Web 数据挖掘根据研究对象的不同，可以分为基于网页内容的挖掘、基于用户使用习惯的挖掘和基于网页结构的挖掘三类，它们各自应用的算法和应用领域如图 1-1 所示。

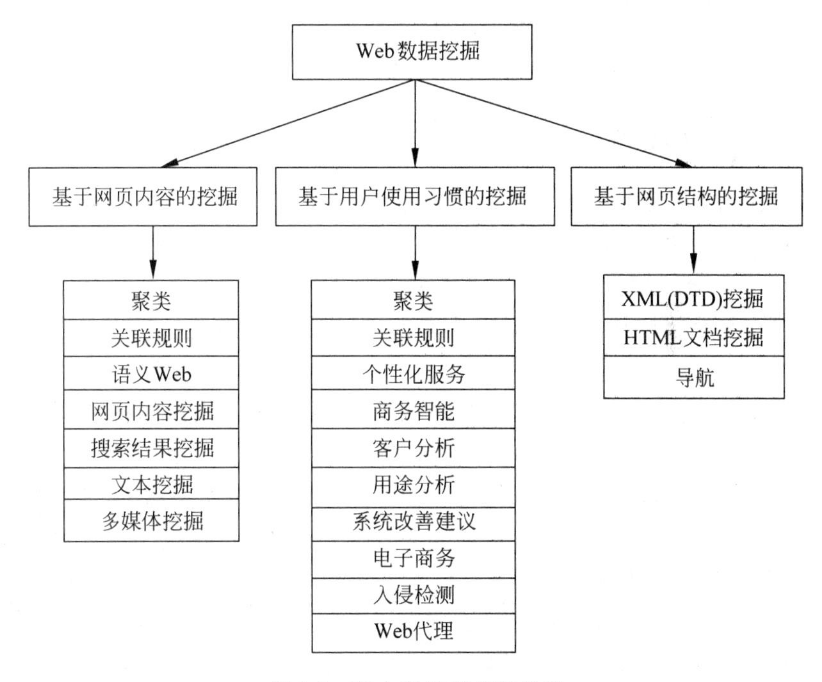

图 1-1　Web 数据挖掘的分类

1. 基于网页内容的挖掘

基于网页内容的挖掘是指通过对网页中的文档、数据和内容进行挖掘并获取知识的过程。目前的 Web 数据挖掘要求对网页中的各类内容信息都能加以处理。从网页内容的角度来讲，基于网页内容的挖掘可以分为多媒体信息挖掘和文档信息挖掘两种；按照采用方法的不同，它又可以分为信息抽取方法和数据库方法两种。信息抽取方法指的是利用信息抽取技术来处理无结构或半结构的网页数据，提高和优化搜索信息的质量。数据库方法指的是首先利用数据转换技术将无结构的数据转换成数据库对应的有结构的数据，然后再利用数据挖掘技术对数据进行挖掘。

2. 基于用户使用习惯的挖掘

用户日常访问网络时会产生大量的记录信息，而网络服务器会自动地记录并存储下这些信息，这些信息中记录了用户的访问网址、访问时间、传输的内容和用户 IP 地址等数据。这些数据一般存储在用户的访问日志文件中，它通常能够反映出用户的访问规律、个人兴趣和整体上网行为。基于用户使用习惯的挖掘所研究的对象就是用户访问日志文件，通过挖掘日志数据来预测用户的上网行为和趋势等。基于用户使用习惯的挖掘可以分为个性化挖掘和用户访问模式挖掘两类。个性化挖掘主要针对于研究个人的偏好，其目的就是为不同访问模式的用户提供不同的动态化的服务建议；而用户访问模式挖掘主要是通过分析用户的访问日志，来总结用户的访问习惯和倾向，发现网页空间最高效的逻辑结构。

3. 基于网页结构的挖掘

基于网页结构的挖掘就是通过研究站点之间的组织关系、相互引用和链接的关系以及网页的文档结构来挖掘出知识。基于网页内容的挖掘对象主要是内部网页文档，而基于网页结构的挖掘对象主要是外部引用和超链接的结构。它的挖掘目的是寻找潜藏在网页结构背后的有用模式，通过对网页的应用和超链接进行分析来找出权威的页面，并发现网页的结构，以便用户阅读。

1.4.2 空间数据挖掘

空间数据是人们借以认识自然和改造自然的重要数据。空间数据库含有空间数据和非空间数据，空间数据可以是地表在地理信息系统(Geography Information System，GIS)中的二维投影，也可以是分子生物学中的蛋白质分子结构等；非空间数据则是除空间数据以外的一切数据。所以，也可以认为空间数据库是通用的数据库，其他数据库是空间数据库的特殊形态。

由于雷达、红外、光电、卫星、电视摄像、电子显微成像、CT 成像等各种宏观与微观传感器的使用，空间数据的数量、大小和复杂性都在飞快地增长，已经远远超出了人的解译能力，终端用户不可能详细地分析所有的这些数据，并提取感兴趣的空间知识。因此，利用空间数据挖掘和知识发现(Spatial Data Mining and Knowledge Discovery, SDMKD)从空间数据库中自动或半自动地挖掘隐藏在空间数据库中的不明确的、隐含的知识变得越来越重要。

空间数据挖掘(spatial data mining)也称基于空间数据库的数据挖掘，作为数据挖掘的一个新的分支，它是在空间数据库的基础上，综合利用统计学方法、模式识别技术、人工智能方法、神经网络技术、粗糙集、模糊数学、机器学习、专家系统等技术和方法，从大量的空间数据(例如，生产数据、管理数据、经营数据或遥感数据)中分析获取人们可信的、新颖的、感兴趣的、隐藏的、事先未知的、潜在有用的和最终可理解的知识。简单地讲，空间数据挖掘是指从空间数据库中提取隐含的、用户感兴趣的空间和非空间的模式、普遍特征、规则和知识的过程。由于空间数据的复杂性，空间数据挖掘不同于一般的事务数据挖掘，它有如下一些特点。

(1) 数据源十分丰富，数据量非常庞大，数据类型多，存取方法复杂。

(2) 涉及领域十分广泛，凡与空间位置相关的数据都可对其进行挖掘。

(3) 挖掘方法和算法非常多，而且大多数算法比较复杂，难度大。

(4) 知识的表达方式多样，对知识的理解和评价依赖于人对客观世界的认知程度。

空间数据挖掘系统可以分为三层结构，如图 1-2 所示。

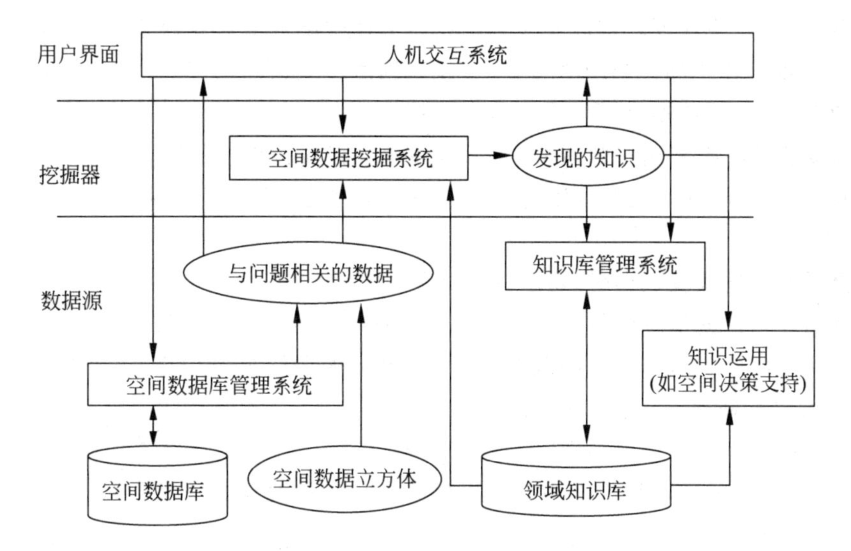

图 1-2　空间数据挖掘的体系结构

第一层是数据源，指利用空间数据库或数据仓库管理系统提供的索引、查询优化等功能获取和提炼的与问题领域相关的数据，或直接存储在空间数据立方体中的数据，这些数据可称为数据挖掘的数据源或信息库。在这个过程中，用户直接通过空间数据库(数据仓库)管理工具交互地选取与任务相关的数据，并将查询和检索的结果进行必要的可视化分析，多次反复，提炼出与问题领域有关的数据，或通过空间数据立方体的聚集、上钻、下翻、切块、旋转等分析操作，抽取与问题领域有关的数据，然后再开始进行数据挖掘和知识发现过程。

第二层是挖掘器，利用空间数据挖掘系统中的各种数据挖掘方法分析被提取的数据，一般采用交互方式，由用户根据问题的类型以及数据的类型和规模，选用合适的数据挖掘方法。但对于某些特定的专门的数据挖掘系统，可采用系统自动地选用挖掘方法的方式。

第三层是用户界面，使用多种方式(如可视化工具)将获取的信息和发现的知识以便于用户理解和观察的方式反映给用户，用户对发现的知识进行分析和评价，并将知识提供给空间决策支持使用，或将有用的知识存入领域知识库内，在整个数据挖掘过程中，用户能够控制每一步。

一般说来，数据挖掘和知识发现的多个步骤相互连接，需要反复进行人机交互，才能得到最终满意的结果。显然，在整个数据挖掘过程中，良好的人机交互用户界面是顺利进行数据挖掘并取得满意结果的基础。

1.4.3　流数据挖掘

传统的数据管理系统只能用于处理永久的数据和进行瞬时的查询，早已不能满足这个信息时代对于数据库技术的要求。随着计算机硬件、网络通信等技术的飞速发展，产生了一种新型的数据类型，即流数据。与传统的数据管理系统相比，流数据具有一系列优越性，使得对流数据进行数据挖掘非常重要和必要。近年来，流数据挖掘技术已发展成为现代数据库技术研究的一个重要方向，引起了众多科研学者的关注和进一步研究。

流数据是一个没有界限的数据序列，数据产生的速度非常快。它在任何时刻都有大量的数据产生，数据产生速度之快以至于数据挖掘的速度赶不上产生的速度，且这些数据的产生可以认为是没有休止的。总地来讲，一个流数据是连续、有序、实时、无限的元组序列。与传统的数据集相比，流数据具有以下一些主要特点。

(1) 数据连续不断到达。数据量非常大，存储所有数据的代价是极大的。

(2) 有序性、实时性。流数据中的元组按时间有序地到达并实时地变化，且变化的速率是无法控制的。

(3) 概要性。处理流数据时，要求构造概要数据结构。

(4) 近似性。也就是说流数据查询以及挖掘处理得到的结果是近似的。

(5) 单遍处理性。由于内存的限制，只能对流数据进行单遍扫描，而且数据一经处理，就不能被再次取出处理。

(6) 即时性。用户要求得到即时的处理结果。

可以说，流数据的这些特殊性为基于流数据的数据挖掘关键技术及其应用带来了新的机遇和挑战，具有非常重要的现实意义。

在人们的现实生活中的流数据挖掘是很常见的，尤其是随着信息技术的不断发展，流数据以不同的方式出现在了许多领域的应用之中，主要包括网络监控、传感器等航天科技、股票市场、金融市场等。目前，流数据挖掘主要是应用在上述领域中需要处理大量数据的关键部门。例如，用于零售业交易中的流数据挖掘，可以对促销活动的有效性、顾客的忠诚度等进行全面分析；用于股票市场的流数据挖掘，可以帮助人们预测股市的起伏；用于航天科技中的流数据挖掘，可以从空间对象的实时图像中提取模式，从而利用高度自动化的航天器及传感器进行空间探测；用于移动车辆的监控和信息提取的流数据挖掘，可以对驾驶员进行行为分析等。可以相信，随着我国计算机和通信等信息技术的快速发展，流数据挖掘技术将在更多的领域得到广泛应用。

在现阶段，流数据的挖掘技术与相关知识的研究已成为国际数据挖掘领域的一大热点，其在众多领域中的应用前景相当广阔。对于流数据挖掘技术，其未来的研究将会主要集中在以下几个方面。

(1) 高维度实时流数据的挖掘。由于大多数真实流数据都具有高维性，高维空间中对象分布稀疏，很难识别噪声，因而是一个较难解决的问题，仍需要深入研究。

(2) 基于资源约束的自适应实时流数据聚类。主要是针对无线传感网络等资源约束环境进行流数据聚类，由于涉及的知识领域极广，目前对这方面的研究还处于初级阶段，还需要进一步研究。

总而言之，基于流数据的数据挖掘还有许多问题值得人们去进一步研究和探讨，为此，人们需要继续对流数据领域进行深入的研究。

1.5 大数据挖掘的常见应用

1.5.1 社交网络分析

社交网络是社会个体成员之间通过社会关系结成的网络体系。个体也称为结点，可以是组织、个人、网络 ID 等不同含义的实体或虚拟个体；而个体间的相互关系可以是亲友、动作行为、收发消息等多种关系。社交网络分析(social network analysis)是指基于信息学、数学、社会学、管理学、心理学等多学科的融合理论和方法,为理解人类各种社交关系的形成、行为特点分析及信息传播的规律提供的一种可计算的分析方法。

社交网络分析最早是由英国著名人类学家 Radcliffe-Brown(拉德克利夫-布朗)在对社会结构的分析关注中提出的,他呼吁开展社会网络的系统研究分析。随着社会学家、人类学家、物理学家以及数学家对社会网络分析的日益深入,社交网络分析中形成的理论、方法和技术已经成为一种重要的社会结构研究范式。由于在线社交网络具有的规模庞大、动态性、匿名性、内容与数据丰富等特性,近年来以社交网站、博客、微博等为研究对象的新兴在线社交网络分析研究得到了蓬勃发展,在社会结构研究中具有举足轻重的地位,第 14 章将对社交网络分析进行介绍。

1.5.2 文本分析

文本指的是由一定的符号或符码组成的信息结构体,这种结构体可采用不同的表现形态,如语言的、文字的、影像的等。文本分析是指对文本的表示及其特征项的选取,它是文本挖掘、信息检索的一个基本问题,它把从文本中抽取出的特征词进行量化来表示文本信息。由于文本是非结构化的数据,要想从大量的文本中挖掘有用的信息就必须首先将文本转化为可处理的结构化形式。第 15 章将对文本分析方法进行介绍。

目前有关文本表示的研究主要集中于文本表示模型的选择和特征词选择算法的选取上。用于表示文本的基本单位通常称为文本的特征或特征项。特征项必须具备一定的特性:①特征项要能够确实标识文本内容;②特征项具有将目标文本与其他文本相区分的能力;③特征项的个数不能太多;④特征项分离要比较容易实现。在中文文本中可以采用字、词或短语作为表示文本的特征项。相比较而言,词比字具有更强的表达能力,而词和短语相比,词的切分难度比短语的切分难度小得多。因此,目前大多数中文文本分类系统都采用词作为特征项,称作特征词。这些特征词作为文档的中间表示形式,用来实现文档与文档、文档与用户目标之间的相似度计算。如果把所有的词都作为特征项,那么特征向量的维数将过于巨大,从而导致计算量太大,在这样的情况下,要完成文本分类几乎是不可能的。特征抽取的主要功能是在不损伤文本核心信息的情况下,尽量地减少要处理的单词数,以此来降低向量空间维数,从而简化计算,提高文本处理的速度和效率。文本特征选择对文本内容的过滤和分类、聚类处理、自动摘要以及用户兴趣模式发现、知识发现等有关方面的研究都有非常重要的影响。通常根据某个特征评估函数计算各个特征的评分值,然后按评分值对这些特征进行排序,选取若干个评分值最高的作为特征词,这就是特征抽取(feature selection)。

1.5.3 推荐系统

推荐系统是利用电子商务网站向客户提供商品信息和建议,帮助用户决定应该购买什么产品,模拟销售人员帮助客户完成购买过程。推荐系统有用户建模模块、推荐对象建模模块和推荐算法模块 3 个重要的模块,如图 1-3 所示。通用的推荐系统模型流程如图 1-3 所示。推荐系统把用户模型中兴趣需求信息和推荐对象模型中的特征信息匹配,同时使用相应的推荐算法进行计算筛选,找到用户可能感兴趣的推荐对象,然后推荐给用户。

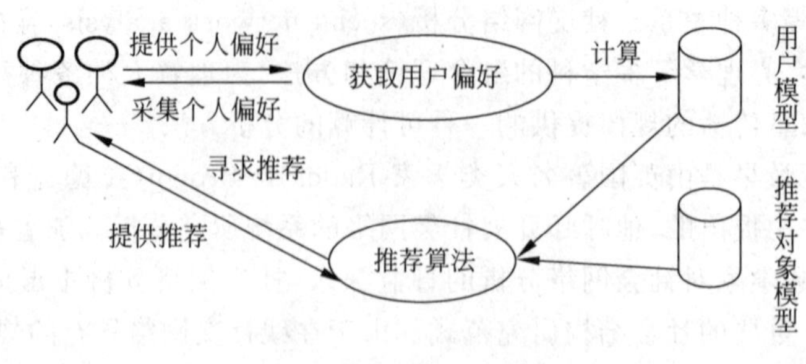

图 1-3　推荐系统示意图

1.6　常用的大数据统计分析方法

1.6.1　百分位

百分位是统计学术语，如果将一组数据从小到大排序，并计算相应的累计百分位，则某一百分位所对应数据的值就称为这一百分位的百分位数。可表示为：一组 n 个观测值按数值大小排列。如处于 $p\%$ 位置的值称第 p 百分位数。百分位常见的计算方法如下。

方法 1：

将原数据从大到小排列为 $x_{(1)},x_{(2)},\cdots,x_{(n)}$，则第 p 个百分位 m_p 计算如下。

$$m_p=\begin{cases}x_{(\lfloor np+1\rfloor)}, & np\text{ 不是整数}\\ \dfrac{1}{2}(x_{np}+x_{np+1}), & np\text{ 是整数}\end{cases}$$

其中，$\lfloor a\rfloor$ 表示将实数 a 向下取整(如 $\lfloor 4.6\rfloor=4$)。

方法 2：

对于已分组的数据，第 m 百分位数为

$$p_m=L+\frac{\left(\dfrac{m}{100}\cdot N-F_b\right)}{f}\cdot i$$

或

$$p_m=U-\frac{\left(1-\dfrac{m}{100}\right)\cdot N-F_a}{f}\cdot i$$

其中，p_m 为第 m 百分位数，N 为原始数据总数，L 为 p_m 所在组的下线，U 为 p_m 所在组的上线，f 为 p_m 所在组的次数，F_a 为大于 U 的累计次数，F_b 为小于 L 的累计次数，i 为每组所包含的情况个数。

【例 1.1】　原数据为 4,5,6,0,3,1,4,2,1,4，求该组数据的 $m_{3.5}$。

解：原数据从大到小排列为 $x_{(1)},x_{(2)},\cdots,x_{(10)}$ 的形式，即 0,1,1,2,3,4,4,4,5,6。则 $m_{3.5}=x_{(\lfloor 4.5\rfloor)}=x_{(\lfloor 4\rfloor)}=2$。

【例 1.2】　某省某年公务员考试考生分数分布如表 1-1 所示，预定取考分居前 15%的考生进行面试选拔，请划定面试分数线。

表 1-1　考生成绩分布表

分数分组	次数	向上累积次数	向下累积次数	向上累积相对次数
95～99	7	1640	7	100%
90～94	16	1633	23	99.57%
85～89	53	1617	76	98.60%
80～84	78	1564	154	95.37%
75～79	90	1486	244	90.61%
70～74	119	1396	363	85.12%
65～69	159	1277	522	77.87%
60～64	156	1118	678	68.17%
55～59	140	962	818	58.66%
50～54	145	822	963	50.12%
45～49	140	677	1103	41.28%
40～44	135	537	1238	32.74%
35～39	130	402	1368	24.51%
30～34	126	272	1494	16.59%
25～29	78	146	1572	8.90%
20～24	25	68	1597	4.15%
15～19	20	43	1617	2.62%
10～14	16	23	1633	1.40%
5～9	7	7	1640	0.43%

解：由于预定取考分居前 15%的考生进行面试，即有 85%的考生分数低于划定的分数线，由此可知，分数线在 70～74 这一组中。

$$P_{85} = L + \frac{\left(\frac{m}{100} \cdot N - F_b\right)}{f} \cdot i = 69.5 + \frac{\left(\frac{85}{100} \times 1640 - 1277\right)}{119} \times 5 = 74.4$$

所以第 85 百分位为 74.4。

1.6.2　皮尔森相关系数

皮尔森相关系数(Pearson correlation coefficient)也称皮尔森积矩相关系数(Pearson product-moment correlation coefficient)，是一种线性相关系数。皮尔森相关系数是用来反映两个变量线性相关程度的统计量，一般用 r 表示，用来描述两个变量间线性相关强弱的程度。r 的取值在 -1 与 $+1$ 之间，若 $r>0$，表明两个变量是正相关，即一个变量的值越大，另一个变量的值也会越大；若 $r<0$，表明两个变量是负相关，即一个变量的值越大，另一个变量的值反而会越小。r 的绝对值越大，表明相关性越强。

定义 1.1：设 $x_1, x_2, \cdots, x_m$ 和 $y_1, y_2, \cdots, y_m$ 分别为随机变量 X、Y 的观测值，$\bar{X}$、$\bar{Y}$ 分别为上述数据的均值，S_x、S_y 为标准差，n 为数据个数，则皮尔森相关系数 r 的表达式如下。

$$r = \frac{1}{n-1} \sum_{i=1}^{n} \left(\frac{x_{i-\bar{X}}}{S_x}\right)\left(\frac{y_{i-\bar{Y}}}{S_y}\right)$$

标准差为 $S = \sqrt{\frac{\sum_{i=1}^{n} (S_i - \bar{S})^2}{n-1}}$，$S_x$，$S_y$ 相乘后正好与 $\frac{1}{n-1}$ 约分。

【例 1.3】 表 1-2 为伦敦的月平均气温与降水量。

表 1-2 伦敦月平均气温与降水表

月份	1	2	3	4	5	6	7	8	9	10	11	12
月平均气温/℃	3.8	4	5.8	8	11.3	14.4	16.5	16.2	13.8	10.8	6.7	4.7
降水/mm	77.7	51.2	60.1	54.1	55.4	56.8	45	55.3	67.5	73.3	76.6	79.6

则伦敦市月平均气温(t)与降水量(p)之间的相关系数如下。

$$r_{tp}=\frac{\sum_{i=1}^{12}(t_i-\bar{t})(p_i-\bar{p})}{\sqrt{\sum_{i=1}^{12}(t_i-\bar{t})^2}\sqrt{\sum_{i=1}^{12}(p_i-\bar{p})^2}}=\frac{-300.91}{\sqrt{250.55}\sqrt{1508.34}}$$

$$=\frac{-300.91}{15.83\times 38.84}=-0.4895$$

因此,伦敦市的月平均气温(t)与降水量(p)之间呈负相关,即负向相关。

1.6.3 直方图

直方图(Histogram)又称质量分布图,是一种统计报告图,由一系列高度不等的纵向条纹或线段表示数据分布的情况。一般用横轴表示数据类型,纵轴表示分布情况。

绘制直方图的步骤如下。

① 抽取不低于应用要求数量的样本。

② 统计样本数据的最大最小值。

③ 计算这组样本数据的平均值和标准差。

④ 将样本分组并计算各组区间 a,为了避免一个数据可能同时属于两个组,因此将各组区间都确定为左开右闭的区间。

⑤ 根据样本量 n,在直方图分组组数中选取组数 k。一般 k 的选择和 n 相关,根据经验来确定。表 1-3 是参考值,不绝对。

⑥ 计算组距 h。$h=a/(k-1)$。

⑦ 制作直方图。

表 1-3 直方图分组组数选用表

样本数 n	推 荐 组 数
50~100	6~10
101~250	7~12
250 以上	10~20

直方图和柱状图的区别是:直方图一般用来描述等距数据或等比数据;柱形图一般用来描述名称数据或顺序数据。直观上,直方图矩形之间是衔接在一起的,表示数据间的数学关系;而柱形图则留有空隙,表示仅作为两个或多个不同的类,而不具有数学相关性质。

【例 1.4】 现以某厂生产的产品重量(单位为克)为例(见表 1-4),对应用直方图的步骤加以说明。

表 1-4 某厂生产的产品质量(单位：克)

43	28	27	26	33	29	18	24	32	14
34	22	30	29	22	24	22	28	48	1
24	29	35	36	30	34	14	42	38	6
28	32	22	25	36	39	24	18	28	16
38	36	21	20	26	20	18	8	12	37
40	28	28	12	30	31	30	26	28	47
42	32	34	20	28	34	20	24	27	24
29	18	21	46	14	10	21	22	34	22
28	26	20	38	12	32	19	30	28	19
30	20	24	35	20	28	24	24	32	40

对应的直方图如图 1-4 所示。

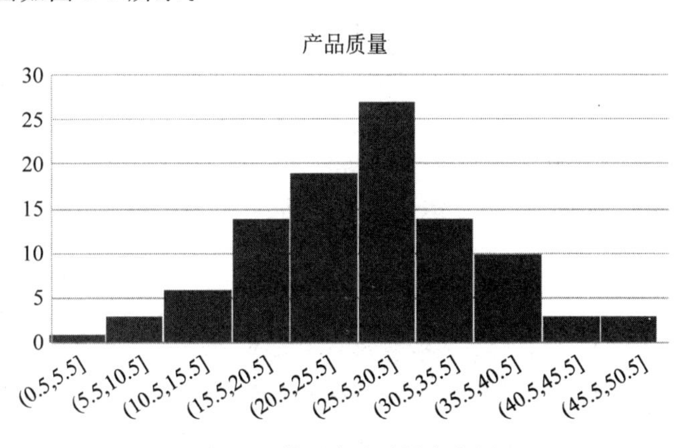

图 1-4 某厂产品质量直方图

1.6.4 T 检验

假设检验(hypothesis test)也称显著性检验(significance test)，是利用样本信息，根据一定的概率水准，推断指标(统计量)与总体指标(参数)、不同样本指标间的差别有无意义的统计分析方法。假设检验分为参数检验和非参数检验，参数检验能充分利用样本信息，检验效率较高。T 检验也称 student t 检验(Student's t test)，是常用的参数检验方法之一，主要用于样本含量较小(例如，$n<30$)、总体标准差 σ 未知的正态分布资料。T 检验是用于小样本(样本容量小于 30)的两个平均值差异程度的检验方法，它是用 T 分布理论来推断差异发生的概率，从而判定两个平均数的差异是否显著。

1. 单个样本的 T 检验

目的：比较样本均数所代表的未知总体均数 μ 和已知总体均数 μ_0。

t 统计量：$$t=\frac{\overline{X}-\mu_0}{S/\sqrt{n}}$$

自由度：$$v=n-1$$

适用条件：

(1) 已知一个总体均数。

(2) 可得到一个样本均数及该样本标准误。

(3) 样本来自正态或近似正态总体。

【例 1.5】 某样本中难产儿个数 $n=35$，体重均值 $\overline{X}=3.42$，方差 $S=0.40$，正常婴儿出生体重均值 $\mu_0=3.30$(大规模调查获得)，问难产儿平均出生体重与一般婴儿的出生体重相同否？

解：

(1) 建立假设、确定检验水准 α。

H_0：$\mu=\mu_0$(难产儿与一般婴儿出生体重的总体均数相等；H_0 无效假设，null hypothesis)

H_1：$\mu\neq\mu_0$(难产儿与一般婴儿出生体重的总体均数不等；H_1 备择假设，alternative hypothesis)，双侧检验，检验水准：$\alpha=0.05$。

(2) 计算检验统计量。

$$t=\frac{\overline{X}-\mu_0}{S/\sqrt{n}}=\frac{3.42-3.30}{0.40/\sqrt{35}}=1.77,\quad v=n-1=35-1=34$$

(3) 查分位表，确定 P 值，下结论。

查表知：$t_{0.05/2.34}=2.032$，$t=1.77$，$t<t_{0.05/2.34}$，$P>0.05$，按 $\alpha=0.05$ 水准，不拒绝 H_0，两者的差别无统计学意义，尚不能认为难产儿平均出生体重与一般婴儿的出生体重不同。

2. 配对样本 t 检验

配对 t 检验又称成对 t 检验(paired t-test)，是将对子差数 d 看作变量，先假设两种处理的效应相同，$\mu_1-\mu_2=0$，即对子差值的总体均数 $\mu_d=0$，再检验样本差数的均数与 0 之间差别有无显著性，推断两种处理因素的效果有无差别或某处理因素有无作用。由于此种设计使影响结果的非被试因素相似或相同，因而提高了研究效率。

配对设计是将受试对象的某些重要特征按相近的原则配成对子，目的是消除混杂因素的影响，一对观察对象之间除了处理因素/研究因素之外，其他因素基本相同，每对中的两个个体随机给予两种处理。

(1) 两种同质对象分别接受两种不同的处理，如性别、年龄、体重、病情程度相同配成对。

(2) 同一受试对象或同一样本的两个部分，分别接受两种不同的处理自身对比，即同一受试对象处理前后的结果进行比较。

目的：判断不同的处理是否有差别。

适应条件：

(1) 设计类型是配对设计。

(2) 数值变量的对子差值是正态分布。

计算公式：

$$t=\frac{\bar{d}-\mu_d}{S_{\bar{d}}}=\frac{\bar{d}}{S_{\bar{d}}}$$

$$\bar{d}=\sum_{d=1}^{n}d/n$$

$$S_d = \sqrt{\frac{\sum_{d=1}^{n} d^2 - \left(\sum_{d=1}^{n} d\right)^2 \Big/ n}{n-1}}$$

$$S_{\bar{d}} = S_d / \sqrt{n}$$

公式中 d 为各个对子数值的差数，$\bar{d}$为差数的平均数，S_d 为差数的标准差，$S_{\bar{d}}$ 为差数的标准误，n 为对子数，自由度 $v=n-1$。

【例 1.6】 对 10 名患者分别用湿式热消化-双硫腙法和硝酸-高锰酸钾冷消化法测定尿铅，问两法测得结果有无差别。用两种方法测定尿铅的结果(mol/L)如表 1-5 所示。

表 1-5　两种方法测定尿铅的结果

患者号	冷消化法	热消化法	插值 d	d^2
1	2.41	2.80	−0.39	0.1521
2	12.07	11.24	0.83	0.6889
3	2.90	3.04	−0.14	0.0196
4	1.64	1.83	−0.19	0.0361
5	2.75	1.88	0.87	0.7569
6	1.06	1.45	−0.39	0.1521
合计			$\sum_{d=1}^{n} d = 0.58$	$\sum_{d=1}^{n} d^2 = 2.1182$

解：

(1) 建立假设，确定检验水准。

$$H_0: \mu_d = 0, \quad H_1: \mu_d \neq 0, \quad \alpha = 0.05$$

(2) 计算统计量 t 值

$$t = \frac{\bar{d} - \mu_d}{S_{\bar{d}}} = \frac{\bar{d}}{S_{\bar{d}}}$$

先计算差值 d 及 d^2(如表 1-5 所示)，得 $\sum_{d=1}^{n} d = 0.58$，$\sum_{d=1}^{n} d^2 = 2.1182$。

$$\bar{d} = \frac{\sum_{d=1}^{n} d}{n} = \frac{0.58}{10} = 0.058$$

$$S_d = \sqrt{\frac{\sum_{d=1}^{n} d^2 - \frac{\left(\sum_{d=1}^{n} d\right)^2}{n}}{n-1}} = \sqrt{\frac{2.1182 - \frac{(0.58)^2}{10}}{10-1}} = 0.4813$$

$$S_{\bar{d}} = \frac{S_d}{\sqrt{n}} = \frac{0.4813}{3.162} = 0.1522$$

$$t = \frac{\bar{d}}{S_{\bar{d}}} = \frac{0.058}{0.1522} = 0.381$$

(3) 确定 P 值，做出推论。

$\nu=n-1=10-1=9$，查 t 界值表，得双侧 $t_{0.05/2,9}=2.262$，本例 $t<t_{0.05/2,9}$，$P>0.05$。按 $\alpha=0.05$ 水准，不拒绝 H_0，不能认为两法测定尿铅结果有差别。

1.6.5 卡方检验

卡方检验主要应用于计数数据的分析，对于总体的分布不做任何假设，因此它属于非参数检验法中的一种。它由统计学家皮尔逊推导。理论证明，实际观察次数(f_o)与理论次数(f_e，又称期望次数)之差的平方再除以理论次数所得的统计量，近似服从卡方分布，可表示如下。

$$\chi^2 = \sum_{f=1}^{n} \frac{(f_o - f_e)^2}{f_e} \sim \chi^2(n)$$

这是卡方检验的原始公式，其中当 f_e 越大，近似效果越好。显然 f_o 与 f_e 相差越大，卡方值就越大；f_o 与 f_e 相差越小，卡方值就越小；因此它能够用来表示 f_o 与 f_e 相差的程度。根据这个公式，可认为卡方检验的一般问题是要检验名义型变量的实际观测次数和理论次数分布之间是否存在显著差异。

一般用卡方检验方法进行统计检验时，要求样本容量不宜太小，理论次数≥5，否则需要进行校正。如果个别单元格的理论次数小于 5，处理方法有以下 4 种。

(1) 单元格合并法。

(2) 增加样本数。

(3) 去除样本法。

(4) 使用校正公式。

当某一期望次数小于 5 时，应该利用校正公式计算卡方值。公式如下。

$$\chi^2 = \sum_{f=1}^{n} \frac{(|f_o - f_e| - 0.5)^2}{f_e}$$

卡方检验的应用包括如下两种情况。

1. 独立性检验

独立性检验主要用于两个或两个以上因素多项分类的计数资料分析，也就是研究两类变量之间的关联性和依存性问题。如果两变量无关联即相互独立，说明对于其中一个变量而言，另一变量多项分类次数上的变化是在无差范围之内；如果两变量有关联即不独立，说明二者之间有交互作用存在。独立性检验一般采用列联表的形式记录观察数据，列联表是由两个以上的变量进行交叉分类的频数分布表，是用于提供基本调查结果的最常用形式，可以清楚地表示定类变量之间是否相互关联。又可具体分为如下两种检验。

1) 四格表的独立性检验

四格表的独立性检验又称为 2×2 列联表的卡方检验。四格表资料的独立性检验用于进行两个率或两个构成比的比较，是列联表的一种最简单的形式，如表 1-6 所示。

表 1-6 列联表

组　别	1	2	总　计
1	a	b	$a+b$
2	c	d	$c+d$
总计	$a+c$	$b+d$	$N=a+b+c+d$

(1) 专用公式。若四格表资料 4 个格子的频数分别为 a、b、c 和 d，则四格表资料卡方检验的卡方值为：

$$N \cdot \frac{(ad - bc)^2}{(a+b)(c+d)(a+c)(b+d)}，自由度\ v = 1。$$

(2) 适应条件。要求样本含量应大于 40 且每个格子中的理论频数不应小于 5。当样本含量大于 40 但理论频数有小于 5 的情况时，卡方值需要校正，即公式 $\chi^2 = \sum_{f=1}^{n} \frac{(|f_o - f_e| - 0.5)^2}{f_e}$，当样本含量小于 40 时只能用确切概率法计算概率。

2) 行×列表资料的独立性检验

行×列表资料的独立性检验又称为 R×C 列联表的卡方检验。行×列表资料的独立性检验用于多个率或多个构成比的比较，如表 1-7 所示。

表 1-7　$R\times C$ 列联表

组　　别	1	2	…	C	总　　计
1	A_{11}	A_{12}	…	A_{1c}	m_1
2	A_{21}	A_{22}	…	A_{2C}	m_2
…	…	…	…	…	…
R	A_{R1}	A_{R2}	…	A_{RC}	m_R
总计	n_1	n_2	…	n_C	N

(1) 专用公式。R 行、C 列表资料卡方检验的卡方值如下。

$$N \times \left(\sum_{i=1}^{R} \sum_{j=1}^{C} \frac{A_{ij}^2}{m_i n_j} - 1 \right)$$

(2) 应用条件。要求每个格子中的理论频数 T 均大于 5 或 $1<T<5$ 的格子数不超过总格子数的 1/5。当有 $T<1$ 或 $1<T<5$ 的格子较多时，可采用并行并列、删行删列、增大样本含量的办法使其符合行×列表资料卡方检验的应用条件。多个率的两两比较可采用行×列表分割的办法。独立性检验的理论频数的计算公式如下。

$$f_e = \frac{f_{xi} \cdot f_{yi}}{N}$$

式中，f_{xi} 表示横行各组实际频数的总和；f_{yi} 表示纵列各组实际频数的总和；N 表示样本容量的总和。

【例 1.7】 为了解男女在公共场所禁烟上的态度，随机调查 100 名男性和 80 名女性。男性中有 58 人赞成禁烟，42 人不赞成；而女性中则有 61 人赞成，19 人不赞成，如表 1-8 所示。那么，是否可认为男女在公共场所禁烟的问题所持态度不同？

表 1-8　男女禁烟态度表

	赞　　成	不　赞　成	行　总　和
男性	$fo_{11}=58$	$fo_{12}=42$	$R_1=100$
女性	$fo_{21}=62$	$fo_{22}=18$	$R_2=80$
列总和	$C_1=120$	$C_2=60$	$T=180$

解：

(1) 提出零假设 H_o：男女对公共场所禁烟的态度没有差异。

(2) 确定自由度为(2－1)×(2－1)＝1，选择显著水平 α＝0.05。

(3) 求解男女对在公共场合抽烟的态度的期望值，这里采用所在行列的合计值的乘积除以总计值来计算每一个期望值(如表1-9中：66.7＝120×100/180)。

表1-9　男女禁烟结果表

	赞　成	不赞成	行总和
男性	$fo_{11}=58$	$fo_{12}=42$	$R_1=100$
	$Fe_{11}=66.7$	$Fe_{12}=33.3$	
女性	$fo_{21}=62$	$fo_{22}=18$	$R_2=80$
	$Fe_{21}=53.3$	$Fe_{22}=26.7$	
列总和	$C_1=120$	$C_2=60$	$T=180$

$$\chi^2=\sum_{i=1}^{2}\sum_{j=1}^{2}\frac{(f_{oij}-F_{eij})^2}{F_{eij}}$$

$$=\frac{(58-66.7)^2}{66.7}+\frac{(42-33.3)^2}{33.3}+\frac{(62-53.3)^2}{53.3}+\frac{(18-26.7)^2}{26.7}$$

$$=7.61$$

$$\mathrm{d}f=(\text{行数}-1)(\text{列数}-1)=1$$

$$\chi^2_{0.05}(1)=3.84$$

$$\chi^2>\chi^2_{0.05}(1)$$

因此拒绝零假设，即男女对公共场所禁烟的态度有显著差异。

【例1.8】　某机构欲了解现在性别与收入是否有关，他们随机抽样500人，询问对此的看法，结果分为"有关、无关、不好说"3种答案，调查结果如表1-10所示。

表1-10　性别与收入关系调查结果表

性　别	有　关	无　关	不知道	合　计
男	120	60	50	260
女	100	110	60	240
合计	220	170	110	500

解：

(1) 零假设 H_o：性别与收入无关。

(2) 确定自由度为(3－1)×(2－1)＝2，选择显著水平 α＝0.05。

(3) 利用卡方统计量计算公式计算统计量。

$$\chi^2=\sum\frac{(f_o-f_e)^2}{f_e}=21.467>\chi^2(2)=5.991$$

故拒绝零假设，即认为性别与收入有关。

2. 拟合性检验

卡方检验能检验单个多项分类名义型变量各分类间的实际观测次数与理论次数之间是

否一致的问题，这里的观测次数是根据样本数据得到的实计数，理论次数则是根据理论或经验得到的期望次数。这一类检验称为拟合性检验。其自由度通常为分类数减去1，理论次数通常根据某种经验或理论。

【例 1.9】 随机抽取60名高一学生，问他们文理要不要分科，回答赞成的39人，反对的21人，问对分科的意见是否有显著的差异？

解：

(1) 提出零假设 H_o：学生们对文理分科的意见没有差异。

(2) 分析：如果没有显著的差异，则赞成与反对的各占一半，因此是一个无差假设的检验，于是理论次数为60/2=30，代入公式：

$$\chi^2 = \sum \frac{(f_o - f_e)^2}{f_e} = \frac{(39-30)^2}{30} + \frac{(21-30)^2}{30} = 54 > \chi^2_{0.05}(1) = 3.84$$

所以拒绝原假设，认为对于文理分科，学生们的态度是有显著差异的。

【例 1.10】 某大学二年级的公共体育课是球类课，根据自己的爱好，学生只需要在篮球、足球和排球3种课程中选择一种。据以往的统计，选择这3种课程的学生人数是相等的。今年开课前对90名学生进行抽样调查，选择篮球的有39人，选择足球的28人，选择排球的23人，如表1-11所示。那么，今年学生对3种课程选择的人数比例与以往是否不同？

表 1-11　篮球足球排球选择情况表

	篮　球	足　球	排　球
观察次数(fo)	39	28	23
期望次数(fe)	30	30	30

解：

提出零假设 H_o：选择3种课程的学生比例与以往没有差异。

$$df = 2$$

$$\chi^2_{0.05}(2) = 5.99$$

$$\chi^2 < \chi^2_{0.05}(2)$$

$$\chi^2 = \sum \frac{(f_{oi} - f_{ei})^2}{f_{ei}} = \frac{(39-30)^2}{30} + \frac{(28-30)^2}{30} + \frac{(23-30)^2}{30} = 4.46$$

因为4.46<5.99，所以接受原假设，即选择3种课程的学生比例与以往相同。

分析独立性检验与拟合性检验的异同：从表面上看，拟合性检验和独立性检验不论在列联表的形式上还是在计算卡方的公式上都是相同的，所以经常被笼统地称为卡方检验。但是两者还是存在差异的。首先，两种检验抽取样本的方法不同。如果抽样是在各类别中分别进行，依照各类别分别计算其比例，属于拟合优度检验。如果抽样时并未事先分类，抽样后根据研究内容，把入选单位按两类变量进行分类，形成列联表，则是独立性检验。其次，两种检验假设的内容有所差异。拟合优度检验的原假设通常是假设各类别总体比例等于某个期望概率，而独立性检验中原假设则假设两个变量之间独立。最后，期望频数的计算不同。拟合优度检验是利用原假设中的期望概率，用观察频数乘以期望概率，直接得到期望频数；独立性检验中两个水平的联合概率是两个单独概率的乘积。

1.7 常用的大数据挖掘评估方法

混淆矩阵是用来反映某一个分类模型的分类结果的，其中行代表的是真实的类，列代表的是模型预测的分类。具体模型如表 1-12 所示。

表 1-12 混淆矩阵模型表

	预测类 1	预测类 2	…	预测类 n
真实类 1	a_{11}	a_{12}	…	a_{1n}
真实类 2	a_{21}	a_{22}	…	a_{2n}
…	…	…	…	…
真实类 n	a_{n1}	a_{n2}	…	a_{nn}

其中，a_{ij} 表示真实类为类 i 被预测为类 j 的数目。对于二分类问题，其混淆矩阵可以表示如表 1-13 所示。

表 1-13 二分类混淆模型表

<table>
<tr><td colspan="2" rowspan="2">Confusion Matrix</td><td colspan="2">Predicted</td></tr>
<tr><td>Negative</td><td>Positive</td></tr>
<tr><td rowspan="2">Actual</td><td>Negative</td><td>TN</td><td>TP</td></tr>
<tr><td>Positive</td><td>FN</td><td>TP</td></tr>
</table>

其中，TP(true positive)表示样本的真实类别为正，最后的预测类别为正；FP(false positive)表示样本的真实类别为负，最后的预测类别为正；FN(false negative)表示样本的真实类别为正，最后的预测类别为负；TN(true negative)表示样本的真实类别为负，最后的预测类别为负。即：

真正率(True Positive Rate，TPR)也称为灵敏度(sensitivity)：$\mathrm{TPR}=\dfrac{\mathrm{TP}}{\mathrm{TP}+\mathrm{FN}}$

假负率(False Negative Rate，FNR)：$\mathrm{FNR}=\dfrac{\mathrm{FN}}{\mathrm{TP}+\mathrm{FN}}$

假正率(False Positive Rate，FPR)：$\mathrm{FPR}=\dfrac{\mathrm{FP}}{\mathrm{FP}+\mathrm{TN}}$

真负率(True Negative Rate，TNR)也称为特异度(specificity)：$\mathrm{TNR}=\dfrac{\mathrm{TN}}{\mathrm{FP}+\mathrm{TN}}$

分类方法的评估指标有：

精确度(Precision)：$P=\dfrac{\mathrm{TP}}{\mathrm{TP}+\mathrm{FP}}$

召回率(Recall)：$R=\mathrm{TPR}=\dfrac{\mathrm{TP}}{\mathrm{TP}+\mathrm{FN}}$

***F*-score**：$F=\dfrac{2\times P\times R}{P+R}$

准确率(Accuracy)：$A=\dfrac{\mathrm{TP}+\mathrm{TN}}{\mathrm{TP}+\mathrm{TN}+\mathrm{FP}+\mathrm{FN}}$

ROC(Receiver Operating Characteristic,受试者工作特征曲线,又称感受性曲线)曲线：以 FPR 为横坐标，TPR 为纵坐标的曲线。在二分类问题中,实例的值往往是连续值,通过设定一个阈值将实例分为正类或负类。不同的阈值对应不同的分类,同时一个阈值对应于一个 FPR 及 TPR,并对应于 ROC 空间中的一个点 P,当阈值连续变化时,P 点也随即移动,最终绘成 ROC 曲线。

ROC 良好地刻画了不同阈值对样本的分辨能力,也同时反映出对正例和对反例的分辨能力,方便使用者根据实际需求选用合适的阈值。一个好的分类模型要求 ROC 曲线尽可能靠近图形的左上角。

AUC(Area Under ROC Curve,ROC 曲线下的面积)：ROC 曲线与横坐标轴所围区域的面积。通常取 0.5 到 1.0 之间的值,其值越大代表分类模型的性能越好。

【例 1.11】 假设我们有一个由 100 名体操运动员、100 名 NBA 篮球运动员及 100 名马拉松运动员的属性构成的数据集。利用某种分类方法进行评估,其混淆矩阵如表 1-14 所示。

表 1-14　运动员混淆矩阵表

	体操运动员	篮球运动员	马拉松运动员
体操运动员	83	0	17
篮球运动员	0	92	8
马拉松运动员	9	16	85

由混淆矩阵可知：有 83 个体操运动员被正确分类,但是却有 17 个被错分为马拉松运动员；92 个篮球运动员被正确分类,但是却有 8 个被错分为马拉松运动员；85 名马拉松运动员被正确分类,但是却有 9 个人被错分为体操运动员,还有 16 个人被错分为篮球运动员。

【例 1.12】 如有 150 个样本数据,这些数据分 3 类,每类 50 个。利用某种分类方法进行评估其混淆矩阵如表 1-15 所示。

表 1-15　样本数据混淆矩阵表

	预测类 1	预测类 2	预测类 3
真实类 1	43	5	2
真实类 2	2	45	3
真实类 3	0	1	49

由混淆矩阵可知：有 43 个类 1 中的数据被正确分类,但是却有 5 个被错分为类 2；2 个被错分为类 3；45 个类 2 中的数据被正确分类,但是却有 2 个被错分为类 1,3 个被错分为类 3；49 个类 3 中的数据被正确分类,但是却有 1 个人被错分为类 2。

1.8　大数据平台相关技术

1.8.1　分布式存储技术

与集中式存储技术不同,分布式存储技术并不是将数据存储在某个或多个特定的结点上,而是通过网络使用企业中的每台机器上的磁盘空间,并将这些分散的存储资源构成一个虚拟的存储设备,数据分散的存储在企业的各个角落。分布式存储系统具有如下几个特性。

(1) 可扩展。分布式存储系统可以扩展到几百台甚至几千台的集群规模,而且随着集群规模的增长,系统整体性能表现为线性增长。

(2) 低成本。分布式存储系统的自动容错、自动负载均衡机制使其可以构建在普通PC机之上。另外,线性扩展能力也使得增加、减少机器非常方便,可以实现自动运维。

(3) 高性能。无论是针对整个集群还是单台服务器,都要求分布式存储系统具备高性能。

(4) 易用性。分布式存储系统需要能够提供易用的对外接口,另外,也要求具备完善的监控、运维工具,并能够方便地与其他系统集成,例如,从Hadoop云计算系统导入数据。

分布式存储系统的挑战主要在于数据、状态信息的持久化,要求在自动迁移、自动容错、并发读写的过程中保证数据的一致性。分布式存储系统的关键问题如下。

(1) 数据分布。如何将数据分布到多台服务器才能够保证数据分布均匀?数据分布到多台服务器后如何实现跨服务器读写操作?

(2) 一致性。如何将数据的多个副本复制到多台服务器,即使在异常情况下,也能够保证不同副本之间的数据一致性?

(3) 容错。如何检测到服务器故障?如何自动地将出现故障的服务器上的数据和服务迁移到集群中其他服务器?

(4) 负载均衡。新增服务器和集群正常运行过程中如何实现自动负载均衡?数据迁移的过程中如何保证不影响已有服务?

(5) 事务与并发控制。如何实现分布式事务?如何实现多版本并发控制?

(6) 易用性。如何设计对外接口使得系统容易使用?如何设计监控系统并将系统的内部状态以方便的形式暴露给运维人员?

(7) 压缩/解压缩。如何根据数据的特点设计合理的压缩/解压缩算法?如何平衡压缩算法节省的存储空间和消耗的CPU计算资源?

按照结构化程度来划分,数据大致分为结构化数据、非结构化数据和半结构化数据。下面分别介绍这3种数据如何分布式存储。

1. 结构化数据

所谓结构化数据是一种用户定义的数据类型,它包含了一系列的属性,每一个属性都有一个数据类型,存储在关系数据库里,可以用二维表结构来表达实现的数据。大多数系统都有大量的结构化数据,一般存储在Oracle或SQL Server等关系型数据库中,当系统规模大到单一结点的数据库无法支撑时,一般有两种方法:垂直扩展与水平扩展。

(1) 垂直扩展。

垂直扩展比较好理解,简单地来说,就是按照功能切分数据库,将不同功能的数据存储在不同的数据库中,这样一个大数据库就被切分成多个小数据库,从而达到了数据库的扩展。一个架构设计良好的应用系统,其总体功能一般是由很多个松耦合的功能模块所组成的,而每一个功能模块所需要的数据对应到数据库中就是一张或多张表。各个功能模块之间交互越少、越统一,系统的耦合度越低,这样的系统就越容易实现垂直切分。

(2) 水平扩展。

简单地来说,可以将数据的水平切分理解为按照数据行来切分,就是将表中的某些行切分到一个数据库中，而另外的某些行又切分到其他的数据库中。为了能够比较容易地判断各行数据切分到了哪个数据库中，切分总是需要按照某种特定的规则来进行的，如按照某个数字字段的范围，某个时间类型字段的范围，或者某个字段的 hash 值。

垂直扩展与水平扩展各有优缺点，一般一个大型系统会将水平与垂直扩展结合使用。

2. 非结构化数据

相对于结构化数据而言，不方便用数据库二维逻辑表来表现的数据即称为非结构化数据，包括所有格式的办公文档、文本、图片、XML、HTML、各类报表、图像和音频/视频信息等。分布式文件系统是实现非结构化数据存储的主要技术，谷歌文件系统（Google File System，GFS）是最常见的分布式文件系统之一。GFS 将整个系统分为三类角色：Client（客户端）、Master（主服务器）和 Chunk Server（数据块服务器）。

(1) Client（客户端）。

Client 是 GFS 提供给应用程序的访问接口，它是一组专用接口，以库文件的形式提供，应用程序可直接调用这些库函数，并与该库链接在一起。

(2) Master（主服务器）。

Master 是 GFS 的管理结点，主要存储与数据文件相关的元数据，而不是 Chunk（数据块）。元数据包括命名空间（Name Space），也就是整个文件系统的目录结构，一个能将 64 位标签映射到数据块的位置及其组成文件的表格，Chunk 副本位置信息和哪个进程正在读写特定的数据块等。另外，Master 结点会周期性地接收从每个 Chunk 结点来的更新（Heart-beat），以使元数据保持最新状态。

(3) Chunk Server（数据块服务器）。

负责具体的存储工作，用来存储 Chunk。GFS 将文件按照固定大小进行分块，默认是 64MB，每一块称为一个 Chunk（数据块），每一个 Chunk 以 Block 为单位进行划分，大小为 64KB，每个 Chunk 有一个唯一的 64 位标签。GFS 采用副本的方式实现容错，每一个 Chunk 有多个存储副本（默认为 3 个）。Chunk Server 的个数可有多个，它的数目直接决定了 GFS 的规模。

3. 半结构化数据

半结构化数据是介于完全结构化数据（如关系型数据库、面向对象数据库中的数据）和完全无结构的数据（如声音、图像文件等）之间的数据，半结构化数据模型具有一定的结构性，但较之传统的关系和面向对象的模型更为灵活。半结构数据模型完全不基于传统数据库模式的严格概念，这些模型中的数据都是自描述的。由于半结构化数据没有严格的 schema 定义，所以不适合用传统的关系型数据库进行存储，适合存储这类数据的数据库被称作 NoSQL 数据库。

NoSQL 数据库被称作下一代的数据库，具有非关系型、分布式、轻量级、支持水平扩展且一般不保证遵循 ACID[①] 原则的数据储存系统。NoSQL 其实是具有误导性的别名，称作 Non-Relational Database（非关系型数据库）更为恰当。所谓“非关系型数据库”指的是以下几点。

(1) 使用松耦合类型、可扩展的数据模式来对数据进行逻辑建模（Map，列，文档，图表

① ACID 原则是数据库事务正常执行的四个，分别指原子性、一致性、独立性及持久性。

等)，而不是使用固定的关系模式元组来构建数据模型。

(2) 以遵循于CAP定理(能保证在一致性、可用性和分区容忍性三者中达到任意两个)的跨多结点数据分布模型而设计，支持水平伸缩。这意味着对于多数据中心和动态供应(在生产集群中透明地加入/删除结点)的必要支持，也即弹性(Elasticity)。

(3) 拥有在磁盘或内存中，或者在这两者中都有的，对数据持久化的能力，有时候还可以使用可热插拔的定制存储。

(4) 支持多种的Non-SQL接口(通常多于一种)，以便进行数据访问。

1.8.2 分布式任务调度技术

分布式调度的基本目标是尽快地得到计算结果和有效地利用资源。具体地来说，调度算法的目标有以下两个。

(1) 负载平衡(load balancing)。它的努力目标是维持整个分布式系统中各个资源上的负载大致相同。

(2) 负载共享(load sharing)。它的目标仅仅是防止某个处理机上的负载过重。相对来说，负载共享的目标要比负载平衡的目标容易达到。负载平衡的主要目的是提高整个系统的流量，而负载共享的主要目标是缩短特定程序的执行时间。

如图1-5所示，按照不同的划分标准，调度算法可以分为以下几种不同的类型。

(1) 静态调度算法是调度之前制定好的调度策略，调度过程中按照预先制定的策略进行调度，调度过程中不考虑当前各服务器、网关或链路的实际负载情况及可负载的能力。由于调度不随着当前的负载情况改变而改变，因此称为静态调度算法。算法特点是实现简单、调度快捷。动态调度算法与之相反，它是在决策时刻根据逐步获得的信息不断地更新调度，调度过程要动态考虑机器的负载均衡问题，与静态调度算法相比，该类算法比较复杂，但负载均衡较好。

(2) 从调度算法的有效性来看，调度算法分为**最优调度算法和次优调度算法**。为了实现最优调度算法，调度者必须获得所有进程的状态信息和系统中所有相关的可用信息。最优性常用执行时间、资源利用率、系统流量以及这些参数的某种综合来进行评价。一般来说，最优调度是一个NP完全性问题。所以在实际的系统中，常采用次优的调度算法。

次优的调度算法分为两类：**近似的次优调度算法**和**启发式的次优调度算法**。近似的次优调度常和最优调度使用相同的算法，但是近似的次优调度不搜索这个算法的所有解空间，而是在这个算法的解空间中的一个子集中搜索，目的是尽快地找到一个较好的解。而最优调度则是搜索这个算法的整个解空间，目的是获得最好的解。使用近似的次优调度算法必须能够判定所得到的解是否是可以被接受的，也就是说，必须能够确定最优解和次优解之间的近似程度。启发式的次优调度算法常使用比较简明的规则和一些直觉的规则来进行调度。这些启发式的规则往往是不能证明其正确性，但是在绝大多数的情况下是能够被接受的。

(3) 集中式调度是在系统中有一个中央调度服务员，负责搜集状态信息并做出全部调度决策。各机器周期性地向它发送状态更新报文，报告它们的负载信息；顾客向它发送远程执行请求。中央调度服务员根据负载情况，建立一个主机候选者的有序表，依次选择主机，对顾客的远程执行请求进行响应。使用中央调度服务员查询状态会减少报文传送数目，但是因为机器由于本地活动可以在任何时间改变其负载,所以将产生状态信息过时的问题。而在全分散式调度中,每个机器自己进行选择活动。它必须不断地记录整个系统状态或者当需要时查询系统状态信息,在前一种情况下,每个机器(即使是忙碌的机器)要定期地产生更新报文并向其他主机广播(公布),而每个主机中维持一个主机状态表。在后一种情况下,只有对主机选择有兴趣的那些主机才关心状态信息(查询)。采用查询方法,即每个需要获得空闲主机的顾客机发送查询报文请求得到当前状态信息,请求中包括所需资源的说明。该顾客从所有愿意成为候选主机的机器那里得到回答,并从中选取一个最合适的机器。

1.8.3 并行计算技术

1. 并行计算技术分类

并行计算技术发展至今,出现了不同的技术和方法,同时也出现了不同的分类方法,包括按指令和数据处理方式的 Flynn 分类、按存储访问结构的分类、按系统类型的分类、按应用的计算特征的分类、按并行程序设计方式的分类。

1) Flynn 分类法

1966 年,斯坦福大学教授 Michael J. Flynn 提出了经典的计算机结构分类方法,从最抽象的指令和数据处理方式进行分类,通常称为 Flynn 分类。Flynn 分类法是从两种角度进行分类,一是依据计算机在单个时间点能够处理的指令流的数量;二是依据计算机在单个时间点能够处理的数据流的数量。任何给定的计算机系统均可以依据处理指令和数据的方式进行分类。图 1-5 所示为 Flynn 分类下的几种不同的计算模式。

图 1-5 Flynn 分类下的计算模式

(1) 单指令流单数据流(Single Instruction stream and Single Data stream,SISD)。SISD 是传统串行计算机的处理方式,硬件不支持任何并行方式,所有指令串行执行。在一个时钟周期内,处理器只能处理一个数据流。很多早期计算机均采用这种处理方式,例如,最初的 IBM PC。

(2) 单指令流多数据流(Single Instruction stream and Multiple Data stream,SIMD)。SIMD 采用一个指令流同时处理多个数据流。最初的阵列处理机或者向量处理机都具备这种处理能力。计算机发展至今,几乎所有计算机都以各种指令集形式实现 SIMD。较为常用的有,Intel 处理器中实现的 MMXTM、SSE(Streaming SIMD Extensions)、SSE2、SSE3、SSE4 及 AVX(Advanced Vector Extensions)等向量指令集。这些指令集都能够在单个时钟周期内处理多个存储在寄存器中的数据单元。SIMD 在数字信号处理、图像处理、多媒体信息处理及各种科学计算领域有较多的应用。

(3) 多指令流单数据流(Multiple Instruction stream and Single Data stream,MISD)。MISD 采用多个指令流处理单个数据流。这种方式实际很少出现,一般只作为一种理论模型，并没有投入到实际生产和应用中。

(4) 多指令流多数据流(Multiple Instruction Stream and Multiple Data Stream, MIMD)。MIMD能够同时执行多个指令流，这些指令流分别对不同数据流进行处理。这是目前最流行的并行计算处理方式。目前较常用的多核处理器以及Intel最新推出的众核处理器都属于MIMD的并行计算模式。

2) 按存储访问结构分类

按存储访问结构，可将并行计算分为以下几类。

(1) 共享内存访问结构(Shared Memory Access)。即所有处理器通过总线共享内存的多核处理器，也称为UMA结构(Uniform Memory Access，一致性内存访问结构)。SMP(Symmetric Multi-Processing，对称多处理器系统)即为典型的内存共享式的多核处理器构架。图1-6即为共享内存访问结构示意图。

(2) 分布式内存访问结构(distributed memory access)。如图1-7所示为分布式内存访问结构的示意图，其中各个分布式处理器使用本地独立的存储器。

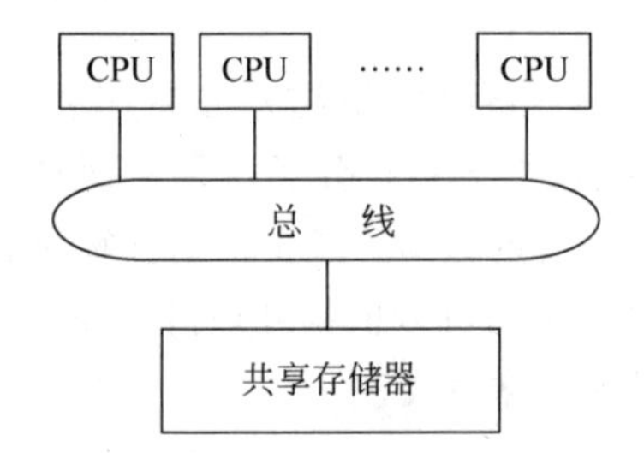

图1-6 共享内存访问结构

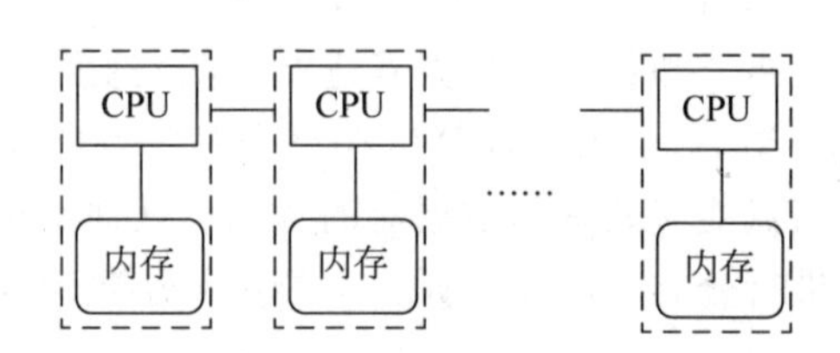

图1-7 分布式内存访问结构

(3) 分布共享式内存访问结构(distributed and shared memory access)。这是一种混合式的内存访问结构。如图1-8所示，各个处理器分别拥有独立的本地存储器，同时再共享访问一个全局的存储器。

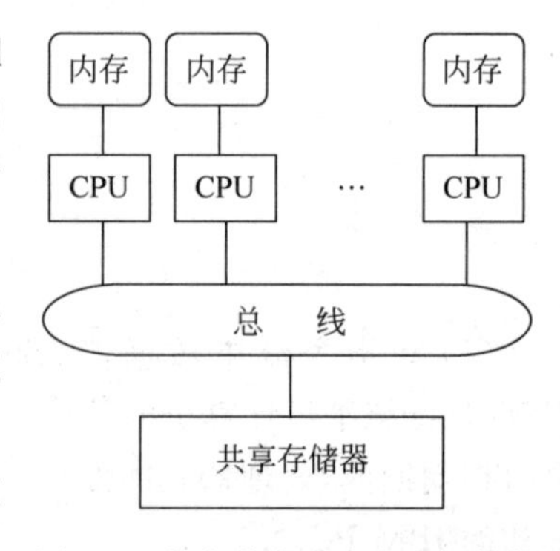

图1-8 分布共享式内存访问结构

分布式内存访问结构和分布共享式内存访问结构也称为NUMA结构(Non-Uniform Memory Access，非一致内存访问结构)。在多核情况下，这种内存访问架构可以充分扩展内存带宽，减少内存冲突开销，提高系统扩展性和计算性能。

2. 主要技术问题

依赖于所采用的并行计算体系结构，不同类型的并行计算系统在硬件构架、软件构架和并行算法方面会涉及不同的技术问题，但概括起来，主要包括以下技术问题。

(1) 多处理器/多结点网络互连技术

对于大型的并行处理系统，网络互连技术对处理器能力影响很大。典型的网络互连结构包括共享总线连接、交叉开关矩阵、环形结构、Mesh网络结构和互联网络结构等。

(2) 存储访问体系结构

存储访问体系结构主要研究不同的存储结构以及在不同存储结构下的特定技术问题，包括共享数据访问与同步控制、数据通信控制和结点计算同步控制、Cache的一致性、数据访问/通信的时间延迟等技术问题。

(3) 分布式数据与文件管理

并行计算的一个重要问题是,在大规模集群环境下,如何解决大规模数据的存储和访问管理问题。在大规模集群环境下,解决大数据分布存储管理和访问问题非常关键,尤其是数据密集型并行计算,数据的存储访问对并行计算的性能至关重要。目前比较理想的解决方法是提供分布式数据和文件管理系统,代表性的系统有 Google GFS(Google File System)、Lustre、HDFS(Hadoop Distributed File System)等。这些分布式文件系统各有特色,适用于不同领域。

(4) 并行计算的任务划分和算法设计

并行计算的任务分解和算法设计需要考虑的是如何将大的计算任务分解成子任务,继而分配给各结点或处理器并行处理,最终收集局部结果进行整合。一般有算法分解和数据划分两种并行计算形式,尤其是算法分解,可有多种不同的实现方式。

(5) 并行程序设计模型和语言

根据不同的硬件构架,不同的并行计算系统可能需要不同的并行程序设计模型、方法和语言。目前主要的并行程序设计语言和方法包括共享内存式并行程序设计、消息传递式并行程序设计、MapReduce 并行程序设计以及近年来出现的满足不同大数据处理需求的其他并行计算和程序设计方法。而并行程序设计语言通常可以有不同的实现方式,包括:语言级扩充(即使用编译指令在普通的程序设计语言中增加一些并行化编译指令,如 OpenMP 提供 C、C++、Fortran 语言扩充)、并行计算库函数与编程接口(使用函数库提供的并行计算编程接口,如 MPI(Message Passing Interface,消息传递接口)、CUDA(Compute Unified Device Architecture,计算的统一装置结构)等)以及能提供诸多自动化处理能力的并行计算软件框架(如 Hadoop MapReduce 并行计算框架等)。

(6) 并行计算软件框架设计和实现

现有的 OpenMP、MPI、CUDA 等并行程序设计方法需要程序员考虑数据存储管理、数据和任务划分、任务的调度执行、数据同步和通信、结果收集、出错恢复处理等几乎所有技术细节,非常繁琐。为了进一步地提升并行计算程序的自动化并行处理能力,编程时应该尽量地减少程序员对很多系统底层技术细节的考虑,使得编程人员能从底层细节中解放出来,更专注于应用问题本身的计算和算法实现。目前已发展出多种具有自动化并行处理能力的计算软件框架,如 Google MapReduce 和 Hadoop MapReduce 并行计算软件框架,以及近年来出现的以内存计算为基础、能提供多种大数据计算模式的 Spark 系统等。

(7) 数据访问和通信控制

并行计算目前存在多种存储访问体系结构,包括共享存储访问结构、分布式存储访问结构以及分布共享式存储访问结构。不同存储访问结构下需要考虑不同的数据访问、结点通信以及同步控制等问题。例如,在共享存储访问结构系统中,多个处理器访问共享存储区,可能导致数据访问的不确定性,从而需要引入互斥信号、条件变量等同步机制,保证共享数据访问的正确性,同时需解决可能引起的死锁问题。而对于分布式存储访问结构系统,数据可能需要通过主结点传输到其他计算结点,由于结点间的计算速度不同,为了保证计算的同步,需要考虑计算的同步问题。

(8) 可靠性与容错性技术

对于大型的并行计算系统，经常发生结点出错或失效。因此，需要考虑和预防由于一个结点失效可能导致的数据丢失、程序终止甚至系统崩溃的问题。这就要求系统考虑良好的可靠性设计和失效检测恢复技术。通常可从两方面进行可靠性设计：一是数据失效恢复，可使用数据备份和恢复机制，当某个磁盘出错或数据损毁时，保证数据不丢失以及数据的正确性；二是系统和任务失效恢复，当某个结点失效时，需要提供良好的失效检测和隔离技术，以保证并行计算任务正常进行。

(9) 并行计算性能分析与评估

并行计算的性能评估较为常用的方式是通过加速比来体现性能提升。加速比指的是并行程序的并行执行速度相对于其串行程序执行加速了多少倍。这个指标贯穿于整个并行计算技术，是并行计算技术的核心。从应用角度出发，不论是开发还是使用，都希望一个并行计算程序能达到理想的加速比，即随着处理能力的提升，并行计算程序的执行速度也需要有相应的提升。

1.8.4 其他技术

1. 绿色节能技术

现代巨型高速计算机系统，包括云计算平台以及大型企业的计算系统，使用了数以万计的计算结点，这些巨型计算机系统运行和冷却时需要消耗巨大的电力。为了有效节能，可以使用可管理电源的硬件来动态调整电量消耗，通过建立系统能耗模型，实时调整和控制整个系统的能耗，并能够在不同负载情况执行任务时，及时地了解和衡量系统的性能信息，保证系统最小的能量消耗等。

2. 安全性问题

欧洲网络与信息安全局(ENISA)在2009年发布了《云计算：好处、风险及信息安全建议》[7]，指出了云计算可能带来的好处，并提出安全仍是云计算应用面临的首要问题。该建议认为云计算面临下列八大重要的安全风险。

(1) 用户丧失对部分安全信息的管理、控制权。

(2) 用户难以将存储在云计算提供商的数据进行迁移。

(3) 在多租户共享云计算资源的情况下，不同租户间的数据难以进行隔离，故容易混淆。

(4) 云计算提供商若不配合用户、政府或第三方监管机构将难以对提供商的行为进行监管。

(5) 用户难以知晓云计算提供商如何对数据进行处理。

(6) 云计算提供商可能不按用户要求对数据进行操作。

(7) 来自云服务提供商内部的恶意行为可能对用户造成较大损失。

(8) 用户数据在借助互联网进行传输时易被窃取或修改。

基于SOA架构理念，云安全问题可细分为物理资源层安全、资源抽象与控制层安全、资源架构层安全、开发平台层安全、应用服务层安全等5个架构层次的安全问题，针对不同架构层面的安全应有不同的保障方式和技术[8]。

3. 虚拟化技术

虚拟化技术就是指把一个物理单元虚拟成多个逻辑单元，供多个应用一起使用。这样做的主要目的是为了提高资源的使用效率并方便管理各种资源。当前的云计算模式(私有云、公有云或混合云)都需要资源的整合,统一资源为客户提供服务,这就要求系统资源具有高性能的处理能力。目前单个昂贵的服务器的处理能力利用率较低,造成了资源的浪费,虚拟化技术解决了上述问题,使服务器处理能力得到了充分的利用。虚拟化技术包括内存虚拟化、存储虚拟化、硬件虚拟化、软件虚拟化等各项技术。

1.9 大数据平台实例——阿里云数加平台

1.9.1 数加平台简介

阿里云大数据平台简称数加,创立于2009年,是中国的云计算平台,服务范围覆盖全球200多个国家和地区。阿里云致力于为企业、政府等组织机构提供最安全、可靠的计算和数据处理能力,让计算成为普惠科技和公共服务,为万物互联的DT(Data Technology,数据技术)世界提供源源不断的新能源。

数加平台由以下三大部分组成。

1. 开发套件

1) 数据开发套件

(1) 大数据开发。集成可视化开发环境,可实现数据开发、调度、部署、运维、数仓设计和数据质量管理等功能。

(2) BI(Bussiness Intelligence,商务智能)报表工具。包括海量数据的实时在线分析及丰富的可视化效果,帮助人们轻松地完成数据分析、业务探查等,所见即所得。

(3) 机器学习工具。集数据处理、特征工程、建模、离线预测为一体的机器学习平台,优质算法汇集,可视化编辑。

2) 应用开发套件

(1) 面向通用数据应用场景。提供数据应用开发的基础级工具,加速基础数据服务开发。如个性化推荐工具、数据可视化工具、快速BI站点搭建工具、规则引擎工具等。

(2) 面向行业垂直应用场景。提供行业相关性很高、适合特定场景的数据工具,如面向政府县级区域经济的可视化套件。

2. 解决方案

数加平台针对不同的业务场景,基于平台提供的开发套件与行业服务商的能力,将多方产品串联,提供行业解决方案,如敏捷BI解决方案、交通预测解决方案、智能问答机器人等。一方面客户可以自行参考解决方案,以自助的方式完成解决方案的实施;另一方面,客户也可以咨询行业服务商或者阿里云大数据平台官方,根据客户场景,提供定制化的端到端的解决方案实施。

3. 数据市场

访问网址在https://market.aliyun.com/chn/data。

除了阿里云大数据官方的数据应用,数加平台会联合合作伙伴、ISV(Independent Software Vedor,独立软件供应商)等来丰富大数据应用,打造大数据生态,以普惠大数据为使命,给用户提供更多更好的数据应用、数据API。

阿里云的服务群体中,活跃着微博、知乎、魅族、锤子科技、小咖秀等一大批明星互联网公司。在天猫双11全球狂欢节、12306春运购票等极富挑战的应用场景中,阿里云保持着良好的运行纪录。此外,阿里云广泛在金融、交通、基因、医疗、气象等领域输出一站式的大数据解决方案。

阿里云在全球各地部署高效节能的绿色数据中心,利用清洁计算支持不同的互联网应用。目前,阿里云在杭州、北京、青岛、深圳、上海、千岛湖、内蒙古、香港、新加坡、美国硅谷、俄罗斯、日本等地域设有数据中心,未来还将在欧洲、中东等地设立新的数据中心。

1.9.2 数加平台产品简介

阿里云的产品致力于提升运维效率,降低IT成本,令使用者更专注于核心业务发展。其主要产品如下。

1. 底层技术平台

阿里云独立研发的飞天开放平台(Apsara)负责管理数据中心Linux集群的物理资源,控制分布式程序运行,隐藏下层故障恢复和数据冗余等细节,从而将数以千计甚至万计的服务器联成一台"超级计算机",并且将这台超级计算机的存储资源和计算资源,以公共服务的方式提供给互联网上的用户。

2. 弹性计算

(1) 云服务器ECS(Elastic Compute Service,云服务器)

一种简单高效、处理能力可弹性伸缩的计算服务。帮助人们快速构建更稳定和安全的应用,提升运维效率,降低IT成本,使用户更专注于核心业务创新。

(2) 云引擎ACE(Ali Cloud Engine,云引擎)

一种弹性、分布式的应用托管环境,支持Java、PHP、Python、Node.js等多种语言环境。帮助开发者快速开发和部署服务端应用程序,并简化系统维护工作。搭载了丰富的分布式扩展服务,为应用程序提供强大的助力。

(3) 弹性伸缩

根据用户的业务需求和策略,自动调整其弹性计算资源的管理服务。其能够在业务增长时自动增加ECS实例,并在业务下降时自动减少ECS实例。

3. 数据库

1) 云数据库RDS(Relational Database Service,云数据库)

一种即开即用、稳定可靠、可弹性伸缩的在线数据库服务。基于飞天分布式系统和高性能存储,RDS支持MySQL、SQL Server、PostgreSQL和PPAS(高度兼容Oracle)引擎,并且提供了容灾、备份、恢复、监控、迁移等方面的全套解决方案。

(1) 开放结构化数据服务OTS(Open Cache Service,开放缓存服务)。构建在阿里云飞天分布式系统之上的NoSQL数据库服务,提供海量结构化数据的存储和实时访问。OTS以实例和表的形式组织数据,通过数据分片和负载均衡技术,实现规模上的无缝扩展。应用通过调用OTS API / SDK或者操作管理控制台来使用OTS服务。

(2) 开放缓存服务OCS(Object Storage Service,对象存储)。在线缓存服务,为热点数据的访问提供高速响应。

(3) 键值存储KVStore for Redis。兼容开源Redis协议的Key-Value类型在线存储服务。KVStore 支持字符串、链表、集合、有序集合、哈希表等多种数据类型，以及事务(Transactions)、消息订阅与发布(Pub/Sub)等高级功能。通过内存＋硬盘的存储方式，KVStore 在提供高速数据读写能力的同时，满足数据持久化需求。

(4) 数据传输。支持以数据库为核心的结构化存储产品之间的数据传输。它是一种集数据迁移、数据订阅及数据实时同步于一体的数据传输服务。数据传输的底层数据流基础设施为阿里双 11 异地双活基础架构，为数千下游应用提供实时数据流，已在线上稳定运行 3 年之久。

2) 存储与 CDN(Content Delivery Network，内容分发网络)

(1) 对象存储 OSS(Object Storage Service，对象存储服务)。阿里云对外提供的海量、安全和高可靠的云存储服务。RESTFul API 的平台无关性，容量和处理能力的弹性扩展，按实际容量付费真正使用户专注于核心业务。

(2) 归档存储。作为阿里云数据存储产品体系的重要组成部分，致力于提供低成本、高可靠的数据归档服务，适合于海量数据的长期归档和备份。

(3) 消息服务。一种高效、可靠、安全、便捷、可弹性扩展的分布式消息与通知服务。消息服务能够帮助应用开发者在他们应用的分布式组件上自由的传递数据，构建松耦合系统。

(4) CDN。内容分发网络将源站内容分发至全国所有的结点，缩短用户查看对象的延迟，提高用户访问网站的响应速度与网站的可用性，解决网络带宽小、用户访问量大、网点分布不均等问题。

3) 网络

(1) 负载均衡。对多台云服务器进行流量分发的负载均衡服务。负载均衡可以通过流量分发扩展应用系统对外的服务能力，通过消除单点故障提升应用系统的可用性。

(2) 专有网络 VPC(Virtual Private Cloud，虚拟私有云)。帮助基于阿里云构建出一个隔离的网络环境。用户可以完全掌控自己的虚拟网络，包括选择自有 IP 地址范围、划分网段、配置路由表和网关等。也可以通过专线/VPN 等连接方式将 VPC 与传统数据中心组成一个按需定制的网络环境，实现应用的平滑迁移上云。

4) 大规模计算

(1) 开放数据处理服务 MaxCompute。由阿里云自主研发，提供针对 TB/PB 级数据、实时性要求不高的分布式处理能力，应用于数据分析、挖掘、商业智能等领域。阿里巴巴的离线数据业务都运行在 ODPS 上。

(2) 采云间 DPC(Data Process Cente，采云间)。是基于开放数据处理服务(MaxCompute)的 DW/BI 的工具解决方案。DPC 提供全链路的、易于上手的数据处理工具，包括 MaxCompute IDE、任务调度、数据分析、报表制作和元数据管理等，可以大大地降低用户在数据仓库和商业智能上的实施成本，加快实施进度。天弘基金、高德地图的数据团队基于 DPC 完成他们的大数据处理需求。

(3) 批量计算。一种适用于大规模并行批处理作业的分布式云服务。批量计算可支持海量作业并发规模，系统自动地完成资源管理、作业调度和数据加载，并按实际使用量计费。批量计算广泛应用于电影动画渲染、生物数据分析、多媒体转码和金融保险分析等领域。

(4) 数据集成。阿里集团对外提供的稳定高效、弹性伸缩的数据同步平台，为阿里云大数据计算引擎(包括 MaxCompute、分析型数据库、OSPS)提供离线(批量)、实时(流式)的数据进出通道。

5) 云盾

(1) DDoS(Distributed Denial of Service,分布式拒绝服务攻击)防护服务。针对阿里云服务器在遭受大流量的 DDoS 攻击后导致服务不可用的情况下,推出的付费增值服务,用户可以通过配置高防 IP,将攻击流量引流到高防 IP,确保源站的稳定可靠。免费为阿里云上的客户提供最高 5G 的 DDoS 防护能力。

(2) 安骑士。阿里云推出的一款免费云服务器安全管理软件,主要提供木马文件查杀、防密码暴力破解、高危漏洞修复等安全防护功能。

(3) 阿里绿网。基于深度学习技术及阿里巴巴多年的海量数据支撑,提供多样化的内容识别服务,能有效地帮助用户降低违规风险。

(4) 安全网络。一款集安全、加速和个性化负载均衡为一体的网络接入产品。用户通过接入安全网络,可以缓解业务被各种网络攻击造成的影响,提供就近访问的动态加速功能。

(5) DDoS 高防 IP。针对互联网服务器(包括非阿里云主机)在遭受大流量的 DDoS 攻击后导致服务不可用的情况下,推出的付费增值服务,用户可以通过配置高防 IP,将攻击流量引流到高防 IP,确保源站的稳定可靠。

(6) 网络安全专家服务。在云盾 DDoS 高防 IP 服务的基础上,推出了安全代维托管服务。该服务由阿里云云盾的 DDoS 专家团队,为企业客户提供私家定制的 DDoS 防护策略优化、重大活动保障、人工值守等服务,让企业客户在日益严重的 DDoS 攻击下高枕无忧。

(7) 服务器安全托管。为云服务器提供定制化的安全防护策略、木马文件检测和高危漏洞检测与修复工作。当发生安全事件时,阿里云安全团队提供安全事件分析和响应,并进行系统防护策略的优化。

(8) 渗透测试服务。针对用户的网站或业务系统,通过模拟黑客攻击的方式,进行专业性的入侵尝试,评估出重大安全漏洞或隐患的增值服务。

(9) 态势感知。专为企业安全运维团队打造,结合云主机和全网的威胁情报,利用机器学习进行安全大数据分析的威胁检测平台。可让客户全面、快速、准确地感知过去、现在、未来的安全威胁。

6) 管理与监控

(1) 云监控。一个开放性的监控平台,可实时监控用户的站点和服务器,并提供多种告警方式(短信、旺旺、邮件),以保证及时预警,为用户的站点和服务器的正常运行保驾护航。

(2) 访问控制。一个稳定可靠的集中式访问控制服务。用户可以通过访问控制将阿里云资源的访问及管理权限分配给用户的企业成员或合作伙伴。

7) 应用服务

(1) 日志服务。针对日志收集、存储、查询和分析的服务。日志服务可收集云服务和应用程序生成的日志数据并编制索引,提供实时查询海量日志的能力。

(2) 开放搜索。解决用户结构化数据搜索需求的托管服务,支持数据结构、搜索排序、数据处理自由定制。开放搜索为用户的网站或应用程序提供简单、低成本、稳定和高效的搜索解决方案。

(3) 媒体转码。为多媒体数据提供的转码计算服务。它以经济、弹性和高可扩展的音视频转换方法，将多媒体数据转码成适合在PC、TV以及移动终端上播放的格式。

(4) 性能测试。全球领先的SaaS(Software as a Service，软件即服务)性能测试平台，具有强大的分布式压力测试能力，可模拟海量用户真实的业务场景，让应用性能问题无所遁形。性能测试包含两个版本，Lite版适合于业务场景简单的系统，免费使用；企业版适合于承受大规模压力的系统，同时每月提供免费额度，可以满足大部分企业客户。

(5) 移动数据分析。一款移动App数据统计分析产品，提供通用的多维度用户行为分析，支持日志自主分析，助力移动开发者实现基于大数据技术的精细化运营、提升产品质量和体验、增强用户黏性。

8) 万网服务

阿里云旗下万网域名，连续19年蝉联域名市场NO.1，近1000万个域名在万网注册。除域名外，提供云服务器、云虚拟主机、企业邮箱、建站市场和云解析等服务。2015年7月，阿里云官网与万网网站合二为一，万网旗下的域名、云虚拟主机、企业邮箱和建站市场等业务深度整合到阿里云官网，用户可以网站上完成网络创业的第一步。

1.9.3 数加平台优势特色

1. 一站式大数据解决方案

从数据导入、查找、开发、ETL①、调度、部署、建模、质量、血缘，到服务开发、发布、应用托管，以及外部数据交换的完整大数据链路，一站式集成开发环境，降低数据创新与创业成本。

2. 大数据与云计算的无缝结合

阿里云数加平台构建在阿里云云计算基础设施之上，使用大数据开发及应用套件能够流畅对接MaxCompute等计算引擎，支持云服务器ECS、云数据库RDS、分析型数据库AnalyticDB云设施下的数据同步与应用开发。

3. 企业级数据安全控制

阿里云数加平台建立在安全性在业界领先的阿里云上，并集成了最新的阿里云大数据产品。这些大数据产品的性能和安全性在阿里巴巴集团内部已经得到多年的锤炼。这些产品集成的架构经过不断迭代，目前正在为大数据安全国标工作组借鉴。在多租户的数据合作业务场景下，大数据平台采用了先进的“可用不可见”的数据合作方式，并对数据所有者提供全方位的数据安全服务，数据安全体系包括数据业务安全、数据产品安全、底层数据安全、云平台安全、接入&网络安全和运维管理安全。

1.9.4 机器学习平台简介

阿里PAI机器学习平台是构建在阿里云MaxCompute计算平台之上，集数据处理、建模、离线预测、在线预测为一体的机器学习平台。该平台为算法开发者提供了丰富的MPI、PS、BSP等编程框架和数据存取接口，孕育于阿里“数据-云-计算”生态系统，高效地配置计

① ETL：Extract-Transform-Load用来描述将数据从来源端经过抽取(extract)、转换(transform)、加载(load)至目的端的过程。

算资源，为数据赋能。它提供算法开发、分享、模型训练、部署、监控等一站式算法服务，支持处理亿万级大规模数据。用户无需编码，可以通过可视化的操作界面来操作整个实验流程，同时也支持 PAI 命令，让用户通过命令行来操作实验。平台目前整合了集团内最先进的算法，为集团内外不同用户提供算法服务。下面对平台常用专业名词进行解释。

- MaxCompute：开放数据处理服务由阿里云自主研发，提供针对 TB/PB 级数据、实时性要求不高的分布式处理能力，应用于数据分析、挖掘、商业智能等领域。
- 项目(Project)：项目(也称项目空间)是 MaxCompute 最基本的组织对象，其他对象例如，表(Table)和实例(Instance)等都归属于某个项目。
- 实验(Experiment)：实验是指阿里云机器学习平台用户搭建的数据工作流程或者数应用。用户需要先建立一个实验实例，然后在实验画布上搭建数据流程。
- MaxCompute 源表与 MaxCompute 目标表(Table)：表(Table)是 MaxCompute 中数据存储对象。与常见的关系型数据类似，MaxCompute 中的表逻辑上也是二维结构。源表指一个算法结点的输入，目标表指算法结点的输出。
- 组件(Nodes)：组件是用户可以在阿里云机器学习平台上调用执行的最小操作单元，例如，数据导入导出、数据处理、数据分析、模型训练或者预测。
- 模型(Model)：模型是特指一个算法或者机器学习训练组件产生的结果数据。模型是一类特殊的组件。
- 分区(partition)：MaxCompute 表分区。

阿里云机器学习平台的产品主要优势可以概括为以下几方面。

1. 良好的交互设计

通过拖曳的方式搭配实验，并且提供了数据模型的可视化功能，缩短了用户与数据的距离，真正实现了数据的触手可及。同时也提供了命令行工具，方便用户将算法嵌入到自身的工程中。

2. 优质、丰富的机器学习算法

平台上的机器学习算法都是经过阿里大规模业务锤炼的。从算法的丰富性角度来看，阿里云机器学习平台不仅提供了基础的聚类、回归等机器学习算法，也提供了文本分析、特征处理的算法。

3. 与阿里系的融合

使用阿里云机器学习平台计算的模型直接存储在 MaxCompute 上，可以配合其他阿里云的产品组件加以利用。

4. 优质的技术保障

阿里云机器学习算法平台的背后是阿里巴巴 IDST 的算法科学家和阿里云的技术保障团队，在使用过程中遇到任何问题都可以到工单系统提交工单或者直接与相关接口人联系。

1.9.5 机器学习平台功能

PAI 主要应用在数据挖掘场景下，即指从大量的数据中通过算法搜索隐藏于其中信息的过程。通过统计、在线分析处理、情报检索、机器学习、专家系统(依靠过去的经验法则)和模式识别等诸多方法来实现隐藏信息的探索和发现。其场景主要如下。

(1) 分类。分类可以找出这些不同种类客户之间的特征，让用户了解不同行为类别客户的分布特征，从而进行商业决策和业务活动，如在银行业，可以通过 PAI 对客户进行分类，以便进行风险评估和防控；在销售领域，可以通过对客户的细分，进行潜在客户挖掘、客户提升和交叉销售、客户挽留等。

(2) 聚类。通常“人以群分，物以类聚”，通过对数据对象划分为若干类，同一类的对象具有较高的相似度，不同类的对象相似度较低，以便人们度量对象间的相似性，发现相关性。如在安全领域，通过异常点的检测，可以发现异常的安全行为；通过人与人之间的相似性，实现团伙犯罪的发掘。

(3) 预测。通过对历史事件的学习来积累经验，得出事物间的相似性和关联性，从而对事物的未来状况做出预测。例如，预测销售收入和利润，预测用户下一个阶段的消费行为等。

(4) 关联。分析各个物品或者商品之间同时出现的几率，典型的场景如购物篮分析。例如超市购物时，顾客购买记录常常隐含着很多关联规则，如购买圆珠笔的顾客中有 65% 也购买了笔记本，利用这些规则，商场人员可以很好地规划商品摆放问题。在电商网站中，利用关联规则可以发现哪些用户更喜欢哪类的商品，当发现有类似的客户的时候，可以将其他客户购买的商品推荐给相类似的客户，以提高网站的收入。

1.9.6 机器学习平台操作流程

1. 准备工作

使用阿里云机器学习之前，打开帮助与文档（如图 1-9 所示），阅读大数据计算服务 MaxCompute 快速开始，单击准备工作，根据里面的提示到阿里云官网申请 access ID 和 access key，开通大数据计算服务 MaxCompute，根据文中提示，建立项目空间，然后确保电脑上有 JRE 1.6，便可以进行 MaxCompute 的安装了。

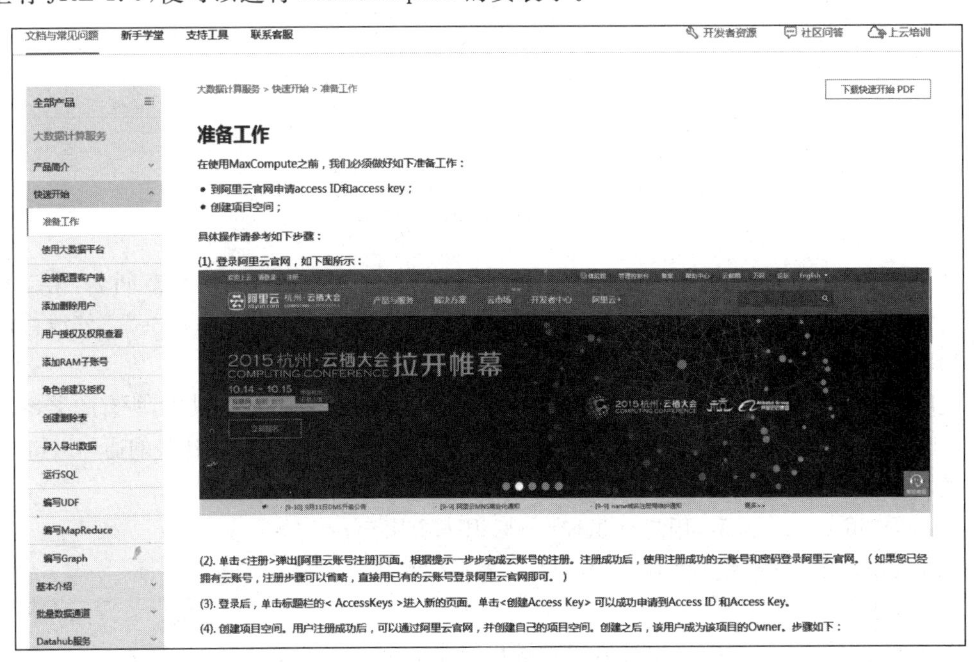

图 1-9 阿里云帮助与文档界面

单击安装配置客户端，根据里面的提示，下载客户端，然后配置环境，这里需要注意的是，Windows 10 的系统可能不兼容。

用户会在阿里云平台上看到如图 1-10 所示的界面，而实际界面如图 1-11 所示。

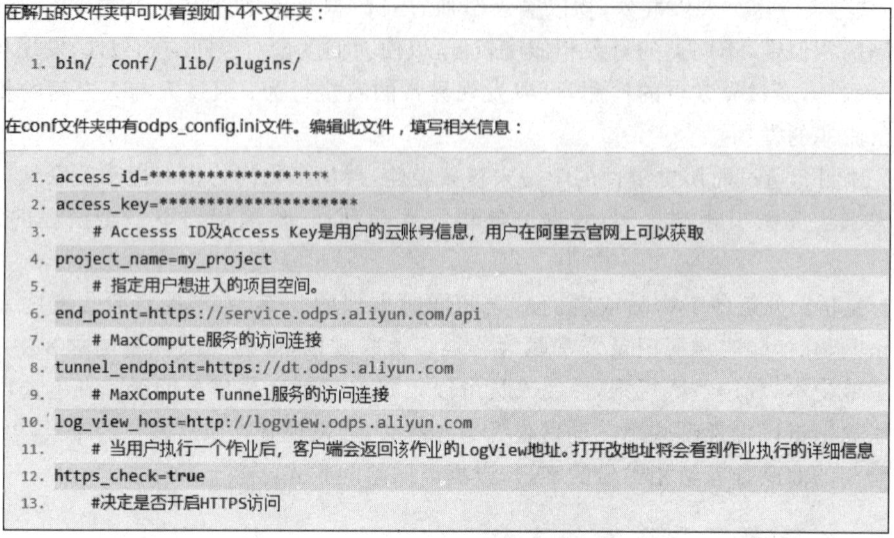

在解压的文件夹中可以看到如下4个文件夹：

```
1. bin/  conf/  lib/ plugins/
```

在conf文件夹中有odps_config.ini文件。编辑此文件，填写相关信息：

```
1. access_id=*******************
2. access_key=*********************
3.     # Accesss ID及Access Key是用户的云账号信息，用户在阿里云官网上可以获取
4. project_name=my_project
5.     # 指定用户想进入的项目空间。
6. end_point=https://service.odps.aliyun.com/api
7.     # MaxCompute服务的访问连接
8. tunnel_endpoint=https://dt.odps.aliyun.com
9.     # MaxCompute Tunnel服务的访问连接
10. log_view_host=http://logview.odps.aliyun.com
11.     # 当用户执行一个作业后，客户端会返回该作业的LogView地址。打开改地址将会看到作业执行的详细信息
12. https_check=true
13.     #决定是否开启HTTPS访问
```

图 1-10　阿里云环境配置帮助界面

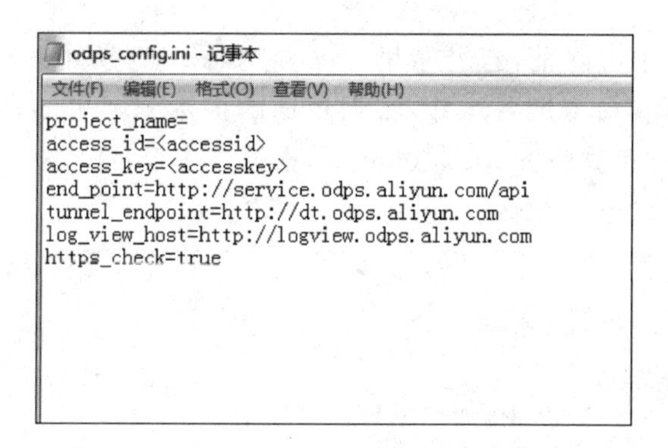
odps_config.ini - 记事本

文件(F)　编辑(E)　格式(O)　查看(V)　帮助(H)

```
project_name=
access_id=<accessid>
access_key=<accesskey>
end_point=http://service.odps.aliyun.com/api
tunnel_endpoint=http://dt.odps.aliyun.com
log_view_host=http://logview.odps.aliyun.com
https_check=true
```

图 1-11　真实环境配置界面

如图 1-11 所示，需要注意的是，第一行填的是一开始自己创建的项目空间名，第二行和第三行的“<>”需要自己删除，第四行与第五行的“http”后面需要手工添加“s”。修改好配置文件后，运行 bin 目录下的 odps，如图 1-12 所示。

这时便需要学习一些基本的平台里的类 SQL 语句，用来进行表操作，其中，所有的类 SQL 语句是不区分大小写的。表是阿里云平台存储数据的基本单位，图 1-13 为创建表的通用语句。

例如，我们创建这样一个表 user，包括如下信息。

- user_id bigint 类型，用户标识，唯一标识一个用户；
- gender bigint 类型，性别(0，未知；1，男；2，女)；
- age bigint，用户年龄。

图 1-14 便是在 odps 中的建表语句和输出结果。

使用语句“desc <表名>”，便可查看表的信息，如图 1-15 所示。

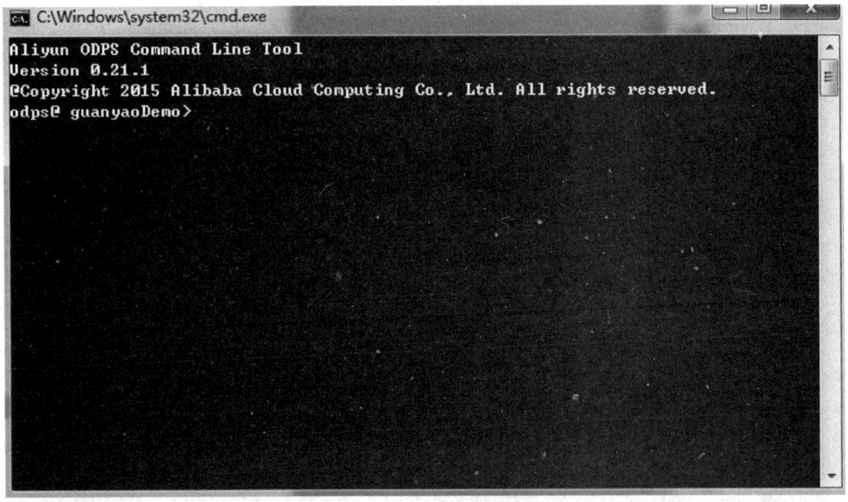

```
C:\Windows\system32\cmd.exe
Aliyun ODPS Command Line Tool
Version 0.21.1
@Copyright 2015 Alibaba Cloud Computing Co., Ltd. All rights reserved.
odps@ guanyaoDemo>
```

图 1-12 odps 操作界面

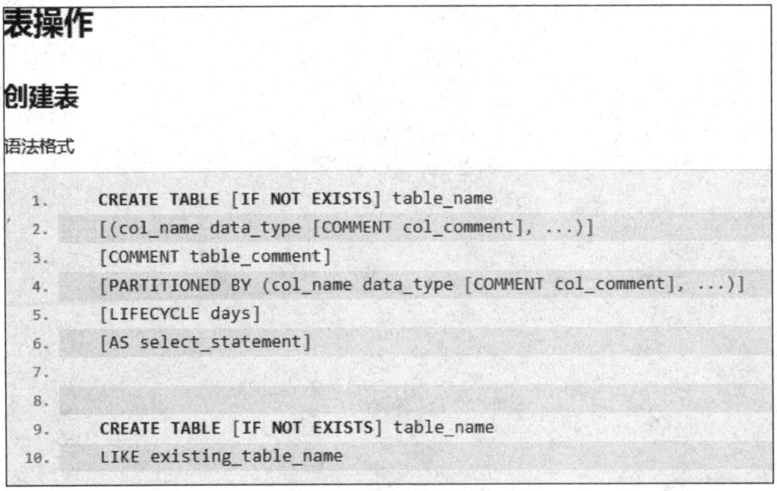

表操作

创建表

语法格式

```
1.  CREATE TABLE [IF NOT EXISTS] table_name
2.  [(col_name data_type [COMMENT col_comment], ...)]
3.  [COMMENT table_comment]
4.  [PARTITIONED BY (col_name data_type [COMMENT col_comment], ...)]
5.  [LIFECYCLE days]
6.  [AS select_statement]
7.
8.
9.  CREATE TABLE [IF NOT EXISTS] table_name
10. LIKE existing_table_name
```

图 1-13 阿里云表创建的语句示例

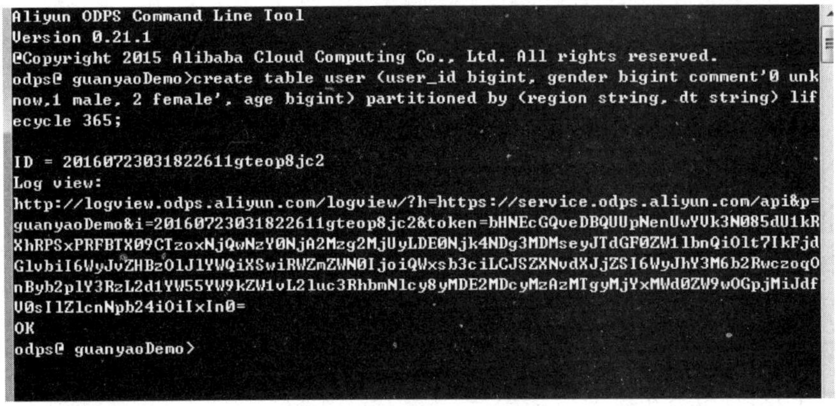

```
Aliyun ODPS Command Line Tool
Version 0.21.1
@Copyright 2015 Alibaba Cloud Computing Co., Ltd. All rights reserved.
odps@ guanyaoDemo>create table user (user_id bigint, gender bigint comment'0 unk
now,1 male, 2 female', age bigint) partitioned by (region string, dt string) lif
ecycle 365;

ID = 20160723031822611gteop8jc2
Log view:
http://logview.odps.aliyun.com/logview/?h=https://service.odps.aliyun.com/api&p=
guanyaoDemo&i=20160723031822611gteop8jc2&token=bHNEcGQveDBQUUpNenUwYVk3N085dU1kR
XhRPSxPRFBTX09CTzoxNjQwNzY0NjA2Mzg2MjUyLDE0Njk4NDg3MDMseyJTdGF0ZW1lbnQiOlt7IkFjd
GlvbiI6WyJvZHBzOlJ1YWQiXSwiRWZmZWN0IjoiQWxsb3ciLCJSZXNvdXJjZSI6WyJhY3M6b2RwczoqO
nByb2plY3RzL2d1YW55YW9kZW1vL2luc3RhbmNlcy8yMDE2MDcyMzAzMTgyMjYxMWd0ZW9wOGpjMiJdf
V0sIlZlcnNpb24iOiIxIn0=
OK
odps@ guanyaoDemo>
```

图 1-14 odps 表创建操作实例

```
odps@ guanyaoDemo>desc user;

+------------------------------------------------------------------------------------
-----+
| Owner: ALIYUN$wang_zhenwu | Project: guanyaoDemo
  |
| TableComment:
     |
+------------------------------------------------------------------------------------
-----+
| CreateTime:               2016-07-23 11:18:23
     |
| LastDDLTime:              2016-07-23 11:18:23
     |
| LastModifiedTime:         2016-07-23 11:18:23
     |
| Lifecycle:                365
     |
+------------------------------------------------------------------------------------
-----+
| InternalTable: YES       | Size: 0
     |
+------------------------------------------------------------------------------------
-----+
| Native Columns:
     |
+------------------------------------------------------------------------------------
-----+
| Field           | Type       | Label | Comment
     |
+------------------------------------------------------------------------------------
-----+
| user_id         | bigint     |       |
     |
| gender          | bigint     |       | 0 unknow,1 male, 2 female
     |
| age             | bigint     |       |
     |
+------------------------------------------------------------------------------------
-----+
| Partition Columns:
     |
+------------------------------------------------------------------------------------
-----+
| region          | string     |
     |
| dt              | string     |
     |
+------------------------------------------------------------------------------------
-----+

OK
```

图 1-15　创建表的信息

了解如何建表后，接下来便是数据的导入问题了，我们准备本地文件 wc_example. txt，内容如下。

（1）I LOVE CHINA!

（2）MY NAME IS MAGGIE. I LIVE IN HANGZHOU! I LIKE PALYING BASKETBALL!

可将该文件存入 E:\max\bin 目录下。这时需要创建一张表，将之命名为 wc_in，如图 1-16 所示。

输入表创建成功后，可以在 MaxCompute 客户端输入 tunnel 命令，进行数据的导入。输入语句如下，运行结果如图 1-17 所示。

```
Tunnel upload E:\max\bin\wc_example.txt wc_in;
```

```
odps@ guanyaoDemo>create table wc_in(word string);

ID = 20160723080351573gaqbx6jc2
Log view:
http://logview.odps.aliyun.com/logview/?h=https://service.odps.aliyun.com/api&p=
guanyaoDemo&i=20160723080351573gaqbx6jc2&token=bVhyc1dNc1NRZ0pMR1R4bn14T1hnbzRWZ
DN3PSxPRFBTX09CTzoxNjQwNzY0NjA2Mzg2MjUyLDE0Njk4NjU4MzIseyJTdGF0ZW11bnQiOlt7IkFjd
GlvbiI6WyJvZHBzOlJlYWQiXSwiRWZmZWN0IjoiQWxsb3ciLCJSZXNvdXJjZSI6WyJhY3M6b2Rwczoq0
nByb2plY3RzL2d1YW55YW9kZW1vL2luc3RhbmNlcy8yMDE2MDcyMzA4MDM1MTU3M2dhcWJ4NmpjMiJdf
V0sI1ZlcnNpb24iOiIxIn0=
OK
```

图 1-16　wc_in 表创建的操作界面

```
odps@ guanyaoDemo>tunnel upload E:\max\bin\wc_example.txt wc_in;
Upload session: 201607231604487e399a0a00725b94
Start upload:E:\max\bin\wc_example.txt
Using \r\n to split records
Total bytes:79   Split input to 1 blocks
2016-07-23 16:05:02     scan block: '1'
2016-07-23 16:05:02     scan block complete, blockid=1
2016-07-23 16:05:02     upload block: '1'
2016-07-23 16:05:02     upload block complete, blockid=1
upload complete, average speed is 39 bytes/s
OK
```

图 1-17　上传数据操作界面

通过语句“select * from wc_in;”便可以查看数据存入表中的状况,如图 1-18 所示。

```
odps@ guanyaoDemo>select * from wc_in;

ID = 20160723081522182giev57jc2
Log view:
http://logview.odps.aliyun.com/logview/?h=https://service.odps.aliyun.com/api&p=
guanyaoDemo&i=20160723081522182giev57jc2&token=bU0zN24ycHpIVHZGL0tVUmZqbHFZNWZHd
UxZPSxPRFBTX09CTzoxNjQwNzY0NjA2Mzg2MjUyLDE0Njk4NjY1MjIseyJTdGF0ZW11bnQiOlt7IkFjd
GlvbiI6WyJvZHBzOlJlYWQiXSwiRWZmZWN0IjoiQWxsb3ciLCJSZXNvdXJjZSI6WyJhY3M6b2Rwczoq0
nByb2plY3RzL2d1YW55YW9kZW1vL2luc3RhbmNlcy8yMDE2MDcyMzA4MTUyMjE4MmdpZXY1N2pjMiJdf
V0sI1ZlcnNpb24iOiIxIn0=
+-------+
| word |
+-------+
| I LOVE CHINA; |
| MY NAME IS MAGGIE.ILIVE IN HANGZHOU??I LIKE PLAYING BASKETBALL?? |
+-------+
```

图 1-18　查看数据操作界面

通过语句“drop table wc_in;”便可删除该表,如图 1-19 所示。

```
odps@ bigdata_demo>drop table wc_in;
Confirm to "drop table wc_in;" (yes/no)? y

ID = 20160809114642439g3bz4fqp
Log view:
http://logview.odps.aliyun.com/logview/?h=https://service.odps.aliyun.com/api&p=
bigdata_demo&i=20160809114642439g3bz4fqp&token=SVpLUG5TV3VXRmtOM1V0YThMdE9JVnFZM
y8wPSxPRFBTX09CTzoxNjQwNzY0NjA2Mzg2MjUyLDE0NzEzNDgwMDMseyJTdGF0ZW11bnQiOlt7IkFjd
GlvbiI6WyJvZHBzOlJlYWQiXSwiRWZmZWN0IjoiQWxsb3ciLCJSZXNvdXJjZSI6WyJhY3M6b2Rwczoq0
nByb2plY3RzL2JpZ2RhdGFfZGVtby9pbnN0YW5jZXMvMjAxNjA4MDkxMTQ2NDI0MzlnM2J6NGZxcCJdf
V0sI1ZlcnNpb24iOiIxIn0=
OK
```

图 1-19　删除表操作界面

2. 机器学习平台操作

当然,在用户开通了机器学习项目之后,对于表的操作以及数据的导入会更容易一点。

进入控制台，单击机器学习，进入自己的项目空间，便可以看到如图 1-20 所示的界面。

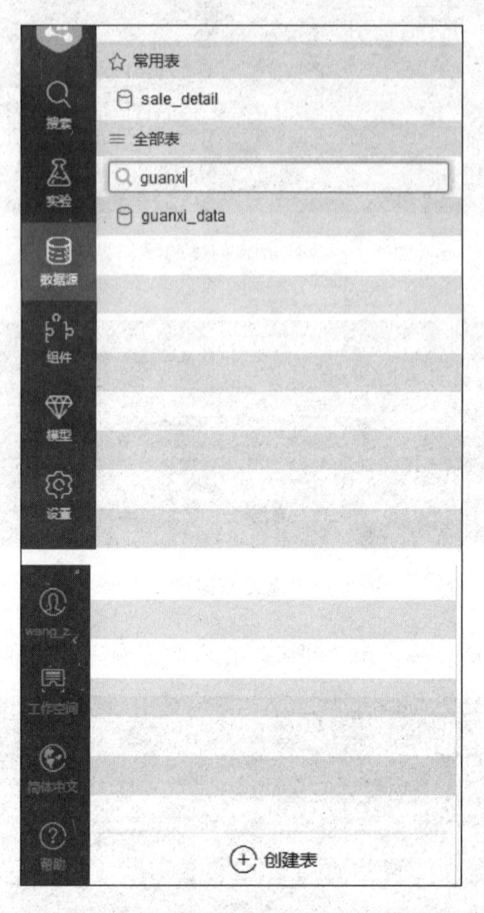

图 1-20 阿里云机器学习平台左侧

在数据源栏里可以搜索到已存入 MaxCompute 中的表，同时也可创建表，以表 bank_data 为例进行创建表以及导入数据的操作，该表的下载链接如下。

https://docs-aliyun.cn-hangzhou.oss.aliyun-inc.com/cn/shujia/0.2.00/assets/pic/data-develop/banking.txt? spm=5176.doc30267.2.1.57FefB&file=banking.txt

该表每列的说明如下，它只是一个普通的银行客户的信息表，如表 1-16 所示。选择这个表是因为它的数据类型多样，每一列的数值类型也多样，后续的第 2 章和第 4 章可方便地使用这个数据表进行相关算法的操作。

表 1-16 银行客户信息

列　名	数据类型	对列名的解释
age	bigint	年龄
job	string	工作类型
marital	string	婚否
education	string	教育程度
default	string	是否有信用卡
housing	string	房贷

续表

列　　名	数 据 类 型	对列名的解释
loan	string	贷款
contact	string	联系途径
month	string	月份
day_of_week	string	星期几
duration	string	持续时间
campaign	int	本次活动联系的次数
pdays	double	与上一次联系的时间间隔
previous	double	之前与客户联系的次数
poutcome	string	之前市场活动的结果
emp_var_rate	double	就业变化速率
cons_price_idx	double	消费者物价指数
cons_conf_idx	double	消费者信心指数
euribor3m	double	欧元存款利率
nr_employed	double	职工人数
y	bigint	是否有定期存款

单击图 1-21 中的创建表，输入表名 bank_data，如图 1-21 所示。

图 1-21　平台创建表名操作界面

单击“确定”按钮，然后依次单击表结构右边的绿色的加号，输入列名以及该列数据的数据类型，如图 1-22 所示，图中有部分显示不出来的部分是浏览器不兼容的问题。再单击“确定”按钮，即完成了表 bank_data 的创建，接下来便是数据导入的问题了。

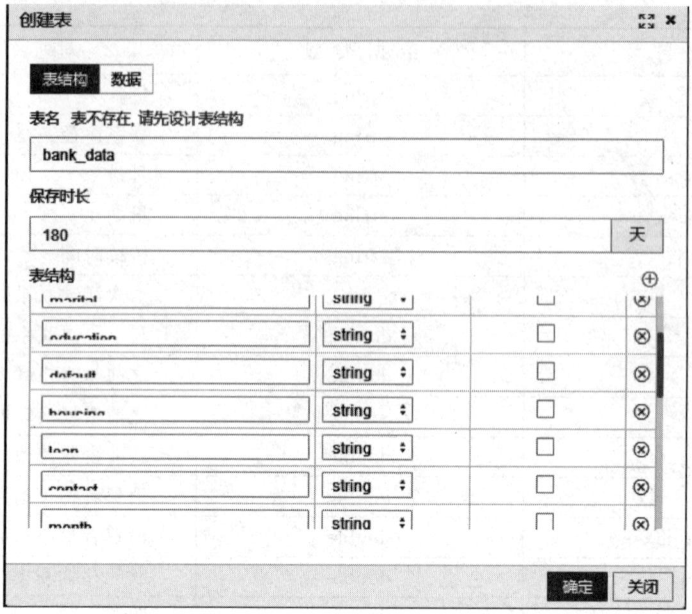

创建表
表结构 数据
表名 表不存在, 请先设计表结构
bank_data
保存时长
180 天
表结构
marital string
education string
default string
housing string
loan string
contact string
month string
确定 关闭

图 1-22 输入表的信息操作界面

再次单击图 1-21 中的创建表，输入表名 bank_data，单击“确定”按钮，如图 1-23 所示。

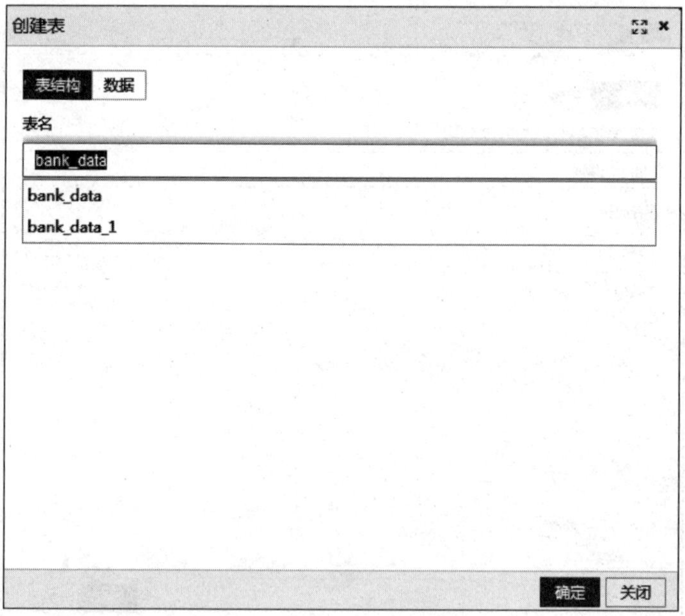

创建表
表结构 数据
表名
bank_data
bank_data
bank_data_1
确定 关闭

图 1-23 数据上传操作界面

此时可以看到如图 1-24 所示的界面，再单击“数据”页签。

单击选择文件，找到存储 bank_data 表的所在地，便出现如图 1-25 所示的界面，由于该表每行由“.”，每列由“,”分隔，分别输入于行、列分隔符，单击“确定”按钮，即可完成数据的上传。

图 1-24　数据上传操作界面

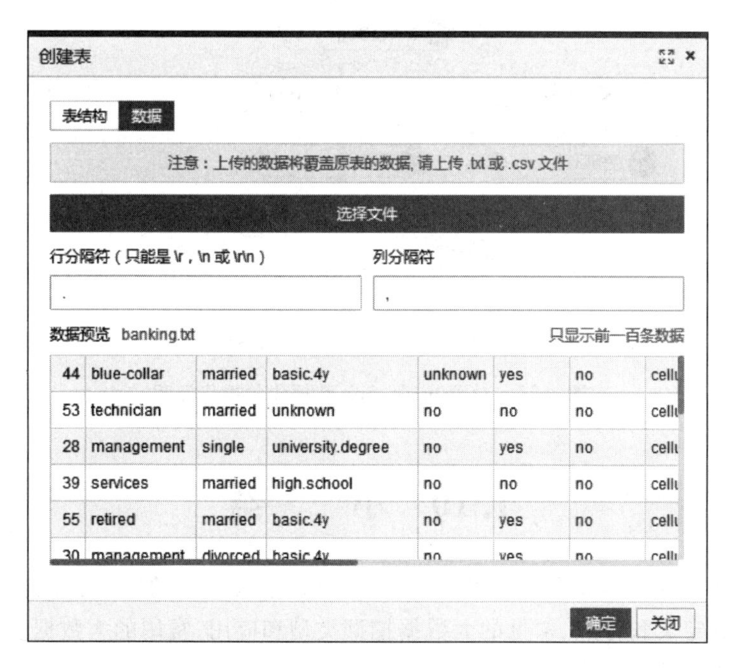

图 1-25　数据上传操作界面

组件里面是机器学习的常用方法，可以将其拖入画布中，进行数据挖掘，如图 1-26 所示。

图 1-27 是以表 bank_data 为例进行的一些操作，是逻辑回归二分类的示例操作，结果可以在模型中查看，其详细描述将在第 4 章中呈现。所有的方法均是从组件中拖曳至画布中，然后执行。流程是从上到下的。

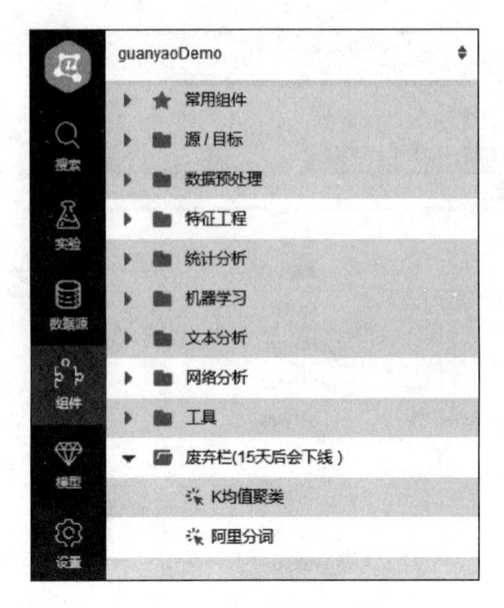

图 1-26　平台组件的方法展示

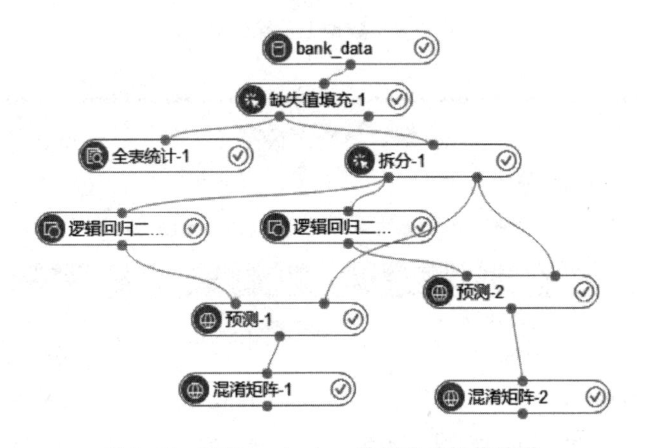

图 1-27　对于 bank_data 数据集的操作流程

1.10　小　　结

本章对大数据的基本概念进行了介绍，不仅介绍了大数据的定义、特点及挑战，还介绍了大数据挖掘的定义和特点、常见的大数据挖掘类型和应用、常用的大数据统计分析方法以及大数据平台相关技术和应用实例。

本章内容是对全书内容的一个概括。1.1 节和 1.2 节介绍了大数据及大数据挖掘的基本概念，为理解大数据及大数据挖掘提供了基础；1.3 节和 1.4 节对大数据挖掘的相关内容和类型进行了概括性介绍，本书的后续章节会对数据挖掘的主要内容进行详细介绍；1.5 节对大数据挖掘的 3 种常见应用进行了简介，在本书的第 15～17 章会详细介绍它们的相关原理和技术；1.6 节和 1.7 节对常用的大数据统计方法和评价方法进行了介绍，这些内容在后续章节算法的介绍中会用到；1.8节和1.9节对大数据平台的基本原理和实例进行了介绍，其中1.8节对大数据平台的相关原理和技术进行了简介，1.9节对阿里云数加平台的基本功能和操作流程进行了介绍，本书的后续章节的算法会在阿里云数加平台上进行操作和演示。因此，理解本章的基础内容及它们之间的相互关系，对于理解本书后续章节的内容有很大的帮助作用。

思 考 题

1. 大数据的特点有哪些？
2. 简述大数据挖掘的特点。
3. 列举数据挖掘的相关内容。
4. 简述大数据平台相关技术。
5. 理解并掌握阿里云数加平台的基本功能及操作流程。

第二篇
技术篇

第2章 数据预处理技术

2.1 数据预处理的目的

数据预处理(Data Preprocessing)是指在对数据进行数据挖掘的主要处理以前,先对原始数据进行必要的清理、集成、转换、离散、归约、特征选择和提取等一系列处理工作,达到挖掘算法进行知识获取研究所要求的最低规范和标准。

数据挖掘的对象是从现实世界采集到的大量的各种各样的数据。由于现实生产和实际生活以及科学研究的多样性、不确定性、复杂性等,导致采集到的原始数据比较散乱,它们是不符合挖掘算法进行知识获取研究所要求的规范和标准的,主要具有以下特征。

(1) **不完整性**。不完整性指的是数据记录中可能会出现有些数据属性的值丢失或不确定的情况,还有可能缺失必需的数据。这是由于系统设计时存在的缺陷或者使用过程中一些人为因素造成的,如有些数据缺失只是因为输入时认为是不重要的,相关数据没有记录可能是由于理解错误,或者因为设备故障,与其他记录不一致的数据可能已经删除,历史记录或修改的数据可能被忽略等。

(2) **含噪声**。含噪声指的是数据具有不正确的属性值,包含错误或存在偏离期望的离群值[①]。产生的原因很多,例如收集数据的设备可能出故障,人或计算机的错误可能在数据输入时出现,数据传输中也可能出现错误等。不正确的数据也可能是由命名约定或所用的数据代码不一致,或输入字段(如时间)的格式不一致而导致的。实际使用的系统中,还可能存在大量的模糊信息,有些数据甚至还具有一定的随机性。

(3) **杂乱性(不一致性)**。原始数据是从各个实际应用系统中获取的,由于各应用系统的数据缺乏统一标准的定义,数据结构也有较大的差异,因此各系统间的数据存在较大的不一致性,往往不能直接使用。同时,来自不同的应用系统中的数据,由于合并还普遍存在数据重复和信息冗余现象。

因此,这里说存在不完整的、含噪声的和不一致的数据是现实世界大型的数据库或数据仓库的共同特点。一些比较成熟的算法对其处理的数据集合一般都有一定的要求,例如数据完整性好、数据的冗余性少、属性之间的相关性小。然而,实际系统中的数据一般都不能直接满足数据挖掘算法的要求,因此必须对数据进行预处理,以提高数据质量,使之符合数据挖掘算法的规范和要求。数据预处理的常见问题如下。

---

① 离群值是指在数据中有一个或几个数值与其他数值相比差异较大。

(1) **数据采样(Data Sampling)**。数据采样技术分为加权采样、随机采样和分层采样三类,其目的是从数据集中采集部分样本进行处理。

(2) **数据清理(Data Cleaning)**。数据清理技术通常包括填补遗漏的数据值、平滑有噪声数据、识别或除去异常值,以及解决不一致问题。

(3) **数据集成(Data Integration)**。将来自多个数据源的数据合并,形成一致的数据存储,如将不同数据库中的数据集成到一个数据仓库中存储。有时数据集成之后还需要进行数据清理,以便消除可能存在的数据冗余。

(4) **数据变换(Data Transformation)**。主要是将数据转换成适合于挖掘的形式,如将属性数据按比例缩放,使之落入一个比较小的特定区间,这一点对那些基于距离的挖掘算法尤为重要。数据变换的具体方法包括平滑处理、聚集处理、数据泛化处理、规格化、属性构造。

(5) **数据归约(Data Reduction)**。在不影响挖掘结果的前提下,通过数值聚集、删除冗余特性的办法压缩数据,提高挖掘模式的质量,降低时间复杂度。

以上的数据预处理不互斥,例如,冗余数据的删除既是数据清理,也是数据规约。

(6) **数据选择(Feature Selection)**。特征选择是从原始特征中挑选出一些最优代表性的特征,它分为过滤式、封装式和嵌入式 3 种类型。

(7) **特征提取(Feature Extraction)**。用映射(或变换)的方法把原始特征变换为较少的新特征。

2.2 数据采样

在数据挖掘中,经常会用到采样,例如欠(过)采样等。总的说来有两种,一种是已知样本总量 n,从中随机抽 m 个样本;另一种是未知样本总量,从中抽取 m 个样本,这种情况一般是流数据,或者是很大量的数据。

2.2.1 加权采样

定义 2.1:通过对总体中的各个样本设置不同的数值系数(即加权因子-权重),使样本呈现希望的相对重要性程度。其中,一般加权的计算方法如下。

加权因子=某个变量或指标的期望比例/该变量或指标的实际比例

有以下加权方法。

1. 采用因子加权

对满足特定变量或指标的所有样本赋予一个权重,通常用于提高样本中具有某种特性的被访者的重要性。

例如,研究一种香烟的口味是否需要改变,那么不同程度吸食者的观点也应该有不同的重要性对待。例如令重度吸食者=3,经常吸食者=2,偶尔或不抽烟=1。另外,实际应用时,如果"经常或偶尔"的基数足够大,往往单独分析,不进行加权处理。

2. 采用目标加权

对某一特定样本组赋权,以达到预期的特定目标。

例如,我们想要:品牌 A 的 20%使用者数目 = 品牌 B 的 50%使用者数目;或者品牌 A 的 20%使用者数目 = 使用品牌 A 的 80%非使用者数目。

3. 采用轮廓加权

该方法为多因素加权，与因子/目标加权不同（一维），轮廓加权应用于对调查样本相互关系不明确的多个属性加权；面对多个需要赋权的属性，轮廓加权过程应该同时进行，以尽量地减少对变量产生的扭曲。

【例 2.1】 为了研究某小公司职员吸烟习惯的信息，进行了一项调查。从 $N=78$ 个人的数据中抽出了一个 $n=25$ 人的简单随机样本。在调查的设计阶段，没有可用于分层的辅助信息。在收集关于吸烟习惯的信息的同时，还收集了每个回答者的年龄和性别情况。总共有 $n_r=15$ 个人作出了回答。

由此得到样本数据的分布，如表 2-1 所示。

表 2-1 吸烟人数统计表

回答者数量	男　　性	女　　性	总　　计
吸烟的人数	1	7	8
总人数	3	12	15(n_r)

修正设计权数：$w_{nr}=w_d\dfrac{n}{n_r}=\dfrac{N}{n}\cdot\dfrac{n}{n_r}=\dfrac{78}{25}\times\dfrac{25}{15}=3.12\times1.67=5.2$

假设知道某公司约有 16 个男性职员和 62 个女性职员，而且男女的吸烟比例不同。经过加权后可得到该公司吸烟的比例估计在 53%，如表 2-2 所示。加权采样的应用场景很多，例如：

表 2-2 吸烟人数比例表

调查的估计值	男　　性	女　　性	总　　计
吸烟人数	5.2	36.4	41.6
总人数	15.6	62.4	78.0
吸烟者的比例	0.33	0.59	0.53

情景 1：我们在抽样调查得到的样本结构与总体人口统计结构状况不相符，我们可以通过加权消除或还原这种结构差异，达到纠偏的目的。例如，在城市和农村各调查 300 样本，城市与农村人口比例“城市∶农村=1∶2”（假设），在分析时我们希望将城市和农村看作一个整体，这时候我们就可以赋予农村样本一个 2 倍于城市样本的权重。

情景 2：除了人口统计结构，有时候我们在调查样本的某些变量或指标上样本的代表性可能也会相对总体的实际状况过高或过低，此时，需要加权进行调整；这类不匹配大多是我们“故意”而为（通过“追加”样本实现），例如在配额抽样的时候，设置配额要求某类被访者对某产品的使用者必须达到 50%，但实际情况是总体市场中实际使用者仅有 10%。有时，则是“非情愿”的出现，例如设置了能反映总体的配额比例，但实际操作却出现了比例偏高或偏低。

情景 3：在样本组配额实验设计中，进行不同子总体对比检验，也会通过加权调整不同组间的样本属性不相匹配的情形（通常设有相同的配额，但执行有可能会出现差异）。通常，加权对结果产生的差异很小，更多的是对结果从准确度上进行修饰。

情景 4：所测试样本出现了较多的缺失值，需要加权纠正结果。对于面向特定客户的专项研究，在调查前基本都规定有要完成的样本量，故这种情形较少。

2.2.2 随机采样

定义 2.2：简单随机抽样是最常用的抽样方法，要求样本具有随机性(总体中每一个个体都有同等机会被选入样本，此时样品与总体具有相同分布)、独立性(样品间相互独立，取值不受影响)。

简单随机抽样也称纯随机抽样，是从抽样框内的 N 个抽样单元中随机地、一个一个地抽取，n 个单元作为样本，在每次抽选中，所有未入样的待选单元入选样本的概率是相等的，这 n 个被抽中的单元就构成了简单随机样本。

【例 2.2】 某车间工人加工一种轴 100 件，为了了解这种轴的直径，要从中抽取 10 件轴在同一条件下测量，采用简单随机抽样的方法抽取样本如下。

抽签法：将 100 件轴编号为 1,2,…,100，并做好大小、形状相同的号签，分别写上这 100 个数，将这些号签放在一起，进行均匀搅拌，接着连续抽取 10 个号签，然后测量这个 10 个号签对应的轴的直径。

随机数表法：将 100 件轴编号为 00,01,02,…,99，在随机数表中选定一个起始位置，如取第 21 行第 1 个数开始，选取 10 件编号分为 68,34,30,13,70,55,74,77,40,44 的轴，这 10 件即为所要抽取的样本。

2.2.3 分层采样

定义 2.3：分层采样又称分类抽样或类型抽样。将总体划分为若干个同质层，再在各层内随机抽样或机械抽样，分层抽样的特点是将科学分组法与抽样法结合在一起，分组减小了各抽样层变异性的影响，抽样保证了所抽取的样本具有足够的代表性。

【例 2.3】 某市有 300 所小学，共有 240 000 名学生，这些小学分布在全市 5 个行政区中，其中重点小学有 30 所，一般小学有 240 所，较差的小学有 30 所。现在要从全市小学生中抽取 1200 名学生进行调查，以了解全市小学生的学习情况。

解：分层抽样方案如下。

(1) 因为有 300 所小学，240 000 名学生，假设每所小学的学生人数相同，所以每所小学有学生人数 800 名。

(2) 又因为有重点小学 30 所，一般小学 240 所，较差小学 30 所，所以重点小学有学生人数 24 000 名，一般小学有学生人数 192 000 名，较差小学有学生人数 24 000 名。

(3) 因为要从 240 000 名学生中抽取 1200 名学生进行调查，所以“1200 ∶ 240 000＝1 ∶ 200”，即每 200 名学生中抽取 1 名学生进行调查，所以由第(2)步得出：24 000×1/200＝120 名；192 000×1/200＝960 名；24 000×1/200＝120 名；然后按照简单随机抽样的方法分别抽取相应的人数。

(4) 综上所述，要从 240 000 名学生中抽取 1200 名学生进行调查，应当从 30 所重点小学中抽取 120 名学生，从 240 所一般小学中抽取 960 名学生，从 30 所较差小学中抽取 120 名学生，共计 1200 名学生。

【例 2.4】 一个单位的职工有 500 人，其中不到 35 岁的有 125 人，35～49 岁的有 280 人，50 岁以上的有 95 人。为了了解这个单位职工与身体状况有关的某项指标，要从中抽取一个容量为100的样本。

解：由于职工年龄与这项指标有关，决定采用分层抽样方法进行抽取。因为样本容量与总体的个数的比为1∶5，所以在各年龄段抽取的个数依次为125/5、280/5、95/5、即25、56、19。

2.3 数据清理

2.3.1 填充缺失值

很多的数据都有缺失值。例如，银行房屋贷款信用风险评估中的客户数据，其中的一些属性可能没有记录值，如客户的家庭月总收入。填充丢失的值，可以用下面几种方法。

1. 忽略元组

当缺少类标号时通常这样做(假定挖掘任务涉及分类)。除非元组有多个属性缺少值，否则该方法不是很有效，当每个属性缺少值的百分比变化很大时，它的性能特别差。

2. 人工填写缺失值

此方法很费时，特别是当数据集很大、缺少很多值时，该方法可能不具有实际的可操作性。

3. 使用一个全局常量填充缺失值

将缺失的属性值用同一个常数(如Unknown)替换。但这种方法因为大量采用同一个属性值可能会误导挖掘程序得出有偏差甚至错误的结论，需小心使用。

4. 用属性的均值填充缺失值

例如，已知重庆市某银行的贷款客户的平均家庭月总收入为9000元，则使用该值替换客户收入中的缺失值。

5. 用同类样本的属性均值填充缺失值

例如，将银行客户按信用度分类，就可以用信用度相同的贷款客户的家庭月总收入替换家庭月总收入中的缺失值。

6. 使用最可能的值填充缺失值

可以使用回归、贝叶斯形式化的基于推理的工具或决策树归纳确定。例如，利用数据集中其他客户顾客的属性，可以构造一棵决策树预测家庭月总收入的缺失值。

需要注意的是，在某些情况下缺失值并不意味数据有错误。例如，在申请信用卡时，可能要求申请人提供驾驶执照号，而没有驾驶执照的申请者自然使该字段为空。表格应当允许填表人使用诸如"无效"等值，软件程序也可以用来发现其他空值，如"不知道""?"或"无"。理想情况下，每个属性都应当有一个或多个关于空值条件的规则。这些规则可以说明是否允许空值，并且说明这样的空值应当如何进行处理或转换。字段也可能故意留下空白，如果它们在商务处理的最后一步未提供值的话。因此，尽管人们可以在得到数据后尽最大努力进行数据清理，但数据库和数据输入的良好设计将有助于在第一现场最小化缺失值或错误的数量。

2.3.2 光滑噪声数据

噪声(noise)是指被测量变量的随机误差或方差。给定一个数值属性，如Price，如何才能“光滑”数据去掉噪声？常见的数据光滑技术包含如下几种。

1. 分箱(binning)

分箱方法通过考查数据的“近邻”(即周围的值)光滑有序数据的值，有序值通常分布到一些“桶”或箱中。由于分箱方法考查近邻的值，因此用来进行局部光滑。一般来说，宽度越大，光滑效果越大，箱也可以是等宽的，即每个箱值的区间范围是个常量。

【例 2.5】 某课程成绩 score 排序后的数据为：61，66，68，73，77，78，85，88，91。将上述排序的数据划分为等深(深度为 3)的箱(桶)，如下所示。

箱 1：61，66，68

箱 2：73，77，78

箱 3：85，88，91

采用分箱平滑技术后，用平均值平滑得到如下结果。

箱 1：65，65，65

箱 2：76，76，76

箱 3：88，88，88

用边界值平滑得到如下结果。

箱 1：61，68，68

箱 2：73，78，78

箱 3：85，85，91

2. 回归

可以用一个函数(如回归函数)进行数据拟合来达到光滑数据的目的。线性回归涉及找出拟合两个属性(或变量)的“最佳”线，使得一个属性可以用来预测另一个属性。多元线性回归是线性回归的扩展，其中涉及的属性多于两个，并且数据拟合到一个多维曲面。

3. 聚类

可以通过聚类检测离群点，将类似的值组织成群或“簇”。直观地，落在簇集合之外的值视为离群点。许多数据光滑的方法也是涉及离散化的数据归约方法。例如，上面介绍的分箱技术减少了每个属性的不同值数量。对于基于逻辑的数据挖掘方法(如决策树归纳)，反复地对排序后的数据进行比较，这充当了一种形式的数据归约。概念分层是一种数据离散化形式，也可以用于数据光滑。

2.3.3 数据清理过程

数据清理过程包含如下两个步骤：偏差检测和偏差纠正。

(1) 偏差检测(discrepancy detection)。发现噪声、离群点和需要考查的不寻常的值时，可以使用已有的关于数据性质的知识。这种知识或“关于数据的数据”称作元数据。通常，可以对数据做以下考查，考查每个数据属性的定义域和数据类型、每个属性可接受的值、值的长度范围；考查是否所有的值都落在期望的值域内、属性之间是否存在已知的依赖；把握数据趋势和识别异常，例如远离给定属性均值超过两个标准差的值可能标记为潜在的离群点。另一种错误是源编码使用的不一致问题和数据表示的不一致问题(如日期“2009/09/25”和“25/09/2009”)。而字段过载(field overloading)是另一类错误源。考查数据还要遵循唯一性规则、连续性规则和空值规则。可以使用其他外部材料人工地加以更正某些数据不一致。如数据输入时的错误可以使用纸上的记录加以更正，但大部分错误需要数据变换。

(2) 偏差纠正(discrepancy correction)。也就是说，一旦发现偏差，通常我们需要定义并使用一系列变换纠正它们。商业工具可以支持数据变换步骤，但这些工具只支持有限的变换，因此，人们常常可能选择为数据清理过程的这一步编写定制的程序。

偏差检测和纠正偏差这两步过程迭代执行。随着人们对数据的了解增加，重要的是要不断地更新元数据以反映这种知识，这有助于加快对相同数据存储的未来版本的数据清理速度。

2.4 数据集成

2.4.1 数据集成简介

数据分析任务大多涉及数据集成。数据集成需要合并多个数据源中的数据，存放在一个一致的数据存储(如数据仓库)中，这些数据源可能包括多个数据库、数据立方体或一般文件，在数据集成时，有许多问题需要考虑。

1. 模式集成和对象匹配问题

来自多个信息源的现实世界的等价实体的匹配涉及实体识别问题。例如，如何判断一个数据库中的 Customer_ID 与另一个数据库中的 Cust_Number 是否是相同的属性。每个属性的元数据可以用来帮助避免模式集成的错误，元数据还可以用来帮助变换数据。

2. 冗余问题

一个属性如果能由另一个或另一组属性“导出”，那么该属性是冗余的。另外，属性的不一致也可能导致结果数据集中的冗余。有些冗余可以被相关分析方法检测到。假设给定两个属性，通过这种相关分析方法，可以根据可用的数据来度量一个属性能在多大程度上蕴涵另一个属性。对于数值属性，通过计算属性 A 和 B 之间的相关系数估计这两个属性的相关度 $r_{A,B}$。即

$$r_{A,B}=\frac{\sum_{i=1}^{N}(a_i-\overline{A})(b_i-\overline{B})}{N\sigma_A\sigma_B}=\frac{\sum_{i=1}^{N}(a_ib_i)-N\overline{AB}}{N\sigma_A\sigma_B} \tag{2-1}$$

其中，N 是元组个数，a_i 和 b_i 分别是元组 i 中 A 和 B 的值，$\overline{A}$ 和 $\overline{B}$ 分别是 A 和 B 的均值，σ_A 和 σ_B 分别是 A 和 B 的标准差，而 $\sum_{i=1}^{N}a_ib_i$ 是 AB 叉积的和(即，对于每个元组，A 的值乘以该元组 B 的值)。注意：$-1\leqslant r_{A,B}\leqslant +1$。如果 $r_{A,B}$ 大于 0，则 A 和 B 是正相关的，该值越大，相关性越强(即每个属性蕴涵另一个的可能性越大)。因此，一个较高的 $r_{A,B}$ 值表明 A(或 B)可以作为冗余而被去掉。如果结果值等于 0，则 A 和 B 是独立的，不存在相关；如果结果值小于 0，则 A 和 B 是负相关的，一个值随另一个的减少而增加。这意味每一个属性都阻止另一个属性的出现。

注意：相关并不意味因果关系。也就是说，如果 A 和 B 是相关的，这并不意味 A 导致 B 或 B 导致 A。对于分类(离散)数据，两个属性 A 和 B 之间的相关联系可以通过 χ^2(卡方)检验发现。

设 A 有 c 个不同值 $a_1, a_2, \cdots, a_c$；B 有 r 个不同值 $b_1, b_2, \cdots, b_r$。A 和 B 描述的数据元组可以用一个相依表显示，其中 A 的 c 个值构成列，B 的 r 个值构成行。令 (A_i, B_j) 表示属性 A 取值 a_i、属性 B 取值 b_j 的事件，即 $(A=a_i, B=b_j)$。每个可能的 (A_i, B_j) 联合事件都在表中有自己的单元(或位置)。χ^2 值(又称皮尔逊 χ^2 统计量)可以用下式计算。

$$\chi^2 = \sum_{i=1}^{c} \sum_{j=1}^{r} \frac{(o_{ij} - e_{ij})^2}{e_{ij}} \tag{2-2}$$

其中，o_{ij} 是联合事件 (A_i, B_j) 的观测频度(即实际计数)，而 e_{ij} 是 (A_i, B_j) 的期望频度，可以用下式计算。

$$e_{ij} = \frac{c(A = a_i) \times c(B = b_j)}{N} \tag{2-3}$$

其中，$c(A=a_i)$ 表示 A 具有值 a_i 的元组个数，而 $c(B=b_j)$ 是 B 具有值 b_j 的元组个数。式(2-2)中的和在所有 $r \times c$ 个单元上计算。对 χ^2 值贡献最大的单元是其实际计数与期望计数很不相同的单元。

χ^2 统计检验假设 A 和 B 是独立的。检验基于显著水平，具有 $(r-1) \times (c-1)$ 自由度。如果可以拒绝该假设，则可说 A 和 B 是统计相关的或关联的。

除了检测属性间的冗余外，还应当在元组级检测重复(例如，对于给定的唯一数据实体，存在两个或多个相同的元组)。去规范化表的使用(这样做通常是通过避免连接来改善性能)也可能导致数据冗余。不一致通常出现在各种不同的副本之间，由于不正确的数据输入，或者由于更新了数据的部分出现，但未更新所有的出现，例如，如果订单数据库包含订货人的姓名和地址属性，而不是这些信息在订货人数据库中的码，则差异就可能出现，如同一订货人的名字可能以不同的地址出现在订单数据库中。

3. 数据值冲突的检测与处理

例如，对于现实世界的同一实体，来自不同数据源的属性值可能不同。这可能是因为表示、比例或编码不同。例如，重量属性可能在一个系统中以公制单位存放，而在另一个系统中以英制单位存放。对于连锁旅馆，不同城市的房价不仅可能涉及不同的货币，而且可能涉及不同的服务(如免费早餐)和税。

在一个系统中记录的属性的抽象层可能比另一个系统中“相同的”属性低。数据集成时，将一个数据库的属性与另一个匹配，要考虑数据的结构用来保证原系统中的属性函数依赖和参照约束与目标系统中的匹配。数据语义的异构和结构对数据集成提出了巨大挑战，由多个数据源小心地集成数据能够帮助降低和避免结果数据集中的冗余和不一致，从而提高其后挖掘过程的准确率和速度。

2.4.2 常用数据集成方法

数据集成是把不同来源、格式、特点性质的数据在逻辑上或物理上有机地集中，从而为企业提供全面的数据共享。在企业数据集成领域，已经有了很多成熟的框架可以利用。通常采用联邦式、基于中间件模型和数据仓库等方法构造集成的系统，这些技术在不同的着重点和应用上解决数据共享和为企业提供决策支持。本节将对这几种数据集成模型做一个基本的分析。

1. 联邦数据库系统

联邦数据库系统(Federated Database System,FDBS)由半自治数据库系统构成,相互之间分享数据,联邦各数据源之间相互提供访问接口,同时联邦数据库系统可以是集中数据库系统或分布式数据库系统及其他联邦式系统。在这种模式下,又分为紧耦合和松耦合两种情况,紧耦合提供统一的访问模式,一般是静态的,在增加数据源上比较困难;而松耦合则不提供统一的接口,但可以通过统一的语言访问数据源,其中核心的是必须解决所有数据源语义上的问题。

2. 中间件模式

中间件模式通过统一的全局数据模型来访问异构的数据库、遗留系统、Web资源等。中间件位于异构数据源系统(数据层)和应用程序(应用层)之间,向下协调各数据源系统,向上为访问集成数据的应用提供统一数据模式和数据访问的通用接口。各数据源的应用仍然完成它们的任务,中间件系统则主要集中为异构数据源提供一个高层次检索服务。

中间件模式是比较流行的数据集成方法,它通过在中间层提供一个统一的数据逻辑视图来隐藏底层的数据细节,使得用户可以把集成数据源看为一个统一的整体。这种模型下的关键问题是如何构造这个逻辑视图并使得不同数据源之间能映射到这个中间层。

3. 数据仓库

数据仓库是在企业管理和决策中面向主题的、集成的、与时间相关的和不可修改的数据集合。其中,数据被归类为广义的、功能上独立的、没有重叠的主题。这几种方法在一定程度上解决了应用之间的数据共享和互通的问题,但也存在以下的异同:联邦数据库系统主要面向多个数据库系统的集成,其中数据源有可能要映射到每一个数据模式,当集成的系统很大时,对实际开发将带来巨大的困难。

数据仓库技术则在另外一个层面上表达数据之间的共享,它主要是为了针对企业某个应用领域提出的一种数据集成方法,也就是上面所提到的面向主题并为企业提供数据挖掘和决策支持的系统。

2.5 数据变换

2.5.1 数据变换简介

数据变换的目的是将数据转换或统一成适合于挖掘的形式,数据变换主要涉及如下内容。

1. 光滑

即去掉数据中的噪声,这种技术包括分箱、回归和聚类等。

2. 聚集

对数据进行汇总或聚集。例如,可以聚集日销售数据,计算月和年销售量。通常,这一步用来为多粒度数据分析构造数据立方体。

3. 数据泛化

使用概念分层,用高层概念替换低层或"原始"数据。例如,对于年龄这种数值属性,"原始数据"可能包含20,30,40,50,60,70等,可以将上述数据映射到较高层的概念,如青年、中年和老年。

4. 数据规范化

将属性数据按比例缩放，使之落入一个小的特定区间，如－1.0～1.0或0.0～1.0。规范化可以消除数值型属性因大小不一而造成的挖掘结果偏差。对于分类算法，如涉及神经网络的算法或诸如最临近分类和聚类的距离度量分类算法，规范化特别有用。如果使用神经网络后向传播(Back Propagation,BP)算法进行分类挖掘，训练样本的规范化能够提高学习的速度。

5. 属性构造(或特征构造)

由已有的属性构造和添加新的属性，以帮助挖掘更深层次的模式知识，提高挖掘结果的准确性。例如，可根据属性 Height 和 Width 添加属性 Area。属性构造可以减少使用判定树算法分类的分裂问题。通过组合属性，可以帮助发现所遗漏的属性间的相互关系，而这对于数据挖掘是十分重要的。

2.5.2 数据规范化

数据规范化处理是数据挖掘的一项基础工作，不同评价指标往往具有不同的量纲和量纲单位，这样的情况会影响到数据分析的结果。为了消除指标之间的量纲影响，需要进行数据标准化处理，以解决数据指标之间的可比性。原始数据经过数据标准化处理后，各指标处于同一数量级，适合进行综合对比评价。

规范化就是要把需要处理的数据经过处理后(通过某种算法)限制在所需要的一定范围内。首先规范化是为了后面数据处理的方便，其次是保证程序运行时收敛加快。规范化的具体作用是归纳统一样本的统计分布性。规范化在0～1之间是统计的概率分布，规范化在某个区间上是统计的坐标分布。有许多数据规范化的方法，常用的有3种，即最小-最大规范化、z-score规范化和按小数定标规范。

1. 最小-最大规范化

假定 m_A 和 M_A 分别为属性 A 的最小值和最大值。最小-最大规范化通过下列计算：

$$v' = \frac{v - m_A}{M_A - m_A}(\text{new\_}M_A - \text{new\_}m_A) + \text{new\_}m_A \tag{2-4}$$

将 A 的值 v 映射到区间[$\text{new\_}m_A$, $\text{new\_}M_A$]中 v'。

最小-最大规范化对原始数据进行线性变换，保持原始数据值之间的联系。如果今后的输入落在 A 的原始数据值域之外，该方法将面临“越界”错误。

【例2.6】 假定某属性的最小与最大值分别为8000元和14 000元。要将其映射到区间[0.0,1.0]。按照最小-最大规范化方法对属性值进行缩放，则属性值12 600元将变为

$$\frac{12\,600-8000}{14\,000-8000}(1.0-0.0)=0.767$$

2. z-score规范化(零均值规范化)

把属性 A 的值 v 基于 A 的均值和标准差规范化为 v'，由下式计算：

$$v' = (v - \overline{A})/\sigma_A \tag{2-5}$$

其中，A 和 σ_A 分别为属性 A 的均值和标准差。当属性 A 的实际最大和最小值未知，或离群点改变了最大-最小规范化时，该方法是有用的。

【例 2.7】 假定属性平均家庭月总收入的均值和标准差分别为 9000 元和 2400 元，值 10 600 元使用 z-score 规范化转换为

$$\frac{12\,600-9000}{2400}=1.5$$

3. 小数定标规范化

通过移动属性 A 的小数点位置进行规范化。小数点的移动位数依赖于 A 的最大绝对值。A 的值 v 规范化为 v'，由下式计算：

$$v' = v/10^j \tag{2-6}$$

其中，j 是使得 $\max(|v'|)<l$ 的最小整数。

【例 2.8】 假定 A 的取值是 −975～923。A 的最大绝对值为 975。使用小数定标规范化，用 1000(即 $j=3$)除以每个值，这样，−975 规范化为 −0.975，而 923 被规范化为 0.923。

规范化将原来的数据改变，特别是上面的后两种方法。有必要保留规范化参数(如均值和标准差，如果使用 z-score 规范化)，以便将来的数据可以用一致的方式规范化。

2.6 数据归约

对海量数据进行复杂的数据分析和挖掘将需要很长时间，使得这种分析不具有可操作性。数据归约技术可以用来得到数据集的归约表示，它比原数据小得多，但仍接近保持原数据的完整性。这样，对归约后的数据集挖掘将更有效，并产生相同(或几乎相同)的分析结果。用于数据归约的计算时间不应当超过或“抵消”对归约数据挖掘节省的时间。常见的数据归约的方法包括数据立方体聚集、维归约、数据压缩、数值归约以及数据离散化与概念分层等，下面逐一进行介绍。

2.6.1 数据立方体聚集

数据立方体聚集主要是用于构造数据立方体，数据立方体存储多维聚集信息。每个单元存放一个聚集值，对应于多维空间的一个数据点，每个属性可能存在概念分层，允许在多个抽象层进行数据分析。数据立方体提供对预计算的汇总数据进行快速访问，因此，适合联机数据分析处理和数据挖掘。

在最低抽象层创建的立方体称为基本方体(base cuboid)。基本方体应当对应于感兴趣的个体实体，即最低层应当是对于分析可用的或有用的。最高层抽象的立方体称为顶点方体(apex cuboid)。对不同抽象层创建的数据立方体称为方体(cuboid)，因此数据立方体可以看作方体的格(lattice of cuboids)。每个较高层抽象将进一步地减少结果数据的规模。当回答数据挖掘查询时，应当使用与给定任务相关的最小可用方体。

2.6.2 维归约

用于分析的数据集可能包含数以百计的属性，其中大部分属性与挖掘任务不相关或冗余，例如，分析银行客户的信用度时，诸如客户的电话号码、家庭住址等属性就与该数据挖掘任务不相关，或者说是冗余的。维归约通过减少不相关的属性(或维)达到减少数据集规模

的目的，通常使用属性子集选择方法找出最小属性集，使得数据类的概率分布尽可能地接近原始属性集的概率分布。在归约后的属性集上进行数据挖掘，不仅减少了出现在发现模式上的属性的数目，而且使得模式更容易理解。属性子集选择的基本启发式方法包括以下几种。

1. 逐步向前选择

该过程由空属性集作为归约集开始，确定原属性集中最好的属性，并将它添加到归约集中。在其后的每一次迭代步，将剩下的原属性集中最好的属性添加到该集合中。

2. 逐步向后删除

该过程由整个属性集开始。在每一步，删除尚在属性集中最差的属性。

3. 向前选择和向后删除的结合

可以将逐步向前选择和向后删除方法结合在一起，每一步选择一个最好的属性，并在剩余属性中删除一个最差的属性。

4. 决策树归纳

决策树算法最初是用于分类的。决策树归纳构造一个类似于流程图的结构，其中每个内部(非树叶)结点表示一个属性的测试，每个分支对应于测试的一个输出；每个外部(树叶)结点表示一个类预测。在每个结点，算法选择"最好"的属性，将数据划分成类。当决策树归纳用于属性子集选择时，由给定的数据构造决策树，不出现在树中的所有属性假定是不相关的，出现在树中的属性形成归约后的属性子集，方法的结束标准可以不同，该过程可以使用一个度量阈值来决定何时停止属性选择过程。

2.6.3 数据压缩

数据压缩就是使用数据编码或变换以便将原始数据集合压缩成一个较小的数据集合。可以不丢失任何信息地还原数据的压缩称为无损压缩，构造原始数据的近似表示的压缩称为有损压缩。一般而言，有损压缩的压缩比要比无损压缩的压缩比高，两种有效的有损的维归约方法是小波变换和主成分分析。

1. 小波变换

离散小波变换(Discrete Wavelet Transform，DWT)是一种线性信号处理技术，当用于数据向量 $\boldsymbol{X}$ 时，将它变换成数值上不同的小波系数向量 $\boldsymbol{X}'$，两个向量具有相同的长度。当这种技术用于数据归约时，每个元组看作一个 n 维数据向量 $\boldsymbol{X}=(x_1,x_2,\cdots,x_n)$，用来描述 n 个数据库属性在元组上的 n 个测量值。小波变换后的数据可以截短，仅存放一小部分最强的小波系数，就能保留近似的压缩数据。

例如，保留大于用户设定的某个阈值的所有小波系数，其他系数置为 0。这样，结果数据表示非常稀疏，使得如果在小波空间进行计算，利用数据稀疏特点的操作计算得非常快。该技术也能用于消除噪声，而不会光滑掉数据的主要特征，使得它们也能有效地用于数据清理。给定一组系数，使用所用的 DWT 的逆，可以构造原数据的近似。

DWT 与离散傅里叶变换(Discrete Fourier Transform，DFT)有密切关系，DFT 是一种涉及正弦和余弦的信号处理技术。一般地说，DWT 是一种更好的有损压缩算法，也就是说，对于给定的数据向量，如果 DWT 和 DFT 保留相同数目的系数，DWT 将提供原数据的更准确的近似。因此，对于等价的近似，DWT 比 DFT 需要的空间小，不像 DFT，小波空间局部性相当好，有助于保留局部细节。

应用离散小波变换的一般过程是使用一种分层金字塔算法（pyramid algorithm），它在每次迭代时将数据减半，因此计算速度很快。可以将矩阵乘法用于输入数据，以得到小波系数，所用的矩阵依赖于给定的 DWT。矩阵必须是标准正交的，即列是单位向量并相互正交，使得矩阵的逆是它的转置，这种性质允许由光滑和光滑-差数据集重构数据。通过将矩阵因子分解成几个稀疏矩阵，对于长度为 n 的输入向量，“快速 DWT”算法的复杂度为 $O(n)$。

小波变换可以用于多维数据，如数据立方体。可以按以下方法做：首先将变换用于第一个维，然后第二个，如此下去。计算复杂性关于立方体中单元的个数是线性的。对于稀疏或倾斜数据和具有有序属性的数据，小波变换给出很好的结果。据报道，小波变换的有损压缩比当前的商业标准 JPEG 压缩好。小波变换有许多实际应用，包括指纹图像压缩、计算机视觉、时间序列数据分析和数据清理。

2. 主成分分析

主成分分析（Principal Components Analysis，PCA）又称 Karhunen-Loeve（K-L）方法。该方法搜索 k 个最能代表数据的 n 维正交向量，其中 $k \leqslant n$，这样原来的数据投影到一个小得多的空间，导致维度归约。PCA 通过创建一个替换的、更小的变量集“组合”属性的基本要素，原数据可以投影到该较小的集合中。PCA 常常揭示先前未曾察觉的联系，并因此允许解释不寻常的结果，其基本过程如下。

（1）对输入数据规范化，使得每个属性都落入相同的区间。此步有助于确保具有较大定义域的属性不会支配具有较小定义域的属性。

（2）PCA 计算 k 个标准正交向量，作为规范化输入数据的基。这些是单位向量，每一个方向都垂直于另一个，这些向量称为主成分，输入数据是主成分的线性组合。

（3）对主成分按“重要性”或强度降序排列。主成分基本上充当数据的新坐标轴，提供关于方差的重要信息。也就是说，对坐标轴进行排序，使得第一个坐标轴显示数据的最大方差，第二个显示次大方差，如此下去。

（4）主成分根据“重要性”降序排列，则可通过去掉较弱的成分（即方差较小）来归约数据的规模，使用最强的主成分，应当能够重构原数据的很好的近似。

PCA 计算开销低，可以用于有序和无序的属性，并且可以处理稀疏和倾斜数据，多于二维的多维数据可以通过将问题归约为二维问题处理。主成分可以用作多元回归和聚类分析的输入，与小波变换相比，PCA 能够更好地处理稀疏数据，而小波变换更适合高维数据。

2.6.4 数值归约

数值归约技术指的是选择替代的、“较小的”数据表示形式减少数据量。常用的数值归约技术如下。

1. 回归和对数线性模型

回归和对数线性模型可以用来近似给定的数据，在（简单）线性回归中，对数据建模使之拟合到一条直线。例如，可以用以下公式，将随机变量 y（称作响应变量）建模为另一随机变量 x（称为预测变量）的线性函数 $y=wx+b$，其中假定 y 的方差是常量。

在数据挖掘中，x 和 y 是数值数据库属性。系数 w 和 b（称作回归系数）分别为直线的

斜率和 Y 轴截距。系数可以用最小二乘方法求解，它最小化分离数据的实际直线与直线估计之间的误差。多元线性回归是(简单)线性回归的扩充，允许响应变量 y 建模为两个或多个预测变量的线性函数。

对数线性模型近似离散的多维概率分布。给定 n 维元组的集合，可以把每个元组看作 n 维空间的点。可以使用对数线性模型基于维组合的一个较小子集，估计离散化的属性集的多维空间中每个点的概率，这使得高维数据空间可以由较低维空间构造。因此，对数线性模型也可以用于维归约(由于低维空间的点通常比原来的数据点占据较少的空间)和数据光滑(因为与较高维空间的估计相比，较低维空间的聚集估计较少受抽样方差的影响)。

回归和对数线性模型都可以用于稀疏数据，尽管它们的应用可能是受限制的。虽然两种方法都可以处理倾斜数据，但是回归方法更好。当用于高维数据时，回归可能是计算密集的，而对数线性模型表现出很好的可伸缩性，可以扩展到十维左右。

2. 直方图

直方图使用分箱近似数据分布。属性 A 的直方图将 A 的数据分布划分为不相交的子集或桶。如果每个桶只代表单个属性值频率对，则称为单桶。通常，桶表示给定属性的一个连续区间。确定桶和属性值的划分规则如下。

(1) 等宽：在等宽直方图中，每个桶的宽度区间是一致的。

(2) 等频(或等深)：在等频直方图中创建桶，使得每个桶的频率粗略地为常数(即每个桶大致包含相同个数的邻近数据样本)。

(3) V 最优：给定桶的个数，对于所有可能的直方图，则 V 最优直方图是具有最小方差的直方图，直方图的方差是每个桶代表的原来值的加权和，其中权等于桶中值的个数。

(4) MaxDiff(最大差)：在 MaxDiff 直方图中，考虑每对相邻值之间的差，桶的边界是具有 $\beta-1$ 个最大差的对，其中 β 是用户指定的桶数。

V 最优和 MaxDiff 直方图看来是最准确和最实用的，对于近似稀疏和稠密数据的高倾斜和均匀的数据，直方图是高度有效的。多维直方图可以表现属性间的依赖，这种直方图能够有效地近似多达 5 个属性的数据，但有效性尚需进一步研究。对于存放具有高频率的离群点，单桶是有用的。

【例 2.9】 下面是某市场销售的商品的价格清单(按照递增的顺序排列，括号中的数字表示该价格产品销售的数目)。

2(3),5(5),8(4),10(5),13(10),15(4),18(4),20(7),21(10),23(6),26(8),28(8),29(5),30(7)

图 2-1 使用单桶显示了这些数据的直方图。为进一步压缩数据，通常让一个桶代表给定属性的一个连续值域。在图 2-2 中每个桶代表商品价格的一个不同的 \$10 区间。

3. 聚类

聚类技术将数据元组视为对象。它将对象划分为群或簇，使一个簇中的对象相互“相似”，而与其他簇中的对象“相异”。通常，相似性基于距离函数，用对象在空间中的“接近”程度定义。簇的“质量”可以用直径表示，直径是簇中任意两个对象的最大距离。质心距离是簇质量的另一种度量，定义为由簇质心(表示“平均对象”，或簇空间中的平均点)到每个簇对象的平均距离。

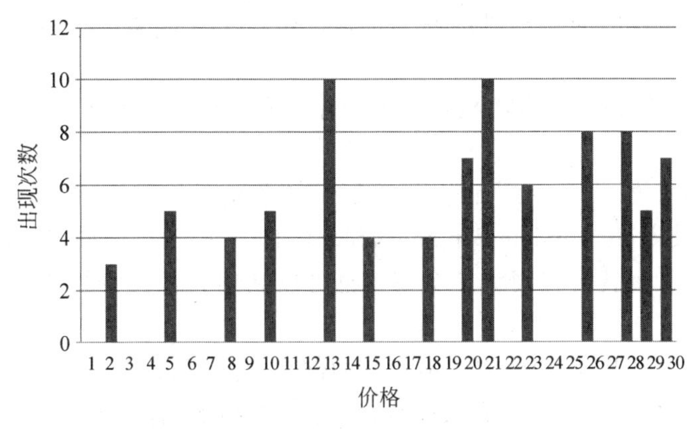

图 2-1　使用单桶的商品价格直方图

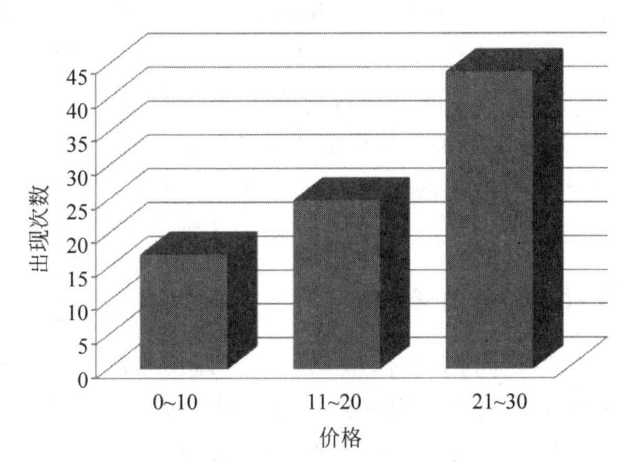

图 2-2　商品价格的等宽直方图

在数据归约中,用数据的簇表示替换实际数据,该技术的有效性依赖于数据的性质。如果数据能够组织成不同的簇,该技术有效得多。在数据库系统中,多维索引树主要用于对数据的快速访问,它也能用于分层数据的归约,提供数据的多维聚类,这可以用于提供查询的近似回答。对于给定的数据对象集,索引树递归地划分多维空间,其树根结点代表整个空间。通常,这种树是平衡的,由内部结点和树叶结点组成。每个父结点包含关键字和指向子女结点的指针,子女结点一起表示父结点代表的空间。每个树叶结点包含指向它所代表的数据元组的指针(或实际元组)。

这样,索引树可以在不同的分辨率或抽象层存放聚集和细节数据。它提供了数据集的分层聚类,其中每个簇有一个标记,存放该簇包含的数据。如果把父结点的每个子女看作一个桶,则索引树可以看作一个分层的直方图。类似地,每个桶进一步分成更小的桶,允许在更细的层次聚集数据。作为一种数据归约形式使用多维索引树依赖于每个维上属性值的次序。

4. 抽样

抽样可以作为一种数据归约技术使用,因为它允许用数据的小得多的随机样本(子集)表示大型数据集。最常用的抽样方法有下列 4 种(假定大型数据集 D 包含 N 个元组)。

(1) s个样本无放回简单随机抽样(Simple Random Sampling Without Replacement, SRSWOR)。

(2) s个样本有放回简单随机抽样(Simple Random Sampling With Replacement, SRSWR)。

(3) 聚类抽样。如果D中的元组分组放入M个互不相交的“簇”,则可以得到s个簇的简单随机抽样(Simple Random Sampling,SRS),其中$s<M$。例如,数据库中元组通常一次检索一页,这样每页就可以视为一个簇。也可以利用其他携带更丰富语义信息的聚类标准。

(4) 分层抽样。如果D划分成互不相交的部分,称作层,则通过对每一层的SRS就可以得到D的分层样本。特别是当数据倾斜时,这可以帮助确保样本的代表性。

采用抽样进行数据归约的优点是,得到样本的花费正比于样本集的大小s,而不是数据集的大小N。因此,抽样的复杂度子线性(sublinear)于数据的大小。其他数据归约技术至少需要完全扫描D。对于固定的样本大小,抽样的复杂度仅随数据的维数n线性地增加;而其他技术,如使用直方图,复杂度随n指数增长。

用于数据归约时,抽样最常用来估计聚集查询的回答。在指定的误差范围内,可以确定(使用中心极限定理)估计一个给定的函数所需的样本大小。样本的大小s相对于N可能非常小。对于归约数据集的逐步求精,只需要简单地增加样本大小即可。

2.6.5 数据离散化与概念分层

通过将属性值域划分为区间,数据离散化技术可以用来减少给定连续属性值的个数。区间的标记可以替代实际的数据值。用少数区间标记替换连续属性的数值,从而减少和简化了原来的数据,这导致挖掘结果的简洁、易于使用、知识层面的表示。

对于给定的数值属性,概念分层定义了该属性的一个离散化。通过收集较高层的概念(如青年、中年或老年)并用它们替换较低层的概念(如年龄的数值),概念分层可以用来归约数据。通过这种数据泛化,尽管细节丢失了,但是泛化后的数据更有意义、更容易解释。

这有助于通常需要的多种挖掘任务的数据挖掘结果的一致表示。此外,与对大型未泛化的数据集挖掘相比,对归约的数据进行挖掘所需的I/O操作更少,并且更有效。正因为如此,离散化技术和概念分层作为预处理步骤,在数据挖掘之前而不是在挖掘过程进行。

1. 数值数据的离散化和概念分层产生

数值属性的概念分层可以根据数据离散化自动构造。通常,每种方法都假定待离散化的值已经按递增序排序。

1) 分箱

分箱是一种基于箱的指定个数自顶向下的分裂技术。通过使用等宽或等频分箱,然后用箱均值或中位数替换箱中的每个值,可以将属性值离散化,就像分别用箱的均值或箱的中位数光滑一样。这些技术可以递归地作用于结果划分,产生概念分层。分箱并不使用类信息,因此是一种非监督的离散化技术,它对用户指定的箱个数很敏感,也容易受离群点的影响。

2）直方图分析

像分箱一样，直方图分析也是一种非监督离散化技术，因为它也不使用类信息。使用等频直方图，理想地分割值，使得每个划分包括相同个数的数据元组。直方图分析算法可以递归地用于每个划分，自动地产生多级概念分层，直到达到预先设定的概念层数过程终止。也可以对每一层使用最小区间长度控制递归过程。最小区间长度设定每层每个划分的最小宽度，或每层每个划分中值的最少数目。直方图也可以根据数据分布的聚类分析进行划分。图 2-3 给出了一个等宽直方图，显示某给定数据集的数值分布。例如，大部分数据分布在0～2170，在等宽直方图中，将值划分成相等的或区间（如(0,2170)，(2170,4340)，(4340,6510)，(6510,8680)）。

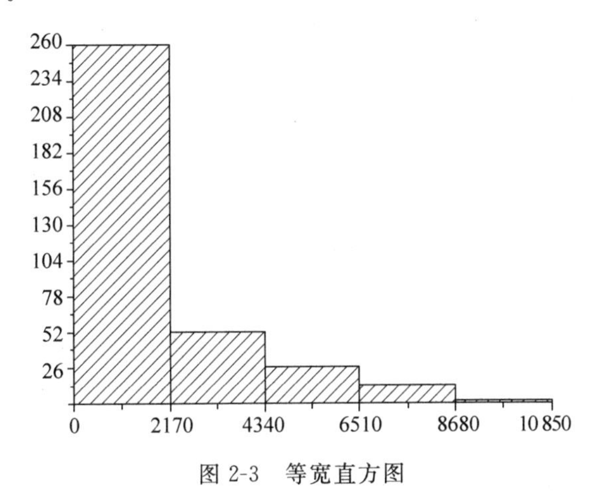

图 2-3　等宽直方图

3）基于熵的离散化

熵(entropy)是最常用的离散化度量之一。基于熵的离散化是一种监督的、自顶向下的分裂技术。它在计算和确定分裂点(划分属性区间的数据值)时利用类分布信息。对离散数值属性 A，选择 A 的具有最小熵的值作为分裂点，并递归地划分结果区间，得到分层离散化。这种离散化形成 A 的概念分层。

4）基于 χ^2 分析的区间合并

采用自底向上的策略，递归地找出最佳邻近区间，然后合并它们形成较大的区间。这种方法是监督的，它使用类信息。其基本思想是，对于精确的离散化，相对类频率在一个区间内应当一致。因此，如果两个邻近的区间具有非常类似的类分布，这两个区间可以合并。否则，它们应当保持分开。

初始，将数值属性 A 的每个不同值看作一个区间。对每对相邻区间进行解检验。具有最小 χ^2 值的相邻区间合并在一起，因为低解值表明它们具有相似的类分布。该合并过程递归地进行，直到满足预先定义的终止标准。

5）聚类分析

聚类分析是一种流行的数据离散化方法。将属性 A 的值划分成簇或组，聚类考虑 A 的分布以及数据点的邻近性，可以产生高质量的离散化结果。遵循自顶向下的划分策略或自底向上的合并策略，聚类可以用来产生 A 的概念分层，其中每个簇形成概念分层的一个结点。在前者，每一个初始簇或划分可以进一步地分解成若干子簇，形成较低的概念层。在后者，通过反复地对邻近簇进行分组，形成较高的概念层。

6）根据直观划分离散化

3-4-5 规则可以用来将数值数据分割成相对一致。一般来说，该规则根据最高有效位的取值范围，递归逐层地将给定的数据区域划分为 3、4 或 5 个相对等宽的区间。

2. 分类数据的概念分层产生

1）由用户或专家在模式级显式地说明属性的偏序

通常，分类属性或维的概念分层涉及一组属性。用户或专家在模式级通过说明属性的偏序或全序，可以很容易地定义概念分层。

2）通过显式数据分组说明分层结构的一部分

这基本上是人工地定义概念分层结构的一部分。在大型数据库中，通过显式的值枚举定义整个概念分层是不现实的。然而，对于一小部分中间层数据，可以很容易地显式说明分组。

3）说明属性集但不说明它们的偏序

用户可以说明一个属性集形成概念分层，但并不显式说明它们的偏序。然后，系统可以尝试自动地产生属性的序，构造有意义的概念分层。可以根据给定属性集中每个属性不同值的个数自动地产生概念分层。具有最多不同值的属性放在分层结构的最低层。一个属性的不同值个数越少，它在所产生的概念分层结构中所处的层次越高。在许多情况下，这种启发式规则都很顶用。在考查了所产生的分层之后，如果必要，局部层次交换或调整可以由用户或专家操作。

4）只说明部分属性集

在定义分层时，有时用户可能不小心，或者对于分层结构中应当包含什么只有很模糊的想法。结果，用户可能在分层结构说明中只包含了相关属性的一小部分。为了处理这种部分说明的分层结构，重要的是在数据库模式中嵌入数据语义，使得语义密切相关的属性能够捆在一起。用这种办法，一个属性的说明可能触发整个语义密切相关的属性组/拖进 0，形成一个完整的分层结构。然而，必要时用户应当可以选择忽略这一特性。

2.7 特征选择

2.7.1 特征选择简介

所谓特征选择，就是从一组数量为 N 的特征中选择出一组数量为 M 的最优特征（$N>M$），这里有两个问题要解决：①选择一种可分性判据作为最优特征选择的标准；②找到一个好的算法，来选择出这组最优特征。特征选择的主要思想是通过去除一些包含少量或不相关的信息的特征去选择特征子集。一般来说，特征选择方法可分为以下三大类。

1. 过滤式(filter)

此类特征选择方法是基于类别间相互独立的判别标准。早期的基于过滤式的评估方法没有考虑到特征的相关性，近年来有些方法（如 Minimum Redundancy-Maximun Relevance，MRMR）利用了最大相关和最小冗余的标准选择加入特征子集的特征项，优化了特征子集并提高了其泛化能力。

2. 封装式(wrapper)

封装式方法把分类器作为一个黑盒,根据特征项的预测能力去存储特征子集。例如,基于支持向量机的封装式方法已经被广泛应用到机器学习领域。

3. 嵌入式(embedded)

在嵌入型特征选择中,特征选择算法是作为学习算法的部分嵌入其中的,不需要将训练样本分为训练集和验证集,即不需要对中间结果进行验证,特征选择和训练过程同时进行。

进行特征选择有如下好处。

(1) 降低了特征空间维数,减少了需求空间并且加快了算法的速度。

(2) 去除了冗余的、无关的或"噪声"数据。

(3) 进行数据分析,缩短了学习算法的运行时间。

(4) 经过选择的特征更加容易理解。

(5) 增加了分类模型的精确度。

(6) 特征集的消减,为下一轮数据收集和利用节省了资源。

(7) 分类性能的提升,从而提高了预测的准确性。

(8) 数据分析,有利于解释底层数据蕴含的信息。

下面对过滤式算法进行详细介绍。过滤式特征属性选择算法中比较经典的算法有拉氏评分算法、SPEC 算法、Fisher 算法、ReliefF 算法等,之后很多算法都在这些经典算法基础上,针对不同的领域数据特征进行了优化和适应性改变。

1) 拉氏算法

通过存有数据样本位置信息的关联矩阵选择特征属性。给定关联矩阵 $\boldsymbol{K}$、相关度矩阵 $\boldsymbol{D}$ 以及拉氏矩阵 $\boldsymbol{L}$,通过拉氏评分计算公式得到每一个特征属性的拉氏评分。进而通过贪婪算法,递增式地选择满足目标函数的最优 k 个特征属性,最终获得满意的特征属性子集。

2) Fisher 算法

也是一种变形的拉氏算法,但其特征属性评价函数与后者存在形式上的变化,其本质仍是选择"能够将相似数据样本分配相近特征值的特征"。

3) SPEC 算法

该算法对拉氏算法进行了有效的拓展。算法在给定相关数据矩阵后,给出了不同的特征属性评价方程。通过关联矩阵的特征值作为相关特征向量的标准,进而依赖评价方程选择满足目标函数要求的特征。该算法认为好的特征能够对相似的数据样本分配近似的特征值。

4) ReliefF 算法

该算法源于 Relief 算法。Relief 算法的本质在于选择"能够对不同类标签的数据样本以相异特征值,而对相同类标签的数据样本分配相近特征值"的特征。ReliefF 算法对 Relief 算法进行了特征属性评价函数的改进,使其从二元类标签转化为能够对多元类标签进行特征属性的选择。

5) t-score 算法

基于数据统计的角度,运用统计学中方差等数学工具判断特征"是否能够区分不同类标签的数据样本",如该特征属性的区分能力较好,则对其选择进入特征属性子集中。

6) 基于最大相关最小冗余的算法(MRMR)

该算法不仅考虑每个特征属性相对于类标签的相关性,同时考虑特征属性集合内部自身关系的冗余性。算法选择的特征属性子集，不仅与类标签具有强相关，而且集合内部互相之间的关系实现最小化。算法依赖信启、墒对特征间、特征与类标签间关系进行有效度量，快速高效地对特征进行排序，并通过其他分类器等手段对排序后的特征属性进行合理选择。

2.7.2 Relief 算法

Relief 为一系列算法，它包括最早提出的 Relief 以及后来拓展的 ReliefF 和 RReliefF，其中 RReliefF 算法是针对目标属性为连续值的回归问题提出的，下面仅介绍针对分类问题的 Relief 和 ReliefF 算法。

Relief 算法最早由 Kira 提出，最初局限于两类数据的分类问题。Relief 算法是一种特征权重算法(feature weighting algorithms)，根据各个特征和类别的相关性赋予特征不同的权重，权重小于某个阈值的特征将被移除。Relief 算法中特征和类别的相关性是基于特征对近距离样本的区分能力。算法从训练集 D 中随机选择一个样本 R，然后从和 R 同类的样本中寻找最近邻样本 H，称为 Near Hit，从和 R 不同类的样本中寻找最近邻样本 M，称为 Near Miss，然后根据以下规则更新每个特征的权重：如果 R 和 Near Hit 在某个特征上的距离小于 R 和 Near Miss 上的距离，则说明该特征对区分同类和不同类的最近邻是有益的，则增加该特征的权重；反之，如果 R 和 Near Hit 在某个特征的距离大于 R 和 Near Miss 上的距离，说明该特征对区分同类和不同类的最近邻起负面作用，则降低该特征的权重。以上过程重复 m 次，最后得到各特征的平均权重。特征的权重越大，表示该特征的分类能力越强，反之，表示该特征分类能力越弱。Relief 算法的运行时间随着样本的抽样次数 m 和原始特征个数 N 的增加线性增加，因而运行效率非常高。具体算法如下。

设训练数据集 D，样本抽样次数 m，特征权重的阈值 δ，$\text{diff}(A,R,H)$表示 R 和 H 在特征 A 上的距离，$\text{diff}(A,R,M)$表示 R 和 M 在特征 A 上的距离，输出是各个特征的权重 T：

(1) 置 0 所有特征权重，T 为空集。

(2) For $i = 1$ to m do

① 随机选择一个样本 R。

② 从同类样本集中找到 R 的最近邻样本 H，从不同类样本集中找到最近邻样本 M。

③ for $i=1$ to N do

$W(A)=W(A)-\text{diff}(A,R,H)/m+\text{diff}(A,R,M)/m$

if $W(A)\geqslant\delta$

把第 A 个特征添加到 T 中

end

由于 Relief 算法比较简单，但运行效率高，并且结果也比较令人满意，因此得到广泛应用，但是其局限性在于只能处理两类别数据，因此 1994 年 Kononeill 对其进行了扩展，得到了可以处理多类别问题 ReliefF 算法，可以处理多类别问题。该算法用于处理目标属性为连续值的回归问题。ReliefF 算法在处理多类问题时，每次从训练样本集中随机取出一个样本 R，然后从和 R 同类的样本集中找出 R 的 k 个近邻样本(near Hits)，从每个 R 的不同类的样本集中均找出 k 个近邻样本(near Misses)，然后更新每个特征的权重，如下式所示。

$$W(A) = W(A) - \sum_{j=1}^{k} \text{diff}(A,R,H_j)/(mk)$$

$$+\sum_{C\notin \text{class}(R)}\left[\frac{p(C)}{1-p(\text{class}(R))}\sum_{j=1}^{k}\text{diff}(A,R,M_j(C))\right]\Big/(mk)$$

式中，$\text{diff}(A,R_1,R_2)$表示样本 R_1 和样本 R_2 在特征 A 上的差，$M_j(C)$表示类 C 中的第 j 个最近邻样本，如下式所示。

$$\text{diff}(A,R_1,R_2)=\begin{cases}\dfrac{|R_1[A]-R_2[A]|}{\max(A)-\min(A)} & A \text{ is continuous}\\ 0 & A \text{ is discrete and } R_1[A]=R_2[A]\\ 1 & A \text{ is discrete and } R_1[A]\neq R_2[A]\end{cases}$$

ReliefF 算法具体的伪代码如下。

设训练数据集为 D，样本抽样次数 m，特征权重的阈值 δ，最近邻样本个数 k，输出是各个特征的权重 T。

(1) 置所有特征权重为 0，T 为空集。

(2) for $i=1$ to m do

① 从 D 中随机选择一个样本 R。

② 从 R 的同类样本集中找到 R 的 k 个最近邻 $H_j(j=1,2,\cdots,k)$，从每一个不同类样本集中找出 k 最近邻 $M_j(C)$。

(3) for $A=1$ to N ALL feature do

$$W(A)=\frac{W(A)-\sum_{j=1}^{k}\text{diff}(A,R,H_j)}{(mk)}+\frac{\sum_{C\notin \text{class}(R)}\left[\frac{p(C)}{1-p(\text{class}(R))}\sum_{j=1}^{k}\text{diff}(A,R,M_j(C))\right]}{(mk)}$$

end

Relief 系列算法运行效率高，对数据类型没有限制，属于一种特征权重算法，算法会赋予所有和类别相关性高的特征较高的权重，所以算法的局限性在于不能有效地去除冗余特征。

【例 2.10】 本例实验数据来自著名的 UCI 机器学习数据库，该数据库有大量的人工智能数据挖掘数据，网址为 http://archive.ics.uci.edu/ml/。本例选用的数据类型为：Breast Cancer Wisconsin (Original) Data Set(中文名称为威斯康星州乳腺癌数据集)。这些数据来源美国威斯康星大学医院的临床病例报告，每条数据具有 11 个属性。下载的数据文件格式为"data"，表 2-3 是该数据集的 11 个属性名称及说明。

表 2-3 Breast Cancer Wisconsin (Original) 数据集属性信息表

属性名称	说明	特征编号
样品编号	病人身份证号码	无
块厚度	范围 1～10	1
细胞大小均匀性	范围 1～10	2
细胞形态均匀性	范围 1～10	3
边缘粘附力	范围 1～10	4

续表

属性名称	说　明	特征编号
单上皮细胞尺寸	范围 1～10	5
裸核	范围 1～10	6
Bland 染色质	范围 1～10	7
正常核仁	范围 1～10	8
核分裂	范围 1～10	9
分类	2 为良性 4 为恶性	10

对上述数据进行转换后，并根据数据说明可知，可以用于特征提取的有 9 个指标，样品编号和分类只是用于确定分类。本例的数据处理思路是采用 ReliefF 特征提取算法计算各个属性的权重，剔除相关性最小的属性。本例在转换数据后，首先进行了预处理，由于本文的数据范围都是 1～10，因此不需要归一化，但是数据样本中存在一些不完整，会影响实际的程序运行，经过程序处理，将这一部分数据删除。这些不完整的数据都是由于实际中一些原因没有登记或者遗失的，以"?"的形式代表。

采用 ReliefF 算法计算各个特征的权重，权重小于某个阈值的特征将被移除，针对本例的实际情况，将对权重最小的 2～3 种剔除。由于算法在运行过程中，会选择随机样本 R，随机数的不同将导致结果权重有一定的出入，因此本例采取平均的方法，将主程序运行 20 次，然后将结果汇总求出每种权重的平均值。如表 2-4 所示，列为属性编号，行为每一次的计算结果。图 2-4 是特征提取算法计算的特征权重趋势图，计算 20 次的结果趋势相同。

表 2-4　ReliefF 算法统计结果表

次数	1	2	3	4	5	6	7	8	9
1	0.2207	0.1406	0.1434	0.1120	0.0644	0.2123	0.1163	0.1944	0.0375
2	0.2311	0.1488	0.1703	0.1407	0.0701	0.2491	0.1049	0.1724	0.0363
3	0.2111	0.1535	0.1568	0.1285	0.0755	0.2604	0.1243	0.2012	0.0693
4	0.2099	0.1865	0.1847	0.1694	0.0771	0.2337	0.1306	0.2219	0.0674
5	0.2436	0.1554	0.1689	0.1424	0.0628	0.2391	0.1309	0.2054	0.0479
6	0.2125	0.1460	0.1641	0.1220	0.0762	0.2366	0.1422	0.1936	0.0609
7	0.2436	0.1439	0.1759	0.1722	0.0752	0.2351	0.1351	0.2005	0.0431
8	0.2089	0.1443	0.1559	0.1571	0.0785	0.2399	0.1125	0.1759	0.0545
9	0.2273	0.1483	0.1615	0.1523	0.0674	0.2615	0.1399	0.2108	0.0394
10	0.2295	0.1314	0.1641	0.1439	0.0724	0.2517	0.1439	0.2068	0.0554
11	0.2120	0.1450	0.1204	0.1328	0.0703	0.2356	0.1234	0.1995	0.0535
12	0.2516	0.1385	0.1693	0.1484	0.0672	0.2580	0.1314	0.2062	0.0470
13	0.2507	0.1552	0.1642	0.1597	0.0785	0.2422	0.1224	0.1913	0.0347
14	0.2219	0.1615	0.1616	0.1293	0.0812	0.2361	0.1035	0.1870	0.0530
15	0.2075	0.1474	0.1490	0.1222	0.0738	0.2524	0.1229	0.1946	0.0319
16	0.2038	0.1462	0.1538	0.1510	0.0604	0.2200	0.1335	0.2172	0.0564
17	0.2302	0.1786	0.1707	0.1366	0.0757	0.2405	0.1280	0.2172	0.0679
18	0.2226	0.1097	0.1139	0.1205	0.0679	0.2401	0.1035	0.1616	0.0359
19	0.2083	0.1509	0.1701	0.1318	0.0870	0.2380	0.1210	0.2123	0.0467
20	0.2245	0.1559	0.1507	0.1373	0.0821	0.2330	0.1083	0.1884	0.0668

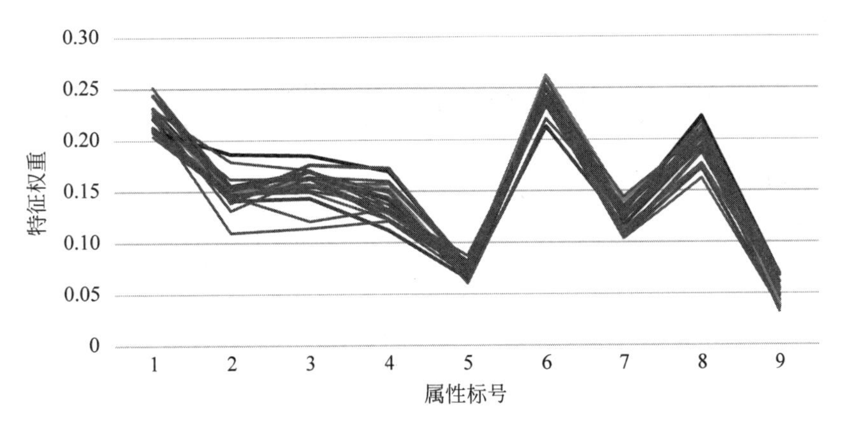

图 2-4　ReliefF 算法静思园乳腺癌数据特征权重图

由此可得特征属性的权重均值如表 2-5 所示。

表 2-5　属性权重统计表

属性 1	属性 2	属性 3	属性 4	属性 5	属性 6	属性 7	属性 8	属性 9
0.2237	0.1494	0.1588	0.1408	0.0732	0.2408	0.1243	0.1979	0.0503

按照从小到大顺序排列，可知，各个属性的权重关系如下：属性 9＜属性 5＜属性 7＜属性 4＜属性 2＜属性 3＜属性 8＜属性 1＜属性 6。此时选定权重阈值为 0.02，则属性 9、属性 4 和属性 5 剔除。从上面的特征权重可以看出，属性 6 裸核大小是最主要的影响因素，说明乳腺癌患者的症状最先表现了裸核大小上，将直接导致裸核大小的变化；其次是属性 1 和属性 8 等，后几个属性权重大小接近，但是从多次计算规律来看，还是能够说明其中不同的重要程度。

下面着重对几个重要的属性进行分析。首先是 20 次测试中，裸核大小(属性 6)的权重变化，如图 2-5 所示。

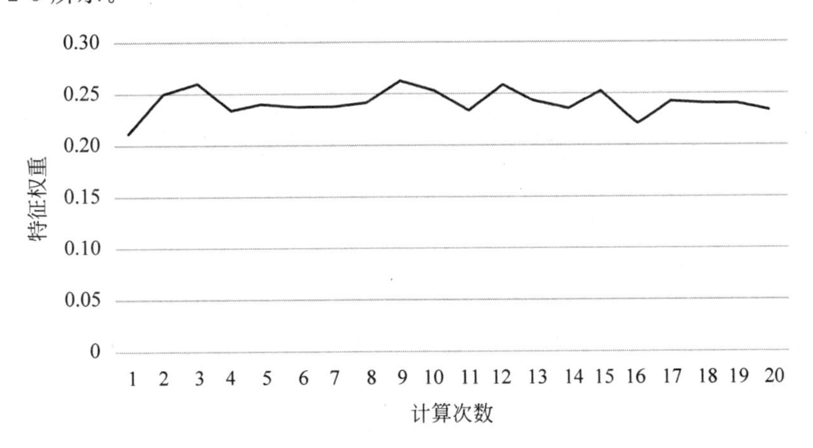

图 2-5　属性 6 的特征权重变化图

从图 2-5 中可以看到，该属性权重大部分在 0.22～0.26，是权重最大的一个属性。接着观察属性 1 的权重分布，如图 2-6 所示。

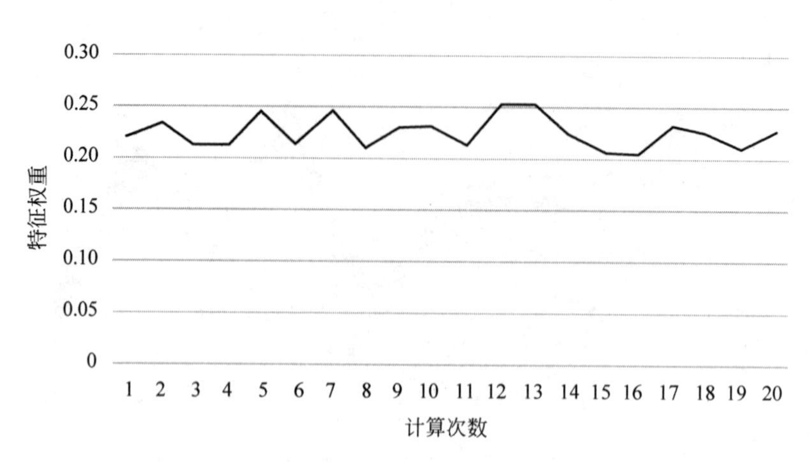

图 2-6　属性 1 的特征权重变化图

块厚度属性 1 的特征权重在 0.20～0.25 变动，也是权重极高的一个，说明该特征属性在乳腺癌患者检测指标中是相当重要的一个判断依据。进一步分析显示，再单独对属性 6 和属性 1 进行聚类分析，其成功率就可以达到 91.8%。

2.7.3　Fisher 判别法

Fisher 判别法是历史上最早提出的判别方法之一，其基本思想是将 n 类 m 维数据集尽可能地投影到一个方向(一条直线)，使得类与类之间尽可能地分开。从形式上看，该方法就是所谓的降维处理方法。为简单起见，这里以两类问题 ω_1 和 ω_2 的分类说明 Fisher 判别法的原理，如图 2-7 所示。

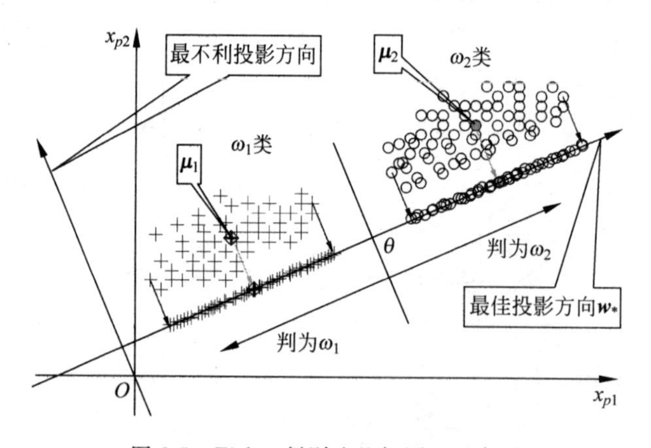

图 2-7　Fisher 判别法几何原理示意图

设数据阵为 $\boldsymbol{X} \in R^{N\times m}$，$\omega_1$ 共有 N_1 个样本，ω_2 共有 N_2 个样本，$N=N_1+N_2$。两个类别在输入空间的均值向量为

$$
\begin{cases}
\boldsymbol{\mu}_1 = \dfrac{1}{N_1}\sum\limits_{\boldsymbol{x}_p \in \omega_1} \boldsymbol{x}_p \in R^m \\
\boldsymbol{\mu}_2 = \dfrac{1}{N_2}\sum\limits_{\boldsymbol{x}_p \in \omega_2} \boldsymbol{x}_p \in R^m
\end{cases}
$$

设有一个投影方向 $\boldsymbol{w}=(w_1,w_2,\cdots,w_m)^{\mathrm{T}}\in R^m$，这两个均值向量在该方向的投影为

$$\begin{cases}\tilde{\boldsymbol{\mu}}_1=\boldsymbol{w}^{\mathrm{T}}\boldsymbol{\mu}_1=\dfrac{1}{N_1}\sum\limits_{\boldsymbol{x}_p\in\omega_1}\boldsymbol{w}^{\mathrm{T}}\boldsymbol{x}_p\in R^1\\ \tilde{\boldsymbol{\mu}}_2=\boldsymbol{w}^{\mathrm{T}}\boldsymbol{\mu}_2=\dfrac{1}{N_2}\sum\limits_{\boldsymbol{x}_p\in\omega_2}\boldsymbol{w}^{\mathrm{T}}\boldsymbol{x}_p\in R^1\end{cases}$$

在 $\boldsymbol{w}$ 方向，两均值之差为

$$\nabla=|\tilde{\boldsymbol{\mu}}_1-\tilde{\boldsymbol{\mu}}_2|=|\boldsymbol{w}^{\mathrm{T}}(\boldsymbol{\mu}_1-\boldsymbol{\mu}_2)|$$

类似地，样本总均值向量在该方向的投影为

$$\tilde{\boldsymbol{\mu}}=\boldsymbol{w}^{\mathrm{T}}\boldsymbol{\mu}=\frac{1}{N}\sum_{p=1}^{N}\boldsymbol{w}^{\mathrm{T}}\boldsymbol{x}_p\in R^1$$

定义类间散度(Between-class scatter)平方和 SS_B 为

$$\begin{aligned}SS_B&=N_1(\tilde{\boldsymbol{\mu}}_1-\tilde{\boldsymbol{\mu}})^2+N_2(\tilde{\boldsymbol{\mu}}_2-\tilde{\boldsymbol{\mu}})^2=\sum_{j=1}^{2}N_j(\tilde{\boldsymbol{\mu}}_j-\tilde{\boldsymbol{\mu}})^2\\&=N_1(\boldsymbol{w}^{\mathrm{T}}\boldsymbol{\mu}_1-\boldsymbol{w}^{\mathrm{T}}\boldsymbol{\mu})^2+N_2(\boldsymbol{w}^{\mathrm{T}}\boldsymbol{\mu}_2-\boldsymbol{w}^{\mathrm{T}}\boldsymbol{\mu})^2\\&=\boldsymbol{w}^{\mathrm{T}}[N_1(\boldsymbol{\mu}_1-\boldsymbol{\mu})(\boldsymbol{\mu}_1-\boldsymbol{\mu})^{\mathrm{T}}+N_2(\boldsymbol{\mu}_2-\boldsymbol{\mu})(\boldsymbol{\mu}_2-\boldsymbol{\mu})^{\mathrm{T}}]\boldsymbol{w}\\&=\boldsymbol{w}^{\mathrm{T}}S_B\boldsymbol{w}\end{aligned}$$

其中，

$$\begin{aligned}S_B&=N_1(\boldsymbol{\mu}_1-\boldsymbol{\mu})(\boldsymbol{\mu}_1-\boldsymbol{\mu})^{\mathrm{T}}+N_2(\boldsymbol{\mu}_2-\boldsymbol{\mu})(\boldsymbol{\mu}_2-\boldsymbol{\mu})^{\mathrm{T}}\\&=\sum_{j=1}^{2}N_j(\boldsymbol{\mu}_j-\boldsymbol{\mu})(\boldsymbol{\mu}_j-\boldsymbol{\mu})^{\mathrm{T}}\end{aligned}\tag{2-7}$$

定义类 ω_j 的类内散度(within-class scatter)平方和为

$$SS_{W_j}=\sum_{p\in N_j}(\boldsymbol{w}^{\mathrm{T}}\boldsymbol{x}_p-\tilde{\boldsymbol{\mu}}_j)^2=\sum_{p\in N_j}(\boldsymbol{w}^{\mathrm{T}}\boldsymbol{x}_p-\boldsymbol{w}^{\mathrm{T}}\boldsymbol{\mu}_j)^2$$

两个类的总的类内散度误差平方和为

$$\begin{aligned}SS_W&=\sum_{j=1}^{2}SS_{wj}=\sum_{j=1}^{2}\sum_{p\in N_j}(\boldsymbol{w}^{\mathrm{T}}\boldsymbol{x}_p-\boldsymbol{w}^{\mathrm{T}}\boldsymbol{\mu}_j)^2\\&=\boldsymbol{w}^{\mathrm{T}}\left[\sum_{j=1}^{2}\sum_{p\in N_j}(\boldsymbol{x}_p-\boldsymbol{\mu}_j)(\boldsymbol{x}_p-\boldsymbol{\mu}_j)^{\mathrm{T}}\right]\boldsymbol{w}\\&=\boldsymbol{w}^{\mathrm{T}}S_W\boldsymbol{w}\end{aligned}\tag{2-8}$$

其中，

$$S_W=\sum_{j=1}^{2}\sum_{p\in N_j}(\boldsymbol{x}_p-\boldsymbol{\mu}_j)(\boldsymbol{x}_p-\boldsymbol{\mu}_j)^{\mathrm{T}}$$

我们的目的是使类间散度平方和 SS_B 与类内散度平方和 SS_w 的比值为最大，即

$$\max J(\boldsymbol{w})=\frac{SS_B}{SS_W}=\frac{\boldsymbol{w}^{\mathrm{T}}S_B\boldsymbol{w}}{\boldsymbol{w}S_W\boldsymbol{w}}$$

图 2-8 和 2-9 给出了类间散度平方和 S_B 与类内散度平方和 S_E 的几何意义。根据图 2-8，类间散度平方和 S_B 的另一种表示方式为

$$SS_B=(\tilde{\boldsymbol{\mu}}_1-\tilde{\boldsymbol{\mu}}_2)^2=(\boldsymbol{w}^{\mathrm{T}}\boldsymbol{\mu}_1-\boldsymbol{w}^{\mathrm{T}}\boldsymbol{\mu}_2)^2=\boldsymbol{w}^{\mathrm{T}}(\boldsymbol{\mu}_1-\boldsymbol{\mu}_2)(\boldsymbol{\mu}_1-\boldsymbol{\mu}_2)^{\mathrm{T}}\boldsymbol{w}=\boldsymbol{w}^{\mathrm{T}}S_B\boldsymbol{w}$$

这里，

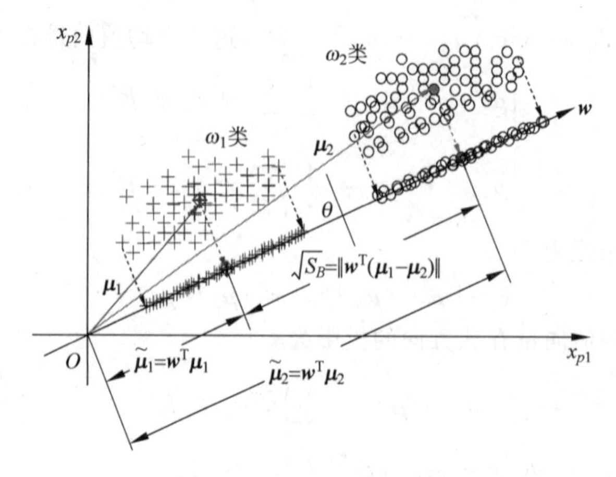

图 2-8 Fisher 判别法——类间散度平方和(分子)的几何意义

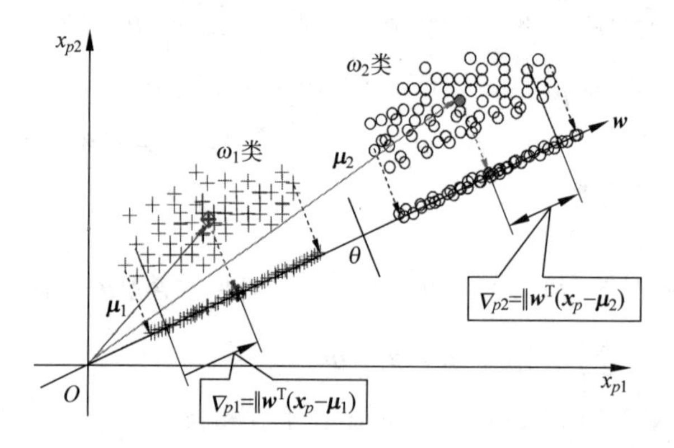

图 2-9 Fisher 判别法——类内散度平方和(分母)的几何意义

$$S_B = (\boldsymbol{\mu}_1 - \boldsymbol{\mu}_2)(\boldsymbol{\mu}_1 - \boldsymbol{\mu}_2)^{\mathrm{T}} \tag{2-9}$$

可以证明,式(2-7)与式(2-9)只相差一个系数。简单证明如下:

由于

$$\boldsymbol{\mu} = \frac{1}{N}\left(\sum_{x_p \in w_1} \boldsymbol{x}_p + \sum_{x_p \in w_2} \boldsymbol{x}_p\right) = \frac{N_1\,\boldsymbol{\mu}_1 + N_2\,\boldsymbol{\mu}_2}{N}$$

由式(2-7)得

$$\begin{aligned}
S_B &= N_1(\boldsymbol{\mu}_1 - \boldsymbol{\mu})(\boldsymbol{\mu}_1 - \boldsymbol{\mu})^{\mathrm{T}} + N_2(\boldsymbol{\mu}_2 - \boldsymbol{\mu})(\boldsymbol{\mu}_2 - \boldsymbol{\mu})^{\mathrm{T}} \\
&= N_1\left(\boldsymbol{\mu}_1 - \frac{N_1\,\boldsymbol{\mu}_1 + N_2\,\boldsymbol{\mu}_2}{N}\right)\left(\boldsymbol{\mu}_1 - \frac{N_1\,\boldsymbol{\mu}_1 + N_2\,\boldsymbol{\mu}_2}{N}\right)^{\mathrm{T}} \\
&\quad + N_2\left(\boldsymbol{\mu}_2 - \frac{N_1\,\boldsymbol{\mu}_1 + N_2\,\boldsymbol{\mu}_2}{N}\right)\left(\boldsymbol{\mu}_2 - \frac{N_1\,\boldsymbol{\mu}_1 + N_2\,\boldsymbol{\mu}_2}{N}\right)^{\mathrm{T}} \\
&= \frac{N_1 N_2^2}{N^2}(\boldsymbol{\mu}_1 - \boldsymbol{\mu}_2)(\boldsymbol{\mu}_1 - \boldsymbol{\mu}_2)^{\mathrm{T}} + \frac{N_1^2 N_1}{N^2}(\boldsymbol{\mu}_2 - \boldsymbol{\mu}_1)(\boldsymbol{\mu}_2 - \boldsymbol{\mu}_1)^{\mathrm{T}} \\
&= \frac{N_1 N_2}{N}(\boldsymbol{\mu}_1 - \boldsymbol{\mu}_2)(\boldsymbol{\mu}_1 - \boldsymbol{\mu}_2)^{\mathrm{T}}
\end{aligned}$$

这说明,式(2-9)与式(2-7)只相差一个与样本数有关的常数。根据图 2-9,类内散度平方和 SS_E 的另一种表示方式为

$$
\begin{aligned}
SS_E &= \sum_{x_p\in\omega_1}\nabla_{p1}^2+\sum_{x_p\in\omega_2}\nabla_{p2}^2 \\
&= \sum_{x_p\in\omega_1}[\boldsymbol{w}^{\mathrm{T}}(\boldsymbol{x}_p-\boldsymbol{\mu}_1)]^2+\sum_{x_p\in\omega_2}[\boldsymbol{w}^{\mathrm{T}}(\boldsymbol{x}_p-\boldsymbol{\mu}_2)]^2 \\
&= \boldsymbol{w}^{\mathrm{T}}\left(\sum_{x_p\in\omega_1}(\boldsymbol{x}_p-\boldsymbol{\mu}_1)(\boldsymbol{x}_p-\boldsymbol{\mu}_1)^{\mathrm{T}}+\sum_{x_p\in\omega_2}(\boldsymbol{x}_p-\boldsymbol{\mu}_2)(\boldsymbol{x}_p-\boldsymbol{\mu}_2)^{\mathrm{T}}\right)\boldsymbol{w} \\
&= \boldsymbol{w}^{\mathrm{T}}S_W\boldsymbol{w}
\end{aligned}
$$

这正是式(2-8)。下面分析怎样确定最佳投影方向 $\boldsymbol{w}$。显然，$\boldsymbol{S}_B$、$\boldsymbol{S}_W$ 均为对称阵，于是 $(S_W)^{\frac{1}{2}}=(S_W^{\mathrm{T}})^{\frac{1}{2}}$，且 $S_W=(S_W)^{\frac{1}{2}}(S_W)^{\frac{1}{2}}$。令 $\boldsymbol{v}=(\boldsymbol{S}_W)^{\frac{1}{2}}\boldsymbol{w}$，则 $\boldsymbol{w}=(\boldsymbol{S}_W)^{-\frac{1}{2}}\boldsymbol{v}$，所以有

$$
\max J(\boldsymbol{w})=\frac{\boldsymbol{w}^{\mathrm{T}}\boldsymbol{S}_B\boldsymbol{w}}{\boldsymbol{w}^{\mathrm{T}}\boldsymbol{S}_W\boldsymbol{w}}=\frac{\boldsymbol{v}^{\mathrm{T}}(\boldsymbol{S}_W^{\mathrm{T}})^{-\frac{1}{2}}\boldsymbol{S}_B(\boldsymbol{S}_W)^{-\frac{1}{2}}\boldsymbol{v}}{\boldsymbol{v}^{\mathrm{T}}\boldsymbol{v}} \tag{2-10}
$$

使式(2-10)为最大，等价于求最大特征值 $\lambda_{\max}[(\boldsymbol{S}_W^{\mathrm{T}})^{-\frac{1}{2}}\boldsymbol{S}_B(\boldsymbol{S}_W)^{-\frac{1}{2}}]=\lambda_{\max}[(\boldsymbol{S}_W)^{-1}\boldsymbol{S}_B]$对应的特征向量。即

$$
(\boldsymbol{S}_W)^{-1}\boldsymbol{S}_B\boldsymbol{w}=\lambda_{\max}\boldsymbol{w} \tag{2-11}
$$

因为

$$
\begin{aligned}
\boldsymbol{S}_B\boldsymbol{w} &= (\boldsymbol{\mu}_1-\boldsymbol{\mu}_2)(\boldsymbol{\mu}_1-\boldsymbol{\mu}_2)^{\mathrm{T}}\boldsymbol{w} \\
&= (\boldsymbol{\mu}_1-\boldsymbol{\mu}_2)(\boldsymbol{\mu}_1^{\mathrm{T}}\boldsymbol{w}-\boldsymbol{\mu}_2^{\mathrm{T}}\boldsymbol{w}) \\
&= (\boldsymbol{\mu}_1-\boldsymbol{\mu}_2)(\tilde{\boldsymbol{\mu}}_1-\tilde{\boldsymbol{\mu}}_2) \\
&= \alpha(\boldsymbol{\mu}_1-\boldsymbol{\mu}_2)
\end{aligned}
$$

式(2-11)可写成

$$
\alpha(\boldsymbol{S}_W)^{-1}(\boldsymbol{\mu}_1-\boldsymbol{\mu}_2)=\lambda_{\max}\boldsymbol{w}
$$

这说明，$\boldsymbol{w}$ 的方向与$(\boldsymbol{S}_W)^{-1}(\boldsymbol{\mu}_1-\boldsymbol{\mu}_2)$的方向一致，即

$$
\boldsymbol{w}=(\boldsymbol{S}_W)^{-1}(\boldsymbol{\mu}_1-\boldsymbol{\mu}_2)
$$

因此在应用过程中，往往不必求出类间散度阵 $\boldsymbol{S}_B$。$\boldsymbol{w}$ 与输入空间维数相等，或者说，投影方向过原点。设分类阈值为 θ，判别公式为

$$
\begin{cases}
\boldsymbol{x}\in\omega_1 & \boldsymbol{w}^{\mathrm{T}}\boldsymbol{x}\gtrless\theta \\
\boldsymbol{x}\in\omega_2 & \boldsymbol{w}^{\mathrm{T}}\boldsymbol{x}\lessgtr\theta \\
\text{不定} & \boldsymbol{w}^{\mathrm{T}}\boldsymbol{x}=\theta
\end{cases}
$$

确定 θ 的一些经验公式为

(1) 取两个类别均值在 $\boldsymbol{w}$ 方向投影的简单平均。

$$
\theta=\frac{\boldsymbol{w}^{\mathrm{T}}(\boldsymbol{\mu}_1+\boldsymbol{\mu}_2)}{2}
$$

(2) 考虑样本数的两个类别均值在 $\boldsymbol{w}$ 方向投影的平均。

$$
\theta=\frac{\boldsymbol{w}^{\mathrm{T}}(N_1\boldsymbol{\mu}_1+N_2\boldsymbol{\mu}_2)}{N}
$$

或

$$
\theta=\frac{\boldsymbol{w}^{\mathrm{T}}(N_2\boldsymbol{\mu}_1+N_1\boldsymbol{\mu}_2)}{N}
$$

(3) 考虑类方差的两个类别均值在 $\boldsymbol{w}$ 方向投影的平均。

$$
\theta=\frac{\boldsymbol{w}^{\mathrm{T}}(\tilde{\sigma}_2\boldsymbol{\mu}_1+\tilde{\sigma}_1\boldsymbol{\mu}_2)}{\tilde{\sigma}_1+\tilde{\sigma}_2}
$$

或

$$\theta=\frac{\boldsymbol{w}^{\mathrm{T}}(\tilde{\sigma}_1\boldsymbol{\mu}_1+\tilde{\sigma}_1\boldsymbol{\mu}_2)}{\tilde{\sigma}_1+\tilde{\sigma}_2}$$

这里，$\tilde{\sigma}_1$、$\tilde{\sigma}_2$ 分别为两个类别在 $\boldsymbol{w}$ 方向投影的均方差。当然，当类内散度阵 $\boldsymbol{S}_W$ 不可逆时，Fisher 判别法失效。

【例 2.11】 在研究地震预报中，遇到沙基液化问题，选择下列 7 个有关的因素：x_1：震级，x_2：震中距(km)，x_3：水深(m)，x_4：土深(m)，x_5：贯入值，x_6：最大地面加速度(10^{-2}N/m^2)，x_7：地震持续时间(s)。具体数据如表 2-6 所示。

表 2-6 地震参数表

x_1	x_2	x_3	x_4	x_5	x_6	x_7	类别	序号
6.6	39	1.0	6.0	6.0	0.12	20	Ⅰ	1
6.6	39	1.0	6.0	12	0.12	20	Ⅰ	2
6.1	47	1.0	6.0	6.0	0.08	12	Ⅰ	3
6.1	47	1.0	6.0	12	0.08	12	Ⅰ	4
8.4	32	2.0	7.5	19	0.35	75	Ⅰ	5
7.2	6.0	1.0	7.0	28	0.30	30	Ⅰ	6
8.4	113	3.5	6.0	18	0.15	75	Ⅰ	7
7.5	52	1.0	6.0	12	0.16	40	Ⅰ	8
7.5	52	3.5	7.5	6.0	0.16	40	Ⅰ	9
8.3	113	0.0	7.5	35	0.12	180	Ⅰ	10
7.8	172	1.0	3.5	14	0.21	45	Ⅰ	11
7.8	172	1.5	3.0	15	0.21	45	Ⅱ	12
8.4	32	1.0	5.0	4.0	0.35	75	Ⅱ	13
8.4	32	2.0	9.0	10	0.35	75	Ⅱ	14
8.4	32	2.5	4.0	10	0.35	75	Ⅱ	15
6.3	11	4.5	7.5	3.0	0.20	15	Ⅱ	16
7.0	8.0	4.5	4.5	9.0	0.25	30	Ⅱ	17
7.0	8.0	6.0	7.5	4.0	0.25	30	Ⅱ	18
7.0	8.0	1.5	6.0	1.0	0.25	30	Ⅱ	19
8.3	161	1.5	4.0	4.0	0.08	70	Ⅱ	20
8.3	161	0.5	2.5	1.0	0.08	70	Ⅱ	21
7.2	6.0	3.5	4.0	12	0.30	30	Ⅱ	22
7.2	6.0	1.0	3.0	3.0	0.30	30	Ⅱ	23
7.2	6.0	1.0	6.0	5.0	0.30	30	Ⅱ	24
5.5	6.0	2.5	3.0	7.0	0.18	18	Ⅱ	25
8.4	113	3.5	4.5	6.0	0.15	75	Ⅱ	26
8.4	113	3.5	4.5	8.0	0.15	75	Ⅱ	27
7.5	52	1.0	6.0	6.0	0.16	40	Ⅱ	28
7.5	52	1.0	7.5	8.0	0.16	40	Ⅱ	29
8.3	97	0.0	6.0	5.0	0.15	180	Ⅱ	30
8.3	97	2.5	6.0	5.0	0.15	180	Ⅱ	31
8.3	89	0.0	6.0	10	0.16	180	Ⅱ	32
8.3	56	1.5	6.0	13	0.25	180	Ⅱ	33
7.8	172	1.0	3.5	6.0	0.21	45	Ⅱ	34
7.8	283	1.0	4.5	6.0	0.18	45	Ⅱ	35

解：设数据文件名为 d:\a. txt,用 Matlab 实现的源程序如下。

```
load d:\ss.txt;
a = ss;
m = mean(a(1:12,:));
m(2:2,:) = mean(a(13:35,:));
ssb = (m(1:1,:) - m(2:2,:))' * (m(1:1,:) - m(2:2,:));
ssw = zeros(7,7);
for i = 1:12,
    ssw = ssw + (a(i:i,:) - m(1:1,:))' * (a(i:i,:) - m(1:1,:));
end
for i = 13:35,
    ssw = ssw + (a(i:i,:) - m(2:2,:))' * (a(i:i,:) - m(2:2,:));
end
w = inv(ssw) * (m(1:1,:) - m(2:2,:))';
result = a * w;
theta = w' * (m(1:1,:) + m(2:2,:))'/2;
for i = 1:35,
    result(i:i,2:2) = theta;
    result(i:i,3:3) = i;
end
```

投影方向向量为

$W^T=(0.0202, -0.0001, -0.0175, 0.0156, 0.0160, -0.7333, -0.0016)T$,

分类阈值为 0.1358。

决策面方程为

$$\pi: l(x)=W^T \cdot x-0.1358=0$$

其中 $x=(x_1, x_2, \cdots, x_7)^T$

分类结果如表 2-7 所示。

表 2-7 分类结果表

序号	$w^T x$	θ=0.1358(3.58)	θ=0.1007(3.59)	θ=0.1709(3.60)	θ=0.1567(3.61)	θ=0.1149(3.62)
1	0.1812					
2	0.2772					
3	0.2125					
4	0.3085					
5	0.1749					
6	0.4163					
7	0.2475					
8	0.2325					
9	0.1160	*		*	*	
10	0.4551					
11	0.1745					
12	0.1739					
13	−0.0866					
14	0.0542					

续表

序号	w^Tx	θ=0.1358(3.58)	θ=0.1007(3.59)	θ=0.1709(3.60)	θ=0.1567(3.61)	θ=0.1149(3.62)
15	−0.0325					
16	0.0414					
17	0.0442					
18	−0.0153					
19	−0.0078					
20	0.0797					
21	0.0259					
22	0.0696					
23	−0.0462					
24	0.0326					
25	0.0645					
26	0.0320					
27	0.0641					
28	0.1365	*	*			*
29	0.1919	*	*	*	*	*
30	−0.0687					
31	−0.1126					
32	0.0048					
33	−0.0361					
34	0.0464					
35	0.0726					

2.7.4 基于 GBDT 的过滤式特征选择

GBDT(Gradient Boosting Decision Tree)是一种迭代的决策树算法，又称 MART(Multiple Additive Regression Tree)算法。该算法由多棵决策树组成，所有树的结论累加为最终答案。它在被提出之初就和 SVM(Supported Vector Machine，支持向量机)一起被认为是泛化能力(generalization)较强的算法。近些年更因为被用于搜索排序的机器学习模型而引起大家关注。GBDT 主要由 3 个概念组成，即 Regression Decision Tree(DT)、Gradient Boosting(GB)和 Shrinkage。

1. DT(Regression Decision Tree，回归树)

决策树分为两大类，回归树和分类树。前者用于预测实数值，如明天的温度、用户的年龄、网页的相关程度；后者用于分类标签值，如晴天/阴天/雾/雨、用户性别、网页是否是垃圾页面。这里要强调的是，前者的结果加减是有意义的，如"10 岁＋5 岁－3 岁＝12 岁"，后者则无意义，如"男＋男＋女＝到底是男是女?"GBDT 的核心在于累加所有树的结果作为最终结果，就像前面对年龄的累加(－3 是加负 3)，而分类树的结果是没办法累加的，所以 GBDT 中的树都是回归树，不是分类树，这点对于理解 GBDT 相当重要，尽管 GBDT 调整后也可用于分类但不代表 GBDT 的树是分类树。

下面以对人的性别判别/年龄预测为例来说明，每个 instance 都是一个我们已知性别/年龄的人，而 feature 则包括这个人上网的时长、上网的时段、网购所花的金额等。作为对比，先说分类树，已知C4.5分类树在每次分支时，是穷举每一个feature的每一个阈值，找到使得按照“feature<=阈值”和“feature>阈值”分成的两个分支的熵最大的feature和阈值(熵最大的概念可理解成尽可能每个分支的男女比例都远离1∶1)，按照该标准分支得到两个新结点，用同样方法继续分支直到所有人都被分入性别唯一的叶子结点，或达到预设的终止条件；若最终叶子结点中的性别不唯一，则以多数人的性别作为该叶子结点的性别。

回归树总体流程也是类似，不过在每个结点(不一定是叶子结点)都会得一个预测值，以年龄为例，该预测值等于属于这个结点的所有人年龄的平均值。分支时穷举每一个feature的每个阈值，找最好的分割点，但衡量最好的标准不再是最大熵，而是最小化均方差——即(每个人的年龄－预测年龄)^2的总和除以N，或者说是每个人的预测误差平方和除以N。这很好理解，被预测出错的人数越多，错得越离谱，均方差就越大，通过最小化均方差能够找到最靠谱的分支依据。分支直到每个叶子结点上人的年龄都唯一或者达到预设的终止条件(如叶子个数上限)；若最终叶子结点上人的年龄不唯一，则以该结点上所有人的平均年龄作为该叶子结点的预测年龄。

2. GB(Gradient Boosting，梯度迭代)

Boosting，迭代，即通过迭代多棵树来共同决策。GBDT的核心就在于，每一棵树学的是之前所有树结论和的残差，这个残差就是一个加预测值后能得真实值的累加量。例如A的真实年龄是18岁，但第一棵树的预测年龄是12岁，差了6岁，即残差为6岁。那么在第二棵树里，可把A的年龄设为6岁去学习。如果第二棵树真的能把A分到6岁的叶子结点，那累加两棵树的结论就是A的真实年龄；如果第二棵树的结论是5岁，则A仍然存在1岁的残差；第三棵树里，A的年龄就变成1岁，继续学。这就是Gradient Boosting在GBDT中的意义。

还是年龄预测，简单起见，训练集只有4个人，A、B、C和D，他们的年龄分别是14、16、24和26。其中A、B分别是高一和高三学生；C、D分别是应届毕业生和工作两年的员工。如果是用一棵传统的回归决策树来训练，会得到如图2-10所示结果。

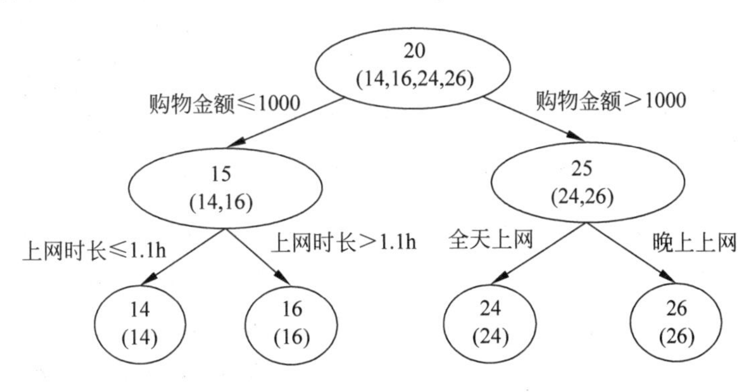

图2-10 传统回归决策树训练结果

现在我们使用GBDT做这件事，由于数据太少，可限定叶子结点最多有两个，即每棵树都只有一个分支，并且限定只学两棵树。将会得到如图2-11所示结果。

图2-11中的第一棵树分支和图2-10一样，由于A、B年龄较为相近，C、D年龄较为相近，被分为两拨，每拨用平均年龄作为预测值。残差的意思就是：A的预测值＋A的残差＝

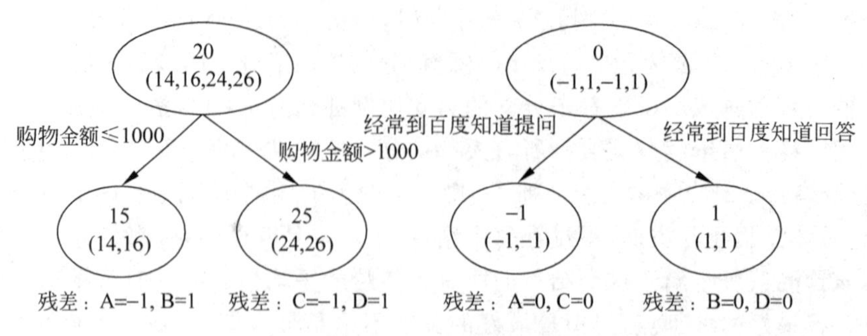

图 2-11　GBDT 结果图

A 的实际值。此时计算残差，A 的残差就是 16－15＝1。进而得到 A、B、C、D 的残差分别为－1、1、－1、1。然后用残差替代 A、B、C、D 的原值，到第二棵树去学习。如果我们的预测值和它们的残差相等，则只需把第二棵树的结论累加到第一棵树上就能得到真实年龄了。当所有人的残差都是 0 时，即每个人都得到了真实的预测值。换句话说，现在 A、B、C、D 的预测值都和真实年龄一致了：

- A：14 岁高一学生，购物较少，经常到百度知道提问；预测年龄 A＝15－1＝14。
- B：16 岁高三学生；购物较少，经常到百度知道回答；预测年龄 B＝15＋1＝16。
- C：24 岁应届毕业生；购物较多，经常到百度知道提问；预测年龄 C＝25－1＝24。
- D：26 岁工作两年员工；购物较多，经常到百度知道回答；预测年龄 D＝25＋1＝26。

2.8　特征提取

2.8.1　特征提取简介

特征提取就是利用已有特征参数构造一个较低维数的特征空间，将原始特征中蕴含的有用信息映射到少数几个特征上，忽略多余的不相干信息。简单点说，特征提取是用映射(或变换)的方法把原始特征变换为较少的新特征。特征提取的方法有很多种，如传统的特征提取的数据挖掘技术、统计特征提取技术、神经网络法等。

2.8.2　DKLT 特征提取方法

特征提取的方法很多，下面以基于离散 K-L 变换(DKLT)的特征提取为例进行介绍，其他方法与此类似。

设原始特征为 N 维矢量 $\boldsymbol{X}=(x_1,x_2,\cdots,x_N)^{\mathrm{T}}$，均值矢量 $\boldsymbol{m}=E[\boldsymbol{X}]$，相关矩阵 $\boldsymbol{R}_X=E[\boldsymbol{X}\boldsymbol{X}^{\mathrm{T}}]$，协方差矩阵 $\boldsymbol{C}_X=E[(\boldsymbol{X}-\boldsymbol{m})(\boldsymbol{X}-\boldsymbol{m})^{\mathrm{T}}]$。可以对 $\boldsymbol{X}$ 作如下的标准正交变换，将其变为矢量 $\boldsymbol{Y}=(y_1,y_2,\cdots,y_N)^{\mathrm{T}}$：

$$\boldsymbol{Y}=\boldsymbol{T}^{\mathrm{T}}\boldsymbol{X}=\begin{bmatrix}\boldsymbol{T}_1^{\mathrm{T}}\\ \boldsymbol{T}_2^{\mathrm{T}}\\ \vdots\\ \boldsymbol{T}_N^{\mathrm{T}}\end{bmatrix}\boldsymbol{X} \tag{2-12}$$

式(2-12)的每个分量：$y_i=\boldsymbol{T}_i^{\mathrm{T}}\boldsymbol{X}$，其中 $\boldsymbol{T}$ 为一个 $N\times N$ 的标准正交矩阵，$\boldsymbol{T}_i$ 为其第 i 个

列矢量，$T_i^T T_j=\begin{cases}1, & i=j\\ 0, & i\neq j\end{cases}$。也就是说，$\boldsymbol{Y}$ 的每个分量是 $\boldsymbol{X}$ 每一个分量的线性组合。

同样，$\boldsymbol{X}$ 可以表示为

$$\boldsymbol{X}=(\boldsymbol{T}^{\mathrm{T}})^{-1}\boldsymbol{Y}=\boldsymbol{T}\boldsymbol{Y}=(\boldsymbol{T}_1 \quad \boldsymbol{T}_2 \quad \cdots \quad \boldsymbol{T}_N)\begin{bmatrix}y_1\\ y_2\\ \vdots\\ y_N\end{bmatrix}=\sum_{i=1}^{N}y_i\boldsymbol{T}_i \tag{2-13}$$

此时要进行特征提取，也就是要用 $\boldsymbol{Y}$ 的 M 项代替 $\boldsymbol{X}$，这种代替必然带来误差，下面对这个误差进行估计。

令 $\hat{\boldsymbol{X}}=\sum_{i=1}^{M}y_i\boldsymbol{T}_i, 1\leqslant M<N$，

引入的均方误差为

$$\begin{aligned}e^2(M)&=E[(X-\hat{X})^{\mathrm{T}}(X-\hat{X})]=\sum_{i=M+1}^{N}E[y_i^2]=\sum_{i=M+1}^{N}E[y_i y_i^{\mathrm{T}}]\\ &=\sum_{i=M+1}^{N}\boldsymbol{T}_i^{\mathrm{T}}E[\boldsymbol{X}\boldsymbol{X}^{\mathrm{T}}]\boldsymbol{T}_i=\sum_{i=M+1}^{N}\boldsymbol{T}_i^{\mathrm{T}}\boldsymbol{R}_X\boldsymbol{T}_i\end{aligned} \tag{2-14}$$

这又变成一个优化问题，我们希望寻找到一个标准正交矩阵 $\boldsymbol{T}$，使得 $e^2(M)$ 最小，因此可以去使用这样的准则函数：

$$J=\sum_{i=M+1}^{N}\boldsymbol{T}_i^{\mathrm{T}}\boldsymbol{R}_X\boldsymbol{T}_i-\sum_{i=M+1}^{N}\lambda_i(\boldsymbol{T}_i^{\mathrm{T}}\boldsymbol{T}_i-1) \tag{2-15}$$

第一项保证均方误差最小，第二项保证 $\boldsymbol{T}$ 为标准正交矩阵，λ_i 为一待定常数。

$$\frac{\partial J}{\partial \boldsymbol{T}_i}=(\boldsymbol{R}_X-\lambda_i\boldsymbol{I})\boldsymbol{T}_i=\boldsymbol{0}, \quad i=M+1,M+2,\cdots,N \tag{2-16}$$

即 $\boldsymbol{R}_X\boldsymbol{T}_i=\lambda_i\boldsymbol{T}_i$，很明显 λ_i 为相关矩阵 $\boldsymbol{R}_X$ 的特征值，$\boldsymbol{T}_i$ 为对应于 λ_i 的特征矢量，由于 $\boldsymbol{R}_X$ 是一个实对称矩阵，所以 $\boldsymbol{T}_1,\boldsymbol{T}_2,\cdots,\boldsymbol{T}_N$ 相互正交，$\boldsymbol{T}$ 为一个正交矩阵。均方误差

$$e^2(M)=\sum_{i=M+1}^{N}\boldsymbol{T}_i^{\mathrm{T}}\boldsymbol{R}_X\boldsymbol{T}_i=\sum_{i=M+1}^{N}\boldsymbol{T}_i^{\mathrm{T}}\lambda_i\boldsymbol{T}_i=\sum_{i=M+1}^{N}\lambda_i \tag{2-17}$$

根据矩阵论，有这样的结论：一个 $N\times N$ 的正定实对称矩阵有 N 个特征值和特征矢量，这些特征矢量之间是正交的。相关矩阵 $\boldsymbol{R}_X$ 就是一个实对称矩阵，当训练样本足够多时，也可以满足正定性，根据式(2-12)可以知道，当要从 N 维特征中提取出 M 维特征时，只需要统计出特征相关矩阵 $\boldsymbol{R}_X$，然后计算其特征值和特征矢量，选择对应特征值最大的前 M 个特征矢量作成一个 $N\times M$ 特征变换矩阵 $\boldsymbol{T}$，就可以完成特征提取。步骤如下：

(1) 利用训练样本集合估计出相关矩阵 $\boldsymbol{R}_X=E[\boldsymbol{X}\boldsymbol{X}^{\mathrm{T}}]$。

(2) 计算 $\boldsymbol{R}_X$ 的特征值，并由大到小排序：$\lambda_1\geqslant\lambda_2\geqslant\cdots\geqslant\lambda_N$，以及相应的特征矢量：$\boldsymbol{T}_1$，$\boldsymbol{T}_2,\cdots,\boldsymbol{T}_N$。

(3) 选择前 M 个特征矢量组成一个变换矩阵 $\boldsymbol{T}=[\boldsymbol{T}_1 \quad \boldsymbol{T}_2 \quad \cdots \quad \boldsymbol{T}_M]$。

(4) 在训练和识别时，每一个输入的 N 维特征矢量 $\boldsymbol{X}$ 可以转换为 M 维的新特征矢量：$\boldsymbol{Y}=\boldsymbol{T}^{\mathrm{T}}\boldsymbol{X}$。

这种方法是利用相关矩阵 $\boldsymbol{R}_X$ 进行变换。同样，也可以利用协方差矩阵 $\boldsymbol{C}_X$ 进行变换，

还可以利用样本的散度矩阵 $\boldsymbol{S}_W$、$\boldsymbol{S}_B$、$\boldsymbol{S}_T$ 或者 $\boldsymbol{S}_W^{-1}\boldsymbol{S}_B$ 进行变换。过程都是一样的，需要计算特征值和特征向量，选择最大的 M 个特征值对应的特征矢量作出变换矩阵。

2.8.3 主成分分析法

1. 主成分分析的原理

在用统计分析方法研究多变量的课题时，变量个数太多就会增加课题的复杂性。人们自然希望变量个数较少而得到的信息较多。在很多情形下，变量之间是有一定的相关关系的。当两个变量之间有一定相关关系时，可以解释为这两个变量反映此课题的信息有一定的重叠。主成分分析是对于原先提出的所有变量，将重复的变量(关系紧密的变量)删去多余的，建立尽可能少的新变量，使得这些新变量是两两不相关的，而且这些新变量在反映课题的信息方面尽可能地保持原有的信息。

定义：设法将原来变量重新组合成一组新的互相无关的综合变量，同时根据实际需要从中取出较少的综合变量、尽可能多地反映原来变量的信息的统计方法叫做主成分分析或称主分量分析，也是数学上降维的一种方法。

主成分分析也称主分量分析，旨在利用降维的思想，把多指标转化为少数几个综合指标。在统计学中，主成分分析(Principal Components Analysis，PCA)是一种简化数据集的技术，它是一种线性变换方法。这个变换把数据变换到一个新的坐标系统中，使得任何数据投影的第一大方差在第一个坐标(称为第一主成分)上，第二大方差在第二个坐标(第二主成分)上，依次类推。主成分分析经常用减少数据集的维数，同时保持数据集的对方差贡献最大的特征。这是通过保留低阶主成分，忽略高阶主成分做到的。这样低阶成分往往能够保留住数据的最重要方面。

2. 主成分分析的主要作用

概括起来说，主成分分析主要有以下方面的作用。

(1) 主成分分析能降低所研究的数据空间的维数。即用研究 m 维的 Y 空间代替 p 维的 X 空间($m<p$)，而低维的 Y 空间代替高维的 x 空间所损失的信息很少。即使只有一个主成分 Y_1(即 $m=1$)时，这个 Y_1 仍是使用全部 X 变量(p 个)得到的。例如，要计算 Y_1 的均值也得使用全部 x 的均值。在所选的前 m 个主成分中，如果某个 X_i 的系数全部近似于零的话，就可以把这个 X_i 删除，这也是一种删除多余变量的方法。

(2) 有时可通过因子负荷 a_{ij} 的结论，弄清 X 变量间的某些关系。

(3) 多维数据的一种图形表示方法。我们知道，当维数大于 3 时便不能画出几何图形，多元统计研究的问题大都多于 3 个变量。要把研究的问题用图形表示是不可能的。然而，经过主成分分析后，可以选取前两个主成分或其中某两个主成分，根据主成分的得分，画出 n 个样品在二维平面上的分布情况，由图形可直观地看出各样品在主分量中的地位，进而还可以对样本进行分类处理，可以由图形发现远离大多数样本点的离群点。

(4) 由主成分分析法构造回归模型。即把各主成分作为新自变量代替原来自变量 x 做回归分析。

(5) 用主成分分析筛选回归变量。回归变量的选择有重要的实际意义，为了使模型本身易于做结构分析、控制和预报，以便从原始变量所构成的子集合中选择最佳变量，构成最佳变量集合。用主成分分析筛选变量，可以用较少的计算量选择量，获得选择最佳变量子集合的效果。

3. 主成分分析的计算步骤

(1) 对原始数据进行标准化。

$$x_i = \frac{X_i - \overline{X_i}}{S_i}$$

(2) 计算相关系数矩阵。

$$\boldsymbol{R} = \begin{bmatrix} r_{11} & r_{12} & \cdots & r_{1p} \\ r_{21} & r_{22} & \cdots & r_{2p} \\ M & M & \cdots & M \\ r_{p1} & r_{p2} & \cdots & r_{pp} \end{bmatrix}$$

r_{ij} $(i,j=1,2,\cdots,p)$为原变量x_i与x_j的相关系数,$r_{ij}=r_{ji}$,其计算公式为

$$r_{ij} = \frac{\sum_{k=1}^{n}(x_{ki}-\overline{x_i})(x_{kj}-\overline{x_j})}{\sqrt{\sum_{k=1}^{n}(x_{ki}-\overline{x_i})^2 \sum_{k=1}^{n}(x_{kj}-\overline{x_j})^2}}$$

(3) 计算特征值与特征向量。

解特征方程$|\lambda I-R|=0$,常用雅可比法(Jacobi)求出特征值,并使其按大小顺序排列:$\lambda_1 \geqslant \lambda_2 \geqslant \Lambda \geqslant \lambda_p \geqslant 0$。分别求出对应于特征值$\lambda_i$的特征向量$\boldsymbol{e}_i(i=1,2,\cdots,p)$,要求,$\|\boldsymbol{e}_i\|=1$,即$\sum_{j=1}^{p} e_{ij}^2=1$,$e_{ij}$表示向量$\boldsymbol{e}_i$的第$j$个分量。

计算主成分贡献率及累计贡献率。

贡献率:

$$\frac{\lambda_i}{\sum_{k=1}^{p}\lambda_k}(i=1,2,\cdots,p)$$

累计贡献率:

$$\frac{\sum_{k=1}^{i}\lambda_k}{\sum_{k=1}^{p}\lambda_k}(i=1,2,\cdots,p)$$

一般取累计贡献率达85%~95%的特征值$\lambda_1,\lambda_2,\cdots,\lambda_m$所对应的第1,第2,…,第$m(m \leqslant p)$个主成分。计算主成分载荷为

$$l_{ij} = p(z_i,x_j) = \sqrt{\lambda_i}e_{ij}(i,j=1,2,\cdots,p)$$

(4) 各主成分的得分。

$$\boldsymbol{Z} = \begin{bmatrix} z_{11} & z_{12} & \cdots & z_{1m} \\ z_{21} & z_{22} & \cdots & z_{2m} \\ M & M & & M \\ z_{n1} & z_{n2} & \cdots & z_{nm} \end{bmatrix}$$

【例2.12】 在某中学随机抽取某年级30名学生,测量其身高(X_1)、体重(X_2)、胸围(X_3)和坐高(X_4),数据如表2-8所示。试对这30名学生身体4项指标数据做主成分分析。

表 2-8 学生数据表

序号	X_1	X_2	X_3	X_4
1	148	41	72	78
2	139	34	71	76
3	160	49	77	86
4	149	36	67	79
5	159	45	80	86
6	142	31	66	76
7	153	43	76	83
8	150	43	77	79
9	151	42	77	80
10	139	31	68	74
11	140	29	64	74
12	161	47	78	84
13	158	49	78	83
14	140	33	67	77
15	137	31	66	73
16	152	35	73	79
17	149	47	82	79
18	145	35	70	77
19	160	47	74	87
20	156	44	78	85
21	151	42	73	82
22	147	38	73	78
23	157	39	68	80
24	147	30	65	75
25	157	48	80	88
26	151	36	74	80
27	144	36	68	76
28	141	30	67	76
29	139	32	68	73
30	148	38	70	78

解：

(1) 将原数据标准化，结果如表 2-9 所示。

表 2-9 标准化结果表

序号	X_1	X_2	X_3	X_4
1	−0.136 695 161	0.356 024 855	−0.045 301 137	−0.319 998 136
2	−1.366 951 609	−0.727 529 052	−0.239 448 866	−0.788 288 091
3	1.503 646 77	1.594 372 177	0.925 437 51	1.553 161 683
4	0	−0.417 942 221	−1.016 039 784	−0.085 853 158
5	1.366 951 609	0.975 198 516	1.507 880 699	1.553 161 683
6	−0.956 866 126	−1.191 909 297	−1.210 187 513	−0.788 288 091

续表

序号	X_1	X_2	X_3	X_4
7	0.546 780 644	0.665 611 686	0.731 289 781	0.850 726 751
8	0.136 695 161	0.665 611 686	0.925 437 51	−0.085 853 158
9	0.273 390 322	0.510 818 27	0.925 437 51	0.148 291 819
10	−1.366 951 609	−1.191 909 297	−0.821 892 055	−1.256 578 045
11	−1.230 256 448	−1.501 496 128	−1.598 482 972	−1.256 578 045
12	1.640 341 931	1.284 785 347	1.119 585 24	1.084 871 729
13	1.230 256 448	1.594 372 177	1.119 585 24	0.850 726 751
14	−1.230 256 448	−0.882 322 467	−1.016 039 784	−0.554 143 113
15	−1.640 341 931	−1.191 909 297	−1.210 187 513	−1.490 723 023
16	0.410 085 483	−0.572 735 636	0.148 846 593	−0.085 853 158
17	0	1.284 785 347	1.896 176 157	−0.085 853 158
18	−0.546 780 644	−0.572 735 636	−0.433 596 596	−0.554 143 113
19	1.503 646 77	1.284 785 347	0.342 994 322	1.787 306 661
20	0.956 866 126	0.820 405 101	1.119 585 24	1.319 016 706
21	0.273 390 322	0.510 818 27	0.148 846 593	0.616 581 774
22	−0.273 390 322	−0.108 355 391	0.148 846 593	−0.319 998 136
23	1.093 561 287	0.046 438 025	−0.821 892 055	0.148 291 819
24	−0.273 390 322	−1.346 702 713	−1.404 335 243	−1.022 433 068
25	1.093 561 287	1.439 578 762	1.507 880 699	2.021 451 638
26	0.273 390 322	−0.417 942 221	0.342 994 322	0.148 291 819
27	−0.683 475 804	−0.417 942 221	−0.821 892 055	−0.788 288 091
28	−1.093 561 287	−1.346 702 713	−1.016 039 784	−0.788 288 091
29	−1.366 951 609	−1.037 115 882	−0.821 892 055	−1.490 723 023
30	−0.136 695 161	−0.108 355 391	−0.433 596 596	−0.319 998 136

(2) 计算相关系数矩阵 ***R***,结果如表 2-10 所示。

表 2-10 相关系数矩阵 *R*

1	0.863 162 113	0.732 111 865	0.920 462 372
0.863 162 113	1	0.896 505 818	0.882 731 322
0.732 111 865	0.896 505 818	1	0.782 882 687
0.920 462 372	0.882 731 322	0.782 882 687	1

(3) 计算 ***R*** 的特征值与特征向量,结果如表 2-11 所示。

表 2-11 *R* 的特征值和特征向量

特征值	特征向量	贡献率	累计贡献率
3.541 097 997 123 670	$\begin{pmatrix} 0.496\,966\,052\,351\,995 \\ 0.514\,570\,529\,399\,596 \\ 0.480\,900\,669\,540\,801 \\ 0.506\,928\,455\,621\,011 \end{pmatrix}$	0.885 274 499 280 918	0.885 274 499 280 918

续表

特　征　值	特征向量	贡　献　率	累计贡献率
0.313 383 157 524 193	$\begin{pmatrix} 0.543\,212\,790\,179\,508 \\ -0.210\,245\,502\,738\,495 \\ -0.724\,621\,401\,674\,931 \\ 0.368\,294\,063\,756\,518 \end{pmatrix}$	0.078 345 789 381 048	0.963 620 288 661 966
0.079 408 953 634 330	$\begin{pmatrix} 0.449\,627\,089\,002\,508 \\ 0.462\,330\,027\,666\,850 \\ -0.175\,176\,510\,644\,185 \\ -0.743\,908\,338\,756\,347 \end{pmatrix}$	0.019 852 238 408 582	0.983 472 527 070 548
0.079 408 953 634 330	$\begin{pmatrix} 0.505\,747\,059\,536\,879 \\ -0.690\,843\,646\,832\,788 \\ 0.461\,488\,418\,476\,992 \\ -0.232\,343\,295\,604\,110 \end{pmatrix}$	0.016 527 472 929 452	1

(4) 主成分分析结果如表 2-12 所示。

表 2-12　例 2-12 结果表

Eigenvalue of the Correlation Matrix				
	Eigenvalue	Difference	Proportion	Cumulative
Z_1	3.5411	3.227 71	0.885 274	0.885 27
Z_2	0.313 38	0.233 97	0.078 346	0.963 62
Z_3	0.079 41	0.0133	0.019 852	0.983 74
Z_4	0.066 11	.	0.016 527	1
Eigenvectors				
	Z_1	Z_2	Z_3	Z_4
X_1	0.496 966	−0.543 213	−0.449 627	0.505 747
X_2	0.514 571	0.210 246	−0.462 33	−0.690 844
X_3	0.480 901	0.724 621	0.175 177	0.461 488
X_4	0.506 928	−0.368 294	0.743 908	−0.232 343

经分析可知,第一主成分的贡献率已高达 88.53%;且前两个主成分的累计贡献率已达 96.36%。因此只需用两个主成分就能很好地概括这组数据。

【例 2.13】 为解决服装定型分类问题,对 128 个成年男子的身材进行测量,每人各测得 16 项指标:身高(X_1)、坐高(X_2)、胸围(X_3)、头高(X_4)、裤长(X_5)、下档(X_6)、手长(X_7)、领围(X_8)、前胸(X_9)、后背(X_{10})、肩厚(X_{11})、肩宽(X_{12})、袖长(X_{13})、肋围(X_{14})、腰围(X_{15})和腿肚(X_{16})。16 项指标的相关矩阵 ***R*** 如表 2-13 所示。试从相关矩阵 ***R*** 出发进行主成分分析。

表 2-13　16 项指标的相关矩阵 *R*

1	0.79	0.36	0.96	0.89	0.79	0.76	0.2	0.21	0.26	0.07	0.52	0.77	0.25	0.51	0.27
0.79	1	0.31	0.74	0.58	0.58	0.55	0.19	0.07	0.16	0.21	0.41	0.47	0.17	0.35	0.16
0.36	0.31	1	0.38	0.39	0.3	0.35	0.53	0.28	0.33	0.33	0.35	0.41	0.64	0.53	0.51
0.96	0.74	0.38	1	0.9	0.78	0.75	0.25	0.2	0.22	0.03	0.53	0.79	0.27	0.57	0.26
0.89	0.58	0.39	0.9	1	0.79	0.74	0.25	0.18	0.23	0.02	0.48	0.79	0.27	0.51	0.23
0.79	0.58	0.3	0.78	0.79	1	0.73	0.18	0.18	0.23	0	0.38	0.69	0.14	0.26	0

续表

0.76	0.55	0.35	0.75	0.74	0.73	1	0.24	0.29	0.25	0.1	0.44	0.67	0.16	0.38	0.12
0.2	0.19	0.53	0.25	0.25	0.18	0.24	1	0.04	0.49	0.44	0.3	0.32	0.51	0.51	0.38
0.21	0.07	0.28	0.2	0.18	0.18	0.29	0.04	1	0.34	0.16	0.05	0.23	0.21	0.15	0.18
0.26	0.16	0.33	0.22	0.23	0.23	0.25	0.49	0.34	1	0.23	0.5	0.34	0.15	0.29	0.16
0.07	0.21	0.33	0.03	0.02	0	0.1	0.44	0.16	0.23	1	0.24	0.1	0.31	0.28	0.31
0.52	0.41	0.35	0.53	0.48	0.38	0.44	0.3	0.05	0.5	0.24	1	0.26	0.17	0.41	0.18
0.77	0.47	0.41	0.79	0.79	0.69	0.67	0.32	0.23	0.34	0.1	0.26	1	0.26	0.5	0.24
0.25	0.17	0.64	0.27	0.27	0.14	0.16	0.51	0.21	0.15	0.31	0.17	0.26	1	0.63	0.6
0.51	0.35	0.53	0.57	0.51	0.26	0.38	0.51	0.15	0.29	0.28	0.41	0.5	0.63	1	0.65
0.27	0.16	0.51	0.26	0.23	0	0.12	0.38	0.18	0.16	0.31	0.18	0.24	0.6	0.65	1

解：

(1) 计算 $\boldsymbol{R}$ 的特征值与特征向量，结果如表 2-14 所示。

表 2-14　$\boldsymbol{R}$ 的特征值和特征向量

特征值	特征向量	贡献率	累计贡献率
7.026 988 165 580 851	a_1	0.439 186 760 348 803	0.439 186 760 348 803
2.610 949 504 017 831	a_2	0.163 184 344 001 114	0.602 371 104 349 918
1.256 052 954 980 407	a_3	0.078 503 309 686 275	0.680 874 414 036 193
1.075 957 911 392 807	a_4	0.067 247 369 462 050	0.748 121 783 498 243
0.810 001 892 009 548	a_5	0.050 625 118 250 597	0.798 746 901 748 840
0.721 673 303 235 005	a_6	0.045 104 581 452 188	0.843 851 483 201 028
0.551 659 711 389 439	a_7	0.034 478 731 961 840	0.878 330 215 162 868
0.441 153 346 295 936	a_8	0.027 572 084 143 496	0.905 902 299 306 364
0.357 955 863 495 994	a_9	0.022 372 241 468 500	0.928 274 540 774 863
0.315 999 976 046 852	a_{10}	0.019 749 998 502 928	0.948 024 539 277 792
0.270 110 386 602 250	a_{11}	0.016 881 899 162 641	0.964 906 438 440 432
0.214 633 290 025 143	a_{12}	0.013 414 580 626 571	0.978 321 019 067 004
0.170 917 038 154 843	a_{13}	0.010 682 314 884 678	0.989 003 333 951 682
0.108 839 551 007 951	a_{14}	0.006 802 471 937 997	0.995 805 805 889 678
0.044 498 936 495 054	a_{15}	0.002 781 183 530 941	0.998 586 989 420 619
0.022 608 169 270 089	a_{16}	0.001 413 010 579 381	1.000 000 000 000 000

经分析可知，前 7 个主成分的累计贡献率达 87.83%，则只需用前 7 个主成分就能很好地概括这组数据。其中，前 7 个特征向量如下(向量的各分量取两位有效数字)。

a_1 = [0.34, 0.26, 0.24, 0.34, 0.33, 0.29, 0.30, 0.19, 0.11, 0.17, 0.10, 0.23, 0.31, 0.18, 0.27, 0.17]

a_2 = [−0.21, −0.16, 0.30, −0.20, −0.19, −0.28, −0.19, 0.35, 0.08, 0.16, 0.33, 0.01, −0.11, 0.39, 0.26, 0.38]

a_3 = [0.08, 0.05, 0.04, 0.12, 0.10, −0.04, −0.08, −0.18, −0.27, −0.64, −0.23, −0.35. 0.04, 0.30. 0.23, 0.33]

a_4 = [0.03,0.24,−0.11,0.03,−0.02,−0.05,−0.10,0.23,−0.79,−0.05,0.19,0.39,−0.16,−0.11,0.07,−0.07]

a_5 = [−0.07,−0.43,0.02,0.01,0.12,0,−0.08,0.19,−0.23,0.34,−0.71,0.11,0.15,0.04,0.18,0.02]

a_6 = [−0.12,−0.11,0.12,−0.09,0.03,0.25,0.11,0.50,−0.22,−0.07,0.18,−0.52,0.33,0.07,−0.20,−0.34]

a_7 = [0.07,−0.09,−0.60,0.06,0.03,−0.19,−0.05,0.06,−0.01,0.18,0.24,−0.27,0.35,−0.34,0.30,0.30]

(2) 计算第1、2主成分 Z_1、Z_2,对原指标 $X_1, X_2, \cdots, X_{16}$ 的主成分载荷,结果如表2-15所示。

表2-15 主成分载荷表

	Z_1	Z_2
X_1	0.440 662 384	0.614 328 092
X_2	0.703 937 826	0.420 337 516
X_3	0.488 426 068	0.632 583 048
X_4	0.810 372 245	−0.190 280 771
X_5	0.600 691 944	0.028 659 619
X_6	0.268 383 694	0.536 230 09
X_7	0.440 619 647	0.264 072 45
X_8	0.304 152 079	0.136 911 212
X_9	0.493 884 177	0.571 370 007
X_{10}	0.783 623 052	−0.312 985 149
X_{11}	0.757 309 471	−0.448 824 046
X_{12}	0.872 558 388	−0.310 344 275
X_{13}	0.910 014 643	−0.317 361 241
X_{14}	0.624 636 016	0.491 385 415
X_{15}	0.701 430 41	−0.256 342 858
X_{16}	0.905 170 99	−0.337 025 726

表2-15对应的散点图如图2-12所示。

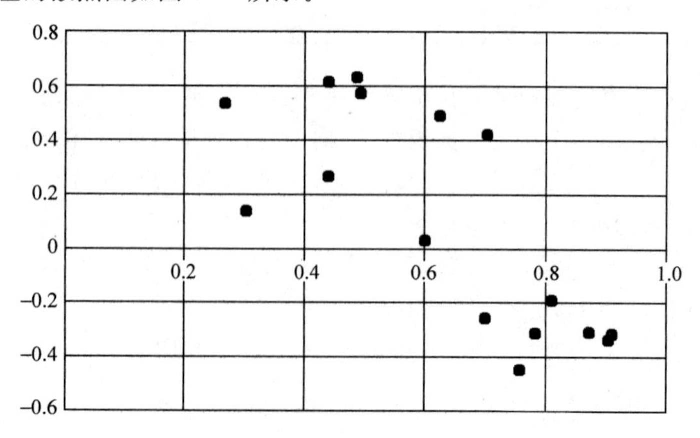

图2-12 散点图

分析可知,16 个指标可分为三类。第 1 类为“长”指标:身高(X_1)、坐高(X_2)、头高(X_4)、裤长(X_5)、下裆(X_6)、手长(X_7)、袖长(X_{13});第 2 类为“围”指标:胸围(X_3)、领围(X_8)、前胸(X_9)、肩厚(X_{11})、肋围(X_{14})、腰围(X_{15})和腿肚(X_{16});第 3 类为特殊体型指标:前胸(X_9)、后背(X_{10})、肩宽(X_{12})。

2.9 基于阿里云数加平台的数据采样与特征选择实例

数据采样的目的是从数据集中采集部分样本进行处理,分为加权采样、随机采样和分层采样三类,其中,加权采样通过对总体中的各个样本设置不同的数值系数(即加权因子-权重),使样本呈现希望的相对重要性程度;随机采样是简单随机抽样,要求结果样本具有随机性、独立性;分层采样将总体划分为若干个同质层,再在各层内随机抽样或机械抽样。而过滤与映射则是设置条件,选择自己需要的样本。例如 50 个人中,需要选择年龄小于 20 岁的样本,便可由过滤与映射的方法来实现。对于表 bank_data 分别进行加权采样、随机采样、分层采样、过滤与映射 4 种数据预处理方法的操作与结果显示如下。

1. 加权采样

阿里云机器学习平台对于加权采样的说明为:以加权方式生成采样数据;权重列必须为 double 或 int 类型,按照该列的 value 大小采样;如 col 的值是 1.2 和 1.0,则“value=1.2”所属的样本被采样的概率就大一些。即权重列某一个值 n 的数量较多的话,该列为 n 值的样本被采样的数量也应更多。操作流程图如图 2-13 所示,表 bank_data 中有一个列名为 campaign,表示本次活动的联系次数,我们以这列为权重列,进行加权采样。采样前后分别使用“百分位”方法进行对比。

加权采样参数设置图如图 2-14 所示,其中 link 函数指数表示采样比例,与采样个数二选一即可,这里使用的采样比例为 0.5。连接类型表示随机种子数,随机种子是一种以随机数作为对象的以真随机数(种子)为初始条件的随机数,是一个计算机专业术语。这里选择的是 2,也可以选择默认值。

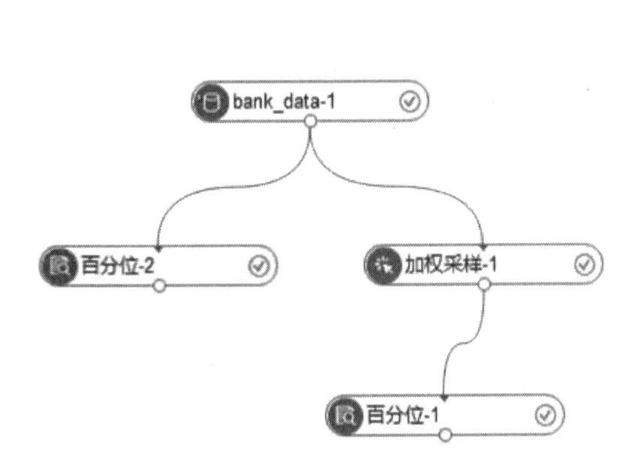

图 2-13 加权采样操作流程图

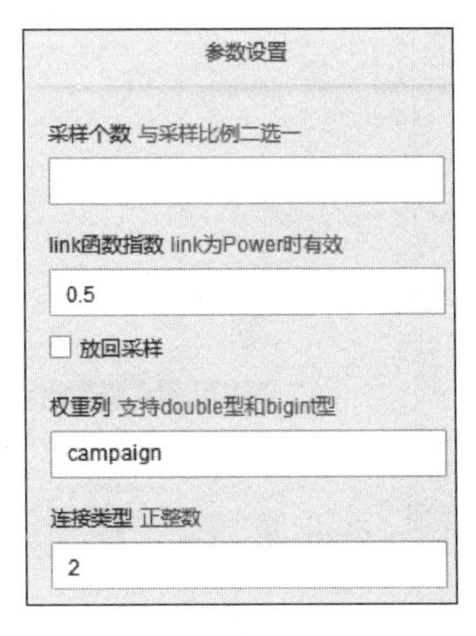

图 2-14 加权采样参数设置图

这里使用柱形图表示实验结果，对原表统计 campaign 的结果如图 2-15 所示，最小值为 1，最大值为 56，但数值为 1 和 2 的最多，约占 66%。

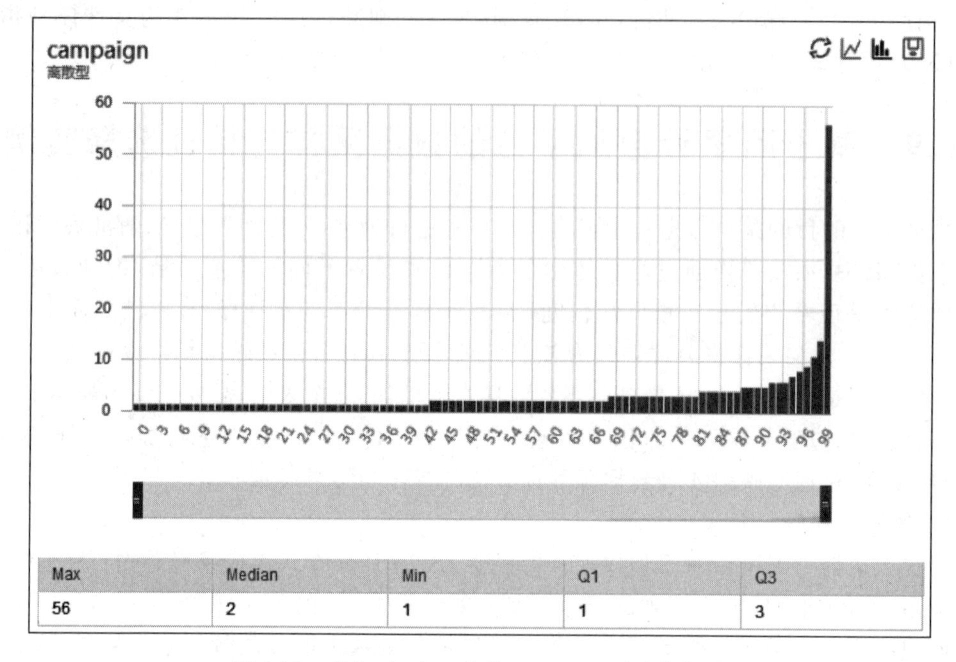

图 2-15　表 bank_data 中的 campaign 列百分位图

右击“百分位”，选择“查看分析报告”。加权采样后的结果如图 2-16 所示，最小值为 1，最大值为 14，值为 1 和 2 的样本所占的比例比之前要更高，约占 84%。由此可见，这里应该使用的是采用因子加权，用于提高样本中具有某种特性的被访者的重要性。

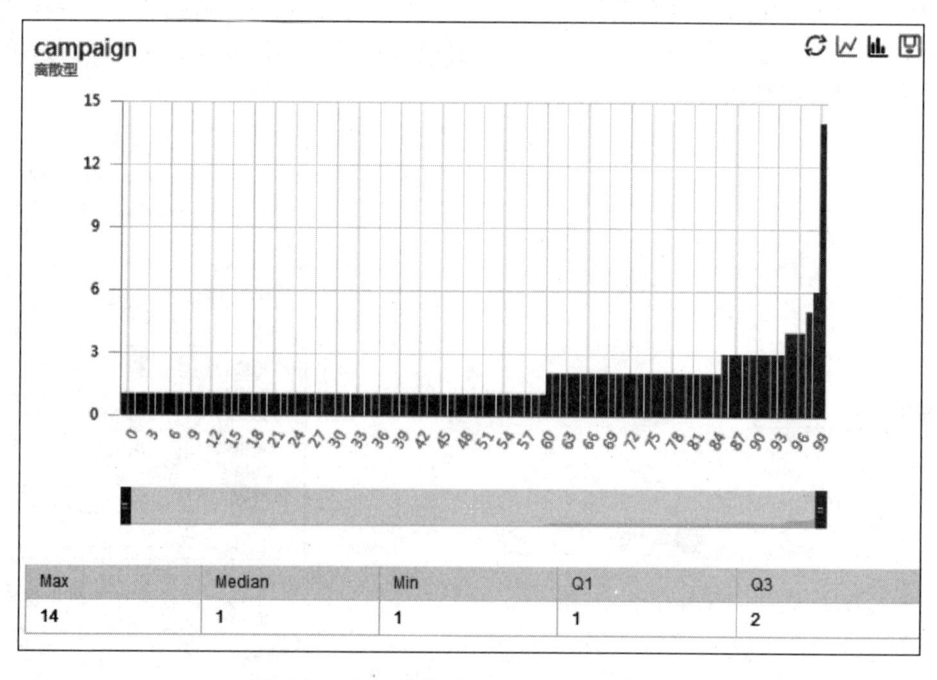

图 2-16　加权采样后 campaign 列百分位图

2. 随机采样

阿里云机器学习平台对于随机采样的说明为：以随机方式生成采样数据，每次采样是各自独立的。其操作流程图如图 2-17 所示。

因此，其参数设置只需要采样比例即可，这里选择的是 0.5，如图 2-18 所示。

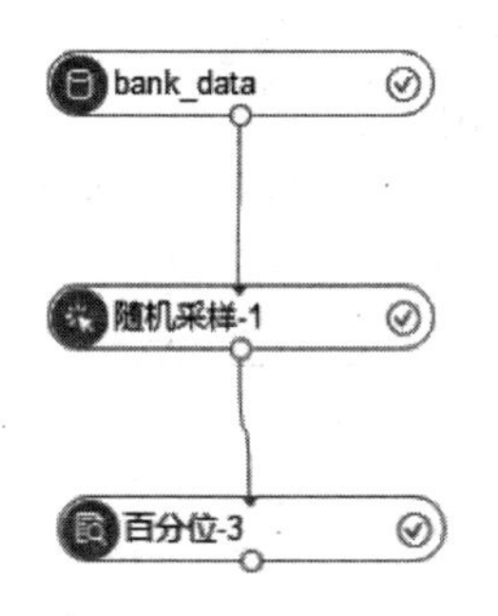

图 2-17　随机采样操作流程图

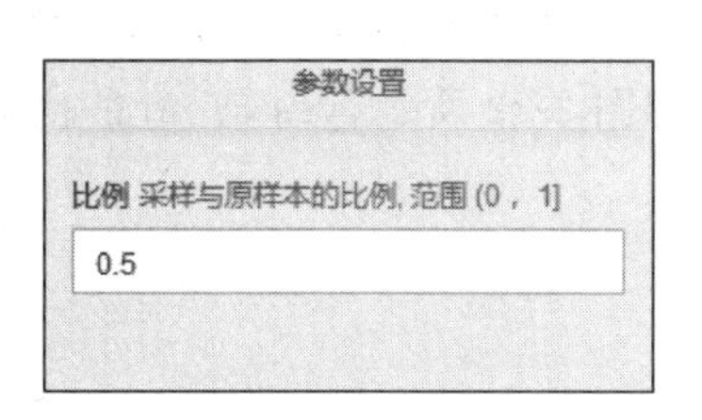

图 2-18　随机采样参数设置图

其实验结果也是选择 campaign 列呈现。如图 2-19 所示，最小值为 1，最大值为 43，数值 1 和 2 占约 66%，与原始数据基本一样，体现其随机性。

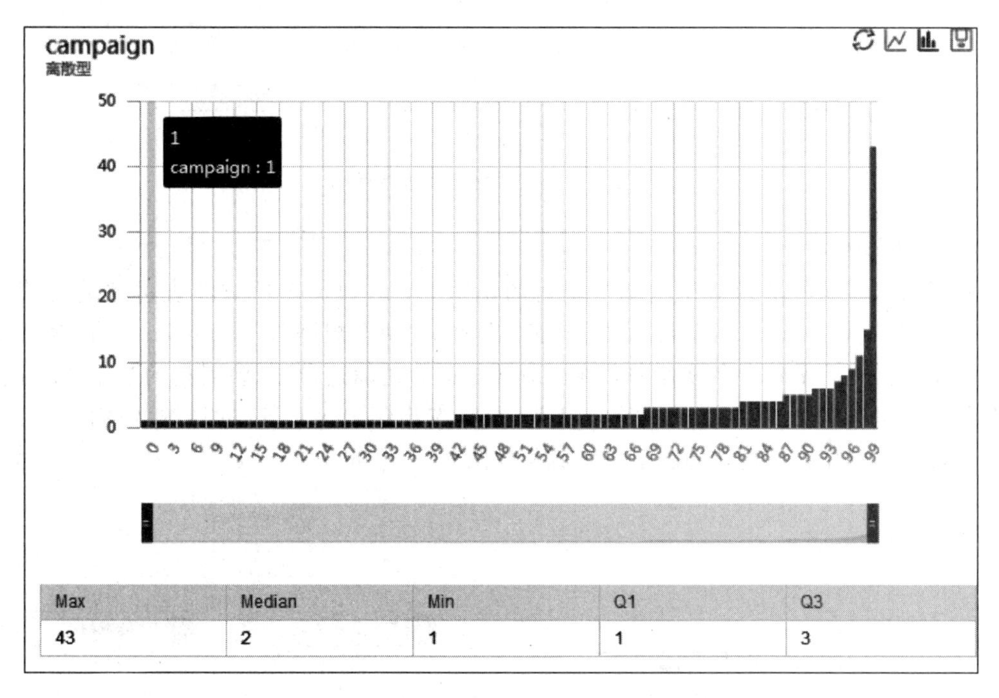

Max	Median	Min	Q1	Q3
43	2	1	1	3

图 2-19　随机采样后 campaign 列百分位图

3. 分层采样

阿里云平台对于分层采样的说明为：根据用户指定的分组字段分层采样样本。这里选择表 bank_data 中的 housing 列，表示房贷有无，数值只有 yes 和 no 两种，这就相当于分两层来取样，其操作流程图如图 2-20 所示。

其字段设置选择某一列，按该列进行分层采样，必选，这里选择 housing 列，如图 2-21 所示。

其参数设置，目标函数为可选项，定义学习任务及相应的学习目标，可使用目标函数。

初始预测值为可选项,数字时,范围(0,1)表示每个 stratum 的采样比例,与采样个数二选一;字符串时,格式为 strata0:r0,strata:r1,表示每个 stratum 分别配置采样比例。这里选择分层形式为有房贷的样本占 0.3,无房贷的样本占 0.7。随机种子值前面已有介绍,这里选择的是默认值,一般计算机的随机数都是伪随机数,以一个真随机数(种子)作为初始条件,然后用一定的算法不停地迭代产生随机数。采样个数选择的是 200。

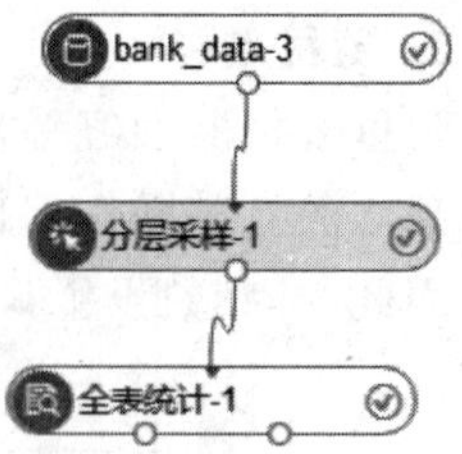

bank_data-3
分层采样-1
全表统计-1

图 2-20　分层采样操作流程图

结果如图 2-22 所示,yes 与 no 的比值大概是 1∶3。

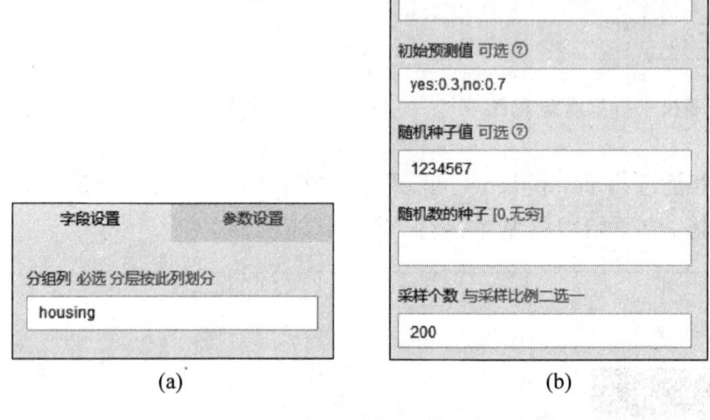

(a)　(b)

图 2-21　分层采样参数设置图

4. 过滤与映射

阿里云机器学习平台对于过滤与映射的说明为:对数据按照过滤表达式进行筛选。“过滤条件”中填写 where 语句后面的 sql 脚本即可;“映射规则”可以 rename 字段名称,即可以过滤数据然后重新命名该列的名称。即过滤指的是筛选数据,映射指的是重命名该列的名称。这里选择表 bank_data 中的 age 列过滤,选出年龄小于 50 的样本,使用直方图直观地展现数据的变化。过滤与映射操作流程如图 2-23 所示。

housing	observed	expected	residuals
no	13036	9754.5	33.22537582092556
yes	6473	9754.5	-33.22537582092556

图 2-22　分层采样结果

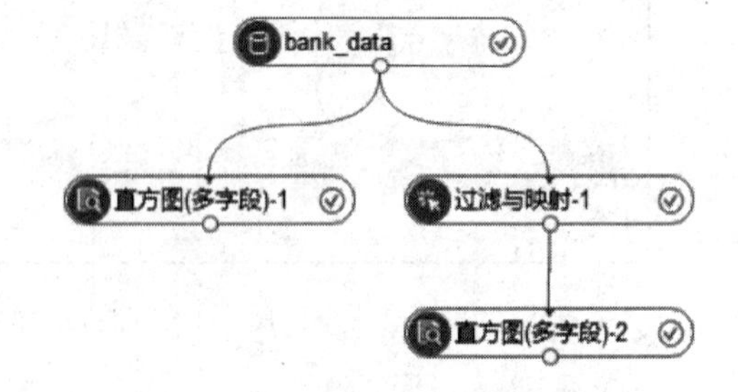

图 2-23　过滤与映射操作流程图

其字段设置如图 2-24 所示,在“映射规则”选择 age 列,并可以在“输出字段”中重命名,这里重命名为 age_before_fifth,在“过滤条件”里直接输入所需的筛选条件。

原数据与操作后的直方图结果如图 2-25 所示,年龄在 50 及以上的过滤掉了,并重命名为 age_before_fifth。

字段设置

映射规则 默认为全部列

已选择 1 个字段

过滤条件

age<50

(a)

输入字段	类型	输出字段
☑ age	BIGINT	age_before_fifth
☐ campaign	BIGINT	campaign
☐ cons_conf_idx	DOUBLE	cons_conf_idx
☐ cons_price_idx	DOUBLE	cons_price_idx

(b)

图 2-24　过滤与映射字段设置图

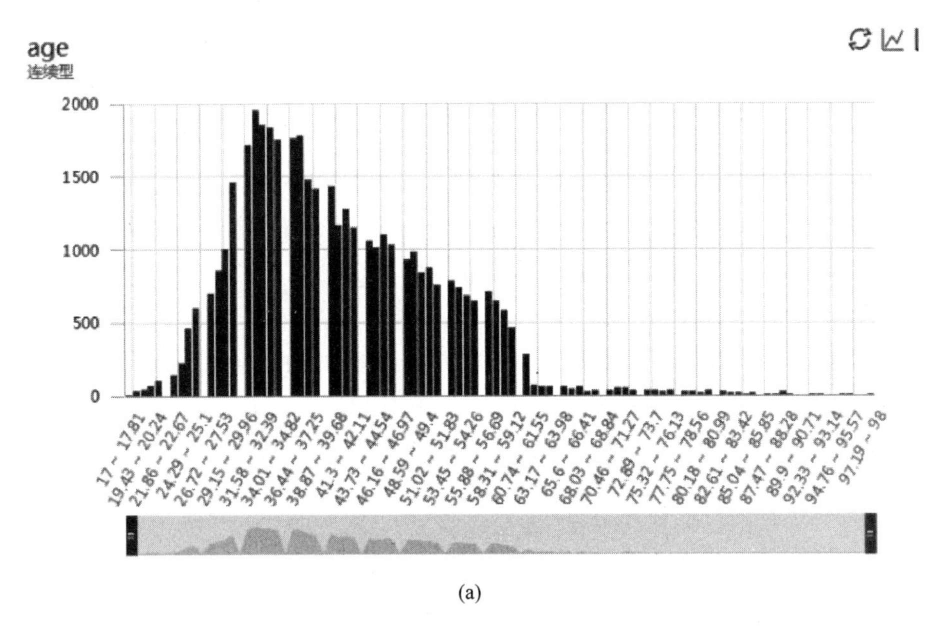

(a)

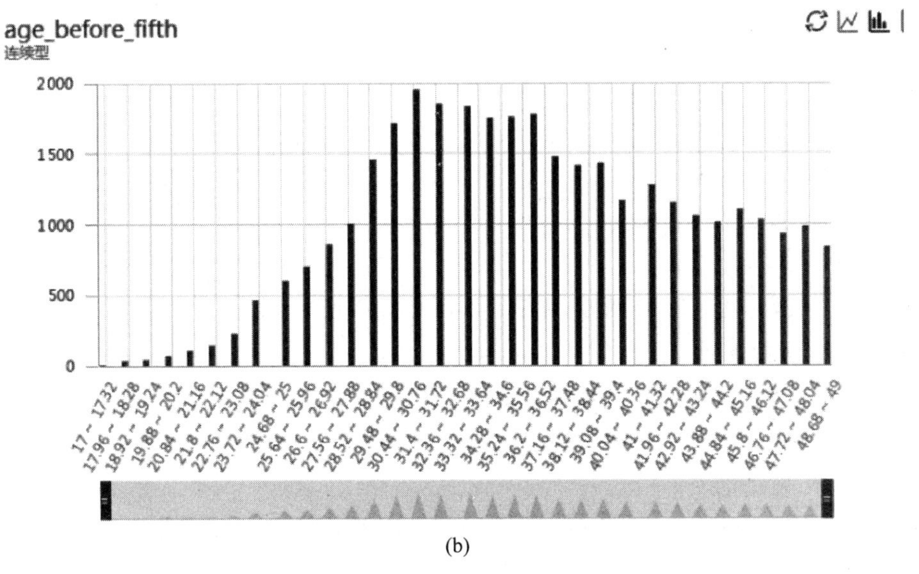

(b)

图 2-25　过滤与映射前后 age 列直方图

2.10 小　　结

数据预处理包括数据采样与过滤、数据清理、数据集成、数据变换、数据规约、特征选择和特征提取。

数据采样使得所选数据尽可能地代表总体的信息，数据采样分为加权采样、随机采样和分层采样。

数据清理试图填补缺失的值，光滑噪声同时识别离群点，并纠正数据的不一致性。

数据集成将来自多个数据源的数据整合成一致的数据存储。语义异种性的解决、元数据、相关分析、元组重复检测和数据冲突检测都有助于数据的顺利集成。

数据变换将数据变换成适于挖掘的形式。例如，属性数据可以规范化，使得它们可以落入小区间，如[0,1]。

数据规约得到数据的规约表示，而使得信息内容的损失最小化。其中，数值数据的概念分层自动产生可能涉及诸如分箱、直方图分析、聚类分析、基于熵的离散化和根据自然划分分段方法。对于分类数据，概念分层可以根据定义分层的属性的不同值个数自动产生。

特征的选择的实质是从原始数据集中选取最优子集的过程，而特征提取是用映射(或变换)的方法把原始特征变换为较少的新特征。

尽管已经提出了一些较为成熟的数据预处理的方法，但数据预处理仍然是一个活跃的研究领域。

思　考　题

1. 在现实世界的数据中，某些属性上缺失值得到元组是比较常见的。讨论处理这一问题的方法。

2. 讨论数据集成需要考虑的问题。

3. 如下规范化方法的值域是什么？

(1) 最小-最大规范化。

(2) z-score 规范化。

(3) z-score 规范化，使用均值绝对偏差而不是标准差。

(4) 小数定标规范化。

4. 使用如下方法规范化下列数据组：200,300,400,600,1000。

(1) 令 min=0,max=1，最小-最大规范化。

(2) z-score 规范化。

(3) z-score 规范化，使用均值绝对偏差而不是标准差。

(4) 小数定标规范化。

5. 假设 12 个销售价格记录已经排序，它们是 5,10,11,13,15,35,50,55,72,92,204,

215。使用如下各方法将它们划分成 3 个箱。

(1) 等频(等深)划分。

(2) 等宽划分。

(3) 聚类。

6. 简述特征选择与特征提取的异同。

7. 基于阿里云数加平台对常见的数据预处理技术进行实践。

第3章 关联规则挖掘

3.1 基本概念

关联规则挖掘是用来发现大量数据中项集之间有趣的关联联系。如果两项或多项属性之间存在关联,那么其中一项的属性就可以依据其他属性值进行预测,关联规则挖掘是数据挖掘中的一个重要课题,最近几年已被业界深入研究和广泛应用。

关联规则研究有助于发现交易数据库中不同商品(项)之间的联系,找出顾客购买行为模式,如购买了某一商品对购买其他商品的影响。分析结果可以应用于商品货架布局、货存安排以及根据购买模式对用户进行分类。

关联规则挖掘问题可以分为两个子问题:第一步是找出事务数据库中所有大于等于用户指定的最小支持度的数据项集;第二步是利用频繁项集生成所需要的关联规则,根据用户设定的最小置信度进行取舍,最后得到强关联规则。识别或发现所有频繁项目集是关联规则发现算法的核心,关联规则的基本描述如下。

1. 项与项集

数据库中不可分割的最小单位信息称为项(或项目),用符号 i 表示,项的集合称为项集。设集合 $I=\{i_1,i_2,\cdots,i_k\}$ 是项集,I 中项目的个数为 k,则集合 I 称为 k-项集。例如,集合{啤酒,尿布,奶粉}是一个 3-项集。

2. 事务

设 $I=\{i_1,i_2,\cdots,i_k\}$ 是由数据库中所有项目构成的集合,事务数据库 $T=\{t_1,t_2,\cdots,t_n\}$ 是由一系列具有唯一标识的事务组成。每一个事务 $t_i(i=1,2,\cdots,n)$ 包含的项集都是 I 的子集。例如,如果顾客在商场里同一次购买多种商品,这些购物信息在数据库中有一个唯一的标识,用以标识这些商品是同一顾客同一次购买的,则称该用户的本次购物活动对应一个数据库事务。

3. 项集的频数(支持度计数)

包括项集的事务数称为项集的频数(支持度计数)。

4. 关联规则

关联规则是形如 $X\Rightarrow Y$ 的蕴含式,其中 X、Y 分别是 I 的真子集,并且 $X\cap Y=\varnothing$。X 称为规则的前提,Y 称为规则的结果。关联规则反映 X 中的项目出现时,Y 中的项目也跟着出现的规律。

5. 关联规则的支持度(support)

关联规则的支持度是交易集中同时包含 X 和 Y 的交易数与所有交易数之比,它反映了

X 和 Y 中所含的项在事务集中同时出现的频率，记为 support($X \Rightarrow Y$)，即

$$\text{support}(X \Rightarrow Y) = \text{support}(X \cup Y) = P(XY) \tag{3-1}$$

6. 关联规则的置信度(confidence)

关联规则的置信度是交易集中同时包含 X 和 Y 的交易数与包含 X 的交易数之比，记为 confidence($X \Rightarrow Y$)，置信度反映了包含 X 的事务中出现 Y 的条件概率。

$$\text{confidence}(X \Rightarrow Y) = \frac{\text{support}(X \cup Y)}{\text{support}(X)} = P(Y \mid X) \tag{3-2}$$

7. 最小支持度与最小置信度

通常用户为了达到一定的要求，需要指定规则必须满足的支持度和置信度阈限值，此两个值称为最小支持度阈值(min_ sup)和最小置信度阈值(min_ conf)。其中，min_ sup 描述了关联规则的最低重要程度，min_ conf 规定了关联规则必须满足的最低可靠性。

8. 强关联规则

如果 support($X \Rightarrow Y$)$\geqslant$min_ sup 且 confidence($X \Rightarrow Y$)$\geqslant$min_ conf，则称关联规则 $X \Rightarrow Y$ 为强关联规则；否则，称 $X \Rightarrow Y$ 为弱关联规则。通常所说的关联规则一般是指强关联规则。

9. 频繁项集

设 $U \subseteq I$，项目集 U 在数据集 T 上的支持度是包含 U 的事务在 T 中所占比例，即

$$\text{support}(U) = \frac{\| \{t \in T \mid U \subseteq t\} \|}{\| T \|} \tag{3-3}$$

式中，$\| \cdot \|$ 表示集合中元素数目。对项目集 I，在事务数据库 T 中所有满足用户指定的最小支持度的项目集，即不小于 min_sup 的 I 的非空子集，称为频繁项目集或大项目集。

10. 项目集空间理论

Agrawal 等建立了用于事务数据库挖掘的项目集空间理论，理论的核心为：频繁项目集的子集仍是频繁项目集，非频繁项目集的超集是非频繁项目集。

3.2 关联规则挖掘算法——Apriori 算法原理

3.2.1 Apriori 算法原理解析

最著名的关联规则发现方法是 R. Agrawal 提出的 Apriori 算法。

1. Apriori 算法基本思想

Apriori 算法基本思想是通过对数据库的多次扫描计算项集的支持度，发现所有的频繁项集，从而生成关联规则。Apriori 算法对数据集进行多次扫描。第一次扫描得到频繁 1-项集的集合 L_1，第 k($k>1$)次扫描首先利用第 $k-l$ 次扫描的结果 L_{k-1} 产生候选 k-项集的集合 C_k，然后在扫描的过程中确定 C_k 中元素的支持度，最后在每一次扫描结束时计算频繁 k-项集的集合 L_k，算法当候选 k-项集的集合 C_k 为空时结束。

2. Apriori 算法产生频繁项集的过程

产生频繁项集的过程主要分为连接和剪枝两步，如下所示。

(1) 连接步。为了找 L_k($k \geqslant 2$)，通过 L_{k-1} 与自身作连接产生候选 k-项集的集合 C_k，设 l_1 和 l_2 是 L_{k-1} 中的项集，记 $l_i[j]$ 表示 l_i 的第 j 个项。Apriori 算法假定事务或项集中的项

按字典次序排序，对于$(k-1)$项集l_i，对应的项排序为：$l_i[1] < l_i[2] < \cdots < l_i[k-1]$。如果$L_{k-1}$的元素$l_1$和$l_2$的前$k-2$个对应项相等，则$l_1$和$l_2$可连接。即，如果$(l_1[1]=l_2[1]) \cap (l_1[2]=l_2[2]) \cap \cdots \cap (l_1[k-2]=l_2[k-2]) \cap (l_1[k-1]<l_2[k-1])$时，$l_1$和$l_2$可连接。条件$l_1[k-1]<l_2[k-1]$可以保证不产生重复，而按照$L_1, L_2, \cdots, L_{k-1}, L_k, \cdots, L_n$次序寻找频繁项集可以避免对事务数据库中不可能发生的项集所进行的搜索和统计的工作。连接l_1和l_2产生的结果项集为$(l_1[1], l_1[2], \cdots, l_1[k-1], l_2[k-1])$。

(2) 剪枝步。根据Apriori算法的性质可知，频繁k-项集的任何子集必须是频繁项集，由连接生成的集合C_k需要进行验证，去除不满足支持度的非频繁k-项集。

3. Apriori算法的主要步骤

(1) 扫描全部数据，产生候选1-项集的集合C_1。

(2) 根据最小支持度，由候选1-项集的集合C_1产生频繁1-项集的集合L_1。

(3) 对$k>1$，重复执行步骤(4)、(5)和(6)。

(4) 由L_k执行连接和剪枝操作，产生候选$(k+l)$-项集的集合C_{k+1}。

(5) 根据最小支持度，由候选$(k+l)$-项集的集合C_{k+1}，产生频繁$(k+1)$-项集的集合L_{k+1}。

(6) 若$L \neq \varnothing$，则$k=k+1$，跳往步骤(4)；否则，跳往步骤(7)。

(7) 根据最小置信度，由频繁项集产生强关联规则，结束。

4. Apriori算法描述

输入：数据库D，最小支持度阈值min_ sup。

输出：D中的频繁集L。

伪代码描述：

```
//找出频繁 1 项集
          L1 = find_frequent_1 - itemsets(D);
          For(k = 2;Lk - 1 != null;k++){
//产生候选,并剪枝
            Ck = apriori_gen(Lk - 1 );
//扫描 D 进行候选计数
              For each 事务 t  in D{
                  Ct = subset(Ck,t);            //得到 t 的子集
                  For each 候选 c 属于 Ct
                      c.count++;
              }
      //返回候选项集中不小于最小支持度的项集
      Lk = {c 属于 Ck | c.count >= min_sup}
      }
      Return L = 所有的频繁集;
```

第一步：连接(join)

```
Procedure apriori_gen (Lk - 1 :frequent(k - 1) - itemsets)
     For each 项集 l1 属于 Lk - 1
       For each 项集 l2 属于 Lk - 1
         If( (l1 [1] = l2 [1])&&( l1 [2] = l2 [2])&& … && (l1 [k - 2] = l2 [k - 2])&&(l1 [k - 1]<
l2 [k - 1]) )
           then{
```

```
         c = l1 连接 l2              //连接步：产生候选
        //若 k-1 项集中已经存在子集 c 则进行剪枝
        if  has_infrequent_subset(c, Lk-1 ) then
              delete c;              //剪枝步：删除非频繁候选
        else add c to Ck;
       }
  Return Ck;
```

第二步：剪枝(prune)

```
Procedure has_infrequent_sub (c:candidate k-itemset; Lk-1 :frequent(k-1)-itemsets)
        For each (k-1)-subset s of c
          If s 不属于 Lk-1 then
               Return true;
        Return false;
```

3.2.2 Apriori 算法应用举例

【例 3.1】 表 3-1 是一个数据库的事务列表，在数据库中有 9 笔交易，即 $|D|=9$。每笔交易都用唯一的标识符 TID 作标记，交易中的项按字典序存放。需描述 Apriori 算法寻找 D 中频繁项集的过程。

表 3-1 数据库的事务列表

事　务	商品 ID 的列表
T100	$I1,I2,I5$
T200	$I2,I4$
T300	$I2,I3$
T400	$I1,I2,I4$
T500	$I1,I3$
T600	$I2,I3$
T700	$I1,I3$
T800	$I1,I2,I3,I5$
T900	$I1,I2,I3$

解：设最小支持度计数为 2，即 min_ sup=2，利用 Apriori 算法产生候选项集及频繁项集的过程如下。

(1) 第一次扫描。扫描数据库 D，获得每个候选项的计数，如图 3-1 所示。

C_1

项集	支持度计数
{$I1$}	6
{$I2$}	7
{$I3$}	6
{$I4$}	2
{$I5$}	2

比较候选支持计数与最小支持度计数 →

L_1

项集	支持度计数
{$I1$}	6
{$I2$}	7
{$I3$}	6
{$I4$}	2
{$I5$}	2

图 3-1 频繁 1-项集支持度计数统计图

由于最小事务支持数为2,没有删除任何项目,可以确定频繁1-项集的集合 L_1,它由具有最小支持度的候选1-项集组成。

(2) 第二次扫描。为了发现频繁2-项集的集合 L_2,算法使用 $L_1 \infty L_1$ 产生候选2-项集的集合 C_2,在剪枝步没有候选从 C_2 中删除,因为这些候选的每个子集也是频繁的,如图3-2所示。

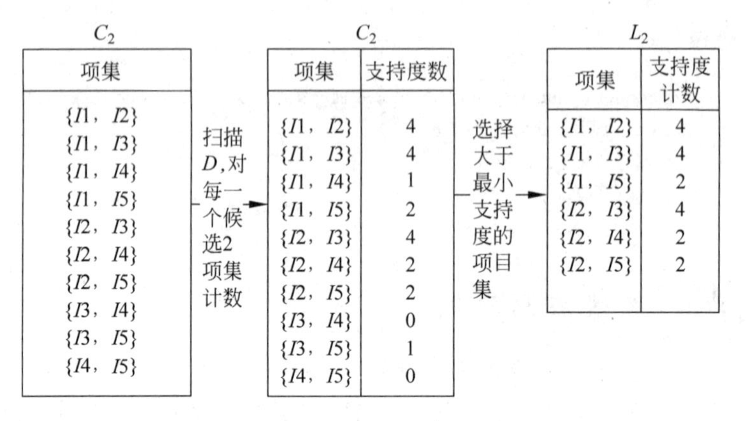

图3-2 频繁2-项集支持度计数统计图

(3) 第三次扫描。$L_2 \infty L_2$ 产生候选3-项集的集合 C_3,如图3-3所示。

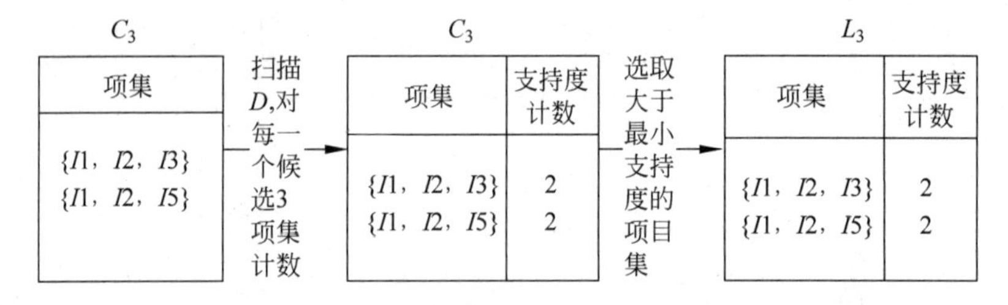

图3-3 频繁3-项集支持度计数统计图

候选3项集 C_3 的产生详细地列表如下。

① 连接 $C_3 = L_2 \infty L_2$

$$= \{\{I1,I2\},\{I1,I3\},\{I1,I5\},\{I2,I3\},\{I2,I4\},\{I2,I5\}\} \infty \{\{I1,I2\},\{I1,I3\},\{I1,I5\},\{I2,I3\},\{I2,I4\},\{I2,I5\}\}$$

$$= \{\{I1,I2,I3\},\{I1,I2,I5\},\{I1,I3,I5\},\{I2,I3,I4\},\{I2,I3,I5\},\{I2,I4,I5\}\}$$

② 使用Apriori性质剪枝:频繁项集的所有非空子集也必须是频繁的。例如,{I1,I3,I5}的2-项子集是{I1,I3}、{I1,I5}和{I3,I5},{I3,I5}不是 L_2 的元素,因而不是频繁的。因此从 C_3 中删除{I1,I3,I5},因此剪枝 $C_3 = \{\{I1,I2,I3\},\{I1,I2,I5\}\}$。

(4) 第四次扫描。算法使用 $L_3 \infty L_3$ 产生候选4-项集的集合 C_4。$L_3 \infty L_3 = \{\{I1,I2,I3,I5\}\}$,根据Apriori性质,因为它的子集{I2,I3,I5}不是频繁的,所以这个项集被删除。这样 $C_4 = \varnothing$,因此算法终止,找出了所有的频繁项集。

3.3 Apriori 算法源代码结果分析

Apriori 算法的源程序如下所示，相关程序和实验数据可从 github 中下载，网址为 https://github.com/guanyao1/apriori.git。

```
import java.io.BufferedReader;
import java.io.File;
import java.io.FileNotFoundException;
import java.io.FileReader;
import java.io.IOException;
import java.util.ArrayList;
import java.util.HashMap;
import java.util.List;
import java.util.Map;
import java.util.Set;
import java.util.TreeSet;
public class AprioriAlgorithm {
    private int minSup;
    private static List<String> data;
    private static List<Set<String>> dataSet;
    public static void main(String[] args) {
     long startTime = System.currentTimeMillis();
     AprioriAlgorithm apriori = new AprioriAlgorithm();
     //使用书中的测试集
     //apriori.setMinSup(2);
     data = apriori.buildData();
     //设置最小支持度
     apriori.setMinSup(2);
     //构造数据集
     data = apriori.buildData();
     //构造频繁 1-项集
     List<Set<String>> f1Set = apriori.findF1Item(data);
     apriori.printSet(f1Set, 1);
     List<Set<String>> result = f1Set;
     int i = 2;
     do{
      result = apriori.arioriGen(result);
      apriori.printSet(result, i);
      i++;
     }while(result.size() != 0);
     long endTime = System.currentTimeMillis();
     System.out.println("共用时: " + (endTime - startTime) + "ms");
    }
    public void setMinSup(int minSup){
```

```
    this.minSup = minSup;
  }
  /*
    * 构造原始数据集,可以为之提供参数,也可以不提供
    * 如果不提供参数,将按程序默认构造的数据集
    * 如果提供参数为文件名,则使用文件中的数据集
    */
  List<String> buildData(String... fileName){
    List<String> data = new ArrayList<String>();
    if(fileName.length != 0){
      File file = new File(fileName[0]);
      try{
        BufferedReader reader = new BufferedReader(new FileReader(file));
        String line;
        while( ( line = reader.readLine()) != null ){
          data.add(line);
        }
      }catch (FileNotFoundException e){
        e.printStackTrace();
      }catch (IOException e){
        e.printStackTrace();
      }
    }else{
      data.add("I1 I2 I5");
      data.add("I2 I4");
      data.add("I2 I3");
      data.add("I1 I2 T4");
      data.add("I1 I3");
      data.add("I2 I3");
      data.add("I1 I3");
      data.add("I1 I2 I3 I5");
      data.add("I1 I2 I3");
    }
    dataSet = new ArrayList<Set<String>>();
    Set<String> dSet;
    for(String d : data){
      dSet = new TreeSet<String>();
      String[] dArr = d.split(" ");
      for(String str : dArr){
        dSet.add(str);
      }
      dataSet.add(dSet);
    }
    return data;
  }
```

```
/* 找出候选 1 - 项集
 * @param data
 * @return result
 */
List<Set<String>> findF1Item(List<String> data){
List<Set<String>> result = new ArrayList<Set<String>>();
Map<String, Integer> dc = new HashMap<String, Integer>();
for(String d : data){
 String[] items = d.split(" ");
 for(String item : items){
  if(dc.containsKey(item)) {
   dc.put(item, dc.get(item) + 1);
  }else{
   dc.put(item, 1);
  }
 }
}
Set<String> itemKeys = dc.keySet();
Set<String> tempKeys = new TreeSet<String>();
for(String str : itemKeys){
 tempKeys.add(str);
}
for(String item : tempKeys){
 if(dc.get(item) >= minSup) {
  Set<String> f1Set = new TreeSet<String>();
  f1Set.add(item);
  result.add(f1Set);
 }
}
return result;
}
/* 利用 arioriGen 方法由 k - 1 - 项集生成 k - 项集
 * @param preSet
 * @return
 */
List<Set<String>> arioriGen(List<Set<String>> preSet) {
 List<Set<String>> result = new ArrayList<Set<String>>();
 int preSetSize = preSet.size();
 for(int i = 0; i < preSetSize - 1; i++){
  for(int j = i + 1; j < preSetSize; j++){
   String[] strA1 = preSet.get(i).toArray(new String[0]);
   String[] strA2 = preSet.get(j).toArray(new String[0]);
   if(isCanLink(strA1, strA2)) {      //判断两个 k - 1 - 项集是否符合连接成 k - 项集的条件
   Set<String> set = new TreeSet<String>();
   for(String str : strA1){
```

```
                set.add(str);                    //将 strA1 加入 set 中连成前 k-1-项集
              }
              set.add((String) strA2[strA2.length-1]);   //连接成 k-项集
              //判断 k-项集是否需要剪切掉,如果不需要被 cut 掉,则加入到 k-项集的列表中
              if(!isNeedCut(preSet, set)) {
                result.add(set);
              }
            }
          }
        }
        return checkSupport(result);                      //返回的都是频繁 k-项集
      }
      /*
       * 把 set 中的项集与数量集比较并进行计算,求出支持度大于要求的项集
       * @param set
       * @return
       */
    List<Set<String>> checkSupport(List<Set<String>> setList){
      List<Set<String>> result = new ArrayList<Set<String>>();
      boolean flag = true;
      int [] counter = new int[setList.size()];
      for(int i = 0; i < setList.size(); i++){
        for(Set<String> dSets : dataSet) {
          if(setList.get(i).size() > dSets.size()){
            flag = true;
          }else{
            for(String str : setList.get(i)){
              if(!dSets.contains(str)){
                flag = false;
                break;
              }
            }
            if(flag) {
              counter[i] += 1;
            }else{
              flag = true;
            }
          }
        }
      }
      for(int i = 0; i < setList.size(); i++){
        if (counter[i] >= minSup) {
          result.add(setList.get(i));
        }
      }
```

```
 return result;
}
/ *
  * 判断两个项集能否执行连接操作
  * @param s1
  * @param s2
  * @return
  * /
boolean isCanLink(String [ ] s1, String[ ] s2){
 boolean flag = true;
 if(s1.length == s2.length) {
   for(int i = 0; i < s1.length - 1; i ++){
    if(!s1[i].equals(s2[i])){
    flag = false;
    break;
   }
  }
  if(s1[s1.length - 1].equals(s2[s2.length - 1])){
   flag = false;
  }
 }else{
  flag = true;
 }
 return flag;
}
/ *
  * 判断 set 是否需要被 cut
  *
  * @param setList
  * @param set
  * @return
  * /
boolean isNeedCut(List < Set < String >> setList, Set < String > set) {
                              //setList 指频繁 k - 1 - 项集,set 指候选 k - 项集
 boolean flag = false;
 List < Set < String >> subSets = getSubset(set);     //获得 k - 项集的所有 k - 1 - 项集
 for ( Set < String > subSet : subSets) {
  //判断当前的 k - 1 - 项集 set 是否在频繁 k - 1 - 项集中出现,如果出现,则不需要 cut
    //若没有出现,则需要被 cut
  if( !isContained(setList, subSet)){
   flag = true;
   break;
  }
 }
 return flag;
}
/ *
  * 功能:判断 k - 项集的某 k - 1 - 项集是否包含在频繁 k - 1 - 项集列表中
  *
  * @param setList
  * @param set
```

```
  * @return
  */
boolean isContained(List<Set<String>> setList, Set<String> set){
 boolean flag = false;
 int position = 0;
 for( Set<String> s : setList) {
  String [] sArr = s.toArray(new String[0]);
  String [] setArr = set.toArray(new String[0]);
  for(int i = 0; i < sArr.length; i++) {
   if ( sArr[i].equals(setArr[i])){
    //如果对应位置的元素相同,则 position 为当前位置的值
    position = i;
   }else{
    break;
   }
  }
  //如果 position 等于数组的长度,说明已经找到某个 setList 中的集合与
  //set 集合相同了,退出循环,返回包含
  //否则,把 position 置为 0 进入下一个比较
  if ( position == sArr.length - 1) {
   flag = true;
   break;
  }else {
   flag = false;
   position = 0;
  }
 }
 return flag;
}
/*
  * 获得 k 项集的所有 k - 1 - 项子集
  * @param set
  * @return
  */
List<Set<String>> getSubset(Set<String> set){
 List<Set<String>> result = new ArrayList<Set<String>>();
 String [] setArr = set.toArray(new String[0]);
 for( int i = 0; i < setArr.length; i++){
  Set<String> subSet = new TreeSet<String>();
  for(int j = 0; j < setArr.length; j++){
   if( i != j){
    subSet.add((String) setArr[j]);
   }
  }
  result.add(subSet);
 }
 return result;
}
/*
  * 功能: 打印频繁项集
  */
```

```
 void printSet(List<Set<String>> setList, int i){
  System.out.print("频繁" + i + "项集: 共" + setList.size() + "项: {");
  for(Set<String> set : setList) {
   System.out.print("[");
   for(String str : set) {
    System.out.print(str + " ");
   }
   System.out.print("], ");
  }
  System.out.println("}");
 }
}
```

程序运行界面如图 3-4 所示。

```
频繁1项集: 共4项: {[I1 ], [I2 ], [I3 ], [I5 ], }
频繁2项集: 共5项: {[I1 I2 ], [I1 I3 ], [I1 I5 ], [I2 I3 ], [I2 I5 ], }
频繁3项集: 共2项: {[I1 I2 I3 ], [I1 I2 I5 ], }
频繁4项集: 共0项: {}
共用时: 24ms
```

图 3-4　Apriori 算法运行结果

3.4　Apriori 算法的特点及应用

3.4.1　Apriori 算法的特点

Apriori 算法是应用最广泛的关联规则挖掘算法,它有如下优点。

(1) **Apriori 算法是一个迭代算法**。该算法首先挖掘生成 L_1,然后由 L_1 生成 C_2,再由 C_2 扫描事务数据库得到 L_2,根据 L_2 生成 C_3,由 C_3 扫描事务数据库得到 L_3,直到 C_k 为空而产生所有频繁项目集,Apriori 算法将生成所有大于等于最小支持度的频繁项目集。

(2) **数据采用水平组织方式**。所谓水平组织,就是数据按照{事务编号,项目集}的形式组织。

(3) **采用 Apriori 优化方法**。所谓 Apriori 优化,就是利用 Apriori 性质进行的优化。

(4) **适合事务数据库的关联规则挖掘**。

(5) **适合稀疏数据集**。根据以往的研究,该算法只能适合稀疏数据集的关联规则挖掘,也就是频繁项目集的长度稍小的数据集。

Apriori 算法作为经典的频繁项目集生成算法,在数据挖掘中具有里程碑的作用,但是随着研究的深入,它的缺点也暴露出来,主要有以下缺点。

(1) **多次扫描事务数据库**,需要很大的 I/O 负载。在 Apriori 算法的扫描中,对第 k 次循环,候选集 C_k 中的每个元素都要扫描数据库一遍来验证其是否加入 L_k,假如一个频繁项目集包含 10 个项,那么至少需要扫描数据库 10 遍。当数据库中存放大量的事务数据时,在有限的内存容量下,系统 I/O 负载相当大,每次扫描数据库的时间就会很长,这样效率就非常低。

(2) **可能产生庞大的候选集**。Apriori 算法由 L_{k-1} 产生 k-候选集 C_k,其结果是指数增长的,例如,10^4 个频繁 1-项目集就有可能产生接近 10^7 个元素的 2-候选集,如此大的候选集对时间和内存容量都是一种挑战。

(3) **在频繁项目集长度变大的情况下,运算时间显著增加**。当频繁项目集长度变大时,支持该频繁项目集的事务会减少。从理论上讲,计算其支持度需要的时间不会明显增加,但Apriori算法仍然是在原来事务数据库中来计算长频繁项目集的支持度,由于每个频繁项目集的项目变多了,所以在确定每个频繁项目集是否被事务支持的开销也增大了,而且事务没有减少,因此,频繁项目集长度增加,运算时间显著增加。

3.4.2 Apriori算法的应用

Apriori算法是应用最广泛的关联规则挖掘算法,通过对各种领域数据的关联性进行分析,挖掘成果在相关的决策制定过程中具有重要的参考价值。

Apriori算法广泛应用于商业中。例如,应用于消费市场价格分析中,它能够很快地求出各种产品之间的价格关系和它们之间的影响。通过数据挖掘,市场人员可以瞄准目标客户,采用个人股票行市、最新信息、特殊的市场推广活动或其他特殊信息手段,从而极大地减少广告预算和增加收入。

Apriori算法应用于网络安全领域,例如入侵检测技术中。早期中大型计算机系统中都收集审计信息建立跟踪档案,这些审计跟踪的目的多是性能测试或计费,因此对攻击检测提供的有用信息比较少。它通过对模式的学习和训练可以发现网络用户的异常行为模式,采用作用度的Apriori算法削弱了Apriori算法的挖掘结果规则,使网络入侵检测系统可以快速地发现用户的行为模式,能够快速地锁定攻击者,提高了基于关联规则的入侵检测系统的检测性。

Apriori算法应用于高校管理中。随着高校贫困生人数的不断增加,学校管理部门资助工作难度也越加增大,数据挖掘算法可以帮助相关部门解决上述问题。例如,有的研究者将关联规则的Apriori算法应用到贫困助学体系中,并且针对经典Apriori挖掘算法存在的不足进行改进,先将事务数据库映射为一个布尔矩阵,用逐层递增的思路动态地分配内存进行存储,再利用向量求"与"运算,寻找频繁项集。实验结果表明,这种改进后的Apriori算法在运行效率上有了很大的提升,挖掘出的规则也可以有效地辅助学校管理部门,有针对性地开展贫困助学工作。

Apriori算法被广泛应用于移动通信领域。移动增值业务逐渐地成为移动通信市场上最有活力、最具潜力、最受瞩目的业务。随着产业的复苏,越来越多的增值业务表现出强劲的发展势头,呈现出应用多元化、营销品牌化、管理集中化、合作纵深化的特点。针对这种趋势,在关联规则数据挖掘中广泛应用的Apriori算法被很多公司应用。例如,依托某电信运营商正在建设的增值业务Web数据仓库平台,对来自移动增值业务方面的调查数据进行了相关的挖掘处理,从而获得了关于用户行为特征和需求的间接反映市场动态的有用信息,这些信息在指导运营商的业务运营和辅助业务提供商的决策制定等方面具有十分重要的参考价值。

3.5 小　结

本章详细地介绍了关联规则挖掘的基本概念,对经典的关联规则挖掘算法——Apriori算法的原理以及发现频繁项目集过程进行了描述,并用实例来进行了说明。同时,分析了

Apriori 算法的特点和该算法存在的缺陷，得出它在发现频繁项集的过程中需要多次扫描事务数据库，此外还要产生大量的候选项集，这都对算法的效率会产生很大的影响，并且在频繁项目集长度变大的情况下，运算时间显著增加。最后介绍了 Apriori 算法在商业、网络安全、高校管理和移动通信等领域的应用。

思 考 题

1. 解释关联规则的定义。
2. 描述 Apriori 关联规则算法。
3. 如表 3-2 所示数据库有 5 个事物。设 min_sup=60%，min_conf=80%。

表 3-2 数据库

TID	购买的商品
I100	{M,O,N,K,E,Y}
I200	{D,O,N,K,E,Y}
I300	{M,A,K,E}
I400	{M,U,C,K,Y}
I500	{C,O,O,K,I,E}

(1) 分别使用 Apriori 和 FP 增长算法找出所有频繁项集。比较两种挖掘过程的效率。

(2) 列举所有与下面的元规则匹配的强关联规则（给出支持度 s 和置信度 c），其中，X 代表客户的变量，$item_i$ 表示项的变量（如 A、B 等）。

$$\forall x \in \text{transaction}, \text{buys}(X, \text{item}_1) \wedge \text{buys}(X, \text{item}_2) \Rightarrow \text{buys}(X, \text{item}_3)[s, c]$$

4. 如表 3-3 所示，关系表 People 是要挖掘的数据集，有 3 个属性（Age, Married, NumCars）。假如用户指定的 min_sup=60%，min_conf=80%，试挖掘表 3-3 中的数量关联规则。

表 3-3 关系表 People

RecordI D	Age	Married	NumCars	RecordI D	Age	Married	NumCars
100	23	No	0	400	34	Yes	2
200	25	Yes	1	500	38	Yes	2
300	29	No	1				

第4章 逻辑回归方法

4.1 基本概念

4.1.1 回归概述

回归指研究一组随机变量($Y_1, Y_2, \cdots, Y_i$)和另一组($X_1, X_2, \cdots, X_k$)变量之间关系的统计分析方法,又称多重回归分析。通常前者是因变量,后者是自变量。当因变量和自变量为线性关系时,它是一种特殊的线性模型。最简单的情形是一元线性回归,由大体上有线性关系的一个自变量和一个因变量组成;模型是 $Y=a+bX+\varepsilon$(X 是自变量,Y 是因变量,ε 是随机误差)。若进一步假定随机误差遵从正态分布,就叫做正态线性模型。

一般的,若有 k 个自变量和 1 个因变量,则因变量的值分为两部分:一部分由自变量影响,即表示为它的函数,函数形式已知且含有未知参数;另一部分由其他未考虑因素和随机性影响,即随机误差。当函数为参数未知的线性函数时,称为线性回归分析模型;当函数为参数未知的非线性函数时,称为非线性回归分析模型。当自变量个数大于 1 时称为多元回归,当因变量个数大于 1 时称为多重回归。回归主要的种类有线性回归、曲线回归、二元 Logistic 回归及多元 Logistic 回归。

4.1.2 线性回归简介

线性回归(linear regression)是利用称为线性回归方程的最小平方函数对一个或多个自变量和因变量之间关系进行建模的一种回归分析。这种函数是一个或多个称为回归系数的模型参数的线性组合。回归分析中,如果只包括一个自变量和一个因变量,且二者的关系可用一条直线近似表示,则这种回归分析称为一元线性回归分析。如果回归分析中包括两个或两个以上的自变量,且因变量和自变量之间是线性关系,则称为多元线性回归分析。

【例 4.1】 下面举例说明线性回归的含义,假设有一个房屋销售的数据如表 4-1 所示。

表 4-1 房屋销售数据

面积/m^2	售价/万元
123	250
150	320
87	160
102	220
…	…

对于一个全新面积的房屋，应该如何预测其售价呢？可以用一条曲线去尽量准确地拟合表 4-1 中的数据，如果有新的面积输入，采用拟合的函数输出其售价。为了描述方便，下面给出几个常见的概念。

(1) 房屋销售记录表(表 4-1)：即训练数据集(training data set)。房屋面积是模型的输入数据，为自变量 x。

(2) 房屋销售价格：输出数据，因变量 y。

(3) 拟合函数(又称为假设或模型)：$y=h(x)$。

(4) 训练数据的条目：一条训练数据由一对输入数据和输出数据组成，维度 n 称为特征个数(如表 4-1 维度为 1)。

线性回归假设特征和结果满足线性关系，每个特征对结果的影响强弱由特征前面的参数体现。如果每个特征变量先映射到一个函数，然后再参与线性计算，这样就可以表达特征与结果之间的非线性关系。设 $x_1, x_2, \cdots, x_n$ 表示 n 个特征，则拟合函数

$$h(x) = h_\theta(x) = \theta_0 + \theta_1 x_1 + \theta_2 x_2 + \cdots + \theta_n x_n$$

令 $x_0=1$，则上式可以写成：

$$h_\theta(x) = \theta^{\mathrm{T}} X$$

其中，θ 是参数，用来调整每个特征 $x_i(1 \leqslant i \leqslant n)$ 对结果的影响力。我们需要对 $h(x)$ 函数进行评估，这个评估函数又称为损失函数(loss function)或者错误函数(error function)，称之为 J 函数。

$$J(\theta) = \frac{1}{2}\sum_{i=1}^{m}(h_\theta(x^{(i)} - y^{(i)})^2)$$

$$\min_{\theta \in R^{n+1}} J_\theta$$

其中，$x^{(i)}$，$y^{(i)}$ 是第 i 次训练的输入数据和输出数。把 $x^{(i)}$ 的估计值 $h_\theta(x^{(i)}$ 与实际值 $y^{(i)}$ 的差的平方和作为错误估计函数，系数 1/2 是为了求导方便。下面从概率的角度解释为什么误差函数要采用误差平方和的形式。假设预测值 $h_\theta(x)$ 和实际值 $y^{(i)}$ 有误差 $\varepsilon^{(i)}$，即

$$y^{(i)} = h_\theta(x) + \varepsilon^{(i)}$$

一般来说，误差满足平均值为 0 的正态分布，即已知 x 时，y 的条件概率为

$$p(y^{(i)} \mid x^{(i)}; \theta) = \frac{1}{\sqrt{2\pi}\sigma}\exp\left(-\frac{(y^{(i)} - \theta^{\mathrm{T}} x^{(i)})^2}{2\sigma^2}\right)$$

这样就估计了一条样本的结果概率，然而我们期待的是模型能够在全部样本上预测最准，即概率密度函数积最大，这个概率积成为最大似然估计，即希望在最大似然估计得到最大值的时候确定参数 θ，需要对最大似然估计公式求导，θ 的最大似然估计 $\hat{\theta}$ 满足：

$$J(\hat{\theta}) = \lim_{\theta \in R^{n+1}} \frac{1}{2}\sum_{i=1}^{m}(y^{(j)} - \theta^{\mathrm{T}} x^{(i)})^2$$

这个解释大概说明了为什么误差函数需要使用平方和，解释过程中做了一些符合客观规律的假设。如何调整 θ 使得 $J(\theta)$ 取最小值有很多方法，最常用的是最小二乘法和梯度下降法，下面以梯度下降法为例介绍求解过程。

在选定线性回归模型后需要确定参数 θ。采用梯度下降法流程如下。

(1) 对 θ 赋初值，初值可以是随机值，也可以是全零向量。

(2) 改变 θ 的值,使得 $J(\theta)$ 按梯度下降的方向进行减少。梯度方向由 $J(\theta)$ 对 θ 的偏导数确定,由于是求极小值,因此梯度下降方向是偏导数的反方向,即

$$\theta_j := \theta_j + \alpha(y^{(i)} - h_\theta(x^{(i)}))x_j^{(i)}$$

迭代更新的方法有两种,一种是批梯度下降,也就是对全部的训练数据求得误差后再对 θ 进行更新;另一种是增量梯度下降,即每扫描一步都要对 θ 进行更新。前一种方法能够不断收敛,后一种方法可能不断在收敛处徘徊。

如果将训练特征表示为 $\boldsymbol{X}$ 矩阵,结果表示成 $\boldsymbol{y}$ 向量,仍然采用线性回归模型,误差函数不变,则可采用最小二乘法求解 θ,方法如下。

$$\theta = (\boldsymbol{X}^{\mathrm{T}}\boldsymbol{X})^{-1}\boldsymbol{X}^{\mathrm{T}}y$$

采用最小二乘法要求特征矩阵 $\boldsymbol{X}$ 是列满秩的。

4.2 逻辑回归

4.2.1 二分类逻辑回归

逻辑回归(logistic regression)本质上是线性回归,只是在特征到结果的映射中加入了一层函数映射,即先把特征线性求和,然后使用逻辑回归函数 $g(z)$ 作为最终假设函数预测,$g(z)$ 函数可以将连续值映射到 0 和 1 上。线性回归的假设函数只是 $\boldsymbol{\theta}^{\mathrm{T}}\boldsymbol{X}$,逻辑回归的假设函数如下。

$$h_\theta(x) = g(\boldsymbol{\theta}^{\mathrm{T}}\boldsymbol{X}) = \frac{1}{1+\mathrm{e}^{-\theta^{\mathrm{T}}X}}$$

$$g(z) = \frac{1}{1+\mathrm{e}^{-z}}$$

逻辑回归用来处理 0/1 问题,即预测结果属于 0 或 1 的二值分类问题。这里假设二值满足伯努利分布(假设满足泊松分布或指数分布都可以,会涉及下面的一般线性模型),即:

$$P(y=1 \mid x;\theta) = h_\theta(x)$$

$$P(y=0 \mid x;\theta) = 1 - h_\theta(x)$$

同样地,求最大似然估计并求导,得到的迭代公式结果为

$$\theta_j := \theta_j + \alpha(y^{(i)} - h_\theta(x^{(i)}))x_j^{(i)}$$

可以看出,与线性回归类似,只是这里的 $h_\theta(x^{(i)})$ 经过了 $g(z)$ 映射。需要说明的是,逻辑回归的函数 $g(z)$ 采用 $g(z)=\frac{1}{1+\mathrm{e}^{-z}}$ 的形式有一套理论作为支撑,即一般线性模型理论。如果一个概率分布可以表示为

$$p(y;\eta) = b(y)\exp(\eta^{\mathrm{T}}T(y) - \alpha(\eta))$$

这个概率分布称为指数分布。伯努利分布、正态分布及泊松分布等都属于指数分布。在逻辑回归时采用的是伯努利分布,伯努利分布的概率可以表示如下。

$$\begin{aligned} p(y;\phi) &= \phi^y(1-\phi)^{1-y} \\ &= \exp(y\log\phi + (1-y)\log(1-\phi)) \\ &= \exp\left(\left(\log\left(\frac{\phi}{1-\phi}\right)\right)y + \log(1-\phi)\right) \end{aligned}$$

其中 $\eta=\log(\phi/(1-\phi))$，因此 $\phi=\frac{1}{1+e^{\eta}}$。这就解释了逻辑回归的 $g(z)$ 为什么要采用这种形式。

4.2.2 多分类逻辑回归

上一小节主要介绍二分类逻辑回归问题，但在实际问题中，因变量 y 不一定只有两种情况，可能有多种取值，于是就有了多分类逻辑回归模型[1]。设 y 有 c 个取值，从 0 到 c−1，并且 $y=0$ 是一个参照组，自变量 $x=(x_1,x_2,\cdots,x_p)$，则 y 的条件概率为

$$P(y=k\mid x)=\frac{e^{g_k(x)}}{1+\sum_{i=1}^{c-1}e^{g_j(x)}}$$

其中 $k=0,1,2,\cdots,c-1$。由此可以得出相应的逻辑回归模型：

$$g_k(x)=\ln\left[\frac{P(y=k\mid x)}{P(y=0\mid x)}\right]=\beta_{k0}+\beta_{k1}x_1+\cdots+\beta_{kp}x_p$$

显然，$g_0(x)=0$。关于参数估计的详细内容可参考文献[1]。

4.2.3 逻辑回归应用举例

【例 4.2】 用逻辑回归分析顾客是否购买人造黄油与人造黄油的可涂抹性 X_1 与保质期 X_2 的关系。并依据所得模型，判定性质为 $X_1=3$，$X_2=1$ 的人造黄油是否为顾客所要购买的黄油。该数据如表 4-2 所示。

表 4-2 人造黄油数据表

顾　　客	可涂抹性 X_1	保质期 X_2	是否购买黄油 y
1	2	3	1
2	3	4	1
3	6	5	1
4	4	4	1
5	3	2	1
6	4	7	1
7	3	5	1
8	2	4	1
9	5	6	1
10	3	6	1
11	3	3	1
12	4	5	1
13	5	4	0
14	4	3	0
15	7	5	0
16	3	3	0
17	4	4	0

续表

顾　　客	可涂抹性 X_1	保质期 X_2	是否购买黄油 y
18	5	2	0
19	4	2	0
20	5	5	0
21	6	7	0
22	5	3	0
23	6	4	0
24	6	6	0

解：

设逻辑回归模型为

$$\begin{cases} z = b_0 + b_1 x_1 + b_2 x_2 \\ p(y=1) = \dfrac{e^z}{1+e^z} \end{cases}$$

所以，似然函数为

$$L = \prod_{k=1}^{24} \left(\frac{e^{z_k}}{1+e^{z_k}}\right)^{y_k} \left(1 - \frac{e^{z_k}}{-1+e^{z_k}}\right)^{1-y_k}$$

其中，y_k，$x_1(k)$，$x_2(k)$分别表示第 k 个顾客对应的可涂抹性 X_1，保质期 X_2，在是否购买人造黄油，$z_k = b_0 + b_1 x_1(k) + b_2 x_2(k)$。

求解 $\max\limits_{b_0, b_1, b_2} L$

可得$\begin{cases} b_0 = 3.528 \\ b_1 = 1.943 \\ b_2 = 1.119 \end{cases}$

则逻辑回归模型为

$$\begin{cases} z = 3.528 - 1.943 x_1 + 1.119 x_2 \\ p(y=1) = \dfrac{e^z}{1+e^z} \end{cases}$$

该模型用于预测的混淆矩阵如表 4-3 所示。

表 4-3　已知人造黄油的混淆矩阵表

	预 测 购 买	预测不购买
实际购买	10	2
实际不购买	2	10

正确率为 0.883。

当 $X_1 = 3$，$X_2 = 1$ 时，$p(y=1) = \dfrac{e^z}{1+e^z} = \dfrac{e^{3.528-1.943\times 3+1.119\times 1}}{1+e^{3.528-1.943\times 3+1.119\times 1}} = 0.7653 > 0.5$

则可认为该人造黄油是顾客所要购买的黄油。

4.2.4 逻辑回归方法的特点

逻辑回归方法有下列优点。

(1) 预测结果是介于 0 和 1 之间的概率。

(2) 可以适用于连续性和类别性自变量。

(3) 容易使用和解释。

逻辑回归的缺点如下。

(1) 对模型中自变量多重共线性较为敏感。例如,两个高度相关自变量同时放入模型,可能导致较弱的一个自变量回归符号不符合预期,符号被扭转。需要利用因子分析或者变量聚类分析等手段选择代表性的自变量,以减少候选变量之间的相关性。

(2) 预测结果呈 S 形,因此从 log(odds)向概率转化的过程是非线性的,在两端随着 log(odds)值的变化,概率变化很小,边际值太小,斜率太小,而中间概率的变化很大,很敏感。导致很多区间的变量变化对目标概率的影响没有区分度,无法确定阈值。

4.2.5 逻辑回归方法的应用

逻辑回归方法在日常生活中应用非常广泛,下面举例说明该方法的应用情况。

1. 利用逻辑回归方法进行微博用户可信度的建模

文献[2] 针对微博虚假用户问题,以新浪微博为研究平台对微博用户的行为进行分析,从在线时长、发帖时间、互动程度等方面,提取用于区分用户类别的特征变量,运用逻辑回归算法,提出一个基于逻辑回归的微博用户可信度评价模型。实验结果表明,该模型能够对传统的虚假用户"僵尸粉"进行识别,对新型虚假用户有较高的识别率,可以根据置信值的大小对用户进行大致分类,实用性较强。

2. 利用逻辑回归方法识别水军

随着诸如 twitter 和微博等新媒体的发展,由于网络公关与营销等原因,网络水军也出现并呈现出急剧增加的态势。造成大量的网络资源和普通用户的时间遭到侵占,同时也对舆情真实性产生了重要影响。文献[3]建立了一种基于逻辑回归算法的水军识别模型,利用累计分布函数(CDF)对新浪微博用户行为属性及账号属性进行分析和选取,将合适的属性包括好友数、粉丝数、文本相似度、URL 率等作为输入参数,用以训练基于逻辑回归算法的分类模型,得到相应系数,从而完成对网络水军识别模型的构建。实验结果证明了模型的准确性和有效性。

3. 利用逻辑回归方法进行垃圾邮件过滤

垃圾邮件过滤是网络信息处理中的重要问题,基于机器学习方法的垃圾邮件过滤技术是目前的研究热点。文献[4]将垃圾邮件过滤问题转化成排序问题进行建模,提出了在线排序逻辑回归学习算法,解决了在线学习中的邮件得分偏移问题;综合应用 TONE 算法和重采样技术,提出参数权重更新算法,解决模型学习中在线调整模型参数时的处理速度问题,满足垃圾邮件实时过滤的要求。

4.3 逻辑回归源代码结果分析

4.3.1 线性回归

线性回归的源代码如下，相关程序和实验数据可从 github 中下载，网址为 https://github.com/guanyao1/linearRegressionAnalysis.git。

```
package logicregression.linearRegressionAnalysis;
public class LinearRegression {
    private static int chlk(double[] a, int n, int m, double[] d) {
        int u, v;
        if ((a[0] + 1.0 == 1.0) || (a[0] < 0.0)) {
            System.out.println("失败了……");
            return (-2);
        }
        a[0] = Math.sqrt(a[0]);
        for (int j = 1; j <= n - 1; j++){
            a[j] = a[j] / a[0];
        }
        for (int i = 1; i <= n - 1; i++) {
            u = i * n + i;
            for (int j = 1; j <= i; j++) {
                v = (j - 1) * n + i;
                a[u] = a[u] - a[v] * a[v];
            }
            if ((a[u] + 1.0 == 1.0) || (a[u] < 0.0)) {
                System.out.println("失败了!!!");
                return (-2);
            }
            a[u] = Math.sqrt(a[u]);
            if (i != (n - 1)) {
                for (int j = i + 1; j <= n - 1; j++) {
                    v = i * n + j;
                    for (int k = 1; k <= i; k++){
                        a[v] = a[v] - a[(k - 1) * n + i] * a[(k - 1) * n + j];
                    }
                    a[v] = a[v] / a[u];
                }
            }
        }
        for (int j = 0; j <= m - 1; j++) {
            d[j] = d[j] / a[0];
            for (int i = 1; i <= n - 1; i++) {
                u = i * n + i;
```

```java
                v = i * m + j;
                for (int k = 1; k <= i; k++)
                    d[v] = d[v] - a[(k - 1) * n + i] * d[(k - 1) * m + j];
                d[v] = d[v] / a[u];
            }
        }
        for (int j = 0; j <= m - 1; j++) {
            u = (n - 1) * m + j;
            d[u] = d[u] / a[n * n - 1];
            for (int k = n - 1; k >= 1; k--) {
                u = (k - 1) * m + j;
                for (int i = k; i <= n - 1; i++) {
                    v = (k - 1) * n + i;
                    d[u] = d[u] - a[v] * d[i * m + j];
                }
                v = (k - 1) * n + k - 1;
                d[u] = d[u] / a[v];
            }
        }
        return (2);
    }
    /* 多元线性分析
     * @param x[m][n]      每一列存放 m 个自变量的观察值
     * @param y[n]         存放随机变量 y 的 n 个观察值
     * @param dt[4]        dt[0]:偏差平方和 q,dt[1]:平均标准偏差 s,dt[2]:返回复相关系数 r,
                           dt[3]:返回回归平方和 r
     * @param v[]          返回 m 个自变量的偏相关系数
     * @param a[]          返回回归系数 a1,a2,…,an
     * @param m            自变量的个数
     * @param n            观察数据的组数
     */
    public void sqt(double[][] x, double[] y, double[] dt, double[] v, double[] a, int m, int
n) {
        int mm;
        double q, e, u, p, yy, s, r, pp;
        double[] b = new double[(m + 1) * (m + 1)];
        mm = m + 1;
        b[mm * mm - 1] = n;
        for (int j = 0; j < m - 1; j++) {
            p = 0.0;
            for (int i = 0; i <= n - 1; i++) {
                p = p + x[j][i];
            }
            b[m * mm + j] = p;
            b[j * mm + m] = p;
```

```
}
for (int i = 0; i < m - 1; i++) {
    for (int j = i; j <= m - 1; j++) {
        p = 0.0;
        for (int k = 0; k <= n - 1; k++) {
            p = p + x[i][k] * x[j][k];
        }
        b[j * mm + i] = p;
        b[i * mm + j] = p;
    }
}
a[m] = 0.0;
for (int i = 0; i < n - 1; i++) {
    a[m] = a[m] + y[i];
}
for (int i = 0; i < m - 1; i++) {
    a[i] = 0.0;
    for (int j = 0; j <= n - 1; j++) {
        a[i] = a[i] + x[i][j] * y[j];
    }
}
chlk(b, mm, 1, a);
yy = 0.0;
for (int i = 0; i < n - 1; i++) {
    yy = yy + y[i] / n;
}
q = 0.0;
e = 0.0;
u = 0.0;
for (int i = 0; i <= n - 1; i++) {
    p = a[m];
    for (int j = 0; j <= m - 1; j++)
        p = p + a[j] * x[j][i];
    q = q + (y[i] - p) * (y[i] - p);
    e = e + (y[i] - yy) * (y[i] - yy);
    u = u + (yy - p) * (yy - p);
}
s = Math.sqrt(q / n);
r = Math.sqrt(1.0 - q / e);
for (int j = 0; j <= m - 1; j++) {
    p = 0.0;
    for (int i = 0; i <= n - 1; i++) {
        pp = a[m];
        for (int k = 0; k <= m - 1; k++)
            if (k != j)
```

```
                    pp = pp + a[k] * x[k][i];
                p = p + (y[i] - pp) * (y[i] - pp);
            }
            v[j] = Math.sqrt(1.0 - q / p);
        }
        dt[0] = q;
        dt[1] = s;
        dt[2] = r;
        dt[3] = u;
    }
    /* @param args
     */
    public static void main(String[] args) {
    /* 多元回归
     */
    double[] a = new double[4];
    double[] v = new double[3];
    double[] dt = new double[4];

    double[][] x = { { 1.1, 1.0, 1.2, 1.1, 0.9 },
                     { 2.0, 2.0, 1.8, 1.9, 2.1 },
                     { 3.2, 3.2, 3.0, 2.9, 2.9 } };
    double[] y = { 10.1, 10.2, 10.0, 10.1, 10.0 };
    LinearRegression lr = new LinearRegression();
    lr.sqt(x, y, dt, v, a, 3, 5);
    for (int i = 0; i <= 3; i++){
        System.out.println("a(" + i + ") = " + a[i]);
    }
    System.out.println("q = " + dt[0] + "  s = " + dt[1] + "  r = " + dt[2]);
    for (int i = 0; i <= 2; i++){
        System.out.println("v(" + i + ") = " + v[i]);
    }
    System.out.println("u = " + dt[3]);
  }
}
```

上述代码的运行结果如图 4-1 所示。

对于 4 对自变量和因变量(前面的是自变量,后面的是因变量)通过一元线性回归可以得到当前的数据点的数目为 5,多有的自变量的和为 15,所有因变量的和为 700,自变量的平方的值为 55,自变量和因变量的乘积为 2121,因变量的平方的值为 98 142,统计得出了回归线的公式以及最后得到的误差值。

4.3.2 多分类逻辑回归

多分类逻辑回归源代码包括 3 个文件,即 DataPoint. java、LinearRegression. java 和

输入数据：

```
1,136
2,143
3,132
4,142
5,147
```

(a)

运行结果输出：

```
数据点个数 n = 5

Sum x  = 15.0
Sum y  = 700.0
Sum xx = 55.0
Sum xy = 2121.0
Sum yy = 98142.0

回归线公式:  y = 2.1x + 133.7
误差:        R^2 = 0.3658
```

(b)

图 4-1 线性回归程序运行结果

RegressionLine. java。源程序可从清华大学出版社网站下载。

1. DataPoint. java

```
package logicregression.multipleLinearRegressionAnalysis;
/* 定义一个 DataPoint 类,对坐标 x 和 y 点进行封装
 */
public class DataPoint {

    public float x;
    public float y;
    public DataPoint(float x,float y){
        this.x = x;
        this.y = y;
    }
    }
```

2. LinearRegression. java

```
package logicregression.multipleLinearRegressionAnalysis;
public class LinearRegression {
    private static final int MAX_POINTS = 10;
    private double E;
    public static void main(String[] args) {
        RegressionLine line = new RegressionLine();
        line.addDataPoint(new DataPoint(1, 136));
        line.addDataPoint(new DataPoint(2, 143));
        line.addDataPoint(new DataPoint(3, 132));
        line.addDataPoint(new DataPoint(4, 142));
        line.addDataPoint(new DataPoint(5, 147));
        printSums(line);
        printLine(line);
    }
    /* 打印和
     * @param line 回归线
     */
```

```java
    private static void printSums(RegressionLine line) {
        System.out.println("\n数据点个数 n = " + line.getDataPointCount());
        System.out.println("\nSum x  = " + line.getSumX());
        System.out.println("Sum y  = " + line.getSumY());
        System.out.println("Sum xx = " + line.getSumXX());
        System.out.println("Sum xy = " + line.getSumXY());
        System.out.println("Sum yy = " + line.getSumYY());
    }
    /* 打印回归线功能
     * @param line    回归线
     */
    private static void printLine(RegressionLine line) {
        System.out.println("\n回归线公式: y = " + line.getA1() + "x + "
                + line.getA0());
        System.out.println("误差:     R^2 = " + line.getR());
    }
}
```

3. RegressionLine.java

```java
package logicregression.multipleLinearRegressionAnalysis;
import java.math.BigDecimal;
import java.util.ArrayList;
public class RegressionLine {
/* x的数量 */
private double sumX;
/* y的数量 */
private double sumY;
/* x的平方的值 */
private double sumXX;
/* x乘以y的值 */
private double sumXY;
/* y的平方的值 */
private double sumYY;
/* sumDeltaY的平方的值 */
private double sumDeltaY2;
/* 误差 */
private double sse;
private double sst;
private double E;
private String[] xy;
private ArrayList listX;
private ArrayList listY;
private int XMin, XMax, YMin, YMax;
/* 线系数a0 */
private float a0;
```

```
    /*线系数 a1 */
    private float a1;
    /*数据点数 */
    private int pn;
    /*记录系数是否有效 */
    private boolean coefsValid;
    //构造函数
    public RegressionLine() {
        XMax = 0;
        YMax = 0;
        pn = 0;
        xy = new String[2];
        listX = new ArrayList();
        listY = new ArrayList();
    }
    /*返回当前数据点的数目
     * @return 当前数据点的数目
     */
    public int getDataPointCount() {
        return pn;
    }
    /*返回线系数 a0
     */
    public float getA0() {
        validateCoefficients();
        return a0;
    }
    /*返回线系数 a1
     */
    public float getA1() {
        validateCoefficients();
        return a1;
    }
    public double getSumX() {
        return sumX;
    }
    public double getSumY() {
        return sumY;
    }
    public double getSumXX() {
        return sumXX;
    }
    public double getSumXY() {
        return sumXY;
    }
```

```
public double getSumYY() {
    return sumYY;
}
public int getXMin() {
    return XMin;
}
public int getXMax() {
    return XMax;
}
public int getYMin() {
    return YMin;
}
public int getYMax() {
    return YMax;
}
/* 计算方程系数 y = ax + b 中的 a
 */
private void validateCoefficients() {
    if (coefsValid) {
        return;
    }
    if (pn >= 2) {
        float xBar = (float) (sumX / pn);
        float yBar = (float) (sumY / pn);
        a1 = (float) ((pn * sumXY - sumX * sumY) / (pn * sumXX - sumX * sumX));
        a0 = (float) (yBar - a1 * xBar);
    } else {
        a0 = a1 = Float.NaN;
    }
    coefsValid = true;
}
/* 添加一个新的数据点: 改变总量
 */
public void addDataPoint(DataPoint dataPoint) {
    sumX += dataPoint.x;
    sumY += dataPoint.y;
    sumXX += dataPoint.x * dataPoint.x;
    sumXY += dataPoint.x * dataPoint.y;
    sumYY += dataPoint.y * dataPoint.y;
    if (dataPoint.x >= XMax) {
        XMax = (int) dataPoint.x;
    }
    if (dataPoint.y >= YMax) {
        YMax = (int) dataPoint.y;
    }
```

```
        //把每个点的具体坐标存入 ArrayList 中,备用
        xy[0] = (int) dataPoint.x + "";
        xy[1] = (int) dataPoint.y + "";
        if (dataPoint.x != 0 && dataPoint.y != 0) {
            System.out.print(xy[0] + ",");
            System.out.println(xy[1]);
            try {
                listX.add(pn, xy[0]);
                listY.add(pn, xy[1]);
            } catch (Exception e) {
                e.printStackTrace();
            }
        }
        ++pn;
        coefsValid = false;
    }
    /* 返回 x 的回归线函数的值
     */
    public float at(int x) {
        if (pn < 2)
            return Float.NaN;
        validateCoefficients();
        return a0 + a1 * x;
    }
    public void reset() {
        pn = 0;
        sumX = sumY = sumXX = sumXY = 0;
        coefsValid = false;
    }
    /* 返回误差
     */
    public double getR() {
        //遍历这个 list 并计算分母
        for (int i = 0; i < pn - 1; i++) {
            float Yi = (float) Integer.parseInt(listY.get(i).toString());
            float Y = at(Integer.parseInt(listX.get(i).toString()));
            float deltaY = Yi - Y;
            float deltaY2 = deltaY * deltaY;
            sumDeltaY2 += deltaY2;
        }
        sst = sumYY - (sumY * sumY) / pn;
        E = 1 - sumDeltaY2 / sst;
        return round(E, 4);
    }
    //用于实现精确的四舍五入
    public double round(double v, int scale) {
        if (scale < 0) {
            throw new IllegalArgumentException(
```

```
                "这个比例必须是一个正整数或零");
        }
        BigDecimal b = new BigDecimal(Double.toString(v));
        BigDecimal one = new BigDecimal("1");
        return b.divide(one, scale, BigDecimal.ROUND_HALF_UP).doubleValue();
                //向"最接近的"数字舍入,如果与两个相邻数字的距离相等,则为向上舍入的舍入模式
        }
        public float round(float v, int scale) {
            if (scale < 0) {
                throw new IllegalArgumentException(
                        "这个比例必须是一个正整数或零");
            }
            BigDecimal b = new BigDecimal(Double.toString(v));
            BigDecimal one = new BigDecimal("1");
            return b.divide(one, scale, BigDecimal.ROUND_HALF_UP).floatValue();
        }
    }
```

程序运行界面如图 4-2 所示。

输入数据：

```
{ { 1.1, 1.0, 1.2, 1.1, 0.9 }
  { 2.0, 2.0, 1.8, 1.9, 2.1 }
  { 3.2, 3.2, 3.0, 2.9, 2.9 }
10.1, 10.2, 10.0, 10.1, 10.0
```

(a)

运行结果输出：

```
a(0)=53.42
a(1)=98.78999999999999
a(2)=0.0
a(3)=40.4
q=393756.25257799996   s=280.6265320948823   r=NaN
v(0)=NaN
v(1)=NaN
v(2)=0.0
u=399388.454698
```

(b)

图 4-2　多分类逻辑回归程序运行界面

从运行结果可以看出回归系数 a 的值依次是 53.42、98.789 999、0.0、40.4；偏差的平方和 q 的值为 393 756.2525；标准平方差的值 s 为 280.626；复相关系数 r 的值是 NaN；自变量的偏相关系数分别是 NaN、NaN 和 0.0；最后得出的是回归平方和 u 的值是 399 388.4546。

4.4　基于阿里云数加平台的逻辑回归实例

4.4.1　二分类逻辑回归应用实例

对于表 bank_data 进行逻辑回归二分类的操作，分类算法总体目的是通过训练有标签数据，来给无标签数据赋标签，二分类只是标签只有两个的特殊情况。而表 bank_data 只是一个信息表，可以把某一列视为标签列，通过拆分组件的功能，一部分用来训练，一部分用来预测。其实，正常情况下，需要预测的数据是没有标签的，这时便可以使用训练过后的训练数据给预测签数据赋标签。而这里，拆分过后的预测数据相当于也是有标签的，便可以预测其标签，然后与真实标签进行对比，得出该分类算法的准确率等相关信息。阿里云机器学习

平台使用分类算法的目的大多是以上两种思路，后面的分类算法大多如此。其中，二分类逻辑回归便是属于后者。

表 bank_data 的详细信息第 2 章已经提及。流程图如图 4-3 所示，由于逻辑回归本身就属于计算概率来进行分类，因此，最好将数据归一化，将归一化后的数据进行拆分，一部分用来进行训练，一部分进行预测，从图中可以看到，拆分组件下面有两根线，左边的线代表将拆分后的训练数据放入逻辑回归二分类算法组件中进行训练，右边的线与逻辑回归二分类组件的线一起连入预测组件则表示用训练过后的训练数据给拆分过后的预测数据赋标签。最后的结果用混淆矩阵呈现出来。

图 4-3　逻辑回归二分类流程图

逻辑回归二分类的字段信息与参数设置如图 4-4 所示，假设列 y 为标签列，因为该列表示“是否有定期存款”，只有两种不同的数据值，正好用来做二分类，因此目标列选择 y。训练特征列只能选择 double 和 int 类型字段，这里选择的是所有的符合条件的归一化后的字段。参数设置选择的默认参数，根据需要也可调整，其中，正则项有 None，L1，L2 3 种，是不同的防止过拟合的方法。

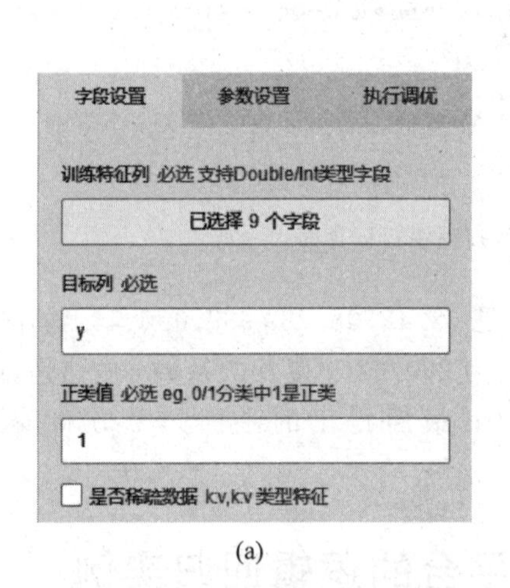

(a)

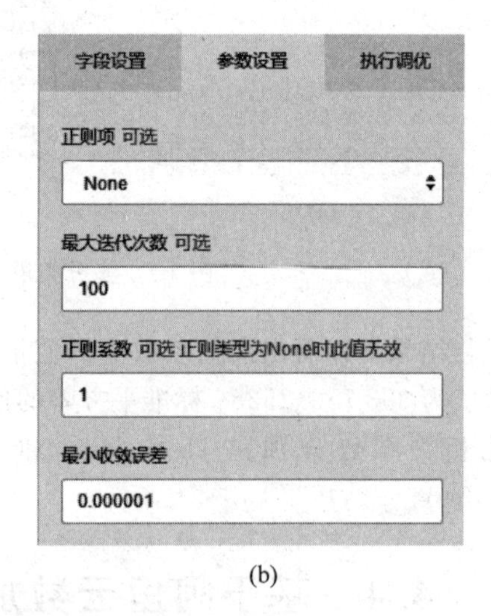

(b)

图 4-4　逻辑回归二分类方法的设置界面

拆分的参数设置如图 4-5 所示，为训练数据与预测数据的比例，这里选择的是 0.7。

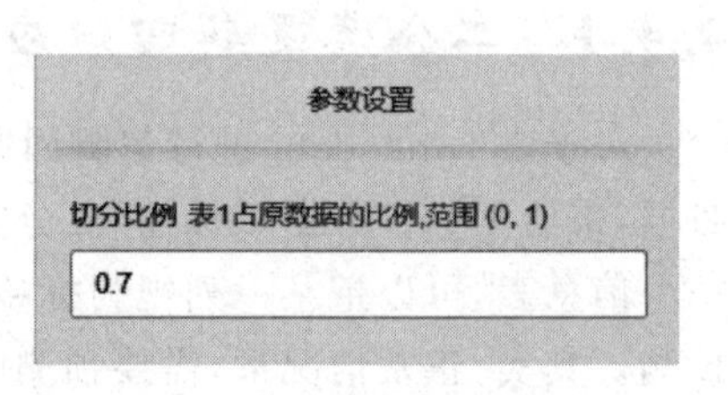

图 4-5　拆分方法的设置界面

预测的字段设置如图 4-6 所示，特征列的选择与图 4-4 中特征列选择一致，原样输出列选择的是标签列 y，最后 3 项是默认的结果输出列名，也可自行命名。

混淆矩阵的字段设置如图 4-7 所示，它是一个可视化工具。原数据的标签列列名选择的是 y，预测结果的

“标签列”与“详细列”这两个参数不能共存,如指定阈值,则应自己命名预测结果的详细列列名,并指定正样本的标签值。

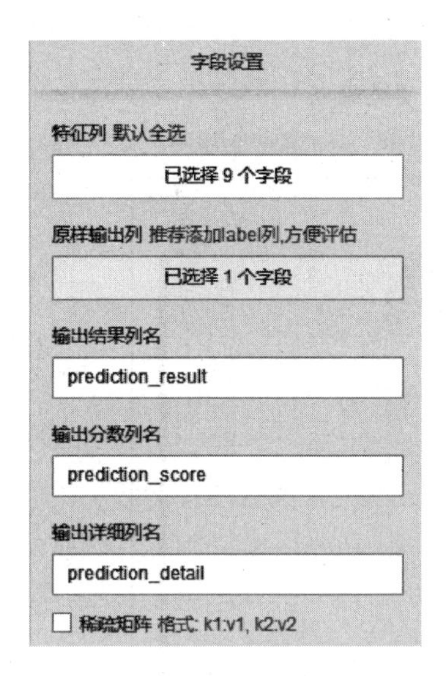

图 4-6 预测方法的设置界面

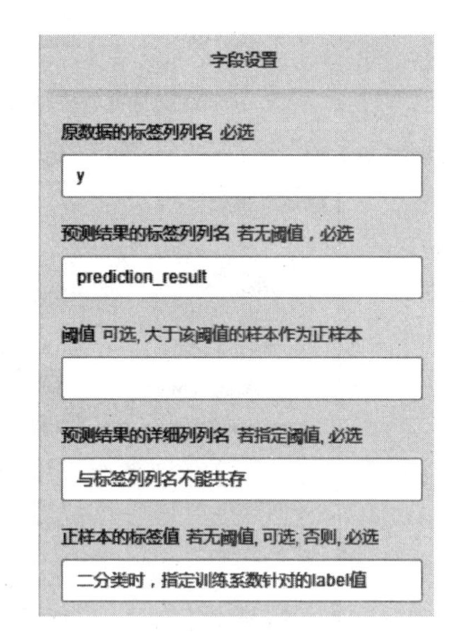

图 4-7 混淆矩阵方法的设置界面

预测组件的实验结果如图 4-8 所示,预测结果展示的是预测集进行预测得到不同标签的概率。如第一行,样本真实标签为“0”,预测标签为“0”的概率为 0.964,为“1”的概率为 0.036;因此,取 0.964,预测该样本标签为“0”。

y	prediction_result	prediction_score	prediction_detail
0	0	0.9637856160283...	{"0": 0.9637856160283249, "1": 0.0362143839716751}
1	1	0.6943437149809...	{"0": 0.3056562850190917, "1": 0.6943437149809083}
0	0	0.9699556975638...	{"0": 0.9699556975638698, "1": 0.0300
0	0	0.8764930218471...	{"0": 0.8764930218471138, "1": 0.1235
0	0	0.947803218268248	{"0": 0.947803218268248, "1": 0.05219
0	0	0.8669427586128...	{"0": 0.8669427586128203, "1": 0.1330572413871796}
0	0	0.9598956920041...	{"0": 0.9598956920041128, "1": 0.0401043079958871 7}
0	0	0.9625913556977...	{"0": 0.9625913556977236, "1": 0.03740864430227647}
0	0	0.8556344729114...	{"0": 0.8556344729114088, "1": 0.1443655270885912}
0	0	0.9655674393430...	{"0": 0.9655674393430479, "1": 0.03443256065695215}
0	0	0.9441553485010...	{"0": 0.9441553485010012, "1": 0.05584465149899878}
0	0	0.8505428738122...	{"0": 0.8505428738122986, "1": 0.1494571261877014}
0	0	0.8539415929646...	{"0": 0.8539415929646736, "1": 0.1460584070353264}
1	0	0.7422351581784...	{"0": 0.7422351581784865, "1": 0.2577648418215134}
0	0	0.9740755981787...	{"0": 0.9740755981787624, "1": 0.02592440182123758}
0	0	0.9344448140553...	{"0": 0.9344448140553643, "1": 0.06555518594463569}
0	0	0.9648827306059	{"0": 0.9648827306059157, "1": 0.0351172693940843}

{"0": 0.30565628
0.69434371498O

图 4-8 预测组件的实验结果

从混淆矩阵的统计信息里可以评估模型的准确率等参数,如图 4-9 所示。

从模型中可以查看训练好的逻辑回归二分类模型,如图 4-10 所示。

模型	正确数	错误数	总计	准确率	准确率	召回率	F1指标
0	10943	1147	12090	89.942%	90.513%	99.041%	94.585%
1	262	106	368	89.942%	71.196%	18.595%	29.488%

图 4-9　混淆矩阵组件的实验结果

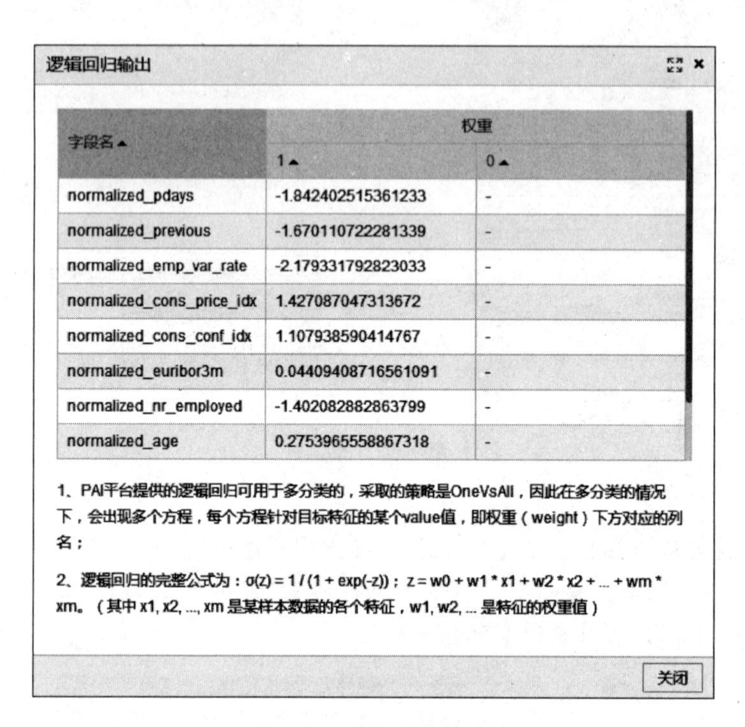

逻辑回归输出

字段名	权重	
	1	0
normalized_pdays	-1.842402515361233	-
normalized_previous	-1.670110722281339	-
normalized_emp_var_rate	-2.179331792823033	-
normalized_cons_price_idx	1.427087047313672	-
normalized_cons_conf_idx	1.107938590414767	-
normalized_euribor3m	0.04409408716561091	-
normalized_nr_employed	-1.402082882863799	-
normalized_age	0.2753965558867318	-

1、PAI平台提供的逻辑回归可用于多分类的，采取的策略是OneVsAll，因此在多分类的情况下，会出现多个方程，每个方程针对目标特征的某个value值，即权重（weight）下方对应的列名；

2、逻辑回归的完整公式为：σ(z) = 1 / (1 + exp(-z))；z = w0 + w1 * x1 + w2 * x2 + ... + wm * xm。（其中 x1, x2, ..., xm 是某样本数据的各个特征，w1, w2, ... 是特征的权重值）

关闭

图 4-10　逻辑回归输出

4.4.2　多分类逻辑回归应用实例

逻辑回归多分类流程图如图 4-11 所示，该组件也可进行二分类操作，当该组件做多分类操作时，需要选择有多值的列作为标签列，previous 列满足此条件，因此设其为标签列。

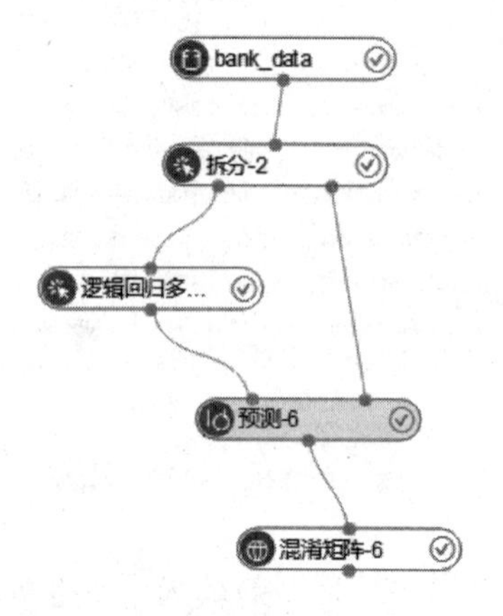

图 4-11　逻辑回归多分类流程图

其中,逻辑回归多分类的字段设置和参数设置如图 4-12 所示,除了将目标列改为 previous 列,其他与逻辑回归二分类的设置一致,这里不再赘述。

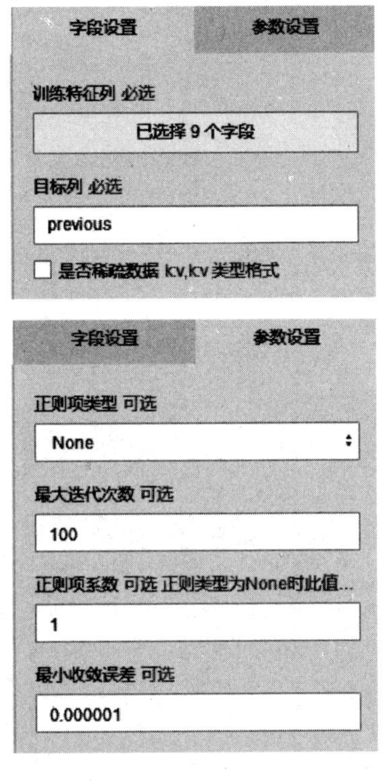

图 4-12　逻辑回归多分类方法设置界面

预测组件得到的结果如图 4-13 所示。

previous	prediction_result	prediction_score	prediction_detail
0	0	0.9171087304043...	{"0": 0.9171087304043734, "1": 0.09286609678976802, "2": 0.0002199318288866513, "3": 4.3833475889864...
0	0	0.9910072201144...	{"0": 0.9910072201144109, "1": 0.009837398180320799, "2": 3.844547690417482e-05, "3": 5.357969131260...
0	0	0.6648318524656...	{"0": 0.6648318524656754, "1": 0.3148744699894324, "2": 0.01811324358109297, "3": 0.0006787398220893...
0	0	0.6663645708905...	{"0": 0.6663645708905497, "1": 0.3136754565804028, "2": 0.01866720437501295, "3": 0.0006875116557745...
0	0	0.9841247004561...	{"0": 0.9841247004561563, "1": 0.01287883536494262, "2": 6.864833346084681e-05, "3": 1.2908095210568...
0	0	0.742104102390657	{"0": 0.742104102390657, "1": 0.2447465487541765, "2": 0.016458084511222, "3": 0.0007967852103548327...
0	0	0.8167450119999...	{"0": 0.8167450119999072, "1": 0.1880132896068601, "2": 0.01469640483947962, "3": 0.0005611346884559...
0	0	0.9833168862832...	{"0": 0.9833168862832321, "1": 0.01352766077123254, "2": 6.989988380640126e-05, "3": 1.3365953042230...
0	0	0.9879039562723...	{"0": 0.9879039562723315, "1": 0.01305371221036549, "2": 4.362560246415237e-05, "3": 5.1895150697041...
0	0	0.9837707465253...	{"0": 0.9837707465253062, "1": 0.01720241517277895, "2": 5.096473259483943e-05, "3": 4.4567944605742...
0	0	0.9860753081886...	{"0": 0.9860753081886684, "1": 0.01486959494314224, "2": 4.777245356607437e-05, "3": 4.5741530472507...
0	0	0.5499373671320...	{"0": 0.5499373671320485, "1": 0.3293304897824758, "2": 0.06289005357318661, "3": 0.0099634116579731...
0	0	0.6742362994956...	{"0": 0.6742362994956456, "1": 0.3057744321680063, "2": 0.01811757749821807, "3": 0.0006466466554541...
0	0	0.6804477009964...	{"0": 0.6804477009964867, "1": 0.3015917324763912, "2": 0.0182267361494518, "3": 0.00076930790784984...
0	0	0.984521607947193	{"0": 0.984521607947193, "1": 0.01649086316211188, "2": 4.904805504506203e-05, "3": 4.84780425030735...
0	0	0.9844097588517...	{"0": 0.9844097588517742, "1": 0.0165249881980249, "2": 4.445457288351488e-05, "3": 3.19563827833238...
1	0	0.6878051223439	{"0": 0.6878051223439711, "1": 0.2928659963697695, "2": 0.01656872203023752, "3": 0.0006368377558753

图 4-13　预测组件的实验结果

混淆矩阵中的标签统计信息如图 4-14 所示。

从模型中查看训练好的逻辑回归多分类模型如图 4-15 所示。

模型▲	正确数▲	错误数▲	总计▲	准确率▲	准确率▲	召回率▲	F1指标▲
0	10635	1195	11830	89.891%	89.899%	99.495%	94.454%
1	255	248	503	89.276%	50.696%	19.144%	27.793%
2	11	10	21	98.057%	52.381%	4.564%	8.397%
3	0	1	1	99.482%	0%	0%	0%
4	0	0	0	99.806%	0%	0%	0%
5	0	0	0	99.968%	0%	0%	0%
6	0	0	0	99.984%	0%	0%	0%

图 4-14　混淆矩阵组件的实验结果

逻辑回归输出

字段名▲	权重							
	0▲	1▲	2▲	3▲	4▲	5▲	6▲	7▲
emp...	0.94...	-1.6...	-0.3...	-1.9...	1.98...	12.8...	-46.8...	-154...
cons...	5.09...	-5.0...	1.08...	1.2837272447857774		9.81...	34.0...	5484...
cons...	7.41...	-7.3...	0.66...	0.14...	4.45...	2.07...	29.7...	-673...
euri...	-4.7...	4.05...	-7.1...	-8.5...	-7.1...	-29.3...	45.8...	3169...
nr_e...	8.54...	-6.0...	-0.4...	-4.3...	-0.8...	9.70...	-29.3...	-700...
age	-0.3...	0.29...	0.31...	-0.5...	0.03...	-1.66...	0.18...	335....
y	0.53...	-0.4...	-0.1...	-0.2...	-0.5...	0.28...	-1.32...	-773...
pdays	14.3...	-2.0...	-1.9...	-2.3...	-3.4...	-2.39...	-1.77...	-132...

1、PAI平台提供的逻辑回归可用于多分类的，采取的策略是OneVsAll，因此在多分类的情况下，会出现多个方程，每个方程针对目标特征的某个value值，即权重（weight）下方对应的列名；

2、逻辑回归的完整公式为：σ(z) = 1 / (1 + exp(-z))；z = w0 + w1 * x1 + w2 * x2 + ... + wm * xm。（其中 x1, x2, ..., xm 是某样本数据的各个特征，w1, w2, ... 是特征的权重值）

关闭

图 4-15　逻辑回归输出

4.5　小　　结

回归是研究一组随机变量($Y_1,Y_2,\cdots,Y_i$)和另一组($X_1,X_2,\cdots,X_k$)变量之间关系的统计分析方法。

线性回归是利用称为线性回归方程的最小平方函数对一个或多个自变量和因变量之间关系进行建模的一种回归分析。

逻辑回归本质上是线性回归，只是在特征到结果的映射中加入了一层函数映射，即先把特征线性求和，然后使用函数 $g(z)$ 作为最终假设函数来预测，它又分为二分类逻辑回归和多分类逻辑回归。

思　考　题

1. 什么是回归、线性回归和逻辑回归？
2. 简述逻辑回归的特点。
3. 基于阿里云数加平台进行二分类和多分类逻辑回归操作。

第5章 KNN算法

5.1 KNN算法简介

5.1.1 KNN算法原理

K 最近邻(K-Nearest Neighbor,KNN)分类算法是一个理论上比较成熟的方法,也是最简单的机器学习算法之一。该算法最初由 Cover 和 Hart 于 1968 年提出,它根据距离函数计算待分类样本 X 和每个训练样本间的距离(作为相似度),选择与待分类样本距离最小的 K 个样本作为 X 的 K 个最近邻,最后以 X 的 K 个最近邻中的大多数样本所属的类别作为 X 的类别。

KNN 算法中,所选择的邻居都是已经正确分类的对象。该方法在定类决策上只依据最邻近的一个或者几个样本的类别来决定待分样本所属的类别。KNN 方法虽然从原理上也依赖于极限定理,但在类别决策时,只与极少量的相邻样本有关。由于 KNN 方法主要靠周围有限的邻近的样本,而不是靠判别类域的方法确定所属类别的,因此对于类域的交叉或重叠较多的待分样本集来说,KNN 方法较其他方法更为适合。

KNN 算法大致包括如下 3 个步骤。

(1) 算距离:给定测试对象,计算它与训练集中的每个对象的距离。

(2) 找邻居:圈定距离最近的 k 个训练对象,作为测试对象的近邻。

(3) 做分类:根据这 k 个近邻归属的主要类别,来对测试对象分类。

因此最为关键的就是距离的计算。一般而言,定义一个距离函数 $d(x,y)$,需要满足下面几个准则。

(1) $d(x,x)=0$

(2) $d(x,y)\geqslant 0$

(3) $d(x,y)=d(y,x)$

(4) $d(x,k)+d(k,y)\geqslant d(x,y)$

距离计算有很多方法,大致分为离散型特征值计算方法和连续型特征值计算法方法两大类。

1. 连续型数据的相似度度量方法

1) 闵可夫斯基距离

闵可夫斯基距离(Minkowski distance)是衡量数值点之间距离的一种常见的方法,假设数值点 P 和 Q 坐标为 $P=(x_1,x_2,\cdots,x_n)$ 和 $Q=(y_1,y_2,\cdots,y_n)$,则闵可夫斯基距离定义为

$$\left(\sum_{i=1}^{n}|x_i-y_i|^p\right)^{1/p}$$

该距离最常用的 p 是 2 和 1，前者是欧几里得距离(Euclidean distance)，即 $\sqrt{\sum_{i=1}^{n}|x_i-y_i|^2}$，后者是曼哈顿距离(Manhattan distance)，即 $\left(\sum_{i=1}^{n}|x_i-y_i|\right)$。当 p 趋近于无穷大时，闵可夫斯基距离转化为切比雪夫距离(Chebyshev distance)，即 $\left(\sum_{i=1}^{n}|x_i-y_i|^p\right)^{1/p}=\max_i|x_i-y_i|$。

2) 余弦相似度

为了解释余弦相似度，先介绍一下向量内积的概念。向量内积定义如下。

$$\mathrm{Inner}(x,y)=\langle x,y\rangle=\sum_i x_i y_i$$

向量内积的结果是没有界限的，一种解决方法是除以长度之后再求内积，这就是应用广泛的余弦相似度(cosine similarity)。

$$\mathrm{CosSim}(x,y)=\frac{\sum_i x_i y_i}{\sqrt{\sum_i x_i^2}\sqrt{\sum_i y_i^2}}=\frac{\langle x,y\rangle}{\|x\|\ \|y\|}$$

余弦相似度与向量的幅值无关，只与向量的方向相关。需要说明的是，余弦相似度受到向量的平移影响，上式如果将 x 平移到 $x+1$，余弦值就会改变。怎样才能实现这种平移不变性？这就是下面提到的皮尔逊相关系数(pearson correlation)，或简称为相关系数。

3) 皮尔逊相似系数

$$\mathrm{Corr}(x,y)=\frac{\sum_i(x_i-\bar{x})(y_i-\bar{y})}{\sqrt{\sum_i(x_i-\bar{x})^2}\sqrt{\sum_i(y_i-\bar{y})^2}}=\frac{\langle x-\bar{x},y-\bar{y}\rangle}{\|x-\bar{x}\|\ \|y-\bar{y}\|}=\mathrm{CosSim}(x-\bar{x},y-\bar{y})$$

皮尔逊相似系数具有平移不变性和尺度不变性，它计算出了两个向量的相关性，$\bar{x}$、$\bar{y}$ 表示 x、y 的平均值。

2. 离散型数据的相似性度量方法

1) 汉明距离

两个等长字符串 s1 和 s2 之间的汉明距离(hamming distance)定义为将其中一个变为另外一个所需要做的最小替换次数。例如，1011101 与 1001001 之间的汉明距离是 2，2 143 896 与 2 233 796 之间的汉明距离是 3，toned 与 roses 之间的汉明距离是 3。

在一些情况下，某些特定的值相等并不能代表什么。举个例子，用 1 表示用户看过该电影，用 0 表示用户没有看过，那么用户看电影的信息就可用 0、1 表示成一个序列。考虑到电影基数非常庞大，用户看过的电影只占其中非常小的一部分，如果两个用户都没有看过某一部电影(两个都是 0)，并不能说明两者相似。反而言之，如果两个用户都看过某一部电影(序列中都是 1)，则说明用户有很大的相似度。在这个例子中，序列中等于 1 所占的权重应该远远大于 0 的权重，这就引出下面要说的杰卡德相似系数(Jaccard similarity)。

2) 杰卡德相似系数

在上面的例子中，用 $M11$ 表示两个用户都看过的电影数目，$M10$ 表示用户 A 看过而用户 B 没有看过的电影数目，$M01$ 表示用户 A 没看过而用户 B 看过的电影数目，$M00$ 表示两个用户都没有看过的电影数目。Jaccard 相似性系数可以表示如下。

$$J=\frac{M11}{M01+M10+M11}$$

5.1.2 KNN 算法应用举例

实现 KNN 算法的步骤如下。

(1) 初始化距离为最大值。

(2) 计算测试样本和每个训练样本的距离 dist。

(3) 得到目前 k 个最近邻样本中的最大距离 maxdist。

(4) 如果 dist 小于 maxdist，则将该训练样本作为 k 最近邻样本。

(5) 重复步骤(2)、(3)和(4)，直到测试样本和所有训练样本的距离都计算完毕。

(6) 统计 k 个最近邻样本中每个类别出现的次数。

(7) 选择出现频率最大的类别作为测试样本的类别。

【例 5.1】 表 5-1 为进行 KNN 分类算法的简单数据表，数据序列号为 T_1-T_{10}，每条数据有 1、2 两个特征，以及它所属的类别。对于测试样本 $T=\{18,8\}$，采用 KNN 算法求其所属类别。

表 5-1 训练集

序　　号	特征 1	特征 2	类　　别
T_1	2	4	L1
T_2	4	3	L2
T_3	10	6	L3
T_4	12	9	L2
T_5	3	11	L3
T_6	20	7	L2
T_7	22	5	L2
T_8	21	10	L1
T_9	11	2	L3
T_{10}	24	1	L1

解：本例采用欧几里得距离度量方法，且设 $k=4$。

$d(T,T_1)=\sqrt{(18-2)^2+(8-4)^2}=16.49$；$d(T,T_2)=\sqrt{(18-4)^2+(8-3)^2}=14.87$

$d(T,T_3)=\sqrt{(18-10)^2+(8-6)^2}=8.25$；$d(T,T_4)=\sqrt{(18-12)^2+(8-9)^2}=6.08$

$d(T,T_5)=\sqrt{(18-3)^2+(8-11)^2}=15.3$；$d(T,T_6)=\sqrt{(18-20)^2+(8-7)^2}=2.24$

$d(T,T_7)=\sqrt{(18-22)^2+(8-5)^2}=5$；$d(T,T_8)=\sqrt{(18-21)^2+(8-10)^2}=3.61$

$d(T,T_9)=\sqrt{(18-11)^2+(8-2)^2}=9.22$；$d(T,T_{10})=\sqrt{(18-24)^2+(8-1)^2}=9.22$

所以距离 T 最近的 4 个样本为 $\{T_6,T_8,T_7,T_4\}$，它们对应的标签为 $\{L_2,L_1,L_2,L_2\}$，所以 T 的标签为 L_2。

【例 5.2】 对于训练集 T 如表 5-2 所示，用 KNN 算法对实例 $x=(1,2)$进行分类。其中采用欧几里得距离衡量实例间的相似度，$k=5$，采样多数表决作为分类决策规则。

表 5-2　训练样本集

实　　例	横　坐　标	纵　坐　标	实例所属类
1	0.189 710 406	0.495 005 825	c1
2	0.147 608 222	0.054 974 147	c1
3	0.000 522 375	0.865 438 591	c1
4	0.527 680 069	0.479 523 385	c1
5	0.801 347 606	0.227 842 936	c1
6	0.738 640 292	0.585 987 036	c1
7	0.246 734 526	0.666 416 217	c1
8	0.083 482 814	0.625 959 785	c1
9	0.660 944 558	0.729 751 855	c1
10	0.769 029 085	0.581 446 488	c1
11	1.725 421 437	0.968 593 022	c2
12	1.689 711 349	0.418 810 168	c2
13	1.104 582 683	1.259 766 77	c2
14	0.063 982 032	1.229 426 838	c2
15	0.979 139 978	0.385 020 792	c2
16	0.085 304 822	1.270 395 834	c2
17	0.563 733 712	1.077 193 356	c2
18	1.390 326 079	0.998 232 027	c2
19	1.071 602 112	0.890 366 331	c2
20	0.247 864 555	0.980 714 587	c2
21	1.694 938 712	1.920 935 475	c3
22	2.843 799 364	0.246 213 621	c3
23	2.213 524 961	0.190 213 502	c3
24	2.356 676 968	1.540 132 256	c3
25	2.817 425 118	0.903 918 194	c3
26	1.401 204 561	1.944 595 219	c3
27	0.075 684 544	2.526 619 837	c3
28	1.988 424 186	0.992 486 986	c3
29	2.695 458 414	0.354 465 595	c3
30	1.394 519 825	2.291 871 235	c3
31	3.272 816 156	0.400 886 161	c4
32	0.835 786 696	3.620 614 236	c4
33	2.701 564 709	1.873 872 8	c4
34	3.648 529 897	0.416 046 299	c4
35	3.579 766 702	0.285 811 251	c4
36	3.588 765 404	0.786 632 765	c4
37	2.021 712 57	3.045 703 547	c4
38	0.323 449 693	3.108 962 146	c4
39	0.436 616 848	3.303 235 431	c4
40	2.413 871 935	2.104 409 863	c4

解：

待分类实例与 T 中实例的距离如表 5-3 所示，40 个训练样本距离按照行优先的顺序排列。

表 5-3　距离结果表

实　　例	实例 x 与各实例的距离	实例所属类
1	1.709 262 032	c1
2	2.123 604 792	c1
3	1.512 013 595	c1
4	1.592 148	c1
5	1.783 256 413	c1
6	1.437 964 381	c1
7	1.531 618 288	c1
8	1.651 662 879	c1
9	1.314 720 1	c1
10	1.437 234 021	c1
11	1.260 966 54	c2
12	1.725 068 993	c2
13	0.747 584 625	c2
14	1.212 399 536	c2
15	1.615 113 922	c2
16	1.170 038 251	c2
17	1.020 735 214	c2
18	1.075 124 886	c2
19	1.111 941 43	c2
20	1.266 747 994	c2
21	0.699 421 913	c3
22	2.544 673 409	c3
23	2.178 983 708	c3
24	1.432 498 076	c3
25	2.122 364 103	c3
26	0.405 012 086	c3
27	1.063 808 025	c3
28	1.411 405 273	c3
29	2.362 702 416	c3
30	0.490 749 132	c3
31	2.779 003 121	c4
32	1.628 912 678	c4
33	1.706 232 848	c4
34	3.086 036 283	c4
35	3.097 360 054	c4
36	2.859 014 929	c4
37	1.461 982 381	c4
38	1.299 044 788	c4
39	1.419 796 875	c4
40	1.417 721 859	c4

由表 5-3 可知，c1 类有 0 个，c2 类有 2 个，c3 类有 3 个，c4 类有 0 个，则可判定 x 属于 c3 类。

5.2 KNN 算法的特点及改进

5.2.1 KNN 算法的特点

KNN 算法优点如下。

(1) 算法思路较为简单，易于实现。

(2) 当有新样本要加入训练集中时，无须重新训练(即重新训练的代价低)。

(3) 计算时间和空间线性于训练集的规模，对某些问题而言是可行的。

KNN 算法缺点如下。

(1) 分类速度慢。KNN 算法的时间复杂度和空间复杂度会随着训练集规模和特征维数的增大而快速增加，因此每次新的待分类样本都必须与所有训练集一同计算比较相似度，以便取出靠前的 K 个已分类样本，KNN 算法的时间复杂度为 $O(m*n)$，这里 m 是特征个数，n 是训练集样本的个数。

(2) 各属性的权重相同，影响准确率。当样本不均衡时，如一个类的样本容量很大，而其他类的样本容量很小时，有可能导致当输入一个新样本时，该样本的 K 个邻居中大容量类的样本占多数。该算法只计算“最近的”邻居样本，如果某一类的样本数量很大，那么有可能目标样本并不接近这类样本，却会将目标样本分到该类下，从而影响分类准确率。

(3) 样本库容量依赖性较强。

(4) K 值不好确定。K 值选择过小，导致近邻数目过少，会降低分类精度，同时也会放大噪声数据的干扰；K 值选择过大，如果待分类样本属于训练集中包含数据较少的类，那么在选择 K 个近邻的时候，实际上并不相似的数据也被包含进来，从而造成噪声增加而导致分类效果的降低。

5.2.2 KNN 算法的改进策略

1. 从降低计算复杂度的角度

当样本容量较大以及特征属性较多的时候，KNN 算法分类的效率就将大大地降低。可以采用的改进方法如下。

(1) 进行特征选择。使用 KNN 算法之前对特征属性进行约简，删除那些对分类结果影响较小(或不重要)的特征，则可以加快 KNN 算法的分类速度。

(2) 缩小训练样本集的大小。在原有训练集中删除与分类相关性不大的样本。

(3) 通过聚类，将聚类所产生的中心点作为新的训练样本。

2. 从优化相似性度量方法的角度

很多 KNN 算法基于欧几里得距离来计算样本的相似度，但这种方法对噪声特征非常敏感。为了改变传统 KNN 算法中特征作用相同的缺点，可以再度量相似度距离公式中给特征赋予不同权重，特征的权重一般根据各个特征在分类中的作用而设定，计算权重的方法有很多，例如信息增益的方法。另外，还可以针对不同的特征类型，采用不同的相似度度量公式，更好地反映样本间的相似性。

3. 从优化判决策略的角度

传统的 KNN 算法的决策规则存在的缺点是，当样本分布不均匀（训练样本各类别之间数目不均衡，或者即使基本数目接近，但其所占区域大小不同）时，只按照前 k 个近邻顺序而不考虑它们的距离会造成分类不准确，采取的方法很多，例如可以采用均匀化样本分布密度的方法加以改进。

4. 从选取恰当 K 值的角度

由于 KNN 算法中的大部分计算都发生在分类阶段，而且分类效果很大程度上依赖于 K 值的选取，到目前为止，没有成熟的方法和理论指导 k 值的选择，大多数情况下需要通过反复试验来调整 K 值的选择。

5.3 KNN 源代码结果分析

KNN 算法的 Java 源程序如下所示，包含 3 个文件，即 KNN. java、KNNNode. java 和 TestKNN. java，相关程序和实验数据可从 github 中下载，网址为 https://github. com/guanyao1/knn. git。

1. KNN. java

```
package knn;
import java.util.ArrayList;
import java.util.Comparator;
import java.util.HashMap;
import java.util.List;
import java.util.Map;
import java.util.PriorityQueue;
/* KNN 算法主体类
 * @author liuwei
 */
public class KNN {
    //设置优先级队列的比较函数,距离越大,优先级越高
    private Comparator<KNNNode> comparator = new Comparator<KNNNode>(){
        @Override
        public int compare(KNNNode o1,KNNNode o2){
            if(o1.getDistance() >= o2.getDistance()){
                return 1;
            }else{
                return 0;
            }
        }
    }
    /*获取 K 个不同的随机数
     * @param k 随机数的个数
     * @param maxRange 随机数最大的范围
```

```
 * @return 生成的随机数数组
 */
public List<Integer> getRandNum(int k, int maxRange){
    List<Integer> rand = new ArrayList<Integer>(k);
    for (int i = 0; i<k; i++) {
        int temp = (int) (Math.random() * maxRange);
        if(!rand.contains(temp)){
            rand.add(temp);
        }else{
            i--;
        }
    }
    return rand;
}
/* 计算测试元组与训练元组之间的距离
 * @param testDis 测试元组
 * @param tranDis 训练元组
 * @return 距离值
 */
public double calDistance(List<Double> testDis, List<Double> tranDis){
    double distance = 0.00;          //测试元组与训练元组之间的距离
    for (int i = 0; i<testDis.size(); i++) {
        distance += (testDis.get(i) - tranDis.get(i)) * (testDis.get(i) - tranDis.
        get(i));
    }
    return distance;
}
/* 执行 KNN 算法,获取测试元组的类别
 * @param datas 训练数据集
 * @param testData 测试元组
 * @param k 设定的 K 值
 * @return 测试元组的类别
 */
    public String knn(List<List<Double>> datas, List<Double> testData, int k){
    PriorityQueue<KNNNode> pq = new PriorityQueue<KNNNode>(k, comparator);
//使用指定的初始容量 k 创建一个 PriorityQueue,
//并根据指定的比较器 comparator 对元素进行排序
    List<Integer> randNum = getRandNum(k, datas.size());
    for (int i = 0; i<k; i++) {
        int index = randNum.get(i);
        List<Double> currData = datas.get(index);
        String c = currData.get(currData.size() - 1).toString();
        KNNNode node = new KNNNode(index, calDistance(testData, currData), c);
        pq.add(node);
    }
```

```
            for (int i = 0; i < datas.size(); i++) {
                List<Double> t = datas.get(i);
                double distance = calDistance(testData, t);
                KNNNode topNode = pq.peek();
                if(topNode.getDistance() > distance){
                    pq.remove();
                    pq.add(new KNNNode(i, distance, t.get(t.size() - 1).toString()));
                }
            }
            return getMostClass(pq);
        }
        /* 获取所得到的K个最近邻元组的种类
         * @param pq 存储K个最近近邻元组的优先级队列
         * @return 多数类的名称
         */
        private String getMostClass(PriorityQueue<KNNNode> pq){
            Map<String,Integer> classCount = new HashMap<String, Integer>();
            for (int i = 0; i < pq.size(); i++) {
                KNNNode node = pq.remove(); //获取并移除此队列的头
                String category = node.getCategory();
                if(classCount.containsKey(category)){
                    classCount.put(category, classCount.get(category) + 1);
                }else{
                    classCount.put(category, 1);
                }
            }
            int maxIndex = -1;
            int maxCount = 0;
            Object[] classes = classCount.keySet().toArray();
            for (int i = 0; i < classes.length; i++) {
                if(classCount.get(classes[i]) > maxCount){
                    maxIndex = i;
                    maxCount = classCount.get(classes[i]);
                }
            }
            return classes[maxIndex].toString();
        }
}
```

2. KNNNode.java

```
package knn;
// KNN结点类,用来存储最近邻的K个元组的相关信息
public class KNNNode {
    private int index;                          //元组标号
```

```
    private double distance;                //与测试元组的距离
    private String category;                //所属类别

    public KNNNode(int index, double distance, String category) {
        this.index = index;
        this.distance = distance;
        this.category = category;
    }
    public int getIndex() {
        return index;
    }
    public void setIndex(int index) {
        this.index = index;
    }
    public double getDistance() {
        return distance;
    }
    public void setDistance(double distance) {
        this.distance = distance;
    }
    public String getCategory() {
        return category;
    }
    public void setCategory(String category) {
        this.category = category;
    }
}
```

3. TestKNN.java

```
package knn;

import java.io.BufferedReader;
import java.io.File;
import java.io.FileNotFoundException;
import java.io.FileReader;
import java.io.IOException;
import java.util.ArrayList;
import java.util.List;
// KNN 算法测试类
public class TestKNN {

/* 程序执行入口
  * @param args
  */
public static void main(String[] args) {
```

```
        TestKNN testKnn = new TestKNN();
        String dataFile = "C:\\Users\\wang4\\Desktop\\data.txt";
        String testFile = "C:\\Users\\wang4\\Desktop\\test.txt";
        try {
            List<List<Double>> datas = new ArrayList<List<Double>>();
            List<List<Double>> testDatas = new ArrayList<List<Double>>();
            testKnn.read(datas, dataFile);
            testKnn.read(testDatas, testFile);
            KNN knn = new KNN();
            for (int i = 0; i < testDatas.size(); i++) {
                List<Double> test = testDatas.get(i);
                System.out.print("测试元组: ");
                for (int j = 0; j < test.size(); j++) {
                    System.out.print(test.get(j) + " ");
                }
                    System.out.print("类别为: ");
                    System.out.println(Math.round(Float.parseFloat((knn.knn(datas, test, 3)))));
                }
            } catch (IOException e) {
                e.printStackTrace();
            }

        }
        /* 从数据文件中读取数据
         * @param datas 存储数据的集合对象
         * @param path 数据文件的路径
         * @throws IOException
         */
        public void read(List<List<Double>> datas,String path) throws IOException{
            BufferedReader br = null;
            List<Double> list = null;
            try {
                br = new BufferedReader(new FileReader(new File(path)));
                String data = br.readLine();//读取一个文本行
                while(data != null){
                    String t[] = data.split(" ");
                    list = new ArrayList<Double>();
                    for (int i = 0; i < t.length; i++) {
                        list.add(Double.parseDouble(t[i]));
                    }
                    datas.add(list);
                    data = br.readLine();
                }
            } catch (FileNotFoundException e) {
                e.printStackTrace();
            }
        }
    }
```

程序运行界面如图 5-1 所示。

从上面的测试情况可以直观地看出,KNN 算法的预测结果的正确率还是很高的。

```
测试元组: 1.0 1.1 1.2 2.1 0.3 2.3 1.4 0.5 类别为: 1
测试元组: 1.7 1.2 1.4 2.0 0.2 2.5 1.2 0.8 类别为: 1
测试元组: 1.2 1.8 1.6 2.5 0.1 2.2 1.8 0.2 类别为: 1
测试元组: 1.9 2.1 6.2 1.1 0.9 3.3 2.4 5.5 类别为: 0
测试元组: 1.0 0.8 1.6 2.1 0.2 2.3 1.6 0.5 类别为: 1
测试元组: 1.6 2.1 5.2 1.1 0.8 3.6 2.4 4.5 类别为: 0
```

图 5-1　KNN 程序运行结果

5.4　基于阿里云数加平台的 KNN 算法应用实例

KNN 算法属于分类算法，其总体目的是通过训练有标签数据，给无标签数据赋标签。它通过计算预测数据与训练数据的距离，选出距离最近的 K 条记录，在这 K 条记录中，某一个或某几个变签个数最多的为那个数据的预测标签，可以自行建立一个带标签的训练表和一个不带标签的预测表来做 KNN 分类算法。数据图如图 5-2 和图 5-3 所示。

f0▲	f1▲	f2▲	f3▲	label▲
1	2	2	2	good
1	3	3	3	good
1	4	5	3	bad
0	3	6	2	bad
0	4	4	2	bad
0	2	4	2	good
1	3	2	3	bad
1	4	3	2	good
0	2	5	2	bad
1	4	6	3	bad

图 5-2　训练集数据表

f0▲	f1▲	f2▲	f3▲
0	3	4	3
1	2	6	3
0	3	5	2
1	4	2	2

图 5-3　预测集数据表

操作流程图如图 5-4 所示，图上方左边为训练表，右边为预测表。

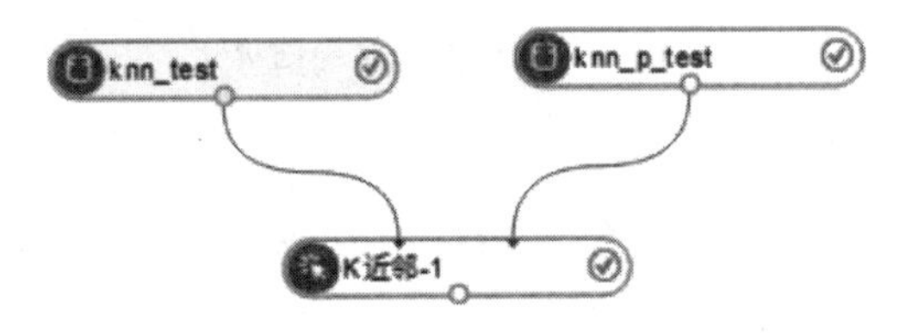

图 5-4　操作流程图

K 近邻的字段设置与参数设置如图 5-5 所示，其中，字段设置为：选择训练表特征列必选，选择训练表中所需的特征列即可，这里选择的是“f0”“f1”“f2”“f3”；选择训练表的标签列必选，选择训练表中的标签列即可，这里选择的是 label 列；选择预测表特征列可选，当预测表的特征列与训练表的特征列重名时，这里便可不选。产出表附加 ID 列可选，它是用来标识该列的身份，进而知道某列对应的预测值，默认预测表特征列都作为附加 ID 列，这里选择的是默认值。参数设置的近邻个数，可自行设置，这里选择的是 5。

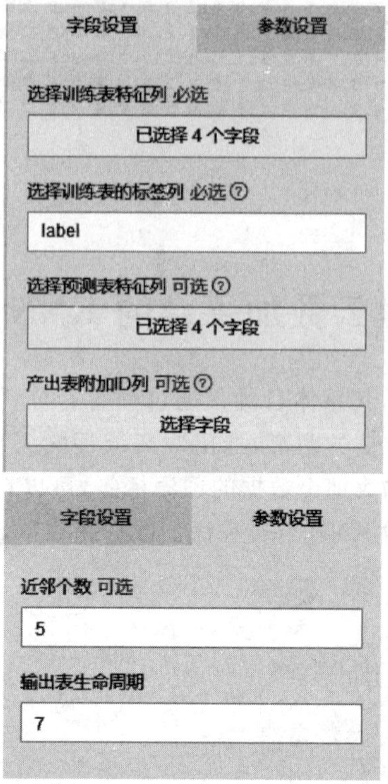

字段设置 参数设置

选择训练表特征列 必选

已选择 4 个字段

选择训练表的标签列 必选

label

选择预测表特征列 可选

已选择 4 个字段

产出表附加ID列 可选

选择字段

字段设置 参数设置

近邻个数 可选

5

输出表生命周期

7

图 5-5　*K* 近邻的字段设置与参数设置图

实验结果如图 5-6 所示，得到的是对预测表的标签预测。

f0▲	f1▲	f2▲	f3▲	prediction_result▲	prediction_score▲	prediction_detail▲
0	3	4	3	bad	0.6	{"bad": 0.6, "good": 0.4}
1	2	6	3	bad	0.8	{"bad": 0.8, "good": 0.2}
0	3	5	2	bad	0.8	{"bad": 0.8, "good": 0.2}
1	4	2	2	good	0.6	{"bad": 0.4, "good": 0.6}

图 5-6　*K* 近邻的实验结果

5.5　小　　结

KNN 算法根据距离函数计算待分类样本 $\boldsymbol{X}$ 和每个训练样本的距离（作为相似度），选择与待分类样本距离最小的 $\boldsymbol{K}$ 个样本作为 $\boldsymbol{X}$ 的 $\boldsymbol{K}$ 个最近邻，最后以 $\boldsymbol{X}$ 的 $\boldsymbol{K}$ 个最近邻中的大多数样本所属的类别作为 $\boldsymbol{X}$ 的类别。

如何度量样本之间的距离（或相似度）是 KNN 算法的关键步骤之一。常见的相似度度量方法包括闵可夫斯基距离（当参数 $p=2$ 时为欧几里得距离，参数 $p=1$ 时为曼哈顿距离）、余弦相似度、皮尔逊相似系数、汉明距离和杰卡德相似系数等。

思 考 题

1. 简述 KNN 算法的原理。
2. 简述 KNN 算法的优缺点。
3. 简述 KNN 算法的改进策略。
4. 基于阿里云数加平台对 KNN 算法进行操作。

第6章 朴素贝叶斯分类算法

6.1 基本概念

6.1.1 主观概率

贝叶斯方法是一种研究不确定性的推理方法，不确定性常用贝叶斯概率表示，它是一种主观概率。通常的经典概率代表事件的物理特性，是不随人意识变化的客观存在，而贝叶斯概率则是人的认识，是个人主观的估计，随个人的主观认识的变化而变化。投掷硬币可能出现的正反面两种情形，经典概率代表硬币正面朝上的概率，这是一个客观存在；而贝叶斯概率则指个人相信硬币会正面朝上的程度。同样的例子还有，一个企业家认为"一项新产品在未来市场上销售"的概率是0.8，这里的0.8是根据他多年的经验和当时的一些市场信息综合而成的个人观点。一个投资者认为"购买某种股票能获得高收益"的概率是0.6，这里的0.6是投资者根据自己多年股票生意经验和当时股票行情综合而成的个人信念。

贝叶斯概率是主观的，对它的估计取决于先验知识的正确和后验知识的丰富和准确，因此贝叶斯概率常常可能随个人掌握信息的不同而发生变化。对即将进行的羽毛球单打比赛结果进行预测，不同人对胜负的主观预测都不同，如果对两人的情况和各种现场的分析一无所知，就会认为两者的胜负比例为1比1；如果知道其中一人是奥运会羽毛球单打冠军，而另一人只是某省队新队员，则可能给出的概率是奥运会冠军和省队队员的胜负比例为3比1；如果进一步知道奥运冠军刚好在前一场比赛中受过伤，则对他们胜负比例的主观预测可能会下调为2比1。所有的预测推断都是主观的，基于后验知识的一种判断，取决于对各种信息的掌握。

经典概率方法强调客观存在，它认为不确定性是客观存在的。在同样的羽毛球单打比赛预测中，从经典概率的角度看，如果认为胜负比例为1比1，则意味着在相同条件下，如果两人进行100场比赛，其中一人可能会取得50场的胜利，同时丢掉另外50场。主观概率不像经典概率那样强调多次的重复，因此在许多不可能出现重复事件的场合能得到很好的应用。上面提到的企业家对未来产品的预测，投资者对股票是否能取得高收益的预测以及羽毛球比赛胜负的预测中，都不可能进行重复的实验，因此，利用主观概率，按照个人对事件的相信程度而对事件做出推断是一种很合理而易于解释的方法。

6.1.2 贝叶斯定理

1. 基础知识

(1) 已知事件 A 发生的条件下，事件 B 发生的概率，称为事件 B 在事件 A 发生下的条件概率，记为 $P(B|A)$，其中 $P(A)$ 称为先验概率，$P(B|A)$ 称为后验概率，计算条件概率的公式如下。

$$P(B \mid A) = \frac{P(A \cap B)}{P(A)} \tag{6-1}$$

条件概率公式通过变形得到如下乘法公式。

$$P(A \cap B) = P(B \mid A)P(A) \tag{6-2}$$

(2) 设 A、B 为两个随机事件，如果有 $P(AB)=P(A)P(B)$ 成立，则称事件 A 和 B 相互独立。此时有 $P(A|B)=P(A)$，$P(AB)=P(A)P(B)$ 成立。

设 $A_1,A_2,\cdots,A_n$ 为 n 个随机事件，如果对其中任意 $m(2\leqslant m\leqslant n)$ 个事件 $A_{k_1},A_{k_2},\cdots,A_{k_m}$，都有

$$P(A_{k_1},A_{k_2},\cdots,A_{k_m}) = P(A_{k_1})P(A_{k_2})\cdots P(A_{k_{m\partial}}) \tag{6-3}$$

成立，则称事件 $A_1,A_2,\cdots,A_n$ 相互独立。

(3) 设 $B_1,B_2,\cdots,B_n$ 为互不相容事件，$P(B_i)>0$，$i=1,2,\cdots,n$，且 $\bigcup\limits_{i=1}^{n} B_i=\Omega$ 为基本空间，对任意的事件 $A\subset \bigcup\limits_{i=1}^{n} B_i$，计算事件 A 发生的概率的公式为

$$P(A) = \sum_{i=1}^{n} P(B_i)P(A \mid B_i) \tag{6-4}$$

设 $B_1,B_2,\cdots,B_n$ 为互不相容事件，$P(B_i)>0$，$i=1,2,\cdots,n$，$P(A)>0$，则在事件 A 发生的条件下，事件 B_i 发生的概率为

$$P(B_i \mid A) = \frac{P(B_iA)}{P(A)} = \frac{P(B_i)P(A \mid B_i)}{\sum\limits_{i=1}^{n} P(B_i)P(A \mid B_i)} \tag{6-5}$$

称该公式为贝叶斯公式。

2. 贝叶斯决策准则

假设 $\Omega=\{C_1,C_2,\cdots,C_m\}$ 是有 m 个不同类别的集合，特征向量 $\boldsymbol{X}$ 是 d 维向量，$P(X|C_i)$ 是特征向量 $\boldsymbol{X}$ 在类别 C_i 状态下的条件概率，$P(C_i)$ 为类别 C_i 的先验概率。根据前面所述的贝叶斯公式，后验概率 $P(C_i|X)$ 的计算公式为

$$P(C_i \mid X) = \frac{P(X \mid C_i)}{P(X)}P(C_i) \tag{6-6}$$

其中 $P(X)= \sum\limits_{j=1}^{m} P(X|C_j)P(C_j)$。

贝叶斯决策准则为：如果对于任意 $i\neq j$，都有 $P(C_i|X)>P(C_j|X)$ 成立，则样本模式 $\boldsymbol{X}$ 被判定为类别 C_i。

3. 极大后验假设

根据贝叶斯公式可得到一种计算后验概率的方法：在一定假设的条件下，根据先验概

率和统计样本数据得到的概率,可以得到后验概率。

令 $P(c)$ 是假设 c 的先验概率,它表示 c 是正确假设的概率,$P(X)$ 表示的是训练样本 X 的先验概率,$P(X|c)$ 表示在假设 c 正确的条件下样本 X 发生或出现的概率,根据贝叶斯公式可以得到后验概率的计算公式为

$$P(c \mid X) = \frac{P(X \mid c)P(c)}{P(X)} \tag{6-7}$$

设 C 为类别集合也就是待选假设集合,在给定未知类别标号样本 X 时,通过计算找到可能性最大的假设 $c \in C$,具有最大可能性的假设或类别被称为极大后验假设(maximum a posteriori),记作 c_{map}:

$$c_{\text{map}} = \arg\max_{c \in C} P(c \mid X) = \arg\max_{c \in C} \frac{P(X \mid c)P(c)}{P(X)} \tag{6-8}$$

由于 $P(X)$ 与假设 c 无关,上式可变为:

$$c_{\text{map}} = \arg\max_{c \in C} P(X \mid c)P(c) \tag{6-9}$$

当没有给定类别概率的情形下,可做一个简单假定:假设 C 中每个假设都有相等的先验概率,也就是对于任意的 $c_i, c_j \in C(i \neq j)$,有 $P(c_i) = P(c_j)$,再做进一步简化,只需计算 $P(X|c)$ 找到使之达到最大的假设。$P(X|c)$ 被称为极大似然假设(maximum likelihood),记为 c_{ml}:

$$c_{\text{ml}} = \arg\max_{c \in C} P(X \mid c) \tag{6-10}$$

6.1.3 朴素贝叶斯分类模型

在贝叶斯分类器的诸多算法中,朴素贝叶斯分类模型是最早出现的,它的算法逻辑简单,构造的朴素贝叶斯分类模型结构也比较简单,运算速度比同类算法快很多,分类所需的时间也比较短,并且大多数情况下分类精度也比较高,因而在实际中得到了广泛的应用。该分类器有一个朴素的假定:以属性的类条件独立性假设为前提,即在给定类别状态条件下,属性之间是相互独立的。朴素贝叶斯分类器的结构示意图如图 6-1 所示。

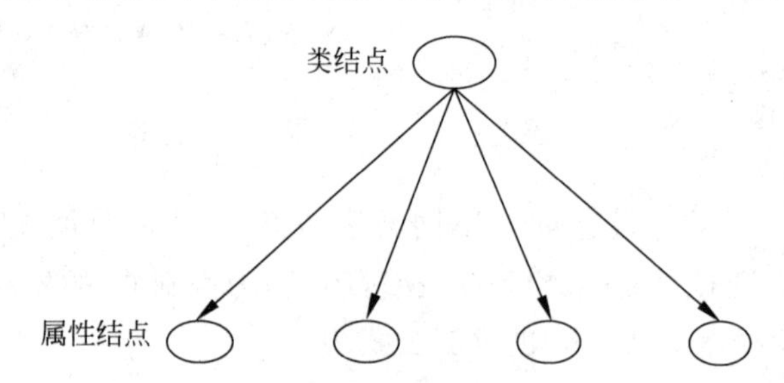

图 6-1 朴素贝叶斯分类器的结构示意图

假设样本空间有 m 个类别 $\{C_1, C_2, \cdots, C_m\}$,数据集有 n 个属性 $A_1, A_2, \cdots, A_n$,给定一个未知类别的样本 $X = (x_1, x_2, \cdots, x_n)$,其中 x_i 表示第 i 个属性的取值,即 $x_i \in A_i$,则可用贝叶斯公式计算样本 $X = (x_1, x_2, \cdots, x_n)$ 属于类别 $C_k (1 \leqslant k \leqslant m)$ 的概率。根据贝叶斯公式,$P(C_k|X) = \frac{P(C_k)P(X|C_k)}{P(X)} \propto P(C_k)P(X|C_k)$,即要得到 $P(C_k|X)$ 的值,关键要计算 $P(X|C_k)$ 和 $P(C_k)$。令 $C(X)$ 为 X 所属的类别标签,由贝叶斯分类准则,如果对于任意 $i \neq j$,都有

$P(C_i|X)>P(C_j|X)$成立，则把未知类别的样本 X 指派给类别 C_i，贝叶斯分类器的计算模型如下。

$$C(X) = \arg\max P(C_i)P(X \mid C_i) \tag{6-11}$$

由朴素贝叶斯分类器的属性独立性假设，假设各属性 $x_i(i=1,2,\cdots,n)$间相互条件独立，则

$$P(X \mid C_i) = \prod_{k=1}^{n} P(x_k \mid C_i) \tag{6-12}$$

于是式(6-11)被修改为

$$C(X) = \arg\max_i P(C_i)\prod_{k=1}^{n} P(x_k \mid C_i) \tag{6-13}$$

$P(C_i)$为先验概率，可通过 $P(C_i)=d_i/d$ 计算得到，其中 d_i 是属于类别 C_i 的训练样本的个数，d 是训练样本的总数。若属性 A_k 是离散的，则概率可由 $P(x_k|C_i)=d_{ik}/d_i$ 计算得到，其中 d_{ik} 是训练样本集合中属于类 C_i 并且属性 A_k 取值为 x_k 的样本个数，d_i 是属于类 C_i 的训练样本的个数。朴素贝叶斯分类的工作过程如下。

(1) 用一个 n 维特征向量 $X=(x_1,x_2,\cdots,x_n)$来表示数据样本，描述样本 X 对 n 个属性 $A_1,A_2,\cdots,A_n$ 的度量。

(2) 假定样本空间有 m 个类别状态 $C_1,C_2,\cdots,C_m$，对于给定的一个未知类别标号的数据样本 X，分类算法将 X 判定为具有最高后验概率的类别，也就是说，朴素贝叶斯分类算法将未知类别的样本 X 分配给类别 C_i，当且仅当对于任意的 j，有 $P(C_i|X)>P(C_j|X)$成立，$1\leqslant j\leqslant m, j\neq i$，使 $P(C_i|X)$取得最大值的类别 C_i 被称为最大后验假定。

(3) 由于 $P(X)$不依赖于类别状态，对于所有类别都是常数，则根据贝叶斯定理，最大化 $P(C_i|X)$只需要最大化 $P(X|C_i)P(C_i)$即可。如果类的先验概率未知，则通常假设这些类别的概率是相等的，即 $P(C_1)=P(C_2)=\cdots=P(C_m)$，所以只需要最大化 $P(X|C_i)$即可，否则就要最大化 $P(X|C_i)P(C_i)$。其中可用频率 S_i/S 对 $P(C_i)$进行估计计算，S_i 是给定类别 C_i 中训练样本的个数，S 是训练样本(实例空间)的总数。

(4) 当实例空间中训练样本的属性较多时，计算 $P(X|C_i)$可能会比较费时，开销较大，此时可以做条件独立性的假定：在给定样本类别标号的条件下，假定属性值是相互条件独立的，属性之间不存在任何依赖关系，则下面等式成立

$$P(X \mid C_i) = \prod_{k=1}^{n} P(x_k \mid C_i)$$

其中概率 $P(x_1|C_i),P(x_2|C_i),\cdots,P(x_n|C_i)$的计算可由样本空间中的训练样本进行估计。实际问题中根据样本属性 A_k 的离散连续性质，考虑下面两种情形。

- 如果属性 A_k 是连续的，则一般假定它服从正态分布，从而来计算类条件概率。
- 如果属性 A_k 是离散的，则 $P(x_k|C_i)=S_{ik}/S_i$，其中 S_{ik} 是在实例空间中类别为 C_i 的样本中属性 A_k 上取值为 x_k 的训练样本个数，而 S_i 是属于类别 C_i 的训练样本个数。

(5) 对于未知类别的样本 X，对每个类别 C_i 分别计算 $P(X|C_i)P(C_i)$。样本 X 被认为属于类别 C_i，当且仅当 $P(X|C_i)P(C_i)>P(X|C_j)P(C_j)$，$1\leqslant j\leqslant m, j\neq i$，也就是说样本 X 被指派到使 $P(X|C_i)P(C_i)$取得最大值的类别 C_i。

朴素贝叶斯分类模型的算法描述如下。

(1) 对训练样本数据集和测试样本数据集进行离散化处理和缺失值处理。

(2) 扫描训练样本数据集，分别统计训练集中类别为 C_i 的样本个数 d_i 和属于类别 C_i 的样本中属性 A_k 取值为 x_k 的实例样本个数 d_{ik}，构成统计表。

(3) 计算先验概率 $P(C_i)=d_i/d$ 和条件概率 $P(A_k=x_k|C_i)=d_{ik}/d_i$，构成概率表。

(4) 构建分类模型 $C(X)=\arg\max\limits_{i} P(C_i)P(X|C_i)$。

(5) 扫描待分类的样本数据集，调用已得到的统计表、概率表以及构建好的分类准则，得出分类结果。

6.1.4 朴素贝叶斯分类器实例分析

【例 6.1】 应用朴素贝叶斯分类器来解决这样一个分类问题：根据天气状况来判断某天是否适合于打网球。给定表 6-1 所示的 14 个训练实例，其中每一天由属性 Outlook、Temperature、Humidity 和 Wind 表征，类属性为 Play Tennis。

表 6-1　14 个训练实例

Day	Outlook	Temperature	Humidity	Wind	Play Tennis
1	sunny	hot	high	weak	no
2	sunny	hot	high	strong	no
3	overcast	hot	high	weak	yes
4	rain	mild	high	weak	yes
5	rain	cool	normal	weak	yes
6	rain	cool	normal	strong	no
7	overcast	cool	normal	strong	yes
8	sunny	mild	high	weak	no
9	sunny	cool	normal	weak	yes
10	rain	mild	normal	weak	yes
11	sunny	mild	normal	strong	yes
12	overcast	mild	high	strong	yes
13	overcast	hot	normal	weak	yes
14	rain	mild	high	strong	no

现在有一个测试实例 x：< Outlook = sunny，Temperature = cool，Humidity = high，Wind = strong >，问这一天是否适合于打网球。显然，本题的任务就是要预测此新实例的类属性 Play Tennis 取值(yes 或 no)，为此，需要构建如图 6-2 所示的朴素贝叶斯网络分类器。

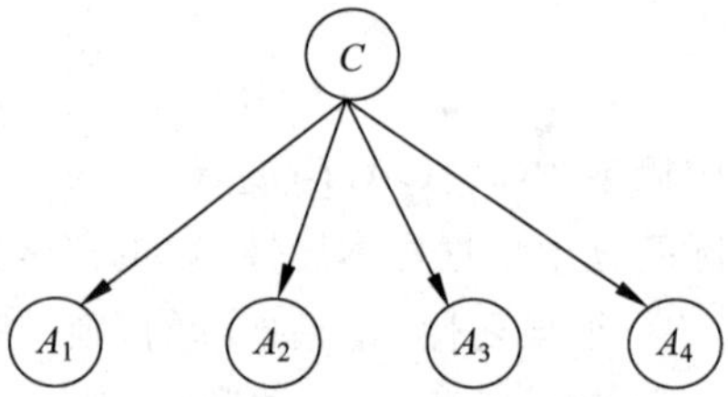

图 6-2　朴素贝叶斯分类器的结构

图中的类结点 C 表示类属性 Play Tennis，其他 4 个结点 A_1、A_2、A_3、A_4 分别代表 4 个属性 Outlook、Temperature、Humidity 和 Wind，类结点 C 是所有属性结点的父亲结点，属性结点和属性结点之间没有任何的依赖关系。根据公式，有

$$V(x) = \arg\max_{c \in \{yes,no\}} P(c)P(sunny \mid c)P(cool \mid c)P(high \mid c)P(strong \mid c)$$

为了计算 $V(x)$，需要从如表 6-1 所示的 14 个训练实例中估计出概率。

$P(yes)$，$P(sunny \mid yes)$，$P(cool \mid yes)$，$P(high \mid yes)$，$P(strong \mid yes)$，$P(no)$，$P(sunny \mid no)$，$P(cool \mid no)$，$P(high \mid no)$，$P(strong \mid no)$。

具体的计算如下。

$$P(yes) = 9/14$$
$$P(sunny \mid yes) = 2/9$$
$$P(cool \mid yes) = 3/9$$
$$P(high \mid yes) = 3/9$$
$$P(strong \mid yes) = 3/9$$
$$P(no) = 5/14$$
$$P(sunny \mid no) = 3/5$$
$$P(cool \mid no) = 1/5$$
$$P(high \mid no) = 4/5$$
$$P(strong \mid no) = 3/5$$

所以，有

$$P(yes)P(sunny \mid yes)P(cool \mid yes)P(high \mid yes)P(strong \mid yes) = 0.005\,291$$
$$P(no)P(sunny \mid no)P(cool \mid no)P(high \mid no)P(strong \mid no) = 0.020\,570\,4$$

可见，朴素贝叶斯分类器将此实例分类为 no。

【例 6.2】 应用朴素贝叶斯分类器来解决这样一个分类问题：给出一个商场顾客数据库(训练样本集合)，判断某一顾客是否会买计算机。给定表 6-2 所示的 15 个训练实例，其中每个实例由属性 age、income、student、credit rating 表征，样本集合的类别属性为 buy computer，该属性有两个不同取值，即{yes，no}，因此就有两个不同的类别($m=2$)。设 C_1 对应 yes 类别，C_2 对应 no 类别。

表 6-2 15 个训练实例

age	income	student	credit rating	buy computer
≤30	high	no	fair	no
≤30	high	no	excellent	no
30…40	high	no	fair	yes
>40	medium	no	fair	yes
>40	low	yes	fair	yes
>40	low	yes	excellent	no
31…40	low	yes	excellent	yes
≤30	medium	no	fair	no
≤30	low	yes	fair	yes
>40	medium	yes	fair	yes
≤30	medium	yes	excellent	yes
31…40	medium	no	excellent	yes

续表

age	income	student	credit rating	buy computer
31…40	high	yes	fair	yes
>40	medium	no	excellent	no

现在有一个测试实例 x：(age <=30, Income = medium, Student = yes, Credit rating= Fair)，问这一顾客是否会买计算机，本题的任务是要判断给定的测试实例是属于 C_1 还是 C_2，根据公式，有：

$$V(x) = \arg\max_{c\in\{\text{yes},\text{no}\}} P(c)P(\text{age}\leqslant 30 \mid c)P(\text{medium} \mid c)P(\text{yes} \mid c)P(\text{fair} \mid c)$$

为计算 $V(x)$，先计算每个类的先验概率 $P(C_i)$：

$$P(C_i): P(\text{buy computer} = '\text{yes}') = 9/14 = 0.643$$

$$P(\text{buy computer} = '\text{no}') = 5/14 = 0.357$$

为计算 $P(X|C_i)$，$i=1,2$，计算下面的条件概率。

$P(\text{age} = '\leqslant 30' \mid \text{buy computer} = '\text{yes}') = 2/9 = 0.222$

$P(\text{age} = '\leqslant 30' \mid \text{buy computer} = '\text{no}') = 3/5 = 0.6$

$P(\text{income} = '\text{medium}' \mid \text{buy computer} = '\text{yes}') = 4/9 = 0.444$

$P(\text{income} = '\text{medium}' \mid \text{buy computer} = '\text{no}') = 2/5 = 0.4$

$P(\text{student} = '\text{yes}' \mid \text{buy computer} = '\text{yes}') = 6/9 = 0.667$

$P(\text{student} = '\text{yes}' \mid \text{buy computer} = '\text{no}') = 1/5 = 0.2$

$P(\text{credit rating} = '\text{fair}' \mid \text{buy computer} = '\text{yes}') = 6/9 = 0.667$

$P(\text{credit rating} = '\text{fair}' \mid \text{buy computer} = '\text{no}') = 2/5 = 0.4$

$X = (\text{age} \leqslant 30, \text{income} = \text{medium}, \text{student} = \text{yes}, \text{credit rating} = \text{fair})$

$P(X \mid C_i): P(X \mid \text{buy computer} = '\text{yes}') = 0.222 \times 0.444 \times 0.667 \times 0.667 = 0.044$

$P(X \mid \text{buy computer} = '\text{no}') = 0.6 \times 0.4 \times 0.2 \times 0.4 = 0.019$

$P(X \mid C_i) * P(C_i): P(X \mid \text{buy computer} = '\text{yes}') \cdot P(\text{buy computer} = '\text{yes}') = 0.028$

$P(X \mid \text{buy computer} = '\text{no}') \cdot P(\text{buy computer} = '\text{no}') = 0.007$

因此，对于样本 X，朴素贝叶斯分类预测结果为 buy computer='yes'。

6.2 朴素贝叶斯算法的特点及应用

6.2.1 朴素贝叶斯算法的特点

朴素贝叶斯分类算法有诸多优点：逻辑简单、易于实现、分类过程中算法的时间空间开销比较小；算法比较稳定、分类性能对于具有不同数据特点的数据集合来说，其差别不大，即具有比较好的健壮性等优点。

在实际情况中，尽管难以满足朴素贝叶斯模型的属性类条件独立性假定，但它分类预测效果在大多数情况下仍比较精确。原因有如下几个：要估计的参数比较少，从而加强了估计的稳定性；虽然概率估计是有偏的，但人们大多关心的不是它的绝对值，而是它的排列次序，因此有偏的概率估计在某些情况下可能并不要紧；现实中很多时候已经对数据进行了预处理，例如对变量进行了筛选，可能已经去掉了高度相关的量等。除了分类性能很好外，贝叶斯分类模型还具有形式简单、可扩展性强和可理解性好等优点。

朴素贝叶斯分类器的缺点是属性间类条件独立的这个假定，而很多实际问题中这个独立性假设并不成立，如果在属性间存在相关性的实际问题中忽视这一点，会导致分类效果下降。

朴素贝叶斯分类模型虽然在某些不满足独立性假设的情况下其分类效果比较好，但是大量研究表明可以通过各种改进方法来提高朴素贝叶斯分类器的性能。朴素贝叶斯分类器的改进方法主要有两类：一类是弱化属性的类条件独立性假设，在朴素贝叶斯分类器的基础上构建属性间的相关性，如构建相关性度量公式，增加属性间可能存在的依赖关系；另一类是构建新的样本属性集，期望在新的属性集中，属性间存在较好的类条件独立关系。

6.2.2 朴素贝叶斯算法的应用场景

朴素贝叶斯算法应用很广泛，下面举两个实例说明其应用情况。

1. 贝叶斯方法在中医证候和症状描述中的应用

中医证候和症状描述错综复杂，如何较好地对病患所属证候进行鉴别诊断，一直是临床医疗工作者的首要目标，把数据挖掘技术的朴素贝叶斯分类方法应用到中医证候的诊断识别中，是一个较好的尝试。在使用朴素贝叶斯分类方法对中医证候进行分类识别并用遗传算法改进时，经历了以下过程：首先合理抽象鉴别诊断过程并建立数学模型；其次，提出了使用数据挖掘技术中的朴素贝叶斯分类方法对模型求解；第三，考虑到特征数量较大，运用了遗传算法进行特征优化；最后，使用医学上常用的 ROC 曲线评价方法对改进前后的分类识别的效率进行分析比较。

2. 贝叶斯方法在玉米叶部病害图像识别中的应用

在图像分割和特征提取的基础上，利用朴素贝叶斯分类器的统计学习方法，可以实现玉米叶部病斑的分类识别。相关文献表明，贝叶斯分类器具有网络结构简单、易于扩展等特点，对玉米叶部病害的分类识别效果较好，也为其他作物病害图像识别的研究提供了借鉴。

6.3 朴素贝叶斯源代码结果分析

朴素贝叶斯源代码包括 JavaBean. java 和 TestBayes. java 两个文件，相关程序和实验数据可从 github 中下载，网址为 https://github. com/guanyao1/bayes. git。

1. JavaBean. java

```
package bayes;
public class JavaBean {
    int age;
    String income;
    String student;
    String credit_rating;
    String buys_computer;
    public JavaBean(int age, String income, String student,
            String credit_rating, String buys_computer) {
```

```
        this.age = age;
        this.income = income;
        this.student = student;
        this.credit_rating = credit_rating;
        this.buys_computer = buys_computer;
    }

    public int getAge() {
        return age;
    }
    public void setAge(int age) {
        this.age = age;
    }
    public String getIncome() {
        return income;
    }
    public void setIncome(String income) {
        this.income = income;
    }
    public String getStudent() {
        return student;
    }
    public void setStudent(String student) {
        this.student = student;
    }
    public String getCredit_rating() {
        return credit_rating;
    }
    public void setCredit_rating(String credit_rating) {
        this.credit_rating = credit_rating;
    }
    public String getBuys_computer() {
        return buys_computer;
    }
    public void setBuys_computer(String buys_computer) {
        this.buys_computer = buys_computer;
    }
    @Override
    public String toString() {
        return "JavaBean [age=" + age + ", income=" + income + ", student="
                + student + ", credit_rating=" + credit_rating
                + ", buys_computer=" + buys_computer + "]";
    }
}
```

2. TestBayes.java

```
package bayes;

import java.io.BufferedReader;
import java.io.File;
import java.io.FileReader;
import java.util.ArrayList;
public class TestBayes {
    //朴素贝叶斯算法 算法的思想
    public static ArrayList<JavaBean> list = new ArrayList<JavaBean>();
    static int data_length = 0;
    public static void main(String[] args) {
        //1.读取数据,放入 list 容器中
        File file = new File("C:\\Users\\wang4\\Desktop\\beiyes.txt");
        txt2String(file);
        //数据测试样本
        testData(25, "Medium", "Yes", "Fair");
    }

    //读取样本数据
    public static void txt2String(File file) {
        try {
            BufferedReader br = new BufferedReader(new FileReader(file));
            // 构造一个 BufferedReader 类来读取文件
            String s = null;
            while ((s = br.readLine()) != null) {  //使用 readLine 方法,一次读一行
                data_length++;
                splitt(s);
            }
            br.close();
        } catch (Exception e) {
            e.printStackTrace();
        }
    }
    //存入 ArrayList 中
    public static void splitt(String str) {
        String strr = str.trim();
        String[] abc = strr.split("[\\p{Space}]+");
        int age = Integer.parseInt(abc[0]);
        JavaBean bean = new JavaBean(age, abc[1], abc[2], abc[3], abc[4]);
        list.add(bean);
    }

    //训练样本,测试
    public static void testData(int age, String a, String b, String c) {
```

```
//训练样本
int number_yes = 0;
int bumber_no = 0;
//age 情况个数
int num_age_yes = 0;
int num_age_no = 0;
//income
int num_income_yes = 0;
int num_income_no = 0;
//student
int num_student_yes = 0;
int num_student_no = 0;
//credit
int num_credit_yes = 0;
int num_credit_no = 0;

//遍历 list 获得数据
for (int i = 0; i < list.size(); i++) {
    JavaBean bb = list.get(i);
    if (bb.getBuys_computer().equals("Yes")) {      //Yes
        number_yes++;
        if (bb.getIncome().equals(a)) {             //income
            num_income_yes++;
        }
        if (bb.getStudent().equals(b)) {            //student
            num_student_yes++;
        }
        if (bb.getCredit_rating().equals(c)) {      //credit
            num_credit_yes++;
        }
        if (bb.getAge() == age) {                   //age
            num_age_yes++;
        }
    } else {                                        //No
        bumber_no++;
        if (bb.getIncome().equals(a)) {             //income
            num_income_no++;
        }
        if (bb.getStudent().equals(b)) {            //student
            num_stdent_no++;
        }
        if (bb.getCredit_rating().equals(c)) {      //credit
            num_credit_no++;
        }
        if (bb.getAge() == age) {                   //age
```

```
                num_age_no++;
            }

        }
    }
    System.out.println("购买的历史个数:" + number_yes);
    System.out.println("不买的历史个数:" + number_no);
    System.out.println("购买+age:" + num_age_yes);
    System.out.println("不买+age:" + num_age_no);
    System.out.println("购买+income:" + num_income_yes);
    System.out.println("不买+income:" + num_income_no);
    System.out.println("购买+student:" + num_student_yes);
    System.out.println("不买+student:" + num_student_no);
    System.out.println("购买+credit:" + num_credit_yes);
    System.out.println("不买+credit:" + num_credit_no);
    //概率判断
    double buy_yes = number_yes * 1.0 / data_length;   //买的概率
    double buy_no = bumber_no * 1.0 / data_length;     //不买的概率
    System.out.println("训练数据中买的概率:" + buy_yes);
    System.out.println("训练数据中不买的概率:" + buy_no);
    //未知用户的判断
    double nb_buy_yes = (1.0 * num_age_yes / number_yes)
            * (1.0 * num_income_yes / number_yes)
            * (1.0 * num_student_yes / number_yes)
            * (1.0 * num_credit_yes / number_yes) * buy_yes;
    double nb_buy_no = (1.0 * num_age_no / bumber_no)
            * (1.0 * num_income_no / bumber_no)
            * (1.0 * num_student_no / bumber_no)
            * (1.0 * num_credit_no / bumber_no) * buy_no;
    System.out.println("新用户买的概率:" + nb_buy_yes);
    System.out.println("新用户不买的概率:" + nb_buy_no);
    if (nb_buy_yes > nb_buy_no) {
        System.out.println("新用户买的概率大");
    } else {
        System.out.println("新用户不买的概率大");
    }
  }
}
```

程序运行界面如图 6-3 所示。

上面的运行结果说明了我们应用朴素贝叶斯分类器来解决这样一个分类问题：25 岁的 student 根据工资水平的购买情况；如图 6-3 所示：年龄为 25 岁、收入中等的情况下，购买的历史个数为 9，不买的历史个数为 5，购买的学生数为 6，不买的学生数是 1，信誉度分别是购买的为 6，不买的为 2，统计出了综合训练数据中买的概率和不买的概率；也预测了一下新用户买的概率和不买的概率，并比较得出：新用户买的概率大。

```
购买的历史个数:9
不买的历史个数:5
购买+age:2
不买+age:3
购买+income:4
不买+income:2
购买+stundent:6
不买+student:1
购买+credit:6
不买+credit:2
训练数据中买的概率:0.6428571428571429
训练数据中不买的概率:0.35714285714285715
新用户买的概率:0.028218694885361547
新用户不买的概率:0.006857142857142858
新用户买的概率大
```

图 6-3　朴素贝叶斯程序运行界面

6.4　基于阿里云数加平台的朴素贝叶斯实例

朴素贝叶斯分类是一种应用基于独立假设的贝叶斯定理的简单概率分类算法，它通过计算某一条数据假设为各个标签时的概率，选择其中概率最大的作为该条数据的标签。该算法具有简单、高效、分类效果稳定的优点；不足之处是：为了简化分类模型，而假定分类数据各个属性间是相互独立的，因此当各个属性之间的关联性不高时，朴素贝叶斯算法是一个很好的选择。总体操作思路与逻辑回归分类算法一样，这里选择网上的某一组数据，其训练数据与测试数据图如图 6-4 和图 6-5 所示，其中，y 为标签列，f0～f7 为非标签列。

id	y	f0	f1	f2	f3	f4	f5	f6	f7
1	-1	-0.294118	0.487437	0.180328	-0.292929	-1	0.00149028	-0.53117	-0.0333333
2	+1	-0.882353	-0.145729	0.0819672	-0.414141	-1	-0.207153	-0.766866	-0.666667
3	-1	-0.0588235	0.839196	0.0491803	-1	-1	-0.305514	-0.492741	-0.633333
4	+1	-0.882353	-0.105528	0.0819672	-0.535354	-0.777778	-0.162444	-0.923997	-1
5	-1	-1	0.376884	-0.344262	-0.292929	-0.602837	0.28465	0.887276	-0.6
6	+1	-0.411765	0.165829	0.213115	-1	-1	-0.23696	-0.894962	-0.7
7	-1	-0.647059	-0.21608	-0.180328	-0.353535	-0.791962	-0.0760059	-0.854825	-0.833333
8	+1	0.176471	0.155779	-1	-1	-1	0.052161	-0.952178	-0.733333
9	-1	-0.764706	0.979899	0.147541	-0.0909091	0.283688	-0.0909091	-0.931682	0.0666667
10	-1	-0.0588235	0.256281	0.57377	-1	-1	-1	-0.868488	0.1

图 6-4　训练数据图

用训练数据使用贝叶斯分类算法进行训练，然后对测试数据进行测试，可以得到其分类的准确率等信息，操作流程图如图 6-6 所示，左边为训练数据，右边为测试数据，通过训练数据训练过后的朴素贝叶斯分类器，用来预测测试数据的标签，然后与测试数据的原标签进行对比。多分类评估与混淆矩阵类似，可以得到准确率及相关参数。

朴素贝叶斯算法的字段设置如图 6-7 所示，其中特征列选择的训练数据中的是 f0～f7 列，排除列用于反选特征列，不可与特征列并存，强制转换列的默认解析规则为：string、

id	y	f0	f1	f2	f3	f4	f5	f6	f7
1	+1	-0.882353	0.0854271	0.442623	-0.616162	-1	-0.19225	-0.725021	-0.9
2	+1	-0.294118	-0.0351759	-1	-1	-1	-0.293592	-0.904355	-0.766667
3	+1	-0.882353	0.246231	0.213115	-0.272727	-1	-0.171386	-0.981213	-0.7
4	-1	-0.176471	0.507538	0.278689	-0.414141	-0.702128	0.0491804	-0.475662	0.1
5	-1	-0.529412	0.839196	-1	-1	-1	-0.153502	-0.885568	-0.5
6	+1	-0.882353	0.246231	-0.0163934	-0.353535	-1	0.0670641	-0.627669	-1
7	-1	-0.882353	0.819095	0.278689	-0.151515	-0.307329	0.19225	0.00768574	-0.966667
8	+1	-0.882353	-0.0753769	0.0163934	-0.494949	-0.903073	-0.418778	-0.654996	-0.866667
9	+1	-1	0.527638	0.344262	-0.212121	-0.356974	0.23696	-0.836038	-0.8
10	+1	-0.882353	0.115578	0.0163934	-0.737374	-0.56974	-0.28465	-0.948762	-0.933333

图 6-5 测试数据图

boolean、datetime 类型的列解析为离散类型；double、bigint 类型的列解析为连续类型；若有将 bigint 解析为 categorical 的情况，通过参数 forceCategorical 指定。

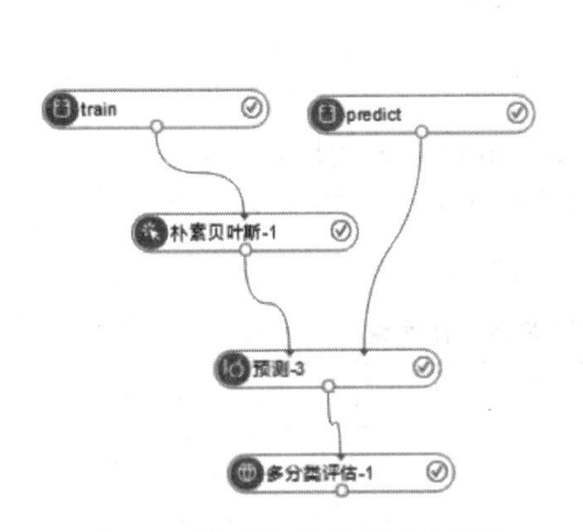

图 6-6 朴素贝叶斯算法流程图

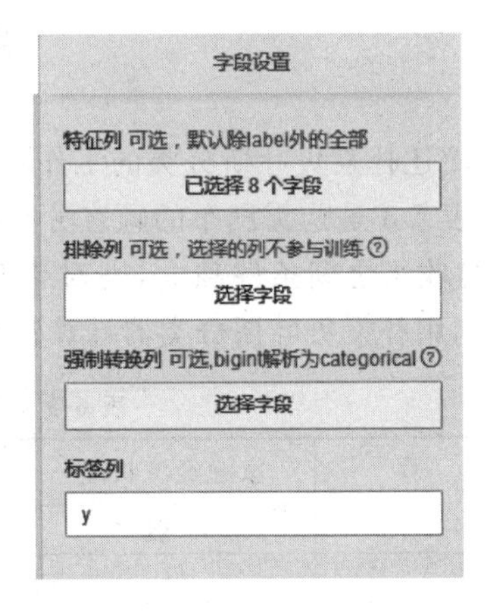

图 6-7 朴素贝叶斯字段设置图

预测组件的实验结果如图 6-8 所示，可以看到只有倒数第二条预测的标签有误，其他均正确。

y▲	prediction_result▲	prediction_score▲	prediction_detail▲
+1	+1	1.1253341740304...	{"+1": 1.125334174030447, "-1": -18.26887905024316}
+1	+1	2.1096017126455...	{"+1": 2.109601712645577, "-1": -22.86762826457826}
+1	+1	1.0119555555558...	{"+1": 1.011955555555831, "-1": -17.12262756256134}
-1	-1	-16.49991472469...	{"+1": -33.18118539397123, "-1": -16.49991472469541}
-1	-1	-61291274633.67...	{"+1": -688535196307.7689, "-1": -61291274633.67934}
+1	+1	-4.842928791659...	{"+1": -4.842928791659737, "-1": -17.8490897549666}
-1	-1	-18.28658192739...	{"+1": -89.31454432308786, "-1": -18.28658192739197}
+1	+1	-2.701748842959...	{"+1": -2.701748842959141, "-1": -17.85795905226513}
+1	-1	-18.21899791703...	{"+1": -20.76204601810873, "-1": -18.21899791703504}
+1	+1	-3.088051422948...	{"+1": -3.088051422948976, "-1": -17.70615005830097}

图 6-8 预测组件的实验结果

多分类评估组件的得到的实验结果如图 6-9 所示，可以得到准确率及其他参数。

模型	TruePositive	TrueNegative	FalsePositive	FalseNegative	Sensitivity	Specificity	Precision	Accuracy	F1	Kappa
+1	6	3	0	1	0.857142...	1	1	0.9	0.9...	0.78...
-1	3	6	1	0	1	0.857142...	0.75	0.9	0.8...	0.78...

图 6-9　实验结果图

6.5 小　　结

贝叶斯方法是一种研究不确定性的推理方法，不确定性常用贝叶斯概率表示，它是一种主观概率。朴素贝叶斯分类算法有诸多优点：逻辑简单、易于实现、分类过程中算法的时间空间开销比较小；算法比较稳定；分类性能对于具有不同数据特点的数据集合来说，其差别不大，即具有比较好的健壮性等优点。

思　考　题

1. 简述朴素贝叶斯分类的工作过程。

2. 表 6-3 是购买汽车的顾客分类训练样本集。假设顾客的属性集家庭经济状况、信用级别和月收入之间条件独立，则对于某顾客（测试样本），已知其属性集 $\boldsymbol{X}$=<一般，优秀，12K>，利用朴素贝叶斯分类器计算这位顾客购买汽车的概率。

表 6-3　购买汽车的顾客训练样本集

序　号	家庭经济状况	信用级别	月　收　入	购买汽车
1	一般	优秀	10K	是
2	好	优秀	12K	是
3	一般	优秀	6K	是
4	一般	良好	8.5K	否
5	一般	良好	9K	否
6	一般	优秀	7.5K	是
7	好	一般	22K	是
8	一般	一般	9.5K	否
9	一般	良好	7K	是
10	好	良好	12.5K	是

第7章　随机森林分类算法

7.1　随机森林算法简介

由于传统的很多分类方法具有精度不高且容易出现过拟合的问题，因此可以通过聚集多个模型的方法来提高预测精度，这种方法称为组合(ensemble)或分类器组合(classifier combination)方法。该类方法首先利用训练集数据构建一组基本的分类模型(base classifier)，然后通过对每个基分类模型的预测值进行投票(因变量为离散变量时)或取平均值(因变量为连续数值变量)来决定最终预测值[1]。

7.1.1　随机森林算法原理

为了生成这些组合模型，通常要生成随机向量控制组合中每个决策树的生成。Bagging是早期组合树方法之一，又称为自助聚集(bootstrap aggregating)，这是一种从训练集中随机抽取部分样本(不一定是有放回抽样)来生成决策树的方法；还有一种方法是随机分割选取，该方法在每个结点从 K 个最优分割中随机选取一种分割。*Ho* 对随机子空间(radom subspace)方法进行了深入研究并通过对特征变量随机选取子集来生成每棵决策树。Leo Breiman 和 Adele Cutler 给出了随机森林(Radom Forest，RF)算法，该方法是结合了自助聚集(bootstrap aggregating)想法和 *Ho* 的随机子空间(random subspace)方法，以建造决策树的集合。

RF 方法是一种统计学习理论，它利用 bootstrap 重抽样方法从原始样本中抽取多个样本，对每个 bootstrap 样本进行决策树建模，然后组合多棵决策树的预测，通过投票得出最终预测结果。具体来说，RF 方法是由很多决策树分类模型($h(X,\theta_i)$，$i=1,2,\cdots,k$)组成的组合分类模型，且参数集(θ_i)是独立同分布的随机向量，在给定自变量 X 前提下，每个决策树分类模型都由一票投票权选择最优的分类结果。RF 的基本思想是，首先利用 bootstrap 抽样从原始训练集中选取 k 个样本，且每个样本的样本容量都与原始训练集一样；其次，对 k 个样本分别建立 k 个决策树模型，得到 k 种分类结果；最后，根据 k 种分类结果对每个记录进行投票表决，决定其最终分类，如图 7-1 所示。

RF 通过构造不同的训练集增加分类模型间的差异，从而提高组合分类模型的外推预测能力。通过 k 轮训练，得到一个分类模型序列($h_1(X)$，$h_2(X)$，$\cdots$，$h_k(X)$)，再用它们构建一个多分类模型系统，该系统的最终分类结果可以采用简单多数投票法，最终的分类决策如下。

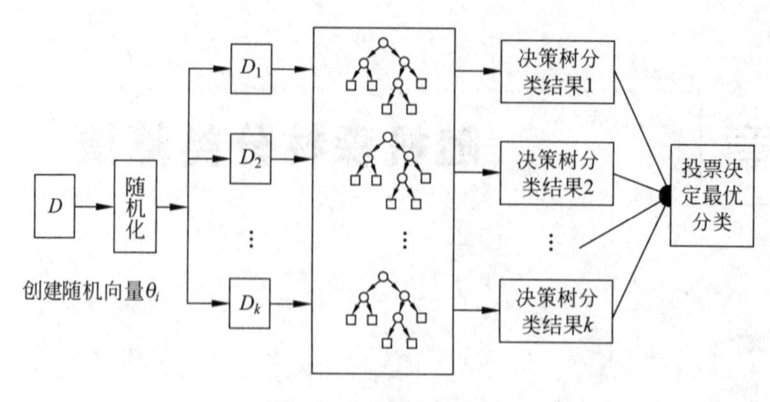

图 7-1　RF 算法原理图

$$H(X) = \underset{Y}{\operatorname{argmax}} \sum_{i=1}^{k} I(h_i(X) = Y) \tag{7-1}$$

其中，$H(X)$表示组合分类模型，h_i 是单个决策树分类模型，Y 表示输出变量，$I(*)$是示性函数。式(7-1)说明了使用多数投票决策的方法来决定最终的分类。

需要说明的是，参数 $\theta_i, i=1,2,\cdots,k$ 是一个随机变量序列，它是由随机森林的两大随机化思想决定的[2]。

1. Bagging 思想

从原始样本集 X 中有放回地随机抽取 k 个与原始样本集同样大小的训练样本集$\{T_i, i=1,2,\cdots,k\}$(每次约有 37%的样本未被抽中)，每个训练样本集 T_i 构造一棵对应的决策树。

2. Random subspace 思想

在对决策树每个结点进行分裂时，从全部属性中等概率随机抽取一个属性子集(通常取$\lfloor \log_2 M \rfloor + 1$ 个属性，M 为特征总数)，再从这个子集中选择一个最优属性来分裂结点。

由于构建每棵决策树时，随机抽取训练样本和属性子集的过程都是独立的，且总体都是一样的，因此 $\theta_i, i=1,2,\cdots,k$ 是一个独立同分布的随机变量序列。训练随机森林的过程就是训练各个决策树的过程，由于各个决策树的训练师相互独立，因此随机森林的训练可以通过并行处理来实现，这将极大地提高生成模型的效率。随机森林中的第 k 棵决策树 $h(X,\theta_k)$的训练过程如图 7-2 所示。

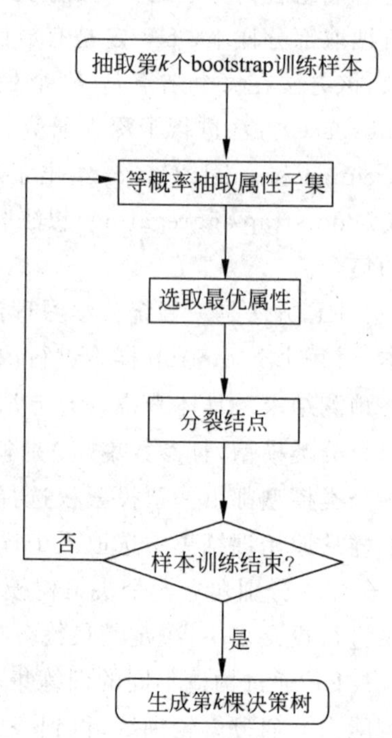

图 7-2　RF 中单个决策树的训练过程

7.1.2　随机森林算法应用举例

【例 7.1】 对于训练集 T 如表 7-1 所示，用随机森林方法对实例进行分类。

表 7-1　训练集 T 数据表

序　　号	L_1	L_2	L_3	L_4	y
1	16	27	31	33	1
2	15	23	30	30	1
3	16	27	27	26	1
4	18	20	25	23	1
5	15	15	31	32	1
6	15	32	32	15	1
7	12	15	13	31	1
8	8	23	23	11	2
9	7	24	25	12	2
10	6	25	23	10	2
11	8	45	24	15	2
12	9	28	15	12	2
13	5	32	31	11	2
14	22	23	12	42	3
15	25	25	14	60	3
16	34	25	16	52	3
17	30	23	14	54	3
18	25	20	11	55	3
19	30	23	11	54	3
20	25	20	11	55	3

解：

由分析数据可知，训练实例数 $N=20$，特征数 $M=4$，为简单起见，仅训练 30 棵树，每棵树用 2 个特征进行训练。

（1）从训练集 T 中有放回的随机抽取 N 个实例组成训练集。

（2）从 M 个特征中无放回的随机抽取两个特征 x_1、x_2。对进行训练，生成决策树。

（3）重复前两个过程，直至如下所示的生成 30 棵树。

当 $x_1=L_1, x_2=L_2$ 时的决策树如图 7-3 所示。

当 $x_1=L_1, x_2=L_3$ 时的决策树如图 7-4 所示。

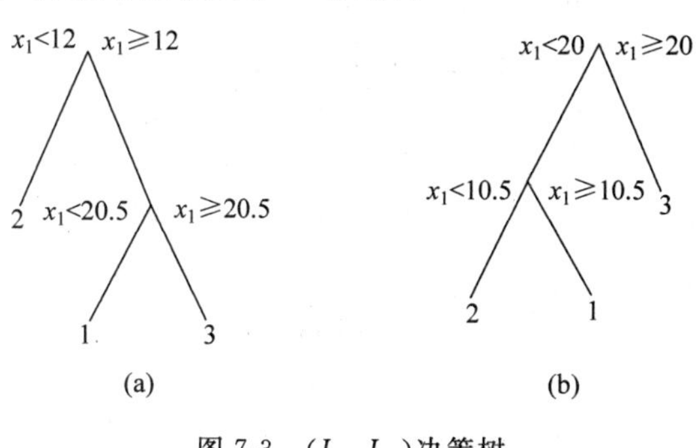

图 7-3　(L_1, L_2)决策树

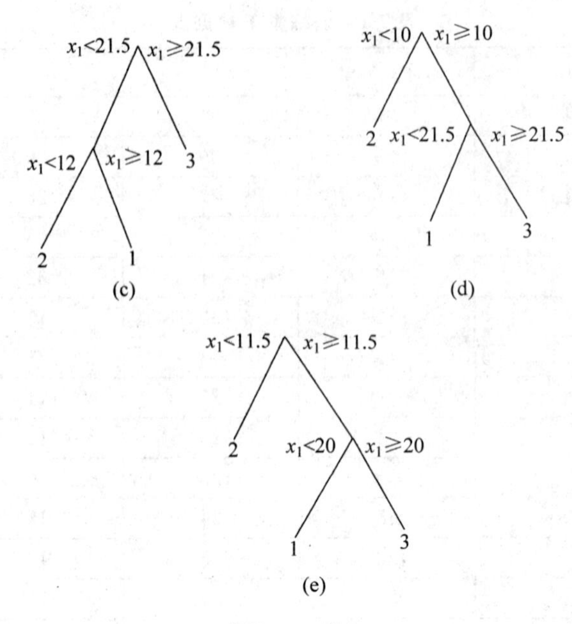

图 7-3 （续）

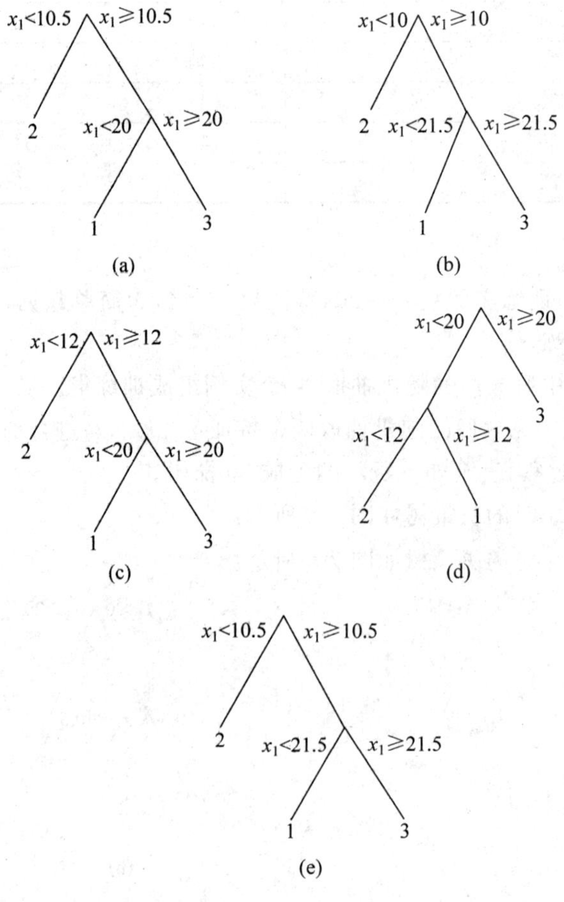

图 7-4 (L_1, L_3)决策树

当 $x_1=L_1$, $x_2=L_4$ 时的决策树如图 7-5 所示。

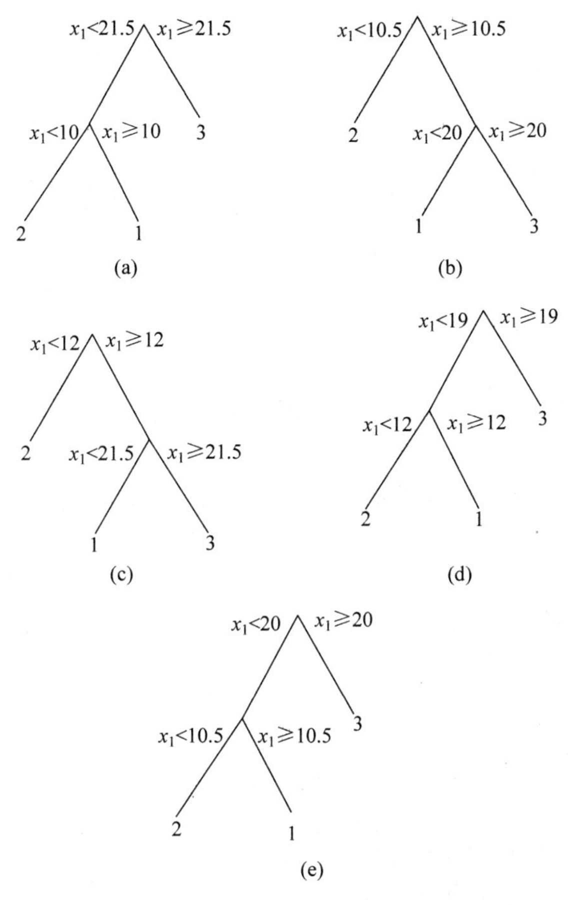

图 7-5 (L_1, L_4)决策树

当 $x_1=L_2$, $x_2=L_3$ 时的决策树如图 7-6 所示。

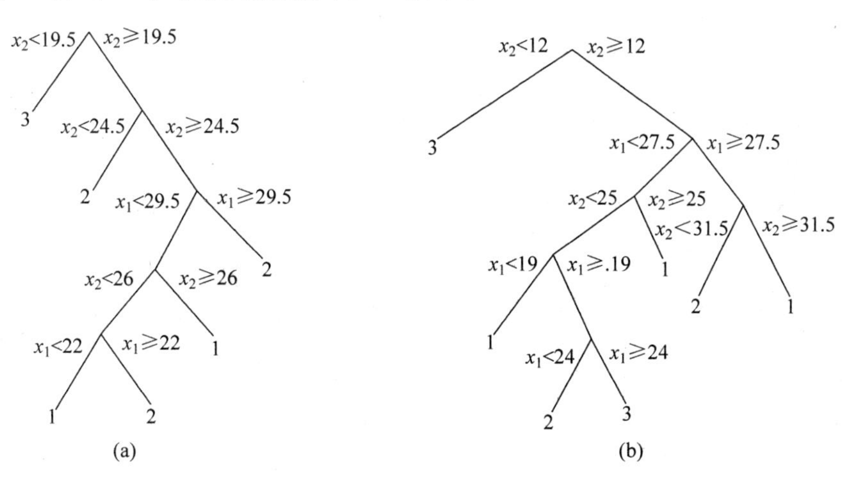

图 7-6 (L_2, L_3)决策树

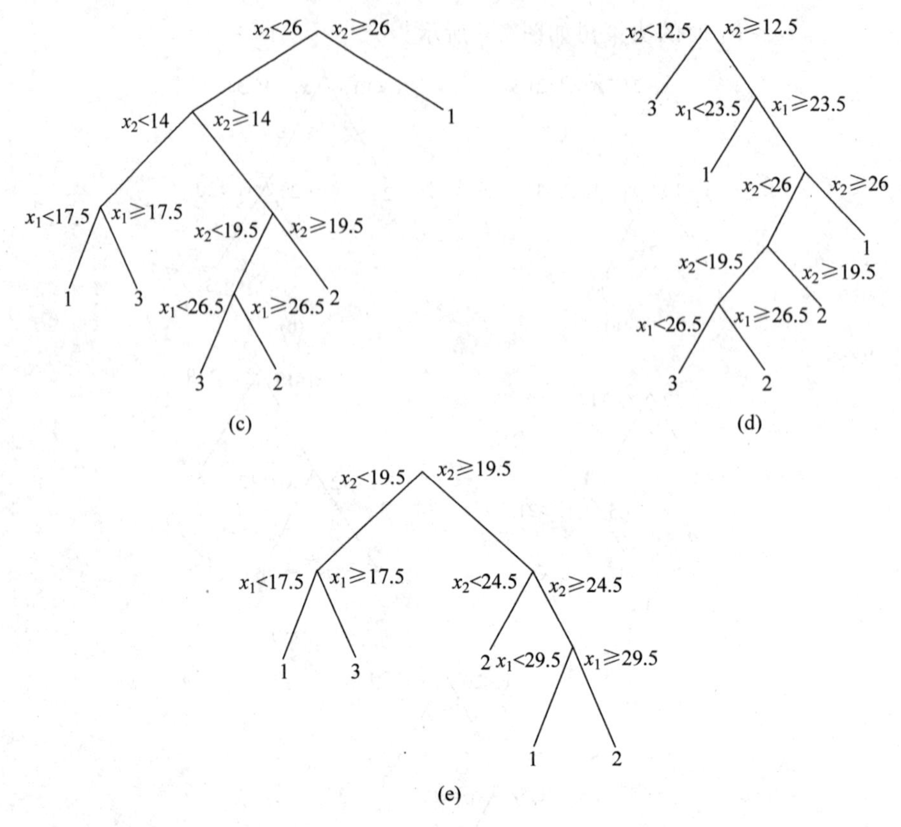

图 7-6 （续）

当 $x_1=L_2, x_2=L_4$ 时的决策树如图 7-7 所示。

当 $x_1=L_3, x_2=L_4$ 时的决策树如图 7-8 所示。

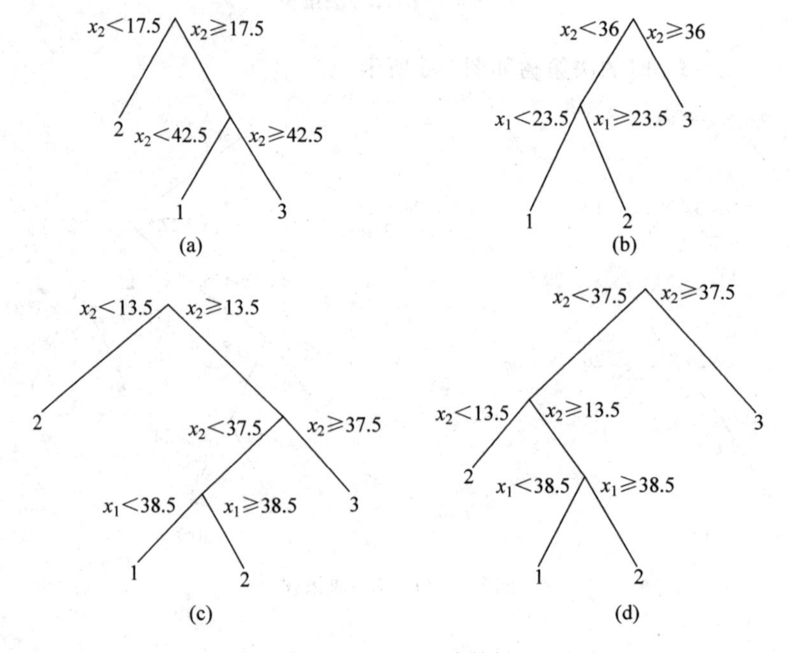

图 7-7 (L_2, L_4)决策树

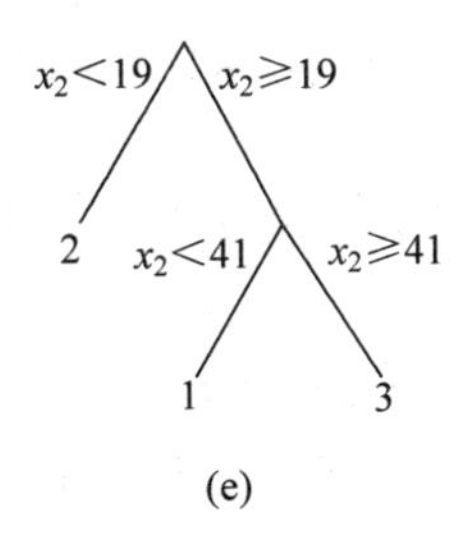

(e)

图 7-7 （续）

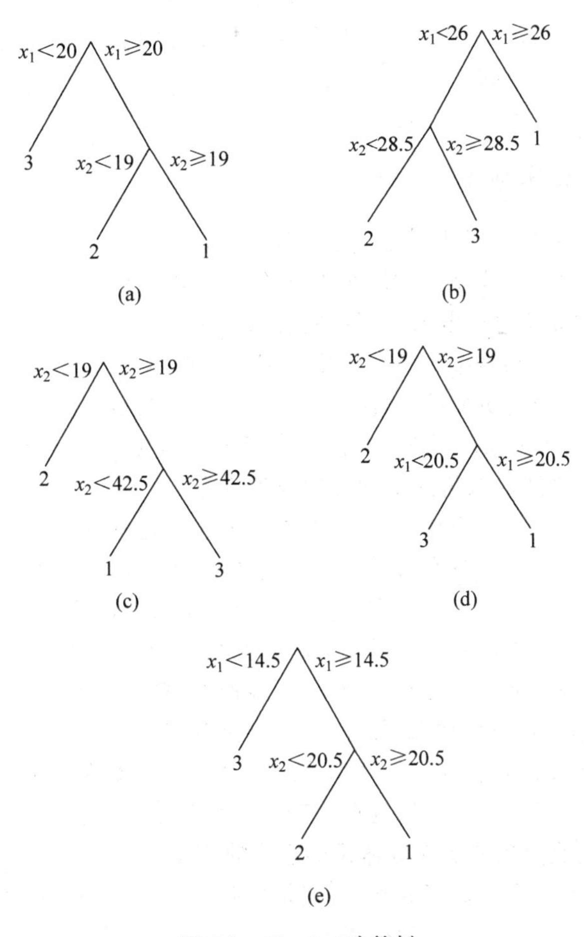

图 7-8 (L_3, L_4)决策树

在随机森林中，对于判定其类为 1 的有 15 棵树，判定其类为 2 的有 7 棵树，判定其类为 3 的有 8 棵树，所以认为是第 1 类。

7.2 随机森林算法的特点及应用

7.2.1 随机森林算法的特点

大量的理论和实证研究都证明了 RF 具有很高的预测准确率，对异常值和噪声具有很好的容忍度，且不容易出现过拟合。可以说，RF 是一种自然的非线性建模工具，随机森林的优点如下。

(1) 对于很多种资料，它可以产生高准确度的分类器。

(2) 它可以处理大量的输入变量。

(3) 它可以在决定类别时评估变量的重要性。

(4) 在建造森林时，它可以在内部对于一般化后的误差产生无偏差的估计。

(5) 它可以估计遗失的资料，并且如果有很大一部分的资料遗失，仍可以维持准确度。

(6) 对于不平衡的分类资料集来说，它可以平衡误差。

(7) 它计算各例中的亲近度，对异常检测和资料视觉化非常有用。

(8) 学习过程是很快速的。

(9) 随机森林不会产生过拟合问题。

7.2.2 随机森林算法的应用

近年来，随机森林在国内外得到了迅速发展，在医学、管理学、经济学等众多领域得到了广泛的应用。下面通过三个实例说明随机森林算法的应用情况。

1. 利用随机森林算法进行电力系统短期负荷预测

电力系统负荷预测是指从电力负荷历史数据及其影响因素数据出发，运用某种数学方法去推测未来某段时间电力负荷需求情况。文献[3] 将随机森林算法应用到负荷预测领域，同时采用灰色关联投影法选取待预测日相似日，达到简化模型训练，提高预测精度的目的。

2. 基于随机森林算法的农耕区土地利用分类研究

土地利用分类研究在调整土地利用结构、合理开发土地资源、动态监测土地利用状况等环节起着重要作用。遥感技术具有快速、宏观、同步监测等特点，为提取土地利用信息提供高效快捷的技术手段。结合遥感数据和机器学习算法进行土地利用分类一直是国内外学者的研究热点。文献[4] 基于随机森林算法，综合多季节、多时相光谱信息、纹理信息和地形信息对农耕区土地利用类型进行分类。分析不同特征信息的加入对土地利用分类结果的影响和各个特征信息在分类过程中的重要程度，并根据随机森林特征变量重要性对高维变量降维，同时评估了基于随机森林算法的多源信息综合分类方案在农耕区土地利用分类中的实用性，为监测农耕区土地利用状况、规划管理土地资源提供依据。

3. 随机森林在企业信用评估指标体系确定中的应用

企业信用评估是商业银行资产业务，特别是贷款业务经营的核心内容。建立信用评估模型的两个关键环节是选择科学的指标体系和评估方法。但迄今为止，信用评估模型指标体系的确定仍大多参考有关专家的建议，人为指定。由于各专家的观点不尽相同，目前国内信用评估研究学者所采用的指标体系也各不相同。文献[5]针对企业信用评估中样本数据指标多、噪声复杂的特点，提出了一种基于随机森林的评估指标体系确定方法，并通过实验证明使用随机森林确定的指标体系具有较好的分类准确率和泛化性能。

7.3 随机森林算法源程序结果分析

随机森林源程序包括如下文件：CARTTool. java、DecisionTree. java、RandomForestTest. java、RandomForestTool. java 和 TreeNode. java。相关程序和实验数据可从 github 中下

载,网址为 https://github.com/guanyao1/randomforest.git。

1. CARTTool.java

```
package bayes;

public class JavaBean {
    int age;
    String income;
    String student;
    String credit_rating;
    String buys_computer;
    public JavaBean(int age, String income, String student,
        String credit_rating, String buys_computer) {
        this.age = age;
        this.income = income;
        this.student = student;
        this.credit_rating = credit_rating;
        this.buys_computer = buys_computer;
    }
    public int getAge() {
        return age;
    }
    public void setAge(int age) {
        this.age = age;
    }
    public String getIncome() {
        return income;
    }
    public void setIncome(String income) {
        this.income = income;
    }
    public String getStudent() {
        return student;
    }
    public void setStudent(String student) {
        this.student = student;
    }
    public String getCredit_rating() {
        return credit_rating;
    }
    public void setCredit_rating(String credit_rating) {
        this.credit_rating = credit_rating;
    }
    public String getBuys_computer() {
        return buys_computer;
```

```
    }
    public void setBuys_computer(String buys_computer) {
        this.buys_computer = buys_computer;
    }
    @Override
    public String toString() {
        return "JavaBean [age = " + age + ", income = " + income + ", student = "
                + student + ", credit_rating = " + credit_rating
                + ", buys_computer = " + buys_computer + "]";
    }
}
```

2. DecisionTree.java

```
package randomforest;

import java.util.ArrayList;
import java.util.HashMap;
import java.util.Map;

//决策树
public class DecisionTree {
    //树的根结点
    TreeNode rootNode;
    //数据的属性列名称
    String[] featureNames;
    //这棵树所包含的数据
    ArrayList<String[]> datas;
    //决策树构造的工具类
    CARTTool tool;
    public DecisionTree(ArrayList<String[]> datas) {
        this.datas = datas;
        this.featureNames = datas.get(0);
        tool = new CARTTool(datas);
        //通过 CART 工具类进行决策树的构建,并返回树的根结点
        rootNode = tool.startBuildingTree();
    }
    /* 根据指定的数据特征描述进行类别的判断
     * @param features
     */
    public String decideClassType(String features) {
        String classType = "";
        //查询属性组
        String[] queryFeatures;
        // 在本决策树中对应的查询的属性值描述
        ArrayList<String[]> featureStrs;
```

```
        featureStrs = new ArrayList();
        queryFeatures = features.split(",");
        String[] array;
        for (String name : featureNames) {
            for (String featureValue : queryFeatures) {
                array = featureValue.split("=");
                //将对应的属性值加入到列表中
                if (array[0].equals(name)) {
                    featureStrs.add(array);
                }
            }
        }

        //开始从根结点往下递归搜索
        classType = recusiveSearchClassType(rootNode, featureStrs);
        return classType;
    }
    /* 递归搜索树,查询属性的分类类别
     * @param node        当前搜索到的结点
     * @param remainFeatures      剩余未判断的属性
     * @return
     */
    private String recusiveSearchClassType(TreeNode node,
            ArrayList<String[]> remainFeatures) {
        String classType = null;

        //如果结点包含了数据的 id 索引,说明分类到底了
        if (node.getDataIndex() != null && node.getDataIndex().size() > 0) {
            classType = judgeClassType(node.getDataIndex());
            return classType;
        }
        //取出剩余属性中的一个匹配属性作为当前的判断属性名称
        String[] currentFeature = null;
        for (String[] featueValue : remainFeatures) {
            if (node.getAttrname().equals(featueValue[0])) {
                currentFeature = featueValue;
                break;
            }
        }
        for (TreeNode childNode : node.getChildAttrNode()) {
            //寻找结点中属于此属性值的分支
            if (childNode.getParentAttrValue().equals(currentFeature[1])) {
                remainFeatures.remove(currentFeature);
                classType = recusiveSearchClassType(childNode, remainFeatures);
                //如果找到了分类结果,则直接跳出循环
```

```
            break;
        } else {
            //进行第二种情况的判断加上!符号的情况
            String value = childNode.getParentAttrValue();
            if (value != null && value.charAt(0) == '!') {
                //去掉第一个"!"字符
                value = value.substring(1, value.length());
                if (!value.equals(currentFeature[1])) {
                    remainFeatures.remove(currentFeature);
                    classType = recusiveSearchClassType(childNode,
                    remainFeatures);
                    break;
                }
            }
        }
    }
    return classType;
}
/* 根据得到的数据行分类进行类别的决策
 * @param dataIndex    根据分类的数据索引号
 * @return
 */
private String judgeClassType(ArrayList<String> dataIndex) {
    //结果类型值
    String resultClassType = "";
    String classType = "";
    int count = 0;
    int temp = 0;
    Map<String, Integer> type2Num = new HashMap<String, Integer>();
    for (String index : dataIndex) {
        temp = Integer.parseInt(index);
        //取出最后一列的决策类别数据
        classType = datas.get(temp)[featureNames.length - 1];
        if (type2Num.containsKey(classType)) {
            //如果类别已经存在,则使计数加 1
            count = type2Num.get(classType);
            count++;
        } else {
            count = 1;
        }
        type2Num.put(classType, count);
    }
    //选出其中类别支持技术最多的一个类别值
    count =-1;
    for (Map.Entry entry : type2Num.entrySet()) {
```

```
            int entryValue = Integer.parseInt(entry.getValue().toString());
            if (entryValue > count) {
                count = entryValue;
                resultClassType = (String) entry.getKey();
            }
        }
        return resultClassType;
    }
}
```

3. RandomForestTest.java

```
package randomforest;

import java.io.IOException;
import java.text.MessageFormat;
public class RandomForestTest {

    /* 随机森林算法测试场景
     * @throws IOException
     */
    public static void main(String[] args) throws IOException {
        String filePath = "C:\\Users\\wang4\\Desktop\\input.txt";
        String queryStr = "Age = Youth, Income = Low, Student = No, CreditRating = Fair";
        String resuleClassType = "";
        //决策树的样本占综述的占比率
        double sampleNumRatio = 0.4;
        //样本数据的采集特征数量占总特征的比例
        double featureNumRatio = 0.5;
        RandomForestTool tool = new RandomForestTool(filePath, sampleNumRatio,
        featureNumRatio);
        tool.constructRandomTree();
        resuleClassType = tool.judgeClassType(queryStr);
        System.out.println();
        System.out
                .println(MessageFormat.format(
                        "查询属性描述{0},预测的分类结果为 BuysCompute:{1}", queryStr,
                        resuleClassType));
    }
}
```

4. RandomForestTool.java

```
package randomforest;

import java.io.BufferedReader;
import java.io.File;
```

```
import java.io.FileNotFoundException;
import java.io.FileReader;
import java.io.IOException;
import java.util.ArrayList;
import java.util.HashMap;
import java.util.Map;
import java.util.Random;

//随机森林算法工具类
public class RandomForestTool {
    //测试数据文件地址
    private String filePath;
    //决策树的样本占综述的占比率
    private double sampleNumRatio;
    //样本数据的采集特征数量占总特征的比例
    private double featureNumRatio;
    //决策树的采样样本
    private int sampleNum;
    //样本数据的采集采样特征数
    private int featureNum;
    //随机森林中的决策树的数目,等于总的数据数/用于构造每棵树的数据的数量
    private int treeNum;
    //随机数产生器
    private Random random;
    //样本数据列属性名称行
    private String[] featureNames;
    //原始的总的数据
    private ArrayList<String[]> totalDatas;
    //决策树森林
    private ArrayList<DecisionTree> decisionForest;

    public RandomForestTool(String filePath, double sampleNumRatio,
        double featureNumRatio) throws IOException {
        this.filePath = filePath;
        this.sampleNumRatio = sampleNumRatio;
        this.featureNumRatio = featureNumRatio;
        readDataFile();
    }

    /* 从文件中读取数据
     * @throws IOException
     */
    private void readDataFile() throws IOException {
        File file = new File(filePath);
        ArrayList<String[]> dataArray = new ArrayList<String[]>();
```

```
    try {
        BufferedReader in = new BufferedReader(new FileReader(file));
        String str = "";
        String[] tempArray;
        while ((str = in.readLine()) != null) {
            tempArray = str.split(" ");
            dataArray.add(tempArray);
        }
        in.close();
    } catch (FileNotFoundException e) {
        e.printStackTrace();
    }
    totalDatas = dataArray;
    featureNames = totalDatas.get(0);
    sampleNum = (int) ((totalDatas.size() - 1) * sampleNumRatio);
    //算属性数量的时候需要去掉 id 属性和决策属性,用条件属性计算
    featureNum = (int) ((featureNames.length - 2) * featureNumRatio);
    //算数量的时候需要去掉首行属性名称行
    treeNum = (totalDatas.size() - 1) / sampleNum;
}

//产生决策树
private DecisionTree produceDecisionTree() {
    int temp = 0;
    DecisionTree tree;
    String[] tempData;
    //采样数据的随机行号组
    ArrayList<Integer> sampleRandomNum;
    //采样属性特征的随机列号组
    ArrayList<Integer> featureRandomNum;
    ArrayList<String[]> datas;
    sampleRandomNum = new ArrayList<Integer>();
    featureRandomNum = new ArrayList<Integer>();
    datas = new ArrayList<String[]>();
    for (int i = 0; i < sampleNum;) {
        temp = random.nextInt(totalDatas.size());
        //如果是行首属性名称行,则跳过
        if (temp == 0) {
            continue;
        }
        if (!sampleRandomNum.contains(temp)) {
            sampleRandomNum.add(temp);
            i++;
        }
    }
```

```
        for (int i = 0; i < featureNum;) {
            temp = random.nextInt(featureNames.length);

            //如果是第一列的数据 id 号或者是决策属性列,则跳过
            if (temp == 0 || temp == featureNames.length - 1) {
                continue;
            }
            if (!featureRandomNum.contains(temp)) {
                featureRandomNum.add(temp);
                i++;
            }
        }
        String[] singleRecord;
        String[] headCulumn = null;
        //获取随机数据行
        for (int dataIndex : sampleRandomNum) {
            singleRecord = totalDatas.get(dataIndex);
            //每行的列数 = 所选的特征数 + id 号
            tempData = new String[featureNum + 2];
            headCulumn = new String[featureNum + 2];
            for (int i = 0, k = 1; i < featureRandomNum.size(); i++, k++) {
                temp = featureRandomNum.get(i);
                headCulumn[k] = featureNames[temp];
                tempData[k] = singleRecord[temp];
            }

            //加上 id 列的信息
            headCulumn[0] = featureNames[0];
            //加上决策分类列的信息
            headCulumn[featureNum + 1] = featureNames[featureNames.length - 1];
            tempData[featureNum + 1] = singleRecord[featureNames.length - 1];

            //加入此行数据
            datas.add(tempData);
        }

        //加入行首列出现名称
        datas.add(0, headCulumn);
        //对筛选出的数据重新做 id 分配
        temp = 0;
        for (String[] array : datas) {
            //从第 2 行开始赋值
            if (temp > 0) {
                array[0] = temp + "";
            }
```

```
            temp++;
        }
        tree = new DecisionTree(datas);
        return tree;
    }

    //构造随机森林
    public void constructRandomTree() {
        DecisionTree tree;
        random = new Random();
        decisionForest = new ArrayList();
        System.out.println("下面是随机森林中的决策树:");
        //构造决策树加入森林中
        for (int i = 0; i < treeNum; i++) {
            System.out.println("\n决策树" + (i + 1));
            tree = produceDecisionTree();
            decisionForest.add(tree);
        }
    }
    /* 根据给定的属性条件进行类别的决策
     * @param features    给定的已知的属性描述
     * @return
     */
    public String judgeClassType(String features) {
        //结果类型值
        String resultClassType = "";
        String classType = "";
        int count = 0;
        Map<String, Integer> type2Num = new HashMap<String, Integer>();
        for (DecisionTreetree : decisionForest) {
            classType = tree.decideClassType(features);
            if (type2Num.containsKey(classType)) {
                //如果类别已经存在,则使其计数加1
                count = type2Num.get(classType);
                count++;
            } else {
                count = 1;
            }
            type2Num.put(classType, count);
        }
        //选出其中类别支持计数最多的一个类别值
        count =-1;
        for (Map.Entry entry : type2Num.entrySet()) {
            int entryValue = Integer.parseInt(entry.getValue().toString());
            if (entryValue > count) {
```

```
                    count = entryValue;
                    resultClassType = (String) entry.getKey();
                }
            }
            return resultClassType;
        }
}
```

5. TreeNode.java

```
package randomforest;
import java.util.ArrayList;

public class TreeNode {
    //结点属性名称
    private String attrname;
    //结点索引标号
    private int nodeIndex;
    //包含的叶子结点数
    private int leafNum;
    结点误差率
    private double alpha;
    //父亲分类属性值
    private String parentAttrValue;
    孩子结点
    private TreeNode[] childAttrNode;
    //数据记录索引
    private ArrayList<String> dataIndex;

    public String getAttrname() {
        return attrname;
    }
    public void setAttrname(String attrname) {
        this.attrname = attrname;
    }
    public int getNodeIndex() {
        return nodeIndex;
    }
    public void setNodeIndex(int nodeIndex) {
        this.nodeIndex = nodeIndex;
    }
    public int getLeafNum() {
        return leafNum;
    }
    public void setLeafNum(int leafNum) {
        this.leafNum = leafNum;
```

```java
    }
    public double getAlpha() {
        return alpha;
    }
    public void setAlpha(double alpha) {
        this.alpha = alpha;
    }
    public String getParentAttrValue() {
        return parentAttrValue;
    }
    public void setParentAttrValue(String parentAttrValue) {
        this.parentAttrValue = parentAttrValue;
    }
    public TreeNode[] getChildAttrNode() {
        return childAttrNode;
    }
    public void setChildAttrNode(TreeNode[] childAttrNode) {
        this.childAttrNode = childAttrNode;
    }
    public ArrayList<String> getDataIndex() {
        return dataIndex;
    }
    public void setDataIndex(ArrayList<String> dataIndex) {
        this.dataIndex = dataIndex;
    }
}
```

程序运行结果如图 7-9 所示。

```
下面是随机森林中的决策树:

决策树1

    --!--【1:CreditRating】
        --Excellent--【2】类别:No[1, ]
        --!Excellent--【3:Student】
                --No--【4】类别:Yes[3, 4, 5, ]
                --!No--【5】类别:Yes[2, ]
决策树2

    --!--【1:CreditRating】
        --Fair--【2:Age】
                --Youth--【4】类别:No[4, ]
                --!Youth--【5】类别:Yes[1, 5, ]
        --!Fair--【3】类别:No[2, 3, ]
查询属性描述Age=Youth,Income=Low,Student=No,CreditRating=Fair,预测的分类结果为 BuysCompute:Yes
```

图 7-9　随机森林程序运行结果

当测试的数据是 Age=Youth,Income=Low,Student=No,careditRating=Fair 时,从运行结果得到两个决策树,两个决策树对每个属性值都作出了准确的预测;最后给出的预测结果是 Yes,也就是会买电脑。

7.4 基于阿里云数加平台的随机森林分类实例

随机森林是一个包含多个决策树的分类器,并且其输出的类别是由单棵树输出的类别的众数而定,其操作思路与逻辑回归分类算法一致。这里使用第 5 章中的数据来操作随机森林算法,其流程图如图 7-10 所示,其中左侧数据为带有标签的训练集,右侧为不带标签的预测集。

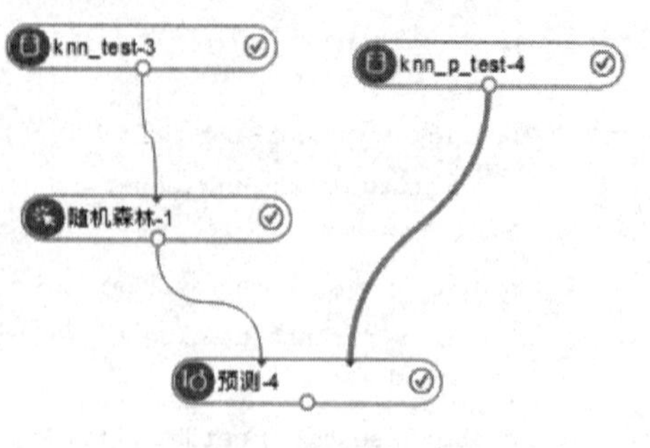

图 7-10 操作流程图

随机森林的字段信息与参数设置如图 7-11 所示,其中,字段设置前三项在第 6 章已有解释,这里没有权重列。故权重列列名可不填写,标签列选择的是“label”列。参数设置中需要注意的是,单棵树的算法在随机森林中的位置,如果有,则长度为 2。例如有 n 棵树,algorithmTypes=[a,b],则[0,a) 是 id3,[a,b) 是 cart,[b,n) 是 c4.5。例如,在一个拥有 5 棵树的森林中,[2, 4]表示 0,1 为 id3 算法,2、3 为 cart 算法,4 为 c4.5 算法。如果输入为 None,则算法在森林中均分;单棵树随机特征数为单棵树在生成时,每次分列时选择的随机的特征个数。

字段设置 参数设置
选择特征列 可选
已选择 4 个字段
排除列 可选,但不可与特征列共存
选择字段
强制转换列 可选, bigint解析成categorical
选择字段
权重列的列名 可选
标签列 必选
label

(a)

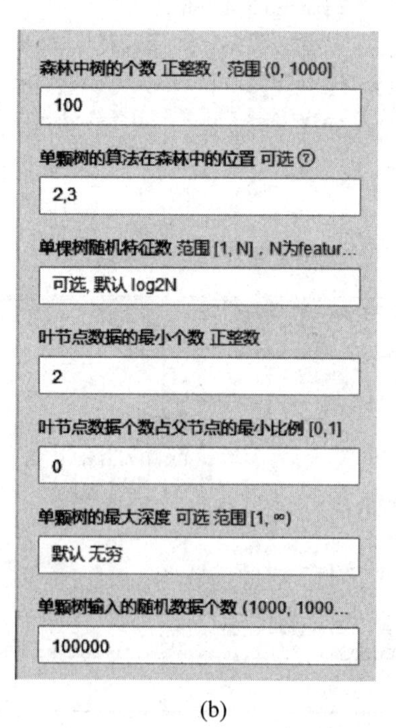

(b)

图 7-11 随机森林字段设置与参数设置图

预测的实验结果如图 7-12 所示,与 KNN 算法得到的预测结果一致。

生成的模型如图 7-13 所示。单击左侧菜单栏模型 1 随机森林,右击查看模型。

prediction_result ▲	prediction_score ▲	prediction_detail ▲
bad	0.58	{"bad": 0.58, "good": 0.42}
bad	0.9033333333333...	{"bad": 0.9033333333333334, "good": 0.0966666666666666}
bad	0.9775	{"bad": 0.9775, "good": 0.0225}
good	0.7283333333333...	{"bad": 0.2716666666666667, "good": 0.7283333333333334}

图 7-12　预测组件的实验结果

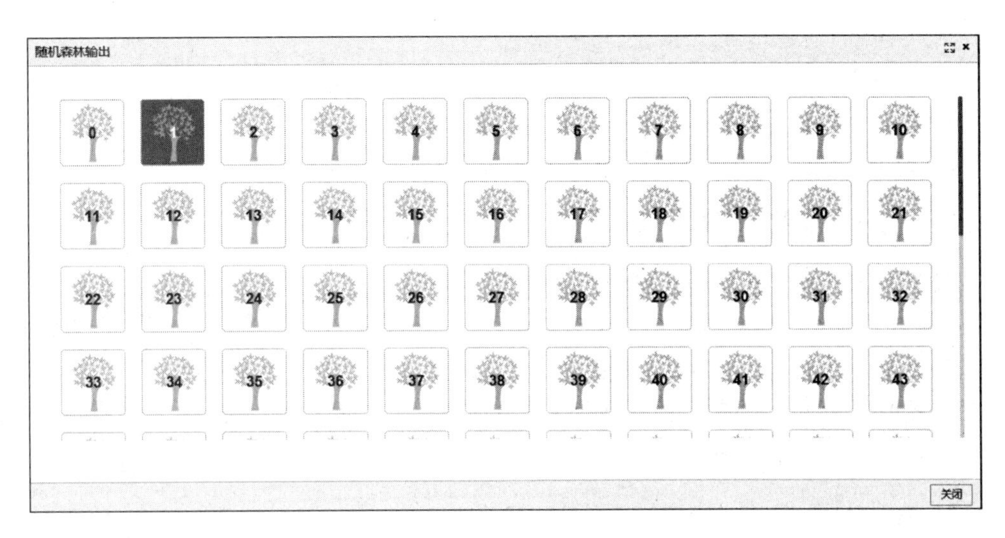

图 7-13　随机森林输出

7.5　小　　结

机器学习中,随机森林是一个包含多个决策树的分类器,并且其输出的类别是由个别树输出的类别的众数而定。随机森林算法有很多优点,如分类精度高、对不平衡的分类资料可以平衡误差、学习过程快、不会产生过拟合问题等。

思　考　题

1. 简介随机森林算法的原理。
2. 阐述随机森林算法的特点。
3. 基于阿里云数加平台进行随机森林算法应用操作。

第8章 支持向量机

8.1 基本概念

8.1.1 支持向量机理论基础

在统计学习理论基础之上发展起来的支持向量机(Support Vector Machine,SVM)算法,是一种专门研究有限样本预测的学习方法。与传统统计学相比,SVM算法没有以传统的经验风险最小化原则作为基础,而是建立在结构风险最小化原理基础之上,发展成为一种新型的结构化学习方法。统计学习理论是支持向量机理论发展的基础,为了进一步深入研究SVM,需要对统计学习的核心理论进行深入理解。

8.1.2 统计学习核心理论

统计学习理论被认为是目前针对小样本统计估计和预测学习的最佳理论,它从理论上较系统地研究了经验风险最小化原则成立的条件,有限样本下经验风险与期望风险的关系,及如何利用这些理论找到新的学习原则。一般来说,经验风险最小并不一定意味着期望风险最小。学习的复杂性不但与学习目标有关,而且还要考虑样本集的有限性,这就是有限样本下学习机器的复杂性和泛化能力之间的矛盾。因此,需要一种新的学习原则来代替传统的经验风险最小化原则,它能够指导我们在有限样本或小样本情况下获得具有优异泛化能力的学习机器。结构风险最小归纳原理的出现一举解决了这个难题,它包括了学习的一致性、边界的理论和结构风险最小化原理等部分,它所提出的结构风险最小化归纳学习过程克服了经验风险最小化的缺点,获得了更好的学习效果。

8.1.3 学习过程的一致性条件

学习过程的一致性条件是统计学习理论的基础,也是与传统渐近统计学的基本联系所在。所谓学习过程的一致性(consistency),就是指当训练样本数目趋于无穷大时,经验风险的最优值能够收敛到真实风险的最优值。只有满足学习过程一致性条件,才能保证在学习样本无穷大时,经验风险最小化原则下得到的最优学习机器的性能趋近于期望风险最小时的最优结果,只有满足一致性条件,才能说明学习方法是有效的。经验风险和期望风险之间的这种关系可以用图8-1表述,其中$R(\alpha_l)$为实际可能的最小风险。

定义8.1:一致性:$(x_1,y_1),(x_2,y_2),\cdots,(x_i,y_i)$是按照概率分布$F(x,y)$得到的独立同分布的观测样本集合,$f(x,\alpha_l)$是函数集$\Gamma$中使得经验风险$R_{\text{emp}}(\alpha_l)$最小化的预测函数。

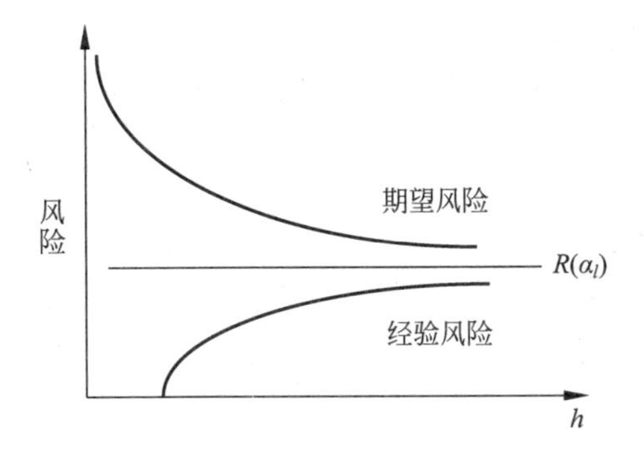

图 8-1　经验风险和期望风险关系示意图

若对任意的 $\varepsilon>0$，有

$$\lim_{l\to\infty} P\{(R(\alpha_l)-\inf_{f\in\Gamma}R(\alpha))>\varepsilon\}=0 \tag{8-1}$$

$$\lim_{l\to\infty} P\{(R_{\mathrm{emp}}(\alpha_l)-\inf_{f\in\Gamma}R(\alpha))>\varepsilon\}=0 \tag{8-2}$$

则称经验风险最小化原则对于函数集 Γ 和概率分布 $F(x,y)$ 是一致的。换言之，如果经验风险最小化是一致的，那么它必须提供一个函数序列 $f(x,\alpha_l)$，$l=1,2,\cdots$，使得期望风险和经验风险收敛到一个可能的最小风险值。

定理 8.1：设存在常数 A 和 B，使得对于函数集 $\Gamma=\{f(x,\alpha)|\alpha\in\Lambda\}$ 的所有函数和给定的概率分布 $F(x,y)$ 有下列不等式成立：

$$A\leqslant\int L(y,f(x,\alpha))\mathrm{d}F(x,y)\leqslant B,\quad \alpha\in\Lambda \tag{8-3}$$

则经验风险最小化原则一致性的充分必要条件是：经验风险 $R_{\mathrm{emp}}(\alpha_l)$ 在整个函数集 Γ 上一致单边收敛到期望风险 $R(\alpha)$，即

$$\lim_{l\to\infty} P\{\sup(R(\alpha)-R_{\mathrm{emp}}(\alpha_l))>\varepsilon\}=0,\quad f\in\Gamma,\forall\varepsilon>0 \tag{8-4}$$

$L()$ 是损失函数，定理 8.1 是 Vapnik 和 Chervonenkis 于 1989 年提出的，在统计学习理论中具有非常重要的地位，因此称为学习理论的关键定理。它把学习一致性的问题转化为一致收敛问题，解释了经验风险最小化原则在什么条件下可以保证是一致的，但它并没有给出什么样的函数集才能够满足这些条件，也没有说明如何对事件 $\sup(R(\alpha)-R_{\mathrm{emp}}(\alpha_l))>\varepsilon$，$f\in\Gamma$ 出现的概率进行估计。为此统计学习理论定义了一些指标来衡量函数集的性能，其中最重要的是函数集的 VC 维。

8.1.4　函数集的 VC 维

VC 维是统计学习理论中的一个核心概念，它是目前为止描述函数集学习性能的最好指标，并且在计算函数集与分布无关的泛化能力界中起着重要作用。指示函数集的 VC 维的直观定义是：对于一个指示函数集，如果存在 h 个样本能够被函数集里的函数按照所有可能的 2^h 种组合分成两类，则称函数集能够把样本数为 h 的样本集打散(shattering)。函数集的 VC 维就是它能打散的最大样本数目 h。若对任意数目的样本，函数集下都有函数能将它们打散，则称函数集的 VC 维是无穷大的，如图 8-2 所示。

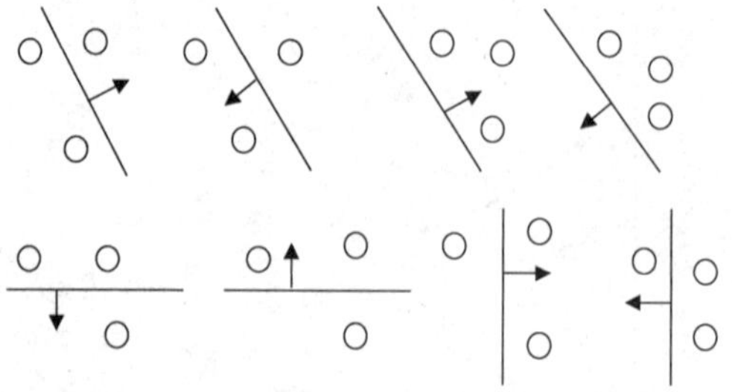

图 8-2　打散 3 个样本

可以看出，VC 维实质上反映了函数集的学习能力。一般而言，VC 维越大，则学习机器越复杂，学习容量也就越大。令人遗憾的是，目前尚没有通用的关于如何计算任意函数集的 VC 维的方法，只有一些特殊的函数集的 VC 维可以准确地知道。例如，n 维空间中的任意线性函数集的 VC 维是 $n+1$。而对于一些比较复杂的学习机器(如神经网络)，其 VC 维除了与函数集选择有关外，通常也受学习算法等因素的影响，确定起来将更加困难。实际应用中，通常采用精妙的数学技巧避免直接求解 VC 维。

8.1.5　泛化误差界

统计学习理论从 VC 维的概念出发，推导出关于经验风险和期望风险之间关系的重要结论，称作泛化误差界，这些界是分析学习机器性能和发展新的学习算法的重要基础。统计学习理论中给出了如下估计真实风险的不等式：对于任意 $\alpha\in\Gamma$，(Γ 是抽象参数集合)，以至少 $1-\eta$ 的概率满足下列不等式：

$$R(\alpha)\leqslant R_{\mathrm{emp}}(\sigma)+\psi(h/l) \tag{8-5}$$

其中，$\psi(h/l)=\sqrt{\dfrac{h(\ln(2l/h)+1)-\ln(\eta/4)}{l}}$，$R_{\mathrm{emp}}(\alpha)$表示经验风险，$\psi(h/l)$称为置信风险，$l$ 代表样本个数，参数 h 则为一个函数集合的 VC 维。上述不等式说明了学习机器的期望风险是由两部分组成的：第一部分是经验风险(学习误差引起的损失)，依赖于预测函数的选择；另一部分称为置信范围，是关于函数集 VC 维 h 的增函数。显然，如果 l/h 较大，期望风险值由经验风险值决定，此时为了最小化期望风险，只需要最小化经验风险；相反，如果 l/h 较小，经验风险最小并不能保证期望风险一定最小，此时必须同时考虑不等式(8-5)右端的两项之和，称之为结构风险。

8.1.6　结构风险最小化归纳原理

结构风险最小化归纳原理的基本思想是：如果要求风险最小，就需要不等式(8-5)中右端的两项相互权衡，共同趋于最小。另外，在获得学习模型经验风险最小的同时，希望学习模型的推广能力尽可能大，这样就需要 h 值尽可能小，即置信风险尽可能小。根据风险估计不等式，如果固定训练样本数目 l 的大小，则控制风险 $R(\alpha)$的参数有两个：$R_{\mathrm{emp}}(\alpha)$和 h。其中经验风险 $R_{\mathrm{emp}}(\alpha)$依赖于学习机器所选定的函数 $f(\alpha,x)$，所以可以通过控制 α 来控制经验风险。VC 维 h 依赖于学习机器所工作的函数集合。为了获得对 h 的控制，可以将函数集合结构化，建立 h 与各函数子结构之间的关系，通过控制对函数结构的选择来达到控制

VC 维 h 的目的。具体地，运用以下方法将函数集合$\{f(x,\sigma)|\sigma\in\Gamma\}$结构化。考虑函数的嵌套子集决定的函数集合，即 $S_1\subset S_2\cdots\subset S_k\cdots\subset S_n$，其中 $S_k=\{f(x,\sigma)|\sigma\in\Gamma_k\}$，并且有 $S^*=\bigcup_k S_k$。结构 S^* 中的任何元素 S_k 拥有一个有限的 VC 维 h_k 且 $h_1\leqslant h_2\leqslant\cdots\leqslant h_n$，如果给定一组样本$(x_1,y_1),(x_2,y_2),\cdots,(x_l,y_l)$，结构风险最小化原理就是在函数子集 S_k 中选择一个函数 $f(\sigma_l^k,x)$最小化经验风险(通常它随着子集的复杂度的增加而减小)，同时 S_k 确保置信风险是最小的。选择最小经验风险与置信风险之和最小的子集就可以达到期望风险最小，这个子集中使经验风险最小的函数就是要求的最优函数，这种思想称为结构风险最小化。根据以上的分析，可以得到两种运用结构风险最小化归纳原理构造学习机器的思路。

(1) 给定一个函数集合，按照上述方法组织一个嵌套的函数结构，在每个子集中求取最小经验风险，然后选择经验风险与置信风险之和最小的子集。但是，当子集数目较大时，该方法较为费时，甚至不可行。

(2) 构造函数集合的某种结构，使得在其中的各函数子集均可以取得最小的经验风险(例如，使训练误差为 0)，然后选择适当的子集使得置信风险最小，此时相应的函数子集中使得经验风险最小的函数就是所求解的最优函数。支持向量机就是这种思想的具体体现。

8.2 支持向量机原理

8.2.1 支持向量机核心理论

支持向量机(Support Vector Machine, SVM)是在统计学习理论的 VC 维理论和结构风险最小原理的基础上发展起来的一种新的机器学习方法。它根据有限的样本信息在模型的复杂性(即对特定训练样本的学习精度)和学习能力(即无错误地识别任意样本的能力)之间寻求最佳折中，以期获得最好的推广能力。目前 SVM 初步表现出很多优于已有方法的性能，一些学者认为，SVM 正在成为继神经网络之后新的研究热点，并将推动机器学习理论和技术的重大发展。

8.2.2 最大间隔分类超平面

支持向量机最初是针对线性可分情况下的二类模式分类问题而提出的。给定观测样本集 $S=\{(x_1,y_1),(x_2,y_2),\cdots\}\subset X\times\{-1,1\}$，其中 $X\subset R^n$ 称为输入空间或输入特征空间，$y_i\in\{-1,1\}$是样本的类标记。分类的目的就是找一个分类超平面，将正负两类完全分开，如图 8-3 所示。

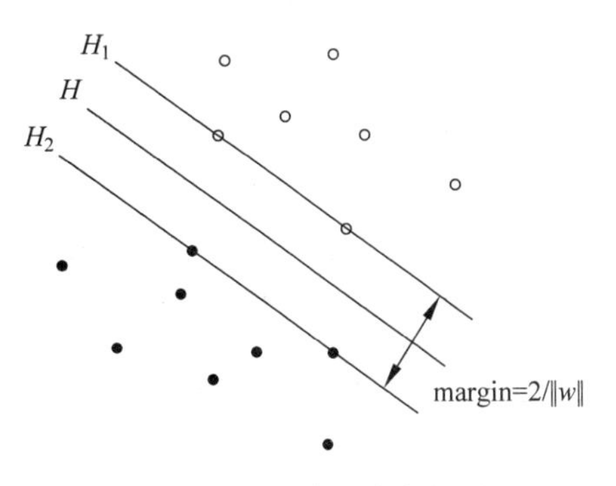

图 8-3 线性可分的分类超平面

设 $G=\{w\cdot x+b=0|w\in R^n,\ x\in X,\ b\in R\}$是所有能够对 S 完全正确分类(经验风险为 0)的超平面的集合。其中“·”是内积运算符。“完全正确分类”的意义是：任意一个法向量 w(不失一般性，令$\|w\|=1$)和常数 b 所确定分类超平面 H，它对样本集 S 的分类结果为

$$w \cdot x_i + b \geqslant 0, \quad 若\ y_i = +1 \tag{8-6}$$

$$w \cdot x_i + b \leqslant 0, \quad 若\ y_i = -1 \tag{8-7}$$

在所有的超平面中，最大间隔分类器要寻找的是一个最优超平面(optimal hyperplane)。这个最优超平面是指满足两类的分类间隔(Margin)最大的超平面，其中分类间隔被定义为：每类距离超平面最近的样本到超平面的距离之和。

此分类间隔可以经过如下的计算得到：设超平面 H：$y=w \cdot x+b=0$ 为最优超平面，在 H 两侧分别作一个经过距离 H 最近的样本并且平行与 H 的超平面，记为 H_1 和 H_2。这两个超平面的表达式分别为

$$H_1: y = w \cdot x + b = 1, \quad H_2: y = w \cdot x + b = -1 \tag{8-8}$$

显然，超平面 H：$y=w \cdot x+b=0$ 仍然属于 G。我们把超平面 H_1 和 H_2 之间的距离称为 H 的"分类间隔 Δ"，并将 H_1 和 H_2 称为 H 的"间隔超平面"或者"间隔边界"。容易计算 $\Delta=\dfrac{2}{\|w\|}=d^+ + d^-$。

所谓的"最大间隔分类超平面"就是在正确分类所有学习样本(即满足约束条件 $y_i(w \cdot x_i+b) \geqslant 1$ 的前提下)，使得分类间隔 Δ 取最大值的超平面，例如，图 8-3 中所示的平面 H。

8.2.3 支持向量机

1. 数据线性可分的情况

为了求解线性可分情况下的最大间隔超平面，需要在满足约束：$y_i[w \cdot x_i+b] \geqslant 1, i=1,\cdots,n$，的前提下最大化间隔 Δ，等价于如下的优化问题：

$$\min_{w,b} \frac{1}{2}\|w\|^2 \tag{8-9}$$

约束条件是 $y_i[w \cdot x_i+b] \geqslant 1, i=1,\cdots,n$。

这是一个典型的线性约束凸二次规划问题，它唯一确定了最大间隔分类超平面。引入拉格朗日乘子 $\alpha_i \geqslant 0, i=1,\cdots,n$，根据目标函数及其约束条件建立 Lagrange 函数。

$$L(w,b,\alpha) = \frac{1}{2}\|w\|^2 - \sum_{i=1}^{n} \alpha_i (y_i (w \cdot x_i + b) - 1) \tag{8-10}$$

将 Lagrange 函数求关于 w、b 的极小值，即由极值条件 $\nabla_b L(w,b,\alpha)=0$ 和 $\nabla_w L(w,b,\alpha)=0$ 得到如下算式

$$\sum_{i=1}^{n} \alpha_i y_i = 0, \quad w = \sum_{i=1}^{n} \alpha_i y_i x_i \tag{8-11}$$

将上式代入 Lagrange 函数 $L(w,b,\alpha)$，可整理得

$$L = \sum_{i=1}^{n} \alpha_i - \frac{1}{2} \sum_{i=1}^{n} \sum_{j=1}^{n} \alpha_i \alpha_j y_i y_j (x_i x_j) \tag{8-12}$$

考虑 Wolf 对偶性质，即可得到优化问题的对偶问题：

$$\max -\frac{1}{2} \sum_{i=1}^{n} \sum_{j=1}^{n} \alpha_i \alpha_j y_i y_j (x_i x_j) + \sum_{i=1}^{n} \alpha_i \tag{8-13}$$

$$\text{s.t} \quad \sum_{i=1}^{n} \alpha_i y_i = 0$$

$$\alpha_i \geqslant 0, \quad i = 1,\cdots,n$$

可见对偶问题仍然是线性约束的凸二次优化，存在唯一的最优解 a^* 。

根据约束优化问题的 KKT(Karush-Kuhn-Tucker)条件，优化最优解 a^* 时，应满足如下条件

$$\alpha_i^*(y_i(w^* \cdot x_i + b^*) - 1) = 0, \quad i = 1, \cdots, n \tag{8-14}$$

由于只有少部分观测样本 x_i 满足 $y_i(w^* \cdot x_i + b^*) = 1$，它们对应的 Lagrange 乘子 $a_i^* > 0$，而剩余的样本满足 $a_i^* = 0$。我们称解 a_i^* 的这种性质为“稀疏性”。

通常把 $a_i^* > 0$ 的观测样本称为支持向量(support vector)，它们位于间隔边界 H_1 或 H_2 上。结合式(8-11)和式(8-14)可知，w^* 和 b^* 均由支持向量决定。因此，最大间隔超平面 $w^* \cdot x_i + b^* = 0$ 完全由支持向量决定，而与剩余的观测样本无关。

这时就可以得到如下的最优决策函数或者分类器。

$$f(x) = \operatorname{sgn}(w^* \cdot x + b^*) = \operatorname{sgn}\left(\sum_{i=1}^{n} \alpha_i y_i (x \cdot x_i) + b^*\right) \tag{8-15}$$

Vapnik 把上式称为“线性硬间隔支持向量机”，当样本线性不可分时，由于不存在使得分类间隔 Δ 取正值的超平面，严格要求所有样本被正确分类的“硬间隔”方法是行不通的。换句话说，必须适当松弛式(8-6)和式(8-7)中的约束条件。通过引入松弛变量 $\zeta_i \geqslant 0, i, \cdots, n$，可以得到“软化”的新约束条件。

$$y_i(w^T x_i + b \geqslant 1 - \zeta_i) \tag{8-16}$$

显然当 ζ_i 充分大时，样本(x_i, y_i)总可以满足上述约束条件，如图 8-4 所示。

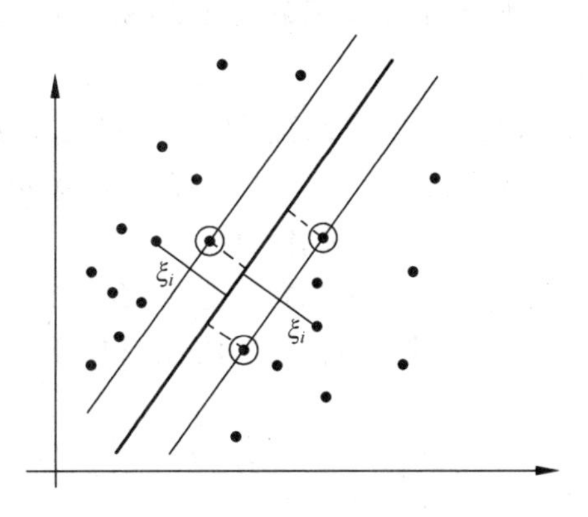

图 8-4　引入松弛因子的 SVM 两分类情形

但另一方面，和项 $\sum_{i=1}^{n} \zeta_i$ 与样本的分类错误相关并且体现了经验风险，必须限制它的大小。因此，我们得到“软化”后的最大间隔分类器的优化问题。

$$\min_{w, b, \zeta_i} \frac{1}{2} \| w \|^2 + C \sum_{i=1}^{n} \zeta_i \tag{8-17}$$

$$y_i(w \cdot x_i + b) \geqslant 1 - \zeta_i \tag{8-18}$$

其中，实常数 $C > 0$ 称为罚参数，它在分类器的复杂度和经验风险之间进行权衡。把上述问题确定的学习机称为“线性软间隔支持向量机”。

2. 数据线性不可分的情况

经典非线性方法，如神经网络模型中，解决线性不可分类问题的一个方法是利用多层感

知器，其实质就是将近似函数集由简单线性指示函数扩展成由许多线性指示函数叠加成的一个更为复杂的近似函数集，再用 S 型函数[①]来近似指示函数中的单位阶跃函数(或符号函数)，从而得到使经验风险极小化的一种容易操作的算法。但是，这种方法存在着容易陷入局部极小点，网络结构设计依赖于先验知识以及泛化能力较差等问题。解决线性不可分类问题的另外一个途径(支持向量机算法)是用"超曲面"代替"超平面"，找一个能够正确分类所有观测样本的"最大间隔超曲面"，如图 8-5 所示。

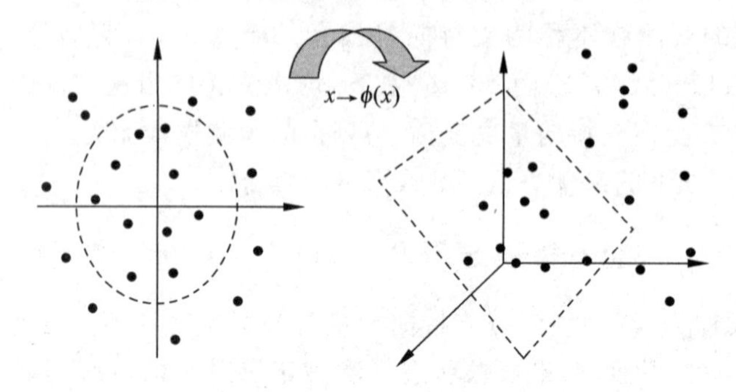

图 8-5　SVM 线性不可分情形

但是"最大间隔超曲面"是难以描述和直接求解的。通过引入由输入空间 X 到某个高维空间 H(一般是 Hibert 空间)的非线性映射 $\phi(x)=X\rightarrow H$，能够把 X 中的寻找非线性的"最大超曲面"问题转化为在高维空间 H 中求解线性的"最大间隔超平面"的问题，从而更容易给出具体的模型进行求解。

其间需要避免在 H 中进行高维的内积运算 $\phi(x_i)\cdot\phi(y_i)$。如果存在输入空间中定义的某个核函数 $K(x, x_i)$，且满足 $K(x_i,x_j)=\phi(x_i)\cdot\phi(y_i)$，就可以通过计算 $K(x, x_i)$ 的值而避免 H 中的内积运算，并且不需要知道映射函数。

因此，综合前面两种处理线性不可分类问题的思想，我们得到更常用的"非线性软间隔支持向量机"，简称"支持向量机"，它的原始优化问题(P)和对偶优化问题(D)分别如下。

原始优化问题(P)：

$$\min_{w,b,\zeta_i}\frac{1}{2}\|w\|^2+C\sum_{i=1}^{n}\zeta_i \tag{8-19}$$

$$\text{s.t}\quad y_i(w\cdot\phi(x_i)+b)\geqslant 1-\zeta_i,\quad \zeta_i\geqslant 0,\quad i=1,\cdots,n$$

对偶优化问题(D)：

$$\max_{\alpha}\sum_{i=1}^{n}\alpha_i-\frac{1}{2}\sum_{i=1}^{n}\sum_{j=1}^{n}\alpha_i\alpha_j y_i y_j K(x_i,x_j) \tag{8-20}$$

$$\text{s.t}\quad \sum_{i=1}^{n}\alpha_i y_i=0,\quad C\geqslant\alpha_i\geqslant 0,\quad i=1,\cdots,n$$

求解对偶问题的最优解 a^* 后，支持向量机的决策函数为：

$$f(x)=\text{sgn}(w^*\cdot\phi(x)+b^*)=\text{sgn}\left(\sum_{i=1}^{n}\alpha_i^* y_i K(x,x_i)+b^*\right) \tag{8-21}$$

---

① S 型函数(sigmoid function)是 BP 神经网络中常用的非线性激活函数。

同样,根据KKT条件,优化对偶优化问题(D)取最优解时应该满足如下条件:

$$\alpha_i^*[y_i(w \cdot \phi(x_i)+b^*)-1+\zeta_i^*]=0, \quad i=1,\cdots,n \tag{8-22}$$

$$(C-\alpha_i^*)\zeta_i^*=0 \tag{8-23}$$

结合式(8-20)的约束条件和式(8-22)、式(8-23),可以推导出如下重要结论:

(1) 若 $\alpha_i^*=0$,则有 $\zeta_i^*=0$,且对应的样本 x_i 一定不是支持向量。

(2) 若 $0<\alpha_i^*<C$,则有 $\zeta_i^*=0$ 和 $y_i(w^* \cdot \phi(x_i)+b^*)=1$,且对应的样本称为"非边界支持向量机"。

(3) 若 $\alpha_i^*=C$,则有 $\zeta_i^*=0$ 和 $y_i(w^* \cdot \phi(x_i)+b^*)<1$,且对应的样本称为"边界支持向量机"。

可见,最优解的 α_i^*"稀疏"性质同样满足,支持向量机的决策函数完全由 $\alpha_i^* \neq 0$ 的支持向量决定。

8.2.4 核函数分类

对支持向量机而言,核函数的构造和选择尤其重要。在满足Mercer条件的情况下,核函数可以有多种形式供选择。目前,在SVM理论研究与实际应用中,最常使用的有以下四类核函数。

1. 线性核函数

$$K(x,x_i)=x \cdot x_i$$

2. 多项式核函数

$$K(x,x_i)=[(x,x_i)+1]^q, \quad q\text{是自然数}$$

此时得到的支持向量机是一个 q 阶多项式分类器。

3. Gauss径向基核函数

$$K(x,x_i)=\exp\left(\frac{-1}{2\sigma^2}\|x-x_i\|^2\right), \quad \sigma>0$$

得到的支持向量机是一种径向基函数分类器。

4. Sigmoid核函数

$$K(x,x_i)=\tanh(a(x,x_i)+t), \quad a,t\text{是常数}$$

tanh是Sigmoid函数。

支持向量机实现的其实是一个两层的感知器神经网络(故又称为"神经网络核函数"),它包含了一个隐层,隐层结点数是由算法自动确定的,而且算法不存在困扰神经网络的局部极小点的问题。

其他形式的核函数,例如傅里叶级数核函数、小波核函数等也都是特定于具体应用而产生的优化算子,应用也较为广泛。不同的核函数所产生的性能是不同的。对于某一具体问题,如何选择核函数的形式还没有一个指导原则。即使已经选定了某一类核函数,其相应的参数(如多项式核函数的阶次 q、径向基核函数核半径 σ 等)也需要选择和优化。Keerthi证明,径向基核函数在适当选择参数时可以代替多项式核,而且径向基核函数可以将样本映射到一个更高维的空间,可以处理当类标签(class labels)和特征之间的关系是非线性时的样例。另外,由于参数的个数直接影响到模型选择的复杂性,而径向基核函数只有一个待定参数 σ,与别的核函数相比具有参数少的优点,一般情况下选用径向基核函数的效果不会太差。

8.3 支持向量机的特点及应用

8.3.1 支持向量机的特点

SVM 有如下主要优点。

(1) 非线性映射是 SVM 方法的理论基础，SVM 利用内积核函数代替向高维空间的非线性映射。

(2) 对特征空间划分的最优超平面是 SVM 的目标，最大化分类边际的思想是 SVM 方法的核心。

(3) 支持向量是 SVM 的训练结果，在 SVM 分类决策中起决定作用的是支持向量。

(4) SVM 是一种有坚实理论基础的、新颖的小样本学习方法。它基本上不涉及概率测度及大数定律等，因此不同于现有的统计方法。从本质上看，它避开了从归纳到演绎的传统过程，实现了高效的从训练样本到预报样本的“转导推理”，大大地简化了通常的分类和回归等问题。

(5) SVM 的最终决策函数只由少数的支持向量所确定，计算的复杂性取决于支持向量的数目，而不是样本空间的维数，这在某种意义上避免了“维数灾难”。

(6) 少数支持向量决定了最终结果，这不但可以帮助人们抓住关键样本、“剔除”大量冗余样本，而且注定了该方法不但算法简单，而且具有较好的“鲁棒”性。这种“鲁棒”性主要体现如下。

① 增、删非支持向量样本对模型没有影响。

② 支持向量样本集具有一定的鲁棒性。

③ 有些成功的应用中，SVM 方法对核的选取不敏感。

SVM 的两个不足如下。

(1) SVM 算法对大规模训练样本难以实施。由于 SVM 是借助二次规划来求解支持向量，而求解二次规划将涉及 m 阶矩阵的计算(m 为样本的个数)，当 m 数目很大时，该矩阵的存储和计算将耗费大量的机器内存和运算时间。针对以上问题的主要改进有 J. Platt 的 SMO 算法、T. Joachims 的 SVM、C. J. C. Burges 等的 PCGC、张学工的 CSVM 以及 O. L. Mangasarian 等的 SOR 算法。

(2) 用 SVM 解决多分类问题存在困难。经典的支持向量机算法只给出了二类分类的算法，而在数据挖掘的实际应用中，一般要解决多类的分类问题。可以通过多个二类支持向量机的组合来解决。主要有一对多组合模式、一对一组合模式和 SVM 决策树；再就是通过构造多个分类器的组合来解决。主要原理是克服 SVM 固有的缺点，结合其他算法的优势，解决多类问题的分类精度。如与粗集理论结合，形成一种优势互补的多类问题的组合分类器。

8.3.2 支持向量机的应用

SVM 方法在理论上具有突出的优势，贝尔实验室率先对美国邮政手写数字库识别研究方面应用了 SVM 方法，取得了较大的成功。在随后的几年内，有关 SVM 的应用研究得到了很多领域的学者的重视，在人脸检测、验证和识别、说话人/语音识别、文字/手写体识别、图像处理、及其他应用研究等方面取得了大量的研究成果，从最初的简单模式输入的直接的SVM 方法研究，进入到多种方法取长补短的联合应用研究，对 SVM 方法也有了很多改进。

1. 车辆行人检测

由于人体是一个非刚性的目标，并在尺寸、形状、颜色和纹理机构上有一定程度的可变性。行人检测主要是基于小波模板概念，按照图像中小波相关系数子集定义目标形状的小波模板。

系统首先对图像中每个特定大小的窗口以及该窗口进行一定范围的比例缩放得到的窗口进行小波变换，然后利用支持向量机检测变换的结果是否可以与小波模板匹配，如果匹配成功，则认为检测到一个行人。

2. 图像中的文本定位

将支持向量机(SVM)用于分析图像中文本的纹理特性。该方法不需要专门提取纹理特征，而是直接将像素的灰度值作为支持向量机的输入，经支持向量机处理后输出分类结果(即文本或非文本)。然后再通过消除噪声和合并文字区域就可得到定位结果。支持向量机对于文本定位有很好的鲁棒性，并且可在有限的样本中进行训练。

3. P2P 流量识别

P2P 流量识别问题本质上就是一个分类问题，将未知流量粗分为 P2P 和 non-P2P 应用属于二值分类，将未知流量细分为各个具体 P2P 应用属于多值分类。因此支持向量机被自然地应用到 P2P 流量分类问题。

8.4 支持向量机分类实例分析

将支持向量机用到成矿的定性预测上。成矿预测是一项理论和实践紧密结合探索性极强的综合研究工作，预测理论和方法是提高找矿效果的首要条件。传统的成矿预测模型如人工神经网络，它作为高度非线性动力系统，具有非线性映射、容错性好和自学习适应强等特征。特别是 BP 神经网络，在遥感图像分类与识别、资源预测等地学领域均有广泛应用。神经网络的关键技术是**网络结构、权值参数及学习规则的设计**，但目前神经网络的网络结构需要事先指定或应用启发式算法在训练过程中寻找，并且网络系数的调整和初始化方法没有理论指导，训练过程易于陷入局部极小、过学习、收敛速度慢。SVM 是一种新兴的机器学习方法，它具有强有力的非线性建模能力和良好的泛化性能，能解决小样本、非线性、高维数和局部极小点等实际问题。算法最终转化为二次寻优问题，从理论上得到全局最优解，有效避免了局部极值问题，同时通过非线性变换和核函数巧妙解决了高维数问题，使得算法复杂度与样本维数无关，加速了训练学习速度。另外，它能根据有限样本信息在模型的复杂型和学习能力之间寻求最佳折中，保证其有较好的泛化能力。

下面以一个例子验证。算法流程如图 8-6 所示。

第一步：原始数据准备

成矿作用的复杂性决定了成矿信息往往具有多解性和隐含性，以云南某个旧地质采样综合数据为研究对象，将基于 SVM 的模型引入地质数据的处理和解释。实际资料表明，该地区银、砷、钡、铋、铜、铅、锌、汞的组合异常，能够较好地指示矿化富集带，选取此地空间中

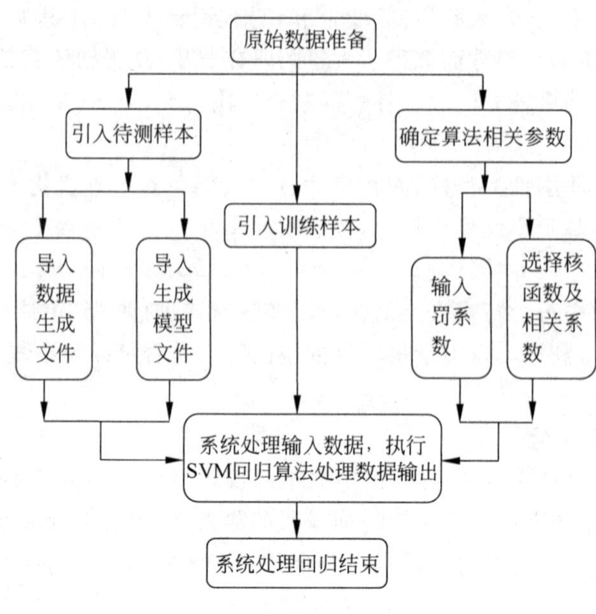

图 8-6　算法流程图

8 个化学元素中具有代表性的元素作为输入数据，选择矿化程度作为输出。

第二步：数据预处理

在数据准备阶段主要选定预测指标，对已有的历史数据资料进行收集，并确定成矿因素的输入和输出量。

(1) 输入向量 x_i'的属性及含义：建模时对样本中的因子进行归一化处理(减少各个因子之间的量级差别)，使用 $x_i'=\frac{x_i-\min(x_i)}{\max(x_i)-\min(x_i)}$将样本归一化到区间[0,1]，$x_i'$代表 Zn 元素的含量。

(2) 对应的输出向量 $\boldsymbol{Y}$ 为两类：有矿与无矿，用 1 代表有矿，0 代表无矿，如表 8-1 所示。

表 8-1　数据预处理阶段

标　　号	Zn	矿化(**Y**)
1	x_1'	1
2	x_2'	1
3	x_3'	0
4	x_4'	0
5	x_5'	1
6	x_6'	1
7	x_7'	0
8	x_8'	1
9	x_9'	1
10	x_{10}'	1

通过某矿 m 的前 k 矿物的历史数据来预测 m 矿物矿化程度，即对下面的函数进行预测：$y_m=f(x_{m-1},x_{m-2},\cdots,x_{m-k})$。(这其实是一个回归模型)，其过程程就是：依据自变量

和因变量的历史统计资料进行计算，在此基础上建立回归分析方程，即回归分析预测模型。

第三步：SVM 成矿预测模型

因为构造 SVM 的基础是 Mercer 定理，所以建立支持向量机的核函数必须满足 Mercer 定理条件。在该例子中采用 RBF 核函数作为基本函数建立 SVM 回归模型。

RBF 核函数的形式为

$$K(x,x_i)=\exp(-\gamma\|x-x_i\|^2),\quad \gamma>0$$

在构建 SVM 回归模型的过程中 C、γ 和 ε 这 3 个参数需自主决定，C 是惩罚常数，γ 为高斯核函数的参数，ε 为不敏感区域的宽度，模型参数选取使用交叉验证方法，利用 Libsvm 库文件实现参数的选取。当选取合适的 C、γ 和 ε 3 个参数后，对 SVM 模型进行训练样本训练和预测，按理论给出表 8-2。

表 8-2　建立 SVM 成矿预测模型阶段

标　　号	实　际　值	SVM 预测值
1	X_1	Y_1
2	X_2	Y_2
3	X_3	Y_3
4	X_4	Y_4
5	X_5	Y_5
6	X_6	Y_6
7	X_7	Y_7
8	X_8	Y_8
9	X_9	Y_9
10	X_{10}	Y_{10}

X_i、Y_i($i=1,2,3,4,5,6,7,8,9,10$)分别是训练样本的实际值(标准值)和待测样本的 SVM 预测值(经过分类器输出的值)。X_i、Y_i 均是 Zn 元素的含量，只不过前者是标准值，后者待测样本的 SVM 预测值，此处用了 10 个样本，表 8-2 一来是可以看出分类器的预测效果，二来是可以通过预测值判断该样本是属于有矿的一类还是无矿的一类。

8.5　基于阿里云数加平台的支持向量机分类实例

阿里云机器学习平台对支持向量机(SVM)的说明。它是 20 世纪 90 年代中期发展起来的基于统计学习理论的一种机器学习方法，通过寻求结构化风险最小来提高学习机泛化能力，实现经验风险和置信范围的最小化，从而达到在统计样本量较少的情况下，亦能获得良好统计规律的目的，本版[①]线性支持向量机不是采用核函数方式实现的。由于它也是分类算法，所以其操作思路与逻辑回归分类算法一致。这里使用第 6 章的训练数据与测试数据进行 SVM 算法操作，左边为训练数据，右边为测试数据，流程图如图 8-7 所示。

线性支持向量机的字段设置与参数设置如图 8-8 所示。字段设置中，特征列选择的是 f0—f7 列，标签列选的是训练数据的标签列 y。参数设置中需要注意的是，正样本的标签值

① 指阿里云机器学习平台目前的版本。

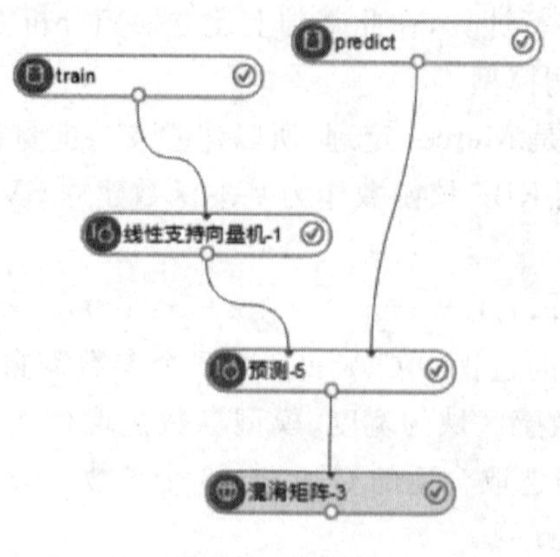

图 8-7　流程图

为目标基准值(可选)；不指定，则随机选一个，建议正负例样本差异大时指定；正负惩罚因子默认值为 1.0，当不指定目标基准值时，正负惩罚因子的值必须相同；收敛系数的范围为(0,1)，默认值为 0.001。

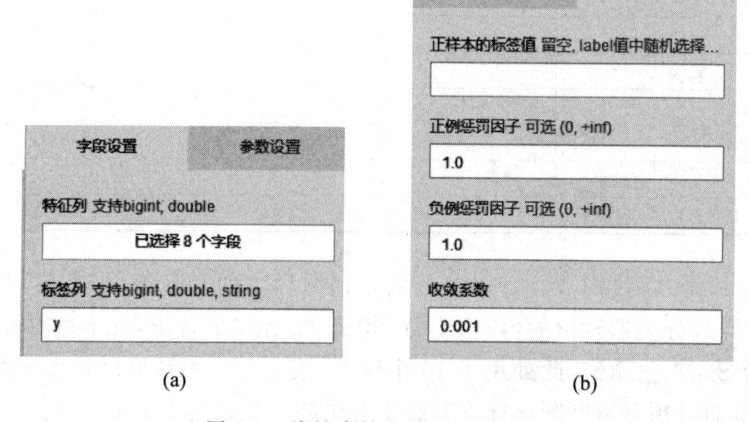

图 8-8　线性支持向量机设置界面

预测组件的实验结果如图 8-9 所示。

y ▲	prediction_result ▲	prediction_score ▲	prediction_detail ▲
+1	-1	-6.777792816788...	{"+1": -6.777792816788367e-07, "-1": 6.777792816788367e-07}
+1	-1	-0.000001099997...	{"+1": -1.099997953119241e-06, "-1": 1.099997953119241e-06}
+1	-1	-3.000005458827...	{"+1": -3.000005458827106e-07, "-1": 3.000005458827106e-07}
-1	-1	-4.555585367318...	{"+1": -4.555585367318953e-07, "-1": 4.555585367318953e-07}
-1	-1	-0.000001211738...	{"+1": -1.211738914041017e-06, "-1": 1.211738914041017e-06}
+1	-1	-3.888895099175...	{"+1": -3.888895099175442e-07, "-1": 3.888895099175442e-07}
-1	-1	-1.666713843591...	{"+1": -1.666713843591267e-07, "-1": 1.666713843591267e-07}
+1	-1	-5.444443294536...	{"+1": -5.444443294536754e-07, "-1": 5.444443294536754e-07}
+1	-1	-2.333349256058...	{"+1": -2.333349256058312e-07, "-1": 2.333349256058312e-07}
+1	-1	-8.111112281569...	{"+1": -8.111112281569945e-07, "-1": 8.111112281569945e-07}

图 8-9　线性支持向量机预测结果图

混淆矩阵组件的实验结果如图 8-10 所示，可见，此算法处理这个数据效果不是很好。

模型▲	正确数▲	错误数▲	总计▲	准确率▲	准确率▲	召回率▲	F1指标▲
+1	0	0	0	30%	0%	0%	0%
-1	3	7	10	30%	30%	100%	46.154%

图 8-10　线性支持向量机混淆矩阵结果图

8.6　小　　结

本章介绍了在统计学习理论基础之上发展起来的 SVM 算法。重点剖析了 SVM 原理，包括支持向量机核心理论、最大间隔分类超平面、支持向量机、核函数分类。然后举出一个将支持向量机用到成矿的定性预测上的实例。最后介绍了支持向量机算法的特点以及应用。

思　考　题

1. 简述一致性的定义。
2. 简述最大间隔分类超平面的定义。
3. 支持向量机的关键技术是什么？
4. 支持向量机的优缺点是什么？
5. 支持向量机的基本思想是什么？请举例说明支持向量机的应用。

第9章 人工神经网络算法

9.1 基本概念

9.1.1 生物神经元模型

人的神经系统是由众多神经元相互连接而成的一个复杂系统，神经元又叫神经细胞，它是神经组织的基本单位。如图 9-1 所示，神经元由细胞体和延伸部分组成，延伸部分按功能分为两类，一类称为树突，用来接受来自其他神经元的信息；另一类则用来传递和输出信息，称为轴突。神经元对信息的接受和传递都是通过突触来进行的，单个神经元可以从别的神经细胞接受多达上千个的突触输入，前一个神经元的信息经由其轴突传到末梢之后，通过突触对后面各个神经元产生影响。当若干突触输入时，其中有些是兴奋性的，有些是抑制性的，如果兴奋性突触活动强度总和超过抑制性突触活动强度总和，使得细胞体内电位超过某一阈值时，细胞体的膜会发生单发性的尖峰电位，这一尖峰电位将会沿着轴突传播到四周与其相联系的神经细胞。

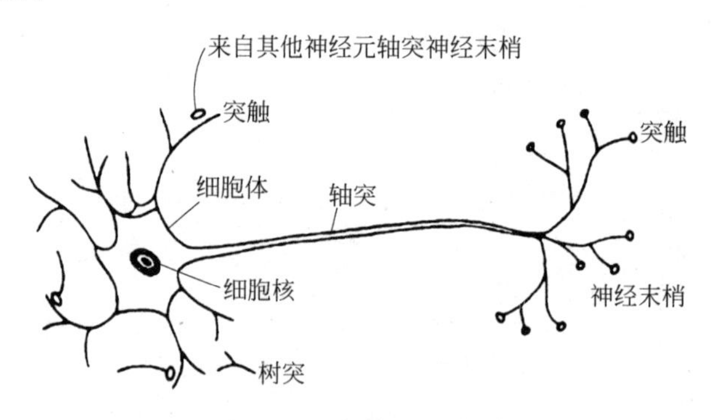

图 9-1　生物神经元模型

从生物控制论的观点来看，神经元作为控制和信息处理的基本单元，具有下列一些重要的功能和特性。

- 时空整合功能；
- 兴奋与抑制状态；
- 脉冲与电位转换；
- 神经纤维传导速度迅速；
- 学习、遗忘和疲劳。

9.1.2 人工神经元模型

人们通过研究发现,大脑之所以能够处理极其复杂的分析、推理工作,一方面是因为其神经元个数的庞大,另一方面还在于神经元能够对输入信号进行非线性处理。人工神经元模型就是用人工方法模拟生物神经元而形成的模型,是对生物神经元的抽象、模拟与简化,它是一个多输入、单输出的非线性元件,单个神经元是前向型的。将人工神经元的基本模型和激励函数合在一起构成的人工神经元,就是著名的McCulloch-Pitts模型,简称为M-P模型,如图9-2所示。

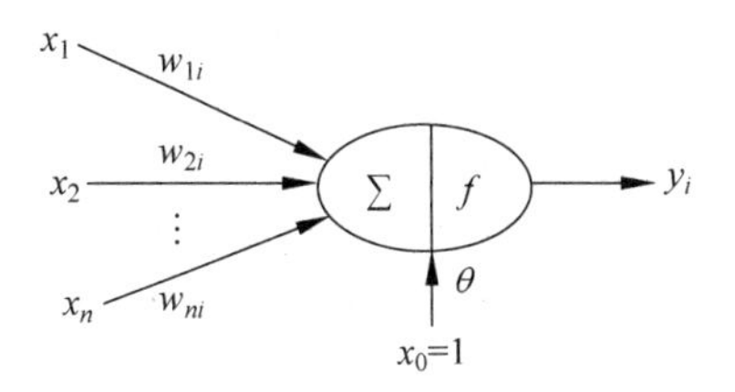

图 9-2 人工神经元模型

图9-2表明,人工神经元具有许多的输入信号,针对每个输入都有一个加权系数 w_{ij},称为权值(weights),权值的正负模拟了生物神经元中突触的兴奋和抑制,其大小则代表了突触的不同连接强度,而中间的神经元对所有的输入信号进行计算处理,然后将结果输出。在神经元中,对信号进行处理采用的是数学函数,通常称为激活函数、激励函数或挤压函数,其输入、输出关系可描述如下

$$\begin{cases} u_j = \sum_{i=1}^{n} w_{ij} x_i - \theta_j \\ y_j = f(u_j) \end{cases} \tag{9-1}$$

式中 $x_i(i=1,2,\cdots,n)$ 是从其他神经元传来的输入信号;θ_j 是该神经元的阈值;w_{ij} 表示从神经元 i 到神经元 j 的连接权值;$f(\cdot)$ 为激活函数或挤压函数。由于神经元采用了不同的激活函数,使得神经元具有不同的信息处理特性,而神经元的信息处理特性是决定神经网络整体性能的主要因素之一,因此激活函数具有重要的意义。下面介绍4种常用的激活函数形式。

1. 阈值型函数

阈值型函数即 $f(x)$ 为阶跃函数,表达式如下。

$$f(x) = \begin{cases} 1, & x \geqslant 0 \\ 0, & x < 0 \end{cases} \tag{9-2}$$

具有这一作用方式的神经元称为阈值型神经元,是神经元模型中最简单的一种,经典的M-P模型神经元就属于这一类。

2. 分段线性函数

此函数特点是神经元的输入与输出在一定区间内满足线性关系。这类函数也称为伪线性函数,表达式如下。

$$f(x) = \begin{cases} 0, & x \leqslant 0 \\ x, & 0 < x \leqslant x_c \\ 1, & x_c < x \end{cases} \tag{9-3}$$

3. Sigmoid 函数

Sigmoid函数也叫S型函数,通常是在(0,1)或(−1,1)内连续取值的单调可微分函数,它是一类非常重要的激活函数,无论神经网络用于分类、函数逼近或优化,Sigmoid函数都是常用的激活函数。常用指数或正切等一类曲线表示，表达式如下。

$$f(x)=\frac{1}{1+\mathrm{e}^{-\lambda x}} \quad 或 \quad f(x)=\frac{1-\mathrm{e}^{-\lambda x}}{1+\mathrm{e}^{-\lambda x}} \tag{9-4}$$

其中 λ 又称为 Sigmoid 函数的增益，其值决定了函数非饱和段的斜率，λ 越大，曲线越陡。

4. 高斯函数

高斯函数(也称钟型函数)也是极为重要的一类激活函数，常用于径向基神经网络(RBF 网络)，其表达式如下。

$$f(x)=\mathrm{e}^{\frac{x^2}{\delta^2}} \tag{9-5}$$

式中 δ 称为高斯函数的宽度或扩展常数。δ 越大，函数曲线就越平坦；反之，δ 越小，函数曲线就越陡峭。

9.1.3 主要的神经网络模型

人工神经网络是由大量的神经元，按照大规模并行的方式，通过一定的拓扑结构连接而成的网络。神经元只是单个的处理单元，并不能实现复杂的功能，只有大量神经元组成庞大的神经网络，才能实现对复杂信息的处理与存储，并表现出各种优越的特性，因此必须按一定规则将神经元连接成神经网络，并使网络中各神经元的连接权按一定规则变化，这样一来也就产生了各式各样的神经网络模型。到目前为止，学术界的研究人员已经提出了近 60 种神经网络模型，可按下述几方面对其进行分类。

(1) 按神经网络的拓扑结构可以分为反馈神经网络模型和前馈神经网络模型。

(2) 按神经网络模型的性能可分为连续型与离散型神经网络模型、确定型与随机型神经网络模型。

(3) 按学习方式可以分为有导师学习和无导师学习神经网络模型。

(4) 按连接突触性质可分为一阶线性关联和高阶非线性关联神经网络模型。

目前使用的比较典型的一些神经网络模型主要有以下几类。

1. 误差后向传播(Back Propagation，BP)神经网络

BP 神经网络是前馈网络中最具代表性的网络类型。该类神经网络模型是一种多层映射神经网络，采用的是最小均方差的学习方式，是目前使用最广泛的神经网络模型之一，多层感知网络是一种具有三层或三层以上的阶层型神经网络。典型的多层感知网络是三层、前馈的阶层网络，即输入层、隐含层(也称中间层)和输出层。相邻层之间的各神经元实现全连接，即下一层的每一个神经元与上一层的每个神经元都实现全连接，而且每层各神经元之间无连接。

2. 径向基函数(Radial Basis Function，RBF)神经网络

除 BP 神经网络以外，径向基函数神经网络也是一类常用的前馈网络。一般情况下，RBF 网络采用三层结构，层间的神经元的连接方式同 BP 网络类似，也是采用层间全连接、层内无连接方式。与 BP 神经网络最大的不同之处在于，RBF 网络的隐结点的基函数采用距离函数(如欧氏距离)，并使用径向基函数(如高斯函数)作为激活函数。

3. Hopfield 网络

Hopfield 网络作为一种单层对称全反馈神经网络，使用与层次型神经网络不同的结构特征和学习方法,模拟生物神经网络的记忆机理,获得了令人满意的结果。它是由相同的神经元构成的单层、并且不具学习功能的自联想网络。网络的权值按一定规则计算出来,一经确定就不再改变,而网络中各神经元的状态在运行过程中不断更新,网络演变到稳态时各神经元的状态便是问题之解。

Hopfield 网络有离散型和连续型两种,其中离散型的激活函数为二值型的,其输入、输出为{0,1}的反馈网络,主要用于联想记忆,而连续型 Hopfield 网络的激活函数的输入与输出之间的关系为连续可微的单调上升函数,主要用于优化计算。

4. 随机型神经网络

在 BP 算法和 Hopfield 算法中,导致网络学习过程陷入局部极小值的原因主要有下列两点。

(1) 网络结构上存在着输入与输出之间的非线性函数关系,从而使网络误差和能量函数所构成的空间是一个含有多极点的非线性空间。

(2) 网络误差和能量函数只能按单方面减小而不能有丝毫的上升趋势。

随机型神经网络从解决网络收敛问题的第二点原因入手,其基本思想是:不但让网络的误差和能量函数向减小的方向变化,而且还可按某种方式向增大的方向变化,目的是使网络有可能跳出局部极小值而向全局最小点收敛。随机型神经网络的典型算法是模拟退火算法。

5. Kohonen 网络

Kohonen 网络的构想来源于人的视网膜及大脑皮层对刺激的反应机理。对于某一个输入模式,通过竞争在输出层中只激活一个相应的输出神经元,模式在输出层中将激活许多个神经元,从而形成一个反映输入数据的许多输入特征图形。

Kohonen 网络含有两层,输入缓冲层用于接收输入模式,输出层的神经元一般按正则二维阵列排列,每个输出神经元连接至所有输入神经元,连接权值形成与已知输出神经元相连的参考矢量的分量。Kohonen 网络是一种以无导师方式进行网络训练的网络,它通过自身训练,自动地对输入模式进行分类。

6. 玻耳兹曼机

玻耳兹曼机是由 Hinton 等人提出的,它的思想主要来源于统计物理学。在统计物理学中,经常基于能量来考虑状态的转移。在状态转移的过程中,由于热骚动引起系统的不稳定,状态向着能量最小的方向转移。统计物理学中的玻耳兹曼分布指出:能量越小的状态,发生的概率就越大,即系统趋向于能量最小的状态,而神经网络中的玻耳兹曼机就是利用了这种分布寻求最优。玻耳兹曼机本质上是建立在 Hopfield 网络基础上的,具有学习能力,能够通过一个模拟退火过程寻求解答。

7. 对向传播神经网络

对向传播(counter-propagation)神经网络(CP 网络)是美国神经计算机专家 Robert Hecht-Nielsen 于 1987 年提出的。它是将 Kohonen 特征映射网络与 Grossberg 基本竞争型网络巧妙结合的一种新型特征映射网络。实际上,CP 网络就是用无导师学习来解决网络隐含层的理想输出未知的问题,用有导师学习解决输出层按系统要求给出指定输出的问题,这一网络被有效地应用于模式分类、函数近似、统计分析和数据压缩等领域。

9.2 BP 算法的原理

9.2.1 Delta 学习规则的基本原理

Delta 学习规则又称梯度法或最速下降法,其要点是改变单元间的连接权重来减小系统实际输出与期望输出间的误差。Delta 学习规则是最常用的神经网络学习算法,主要应用在误差纠正学习过程中,它也是一种有导师学习算法。

假定神经元权值修正的目标是极小化标量函数 $F(w)$,其中 $F(w)$ 函数代表神经网络的误差目标函数,w 代表神经网络中的某一连接权值。如果神经元的当前权值为 $w(t)$,并且假设下一时刻的权值调节公式为

$$w(t+1)=w(t)+\Delta w(t) \tag{9-6}$$

式中,$\Delta w(t)$ 表示当前时刻的权值修正方向。显然,我们期望每次权值修正都能满足

$$F(w(t+1))<F(w(t)) \tag{9-7}$$

这样神经网络输出的误差才会随着训练过程的进行而不断地向最小化的目标靠近。对 $F(w(t+1))$ 进行一阶泰勒公式展开,得

$$F(w(t+1))=F(w(t)+\Delta w(t))\approx F(w(t))+g^{T}(t)\Delta w(t) \tag{9-8}$$

式中,$g^{T}(t)=\nabla F(w(t))$,即 $F(w)$ 在 $w=w(t)$ 时的梯度矢量。显然,如果取

$$\Delta w(t)=-cg(t) \tag{9-9}$$

式中,c 取较小的正数(称为学习率),即权值修正量沿网络误差曲面的负梯度方向取较小值,则式(9-8)的右边第二项必然小于零,式(9-7)必然满足,这就是 Delta 学习规则的基本原理。

9.2.2 BP 神经网络的结构

BP 神经网络是具有三层或三层以上的阶层型神经网络,由输入层、隐含层和输出层构成,相邻层之间的神经元全互连,同一层内的神经元无连接。下面以图 9-3 所示的具有一个隐含层的三层 BP 网络来介绍 BP 算法的实现。

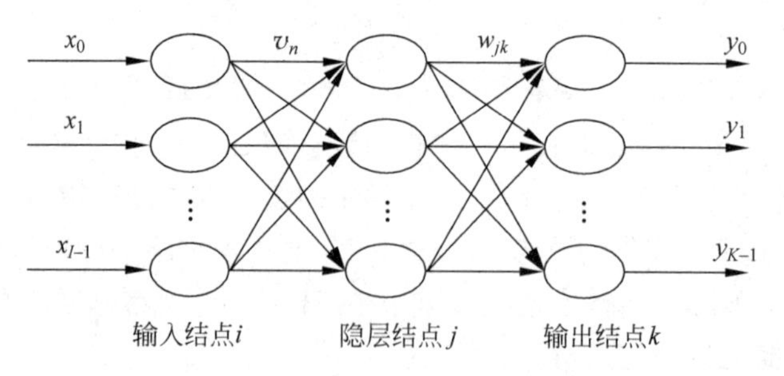

图 9-3 三层 BP 神经网络结构示意图

如图 9-3 所示,假设输入层、隐含层和输出层的单元数分别是 I、J 和 K,输入为 $(x_0,x_1,x_2,\cdots,x_{I-1})$,隐含层输出为 $(h_0,h_1,h_2,\cdots,h_{J-1})$,网络实际输出为 $(y_0,y_1,y_2,\cdots,y_{K-1})$,$(d_0,d_1,d_2,\cdots,d_{K-1})$ 表示训练样本期望输出。输入层单元 i 到隐含层单元 j 的权值为 v_{ij},隐含层单元 j 到输出层单元 k 的权值为 w_{jk},用 θ_j 和 θ_k 来分别表示隐含层单元和输出层单元的阈值。于是,该网络隐含层单元的输出值为

$$h_j = f\left(\sum_{i=0}^{I-1} v_{ij} x_i - \theta_j\right) \tag{9-10}$$

输出层各单元的输出值为

$$y_k = f\left(\sum_{j=0}^{J-1} w_{jk} h_j - \theta_k\right) \tag{9-11}$$

9.2.3 BP 神经网络的算法描述

BP 算法的主要思想是从后向前(反向)逐层传播输出层的误差,以间接算出隐层误差。算法分为两个阶段:第一阶段(正向传播过程)输入信息从输入层经隐层逐层计算各单元的输出值,第二阶段(反向传播过程)输出误差逐层向前算出隐层各单元的误差,并用此误差修正前层权值。其中的网络权值调整采用 Delta 学习规则,即根据梯度法沿着误差曲面的梯度方向下降速度最快,从而实现网络误差的最小化。

1. 正向计算输出阶段

以图 9-3 所示的 BP 神经网络为例,假设 BP 网络的输入层结点数为 I,隐含层结点数为 J,输出层结点数为 K。输入向量为 $X^p=(x_0,x_1,x_2,\cdots,x_{I-1})$,其期望输出向量为 $D^p=(d_0,d_1,d_2,\cdots,d_{K-1})$,则有

(1) 输入层:

$$O_i = x_i,\quad i=0,1,2,\cdots,I-1 \tag{9-12}$$

(2) 隐含层:为简化推导,把各点的阈值当作一种特殊的连接权值,其对应的输入恒为 -1。对于第 j 个神经元的输入为

$$\mathrm{net}_j = \sum_{i=0}^{I} v_{ij} O_i,\quad \text{其中 } O_I = -1\text{、}v_{Ij} \text{ 为阈值} \tag{9-13}$$

其第 j 个结点的输出为:

$$O_j = f(\mathrm{net}_j),\quad j=0,1,2,\cdots,J-1 \tag{9-14}$$

(3) 输出层:同理,对于第 k 个神经元的输入为

$$\mathrm{net}_k = \sum_{j=0}^{J} w_{jk} O_j,\quad \text{其中 } O_J = -1\text{、}w_{Jk} \text{ 为阈值} \tag{9-15}$$

其第 k 个结点的输出为:

$$O_k = f(\mathrm{net}_k),\quad k=0,1,2,\cdots,K-1 \tag{9-16}$$

定义 BP 网络的能量函数(误差函数)为

$$E_p = \frac{1}{2}\sum_{k=0}^{K-1}(d_k^p - O_k^p)^2 \tag{9-17}$$

则 N 个样本的总误差为

$$E_{\text{总}} = \frac{1}{2N}\sum_{p=0}^{N-1}\sum_{k=0}^{K-1}(d_k^p - O_k^p)^2 \tag{9-18}$$

式中:E_p 为 P 的输出误差;d_k^p 为样本 P 的期望输出;O_k^p 为输出层神经元的实际输出。

2. 误差反向传播阶段(网络权值修正阶段)

通过调整权值和阈值,使得误差能量达到最小时,网络趋于稳定状态,学习结束。求解无约束最优化方程(9-17)的常用方法有:拟牛顿迭代法、最速梯度下降法等。但第一种方

法涉及矩阵求逆，其计算量大，因此可采用第二种方法来调整权值。

(1) 输出层与隐含层之间的权值调整。对每一个 w_{jk} 的修正值为

$$\Delta w_{jk} = -\eta\frac{\partial E}{\partial w_{jk}} = -\eta\frac{\partial E}{\partial \mathrm{net}_k}\cdot\frac{\partial \mathrm{net}_k}{\partial w_{jk}} \tag{9-19}$$

式中：η 为学习步长，取值介于(0,1)，对式(9-15)求偏导得

$$\frac{\partial \mathrm{net}_k}{\partial w_{jk}} = O_j \tag{9-20}$$

记：$\delta_k = -\frac{\partial E}{\partial \mathrm{net}_k}$

则有

$$\delta_k = -\frac{\partial E}{\partial \mathrm{net}_k} = -\frac{\partial E}{\partial O_k}\cdot\frac{\partial O_k}{\partial \mathrm{net}_k} = (d_k - O_k)f'(\mathrm{net}_k) \tag{9-21}$$

将式(9-20)、式(9-21)代入式(9-19)中得

$$\Delta w_{jk} = -\eta\frac{\partial E}{\partial w_{jk}} = -\frac{\partial E}{\partial \mathrm{net}_k}\cdot\frac{\partial \mathrm{net}_k}{\partial w_{jk}} = \eta\delta_k O_j \tag{9-22}$$

(2) 隐含层与输入层的权值调整。同理，对每一个 v_{ij} 的调整值为

$$\Delta v_{ij} = -\eta\frac{\partial E}{\partial v_{ij}} = -\eta\frac{\partial E}{\partial \mathrm{net}_j}\cdot\frac{\partial \mathrm{net}_j}{\partial v_{ij}} = \eta\left(-\frac{\partial E}{\partial \mathrm{net}_j}\right)O_i = \eta\delta_j O_i \tag{9-23}$$

其中，$\delta_j = -\frac{\partial E}{\partial \mathrm{net}_j} = -\frac{\partial E}{\partial O_j}\cdot\frac{\partial O_j}{\partial \mathrm{net}_j}$

再根据

$$\begin{aligned}-\frac{\partial E}{\partial O_j} &= -\frac{\partial}{\partial O_j}\left(\frac{1}{2}\sum_{k=0}^{K-1}(d_k - O_k)^2\right) = \sum_{k=0}^{K-1}(d_k - O_k)\frac{\partial O_k}{\partial \mathrm{net}_k}\cdot\frac{\partial \mathrm{net}_k}{\partial O_j} \\ &= \sum_{k=0}^{K-1}(d_k - O_k)f'(\mathrm{net}_k)w_{jk} = \sum_{k=0}^{K-1}\delta_k w_{jk}\end{aligned} \tag{9-24}$$

得

$$\delta_j = f'(\mathrm{net}_j)\sum_{k=0}^{K-1}\delta_k w_{jk} \tag{9-25}$$

综上所述，若 BP 神经网络每一层的激活函数均取单极 S 型函数，即

$$f(\mathrm{net}) = \frac{1}{1+\mathrm{e}^{-\mathrm{net}}} \tag{9-26}$$

则可以方便地计算出该网络各层的权值修正量。

(1) 对于输出层：

$$\Delta w_{jk} = \eta O_j(d_k - O_k)f'(\mathrm{net}_k) = \eta O_j(d_k - O_k)O_k(1 - O_k) \tag{9-27}$$

(2) 对于隐含层：

$$\Delta v_{ij} = \eta\cdot f'(\mathrm{net}_j)\sum_{k=0}^{K-1}\delta_k w_{jk}\cdot O_i = \eta O_j(1 - O_j)\sum_{k=0}^{K-1}\delta_k w_{jk}\cdot O_i \tag{9-28}$$

9.2.4 标准 BP 神经网络的工作过程

BP 神经网络的工作过程通常有两个阶段组成：在第一个阶段，神经网络各结点的连接权值固定不变，网络的计算从输入层开始，逐层逐个结点地计算每一个结点的输出，计算完

毕后，进入第二个阶段，即学习阶段。在学习阶段，各结点的输出保持不变，网络学习从输出层开始，反向逐层逐个结点地计算各连接权值的修改量，以修改各连接的权值，直到输入层为止。这两个阶段称为正向传播和反向传播过程。在正向传播中，如果在输出层的网络输出与期望输出相差较大，则开始反向传播过程，根据网络输出与所期望输出的信号误差，对网络结点间的各连接权值进行修改，以此来减小网络实际输出与所期望输出的误差。BP 网络正是通过这样不断进行的正向传播和反向传播计算过程，最终使得网络输出层的输出值与期望值趋于一致。

BP 神经网络的总体步骤大致如下所示。

(1) 权值初始化：$w_{ij}=\text{Random}(\cdot)$，$w_{jk}=\text{Random}(\cdot)$，其中 w_{ij} 表示网络输入层单元到隐含层单元的连接权值；w_{jk} 表示网络隐含层单元到输出层单元的连接权值。

(2) 依次输入 P 个学习样本。设当前输入为第 p 个样本。

(3) 依次计算各层的输出：O_j、O_k；其中 O_j 为隐含层上第 j 个神经元的输出。O_k 为输出层上第 k 个神经元的输出。

(4) 根据式(9-21)、式(9-25)，求网络各层的反传误差，表达式如下。

$$\delta_k=(d_k-O_k)f'(\text{net}_k) \qquad (9\text{-}29)$$

$$\delta_j=f'(\text{net}_j)\sum_{k=0}^{K-1}\delta_k w_{jk} \qquad (9\text{-}30)$$

并记下各个 $O_j^{(p)}$、$O_k^{(p)}$ 的值；

(5) 记录已经学习过的样本个数 p。如果 $p<P$，转到步骤(2)，继续计算；如果 $p=P$，转到步骤(6)。

(6) 按权值修正公式修正各层的权值和阈值。

(7) 按新的权值再计算 $O_j^{(p)}$、$O_k^{(p)}$ 和 $E_{总}=\frac{1}{2N}\sum_{p=0}^{P-1}\sum_{k=0}^{K-1}(d_k^p-O_k^p)^2$，若对每个 p 样本和相应的第 k 个输出神经元，都满足 $|d_k^{(p)}-O_k^{(p)}|<\varepsilon$，或达到最大学习次数，则终止学习；否则，转到步骤(2)，继续新一轮的网络学习。

为形象起见，我们将标准 BP 算法的整个过程连贯起来，得到以下的 BP 网络学习算法流程，如图 9-4 所示。

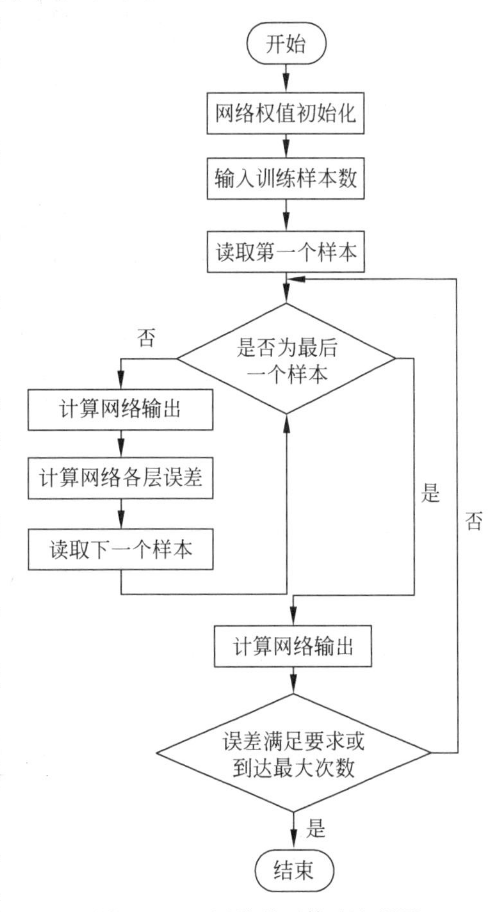

图 9-4　BP 网络学习算法流程图

9.3　BP 神经网络实例分析

【例 9.1】　采用 BP 网络映射图 9-5 曲线规律。

解：设计 BP 网络结构如图 9-6 所示。

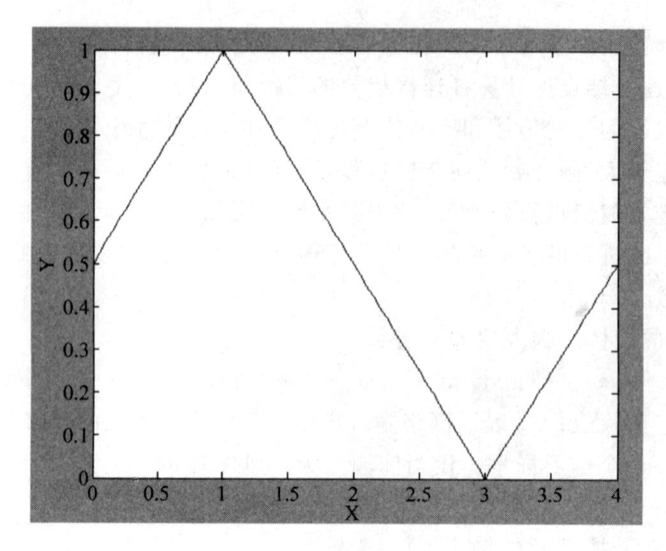

图 9-5　曲线规律

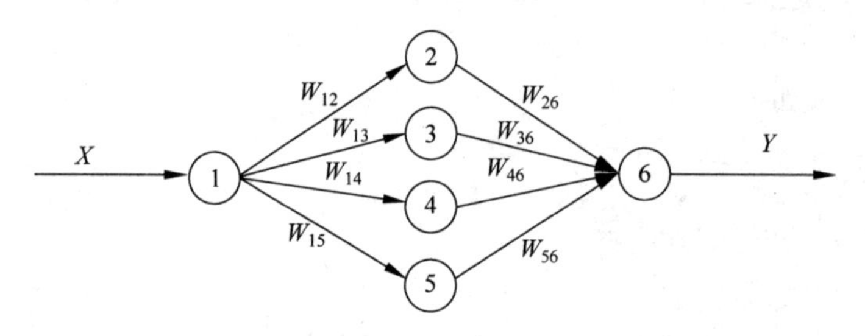

图 9-6　BP 网络结构

权系数随机选取为：

$$w_{12}=0.2,\quad w_{13}=0.3,\quad w_{14}=0.4,\quad w_{15}=0.5$$

$$w_{26}=0.5,\quad w_{36}=0.2,\quad w_{46}=0.1,\quad w_{56}=0.4$$

取学习率 $\eta=1$，按图中曲线确定学习样本数据如表 9-1 所示（每 0.05 取一学习数据，共 80 对）。

表 9-1　学习样本数据

x（输入信号）	y（教师信号）	…	x（输入信号）	y（教师信号）
0.0000	0.5000	…	3.0000	0.0000
…	…	…	…	…
1.0000	1.0000	…	4.0000	0.5000

按表中数据开始进行学习。

第一次学习，输入 $x_1^1=0.0000$（1 结点第 1 次学习），$d_6^1=0.5000$，计算 2、3、4、5 单元状态 net_i

$$\text{net}_i=w_{1i}x_1^1=w_{1i}\cdot 0.0000=0.0000\quad (i=2,3,4,5)$$

计算 2、3、4、5 各隐层单元输出 $y_i(i=2,3,4,5)$

$$y_i^1 = f(\text{net}_i) = 1/(1+\mathrm{e}^{-\text{net}_i}) = 0.5$$

计算输出层单元 6 的状态值 net_6 及输出值 y_6^1。

$$\text{net}_6 = \boldsymbol{W}_6^{\mathrm{T}}\boldsymbol{Y}_i = [0.5 \quad 0.2 \quad 0.1 \quad 0.4]\begin{bmatrix}0.5\\0.5\\0.5\\0.5\end{bmatrix} = 0.6$$

$$y_6^1 = 1/(1+\mathrm{e}^{-\text{net}_6}) = 1/(1+\mathrm{e}^{-0.6}) = 0.6457$$

反推确定第二层权系数变化

$$\delta_{i6}^0 = y_6^1(d_6^1 - y_6^1)(1-y_6^1) = 0.6457(0.5-0.6457)(1-0.6457) = -0.0333$$

$$w_{i6} = w_{i6}^0 + \eta\delta_{i6}^0 y_i^1 (i=2,3,4,5)$$

第一次反传修正的输出层权为

$$\boldsymbol{W}_6 = \begin{bmatrix}0.5\\0.2\\0.1\\0.4\end{bmatrix} + 1\cdot(-0.0333)\begin{bmatrix}0.5\\0.5\\0.5\\0.5\end{bmatrix} = \begin{bmatrix}0.4833\\0.1833\\0.0833\\0.3833\end{bmatrix}$$

反推第一层权系数修正

$$\delta_{1i}^1 = \delta_{i6}^0 w_{i6}^0 y_i^1(1-y_i^1)(i=2,3,4,5)$$

$$w_{1i} = w_{1i}^0 + \eta\delta_{1i}^1 x_1^1$$

$$\boldsymbol{W}_{1i} = [0.2 \quad 0.3 \quad 0.4 \quad 0.5]^{\mathrm{T}}$$

第二次学习，$x_1^2=0.0500$，$d_6^2=0.5250$。

$$\text{net}_i = w_{1i}x_1^2 \quad i=2,3,4,5$$

$$y_2^2 = 1/[1+\mathrm{e}^{-(w_{12}x_1^2)}] = 1/[1+\mathrm{e}^{-(0.2\times0.0500)}] = 0.5025$$

$$y_3^2 = 1/[1+\mathrm{e}^{-(w_{13}x_1^2)}] = 1/[1+\mathrm{e}^{-(0.3\times0.0500)}] = 0.5037$$

$$y_4^2 = 1/[1+\mathrm{e}^{-(0.4\times0.0500)}] = 0.5050$$

$$y_5^2 = 0.5062$$

计算 6 单元状态 net_6：

$$\text{net}_6 = \boldsymbol{W}_6^{T}\boldsymbol{Y}_i = [0.4833 \quad 0.1833 \quad 0.0833 \quad 0.3833]\begin{bmatrix}0.5025\\0.5037\\0.5050\\0.5062\end{bmatrix} = 0.5713$$

$$y_6^2 = f(\text{net}_6) = 1/(1+\mathrm{e}^{-0.5713}) = 0.6390$$

按表中数据依次训练学习，学习次数足够高时，可能达到学习目的。

【例 9.2】 如图 9-7 所示是一个单隐层 3-2-1BP 网络。

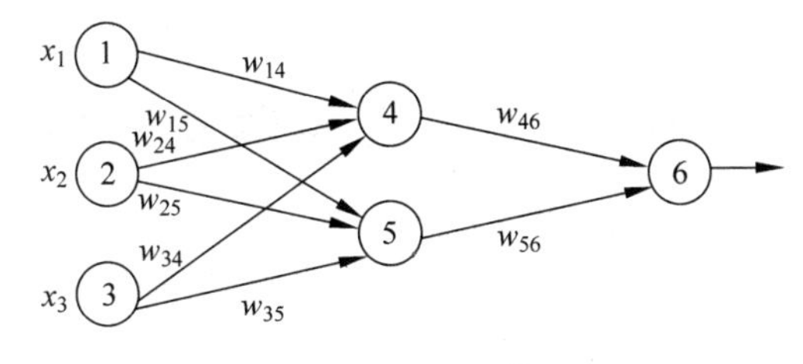

图 9-7 BP 网络

学习样本、初始各层权系数、阈值如表 9-2 所示。

表 9-2 初始值

x_1	x_2	x_3	x_{14}	x_{15}	x_{24}	x_{25}	x_{34}	x_{35}	x_{46}	x_{56}	θ_4	θ_5	θ_6
1	0	1	0.2	−0.3	0.4	0.1	−0.5	0.2	−0.3	−0.2	−0.4	0.2	0.1

计算各隐含层以及输出层的输入、输出值，如表 9-3 所示。

表 9-3 各隐含层以及输出层的输入、输出值

结　点	网络输入值	输出值
4	0.2+0−0.5−0.4=−0.7	$1/(1+e^{0.7})=0.332$
5	−0.3+0+0.2+0.2=0.1	$1/(1+e^{-0.1})=0.525$
6	(−0.3)(0.332)−(0.2)(0.525)+0.1=−0.105	$1/(1+e^{0.105})=0.474$

反推各层系数修正，如表 9-4 所示。

表 9-4 各层系数修正

结　点	权系数变化
6	(0.474)(1−0.474)(1−0.474)=0.1311
5	(0.525)(1−0.525)(0.1311)(−0.2)=−0.0065
4	(0.332)(1−0.332)(0.1311)(−0.3)=−0.0087

经过第一次学习得到的新的权系数和阈值如表 9-5 所示。

表 9-5 新的权系数和阈值

权系数和阈值	新的值
w_{46}	−0.3+(0.9)(0.1311)(0.332)=−0.261
w_{56}	−0.2+(0.9)(0.1311)(0.525)=−0.138
w_{14}	0.2+(0.9)(−0.0087)(1)=0.192
w_{15}	−0.3+(0.9)(−0.0065)(1)=−0.306
w_{24}	0.4+(0.9)(−0.0087)(0)=0.4
w_{25}	0.1+(0.9)(−0.0065)(0)=0.1
w_{34}	−0.5+(0.9)(−0.0087)(1)=−0.508
w_{35}	0.2+(0.9)(−0.0065)(1)=0.194
θ_6	0.1+(0.9)(0.1311)=0.218
θ_5	0.2+(0.9)(−0.0065)=0.194
θ_4	−0.4+(0.9)(−0.0087)=−0.408

9.4 BP 神经网络的特点及应用

9.4.1 BP 神经网络的特点

BP 神经网络具有以下优点。

(1) 非线性映射能力。BP 神经网络实质上实现了一个从输入到输出的映射功能，数学理论证明三层的神经网络就能够以任意精度逼近任何非线性连续函数，这使得其特别适合于求解内部机制复杂的问题，即 BP 神经网络具有较强的非线性映射能力。

(2) 自学习和自适应能力。BP 神经网络在训练时，能够通过学习自动提取输入、输出数据间的"合理规则"，并自适应地将学习内容记忆于网络的权值中。即 BP 神经网络具有高度自学习和自适应的能力。

(3) 泛化能力。所谓泛化能力是指在设计模式分类器时，既要考虑网络在保证对所需分类对象进行正确分类，还要关心网络在经过训练后，能否对未见过的模式或有噪声污染的模式进行正确的分类。也就是说，BP 神经网络具有将学习成果应用于新知识的能力。

(4) 容错能力。BP 神经网络在其局部的或者部分的神经元受到破坏后对全局的训练结果不会造成很大的影响，也就是说即使系统在受到局部损伤时还是可以正常工作的。即 BP 神经网络具有一定的容错能力。

BP 神经网络也暴露出了越来越多的缺点和不足，主要如下。

(1) 局部极小化问题。从数学角度看，传统的 BP 神经网络为一种局部搜索的优化方法，它要解决的是一个复杂非线性化问题，网络的权值是通过沿局部改善的方向逐渐进行调整的，这样会使算法陷入局部极值，权值收敛到局部极小点，从而导致网络训练失败。加上 BP 神经网络对初始网络权重非常敏感，以不同的权重初始化网络，其往往会收敛于不同的局部极小，这也是很多学者每次训练得到不同结果的根本原因。

(2) BP 神经网络算法的收敛速度慢。由于 BP 神经网络算法本质上为梯度下降法，它所要优化的目标函数是非常复杂的，因此，必然会出现"锯齿形现象"，这使得 BP 算法低效；又由于优化的目标函数很复杂，它必然会在神经元输出接近 0 或 1 的情况下，出现一些平坦区，在这些区域内，权值误差改变很小，使训练过程几乎停顿。BP 神经网络模型中，为了使网络执行 BP 算法，不能使用传统的一维搜索法求每次迭代的步长，而必须把步长的更新规则预先赋予网络，这种方法也会引起算法低效。以上种种，导致了 BP 神经网络算法收敛速度慢的现象。

(3) BP 神经网络结构选择不一。BP 神经网络结构的选择至今尚无一种统一而完整的理论指导，一般只能由经验选定。网络结构选择过大，训练中效率不高，可能出现过拟合现象，造成网络性能低，容错性下降；若选择过小，则又会造成网络可能不收敛。而网络的结构直接影响网络的逼近能力及推广性质。因此，应用中如何选择合适的网络结构是一个重要的问题。

(4) 应用实例与网络规模的矛盾问题。BP 神经网络难以解决应用问题的实例规模和网络规模间的矛盾问题，其涉及网络容量的可能性与可行性的关系问题，即学习复杂性问题。

(5) BP 神经网络预测能力和训练能力的矛盾问题。预测能力也称泛化能力或者推广能力，而训练能力也称逼近能力或者学习能力。一般情况下，训练能力差时，预测能力也差，并且一定程度上，随着训练能力地提高，预测能力会得到提高。但这种趋势不是固定的，其有一个极限，当达到此极限时，随着训练能力的提高，预测能力反而会下降，也即出现所谓"过拟合"现象。出现该现象的原因是网络学习了过多的样本细节导致，学习出的模型已不能反映样本内含的规律，所以如何把握好学习的度，解决网络预测能力和训练能力间矛盾问题也是 BP 神经网络的重要研究内容。

(6) BP 神经网络样本依赖性问题。网络模型的逼近和推广能力与学习样本的典型性密切相关,而从问题中选取典型样本实例组成训练集是一个很困难的问题。

9.4.2 BP 神经网络的应用

随着人工神经网络技术的不断成熟和发展,神经网络的智能化特征与能力使其应用领域日益扩大,许多用传统信息处理方法无法解决的问题采用神经网络后取得了良好的效果,特别在工程领域中得到了广泛的应用。神经网络目前主要应用于以下几个领域。

1. 信息领域

作为一种新型智能信息处理系统,神经网络应用于信号处理、模式识别、数据压缩等方面。

2. 自动化领域

神经网络和控制理论与控制技术相结合,发展为自动控制领域的一个前沿学科——神经网络控制。在系统辨识、神经控制器、智能检测等方面取得了发展。

3. 工程领域

例如,汽车工程、军事工程、化学工程、水利工程等。

4. 医学领域

在医学领域,神经网络可用于检测数据分析、生物活性研究、医学专家系统等。

5. 经济领域

由于神经网络具有优化计算、聚类和预测等功能,在商业界得到广泛的应用。金融市场采用神经网络建立信用卡和货币交易模型,用于识别信贷客户、股票预测和证券市场分析等方面。

9.5 BP 神经网络算法源代码结果分析

BP 神经网络源代码包括 BpDeep.java、BpDeepTest.java 两个文件,相关程序和实验数据可从 github 中下载,网址为 https://github.com/guanyao1/bp.git。

1. BpDeep.java

```
package bp;

import java.util.Random;
public class BpDeep {
    public double[][] layer;                        //神经网络各层结点
        public double[][] layerErr;                 //神经网络各结点误差
        public double[][][] layer_weight;           //各层结点权重
        public double[][][] layer_weight_delta;     //各层结点权重动量
        public double mobp;                         //动量系数
        public double rate;                         //学习系数
        public BpDeep(int[] layernum, double rate, double mobp){
            this.mobp = mobp;
            this.rate = rate;
            layer = new double[layernum.length][];
```

```java
        layerErr = new double[layernum.length][];
        layer_weight = new double[layernum.length][][];
        layer_weight_delta = new double[layernum.length][][];
        Random random = new Random();
        for(int l = 0;l < layernum.length;l++){
            layer[l] = new double[layernum[l]];
            layerErr[l] = new double[layernum[l]];
            if(l + 1 < layernum.length){
                layer_weight[l] = new double[layernum[l] + 1][layernum[l + 1]];
                layer_weight_delta[l] = new double[layernum[l] + 1][layernum[l + 1]];
                for(int j = 0;j < layernum[l] + 1;j++)
                    for(int i = 0;i < layernum[l + 1];i++)
                        layer_weight[l][j][i] = random.nextDouble();//随机初始化权重
            }
        }
    }
    //逐层向前计算输出
    public double[] computeOut(double[] in){
        for(int l = 1;l < layer.length;l++){
            for(int j = 0;j < layer[l].length;j++){
                double z = layer_weight[l - 1][layer[l - 1].length][j];
                for(int i = 0;i < layer[l - 1].length;i++){
                    layer[l - 1][i] = l == 1?in[i]:layer[l - 1][i];
                    z += layer_weight[l - 1][i][j] * layer[l - 1][i];
                }
                layer[l][j] = 1/(1 + Math.exp( - z));
            }
        }
        return layer[layer.length - 1];
    }
    //逐层反向计算误差并修改权重
    public void updateWeight(double[] tar){
        int l = layer.length - 1;
        for(int j = 0;j < layerErr[l].length;j++)
            layerErr[l][j] = layer[l][j] * (1 - layer[l][j]) * (tar[j] - layer[l][j]);
        while(l -- > 0){
            for(int j = 0;j < layerErr[l].length;j++){
                double z = 0.0;
                for(int i = 0;i < layerErr[l + 1].length;i++){
                    z = z + l > 0?layerErr[l + 1][i] * layer_weight[l][j][i]:0;
                    layer_weight_delta[l][j][i] = mobp * layer_weight_delta[l][j][i] +
                    rate * layerErr[l + 1][i] * layer[l][j];            //隐含层动量调整
                    layer_weight[l][j][i] += layer_weight_delta[l][j][i];
                                                                        //隐含层权重调整
                    if(j == layerErr[l].length - 1){
                        layer_weight_delta[l][j + 1][i] = mobp * layer_weight_delta[l]
                        [j + 1][i] + rate * layerErr[l + 1][i];         //截距动量调整
                        layer_weight[l][j + 1][i] += layer_weight_delta[l][j + 1][i];
                                                                        //截距权重调整
                    }
                }
```

```
                layerErr[l][j] = z * layer[l][j] * (1 - layer[l][j]);   //记录误差
            }
        }
    }
    public void train(double[] in, double[] tar){
        double[] out = computeOut(in);
        updateWeight(tar);
    }
}
```

2. BpDeepTest.java

```
package bp;

import java.util.Arrays;
public class BpDeepTest {
    public static void main(String[] args){
        //初始化神经网络的基本配置
        //第一个参数是一个整型数组,表示神经网络的层数和每层结点数,例如{3,10,10,10,
          10,2}表示输入层是3个结点,输出层是2个结点,中间有4层隐含层,每层10个结点
        //第二个参数是学习步长,第三个参数是动量系数
        BpDeep bp = new BpDeep(new int[]{2,10,2}, 0.15, 0.8);
        //设置样本数据,对应上面的4个二维坐标数据
        double[][] data = new double[][]{{1,2},{2,2},{1,1},{2,1}};
        //设置目标数据,对应4个坐标数据的分类
        double[][]target = new double[][]{{1,0},{0,1},{0,1},{1,0}};
        //迭代训练5000次
        for(int n = 0;n < 5000;n++)
            for(int i = 0;i < data.length;i++)
                bp.train(data[i], target[i]);
            //根据训练结果来检验样本数据
            for(int j = 0;j < data.length;j++){
                double[] result = bp.computeOut(data[j]);
                System.out.println(Arrays.toString(data[j]) + ":" + Arrays.toString(result));
            }
            //根据训练结果来预测一条新数据的分类
            double[] x = new double[]{3,1};
            double[] result = bp.computeOut(x);
            System.out.println(Arrays.toString(x) + ":" + Arrays.toString(result));
    }
}
```

程序运行结果如图9-8所示。

```
[1.0, 2.0]:[0.9792429663754634, 0.020714806897922135]
[2.0, 2.0]:[0.02243987014425978, 0.9772407157123231]
[1.0, 1.0]:[0.01695876108386147, 0.9835856674940658]
[2.0, 1.0]:[0.9793993593680249, 0.020566644452232063]
[3.0, 1.0]:[0.9900781708516896, 0.009975165876220611]
```

图9-8 BP神经网络程序运行结果图

数据：(1,2)、(2,2)、(1,1)、(2,1)对应的分类为{1,0}、{0,1}、{0,1}、{1,0}，使用语句“BpDeep bp = **new** BpDeep(**new int**[]{2,10,2}, 0.15, 0.8);”来设置参数，第一个参数是一个整型数组，表示神经网络的层数和每层结点数，例如{3,10,10,10,10,2}表示输入层是3个结点，输出层是2个结点，中间有4层隐含层，每层10个结点；第二个参数是学习步长；第三个参数是动量系数。在图9-8中，用前4条结果来检验4条样本数据，最后一条为预测数据(3,1)的结果。

9.6 小　　结

本章首先介绍了生物与人工神经元模型，然后简单列举了主要的神经网络模型，重点剖析了BP算法，阐述了它的原理、结构、工作过程。本章还列举了一个简单的实例，使读者了解BP算法的具体工作过程，最后介绍了BP算法的特点以及应用。

思　考　题

1. 讨论BP神经网络处理分类问题的原理，并举例说明此网络的应用。
2. BP神经网络算法的优点和不足。
3. BP神经网络算法的学习过程。
4. 对如图9-9所示的BP神经网络，学习系数 $\eta=1$，各点的阈值 $\theta=0$。作用函数为

$$f(x)=\begin{cases}x & x\geqslant 1\\ 1 & x<1\end{cases}$$

输入样本 $x_1=1, x_2=0$，输出结点 z 的期望输出为1，对于第 k 次学习得到的权值分别为 $w_{11}(k)=0, w_{12}(k)=2, w_{21}(k)=2, w_{22}(k)=1, T_1(k)=1, T_2(k)=1$，求第 k 次和 $k+1$ 次学习得到的输出结点值 $z(k)$ 和 $z(k+1)$（写出计算公式和计算过程）。

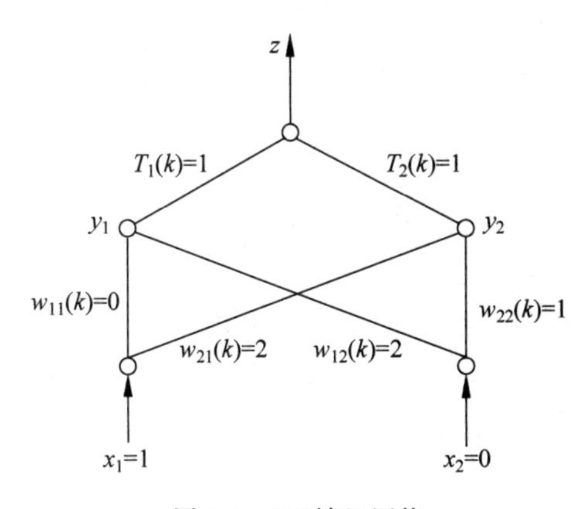

图9-9　BP神经网络

第10章 决策树分类算法

10.1 基本概念

10.1.1 决策树分类算法简介

从数据中生成分类器的一个特别有效的方法是生成一棵决策树(Decision Tree)。决策树表示方法是应用最广泛的逻辑方法之一,它从一组无次序、无规则的事例中推理出决策树表示形式的分类规则。决策树分类方法采用自顶向下的递归方式,在决策树的内部结点进行属性值的比较,根据不同的属性值判断从该结点向下的分支,在决策树的叶结点得到结论。所以,从决策树的根到叶结点的一条路径就对应着一条合取规则,整棵决策树就对应着一组析取表达式规则。

基于决策树的分类方法的一个最大的优点就是它在学习过程中不需要使用者了解很多背景知识,这同时也是它的最大缺点,只要训练样本能够用属性-结论式表示出来,就能使用该算法来学习。

决策树是一个类似于流程图的树结构,其中每个内部结点表示在一个属性上的测试,每个分支代表一个测试输出,而每个树叶结点代表类或类分布,树的最顶层结点是根结点。一棵典型的决策树如图10-1所示,它表示概念buy_computer,预测顾客是否可能购买计算机。内部结点用矩形表示,而树叶结点用椭圆表示,为了对未知的样本分类,样本的属性值在决策树上测试。决策树从根到叶结点的一条路径就对应着一条合取规则,因此决策树容易转换成分类规则。

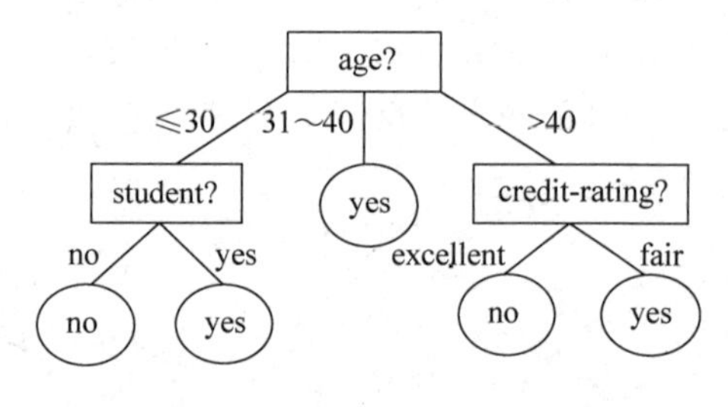

图10-1 一棵典型的决策树

决策树是应用非常广泛的分类方法,目前有多种决策树方法,例如,ID3、CN2、SLIQ、SPRINT等,下面先介绍决策树分类的基本核心思想,然后再详细介绍ID3和C4.5决策树方法。

10.1.2 决策树基本算法概述

决策树分类算法通常分为两个步骤:决策树生成和决策树修剪。

1. 决策树生成算法

决策树生成算法的输入参数是一组带有类别标记的样本,输出是构造一棵决策树,该树可以是一棵二叉树或多叉树。二叉树的内部结点(非叶子结点)一般表示为一个逻辑判断,如形式为($a_i=v_i$)的逻辑判断,其中 a_i 是属性,v_i 是该属性的属性值,树的边是逻辑判断的分支结果。多叉树的内部结点是属性,边是该属性的所有取值,有几个属性值,就有几条边,树的叶子结点都是类别标记。构造决策树的方法是采用自上而下的递归方法,其思路如算法 10.1 所示。

【算法 10.1】 Generate_decision_tree(决策树生成算法)

输入:训练样本 samples,由离散值属性表示;候选属性的集合 attribute_list。

输出:一棵决策树(由给定的训练数据产生一棵决策树)。

(1) 创建结点 N。

(2) 如果 samples 都在同一个类 C,则返回 N 作为叶结点,以类 C 标记,程序结束。

(3) 如果 attribute_list 为空,则返回 N 作为叶结点,标记为 samples 中最普通的类,程序结束。

(4) 选择 attribute_list 中具有最高信息增益的属性 test_attribute。

(5) 标记结点 N 为 test_attribute。

(6) 对于 test_attribute 中的每一个已知值 a_i,由结点 N 生长出一个条件为 test_attribute=a_i 的分支。

(7) 设 s_i 是 samples 中 test_attribute=a_i 的样本的集合,如果 s_i 为空,则加上一个树叶,标记为 samples 中最普通的类;否则,加上一个由 Generate_decision_tree(s_i,attribute_list-test_attribute)返回的结点。

以代表训练样本的单个结点开始构建树(对应算法 10.1 的步骤(1));如果样本都在同一个类,则该结点成为树叶,并使用该类标记(步骤(2)和(3));否则,算法使用称为信息增益的度量作为启发信息,选择能够最好地将样本分类的属性(步骤(4)),该属性成为该结点的"测试"或"判定"属性(步骤(5))。值得注意的是,在这类算法中,所有的属性都是取离散值的,如果是连续值的属性必须离散化。对测试属性的每个已知的值,创建一个分支,并据此划分样本(步骤(6)~(7))。算法使用同样的过程,递归地形成每个划分上的样本决策树,一旦一个属性出现在一个结点上,就不必考虑该结点的任何后代(步骤(7)),递归划分步骤,当下列条件之一成立时停止。

(1) 给定结点的所有样本属于同一类(步骤(2)和(3))。

(2) 没有剩余属性可以用来进一步划分样本,采用多数表决(步骤(3))。这涉及将给定的结点转换成树叶,并用 samples 中的多数所在的类别标记它,另一种方式是可以存放结点样本的分布。

(3) 分支 test_attribute=a_i 没有样本。在这种情况下,以 samples 中的多数类创建一个树叶(步骤(7))。

构造好的决策树的关键在于如何选择好的逻辑判断或属性。对于同样一组样本,可以有很多决策树符合这组样本。研究结果表明,一般情况下,树越小,则树的预测能力越强。要构造尽可能小的决策树,关键在于选择合适的产生分支的属性。由于构造最小的树是 NP-难问题,因此只能采用启发式策略来进行属性选择。属性选择依赖于对各种样本子集的不纯度(impurity)度量方法。不纯度度量方法包括信息增益(information gain)、信息增益比(gain ratio)、Gini-index、距离度量(distance measure)、J-measure、G 统计、x^2 统计、证据权重(weight of evidence)、最小描述长度(MLP)、正交法(ortogonality measure)、相关度(relevance)和 Relief 等。不同的度量有不同的效果，特别是对于多值属性，选择合适的度量方法对于结果的影响是很大的。

2. 决策树修改算法

现实的世界的数据一般不可能是完美的，可能某些属性字段上缺值(missing values)，可能缺少必需的数据而造成数据不完整；也可能数据是不准确、含有噪声甚至是错误的，在此主要讨论噪声问题。基本的决策树构造法没有考虑噪声，因此生成的决策树完全与训练样本拟合，在有噪声情况下，完全拟合将导致过分拟合(overfitting)，即分类模型对训练数据的完全拟合反而使分类模型对现实数据的分类预测性能降低。剪枝是一种克服噪声的基本技术，同时它也能使树得到简化而变得更容易理解，有下列两种基本的剪枝策略。

(1) 预先剪枝(pre-pruning)

在生成树的同时决定是继续对不纯的训练子集进行划分还是停止。

(2) 后剪枝(post-pruning)

一种拟合-化简(fitting-and-simplifying)的两阶段方法。首先生成与训练数据完全拟合的一棵决策树，然后从树的叶子开始剪枝，逐步向根的方向剪。剪枝时要用到一个测试数据集合(tuning set 或 adjusting set)，如果存在某个叶子剪去后测试集上的准确度或其他测试度不降低，则剪去该叶子；否则，停止。

从理论上讲，后剪枝好于预先剪枝，但计算复杂度大。剪枝过程中一般要涉及一些统计参数或阈值(如停机阈值)。值得注意的是，剪枝并不是对所有的数据集都好，就像是小决策树并不是最好(具有最大的预测率)的决策树一样。从某种意义上讲，剪枝也是一种偏向(Bias)，对有些数据效果好而对另外一些数据则效果差。

10.2 决策树分类算法——ID3 算法原理

10.2.1 ID3 算法原理

基本决策树构造算法是一个贪心算法，它采用自顶向下递归的方法构造决策树，著名的决策树算法 ID3 算法的基本策略如下。

(1) 树以代表训练样本的单个结点开始。

(2) 如果样本都在同一个类中，则这个结点成为树叶结点并标记为该类别。

(3) 否则算法使用信息熵(称为信息增益)作为启发知识来帮助选择合适的将样本分类的属性，以便将样本集划分为若干子集，该属性就是相应结点的“测试”或“判定”属性，同时所有属性应当是离散值。

(4) 对测试属性的每个已知的离散值创建一个分支，并据此划分样本。

(5) 算法使用类似的方法，递归地形成每个划分上的样本决策树，一个属性一旦出现在某个结点上，那么它就不能再出现在该结点之后所产生的子树结点中。

(6) 整个递归过程在下列条件之一成立时停止。

- 给定结点的所有样本属于同一类；
- 没有剩余属性可以用来进一步划分样本，这时候该结点作为树叶，并用剩余样本中所出现最多的类型作为叶子结点的类型；

- 某一分支没有样本，在这种情况下以训练样本集中占多数的类创建一个树叶。

ID3 算法的核心是在决策树各级结点上选择属性时，用信息增益作为属性的选择标准，以使得在每一个非结点进行测试时，能获得关于被测试记录最大的类别信息。

10.2.2 熵和信息增益

为了寻找对样本进行分类的最优方法，我们要做的工作就是使对一个样本分类时需要问的问题最少(即树的深度最小)。因此，需要某种函数来衡量哪些问题将提供最为平衡的划分，信息增益就是这样的函数之一。

设 S 是训练样本集，它包括 n 个类别的样本，这些类别分别用 $C_1, C_2, \cdots, C_n$ 表示，那么 S 的熵(entropy)或者期望信息为

$$\text{entropy}(S) = -\sum_{i=0}^{n} p_i \log_2 p_i \tag{10-1}$$

其中，p_i 表示类 C_i 的概率。如果将 S 中的 n 类训练样本看成 n 种不同的消息，那么 S 的熵表示对每一种消息编码需要的平均比特数，$|S| \times \text{entropy}(S)$ 就表示对 S 进行编码需要的比特数，其中，$|S|$ 表示 S 中的样本数目。如果 $n=2, p_1=p_2=0.5$，那么

$$\text{entropy}(S) = -0.5\log_2 0.5 - 0.5\log_2 0.5 = 1$$

如果 $n=2, p_1=0.67, p_2=0.33$，那么

$$\text{entropy}(S) = -0.67\log_2 0.67 - 0.33\log_2 0.33 = 0.92$$

可见，样本的概率分布越均衡，它的信息量(熵)就越大，样本集的混杂程度也越高。因此，熵可以作为训练集的不纯度(impurity)的一个度量，熵越大，不纯度就越高。这样，决策树的分支原则就是使划分后的样本的子集越纯越好，即它们的熵越小越好。

从直观上，在没有任何信息的情况下，如果要猜测一个样本的类别，我们会倾向于指定该样本以 0.5 的概率属于类别 C_1，并以同样的 0.5 概率属于类别 C_2，也就是说，在没有反对信息存在的情况下，我们会假设先验概率相等，此时的熵为 1。但是，当我们已知 C_1 的样本数占 67%，C_2 的样本数占 33%时，熵变为 0.92，也就是说，信息已经有了 0.08 比特的增加。

当样本属于每个类的概率相等时，即对任意 i 有 $p_i=1/n$ 时，上述的熵取到最大值 $\log_2 n$。而当所有样本属于同一类时，S 的熵为 0。其他情况的熵介于 $0 \sim \log_2 n$ 之间。图 10-2 是 $n=2$ 时布尔分类的熵函数随 p_1 从 0 到 1 变化时的曲线。

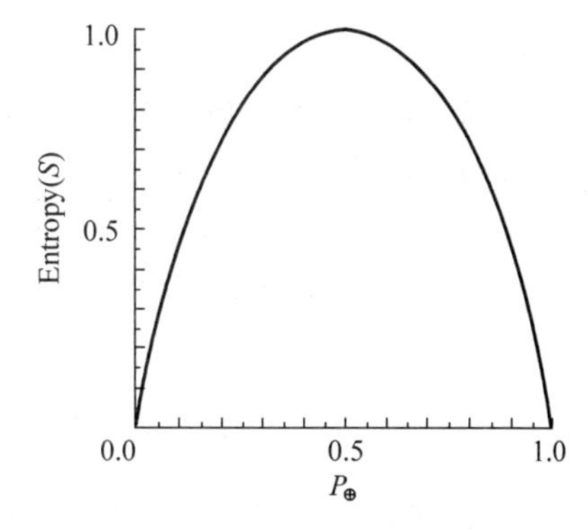

图 10-2 $n=2$ 时布尔分类的熵函数

设属性 A 将 S 划分成 m 份，根据 A 划分的子集的熵或期望信息由下式给出：

$$\text{entropy}(S,A) = \sum_{i=0}^{m} \frac{|S_i|}{|S|} \text{entropy}(S_i) \tag{10-2}$$

其中，S_i 表示根据属性 A 划分的 S 的第 i 个子集，$|S|$ 和 $|S_i|$ 分别表示 S 和 S_i 中的样本数目。信息增益用来衡量熵的期望减少值，因此，使用属性 A 对 S 进行划分获得的信息增益为

$$\text{gain}(S,A) = \text{entropy}(S) - \text{entropy}(S,A) \tag{10-3}$$

gain(S,A)是指因为知道属性 A 的值后导致的熵的期望压缩。gain(S,A)越大，说明选择测试属性 A 对分类提供的信息越多。因为熵越小，代表结点越纯，按照信息增益的定义，信息增益越大，熵的减小量也越大，结点就趋向于更纯。因此，可以对每个属性按照它们的信息增益大小排序，获得最大信息增益的属性被选择为分支属性。

表 10-1 训练样本

outlook	temperature	humidity	windy	play
sunny	hot	high	false	no
sunny	hot	high	true	No
overcast	hot	high	false	Yes
rainy	mild	high	false	Yes
rainy	cool	normal	false	Yes
rainy	cool	normal	true	No
overcast	cool	normal	true	Yes
sunny	mild	high	false	No
sunny	cool	normal	false	Yes
rainy	mild	normal	false	Yes
sunny	mild	normal	true	Yes
overcast	mild	high	true	Yes
overcast	hot	normal	false	Yes
rainy	mild	high	true	No

在表 10-1 的训练样本中，属于类 yes 的样本有 9 个，属于类 no 的样本有 5 个，于是，对给定样本分类所需的期望信息为

$$\text{entropy}(S)=-\frac{9}{14}\log_2\frac{9}{14}-\frac{5}{14}\log_2\frac{5}{14}=0.94$$

熵值 0.940 反映了对样本集合 S 分类的不确定性，也是对样本分类的期望信息。熵值越小，划分的纯度越高，对样本分类的不确定性越低。一个属性的信息增益，就是用这个属性对样本分类而导致的熵的期望值下降。因此，ID3 算法在每一个结点选择取得最大信息增益的属性。

下面分别对属性 outlook、temperature、humidity 和 windy 计算根据这些属性对训练样本进行划分得到的信息增益。

设训练样本集为 S，outlook 将 S 划分成三个部分，即 outlook＝sunny、outlook＝overcast 和 outlook＝rainy，我们用 S_v 来表示属性值为 v 的样本集，于是 $|S_{sunny}|=5$，$|S_{overcast}|=4$，$|S_{rainy}|=5$，而在 S_{sunny} 中，类 yes 的样本有 2 个，类 no 的样本有 3 个，S_{sunny} 的熵为

$$\text{entropy}(S_{sunny})=-\frac{2}{5}\log_2\frac{2}{5}-\frac{3}{5}\log_2\frac{3}{5}=0.971$$

同理，可以计算出 $S_{overcast}$ 和 S_{rainy} 的熵分别为 0 和 0.971，因此，使用属性 outlook 划分 S 的期望信息为

$$\text{entropy}(S,\text{outlook})=\frac{5}{14}\times 0.971+\frac{4}{14}\times 0+\frac{5}{14}\times 0.971=0.694$$

outlook 的信息增益为

$$\text{gain}(S,\text{outlook}) = 0.940 - 0.694 = 0.246$$

同理可得，gain(S，temperature)＝0.151，gain(S，humidity)＝0.048，gain(S，windy)＝0.029，因为属性 outlook 的信息增益最大，所以选择属性 outlook 作为根结点的测试属性，并对应每个值（即 sunny，overcast，rainy）在根结点向下创建分支。

10.2.3 ID3 算法

【算法 10.2】 ID3 算法。

(1) 初始化决策树 T，使其只包含一个树根结点(X，Q)，其中 X 是全体样本集，Q 为全体属性集。

(2) if(T 中所有叶结点(X'，Q')都满足 X 属于同一类或 Q' 为空)，then 算法停止。

(3) else { 任取一个不具有(2)中所述状态的叶结点(X'，Q')。

(4) for each Q'中的属性 A，do 计算信息增益 gain(A，X')。

(5)选择具有最高信息增益的属性 B 作为结点(X'，Q')的测试属性。

(6) for each B 的取值 b_i，do 从该结点(X'，Q')伸出分支，代表测试输出 $B=b_i$；求得 X 中 B 值等于 b_i 的子集 X_i，并生成相应的叶结点(X_i'，$Q'-\{B\}$)。

(7) 转(2)。

10.3 ID3 算法实例分析

【例 10.1】 表 10-2 给出了一个可能带有噪音的数据集合。它有 4 个属性，即 Outlook、Temperature、Humidity 和 Windy。它们分别为 No 和 Yes 两类。通过 ID3 算法构造决策树将数据进行分类。

表 10-2 样本数据集

属 性	Outlook	Temperature	Humidity	Windy	类
1	Overcast	Hot	High	Not	No
2	Overcast	Hot	High	Very	No
3	Overcast	Hot	High	Medium	No
4	Sunny	Hot	High	Not	Yes
5	Sunny	Hot	High	Medium	Yes
6	Rain	Mild	High	Not	No
7	Rain	Mild	High	Medium	No
8	Rain	Hot	Normal	Not	Yes
9	Rain	Cool	Normal	Medium	No
10	Rain	Hot	Normal	Very	No
11	Sunny	Cool	Normal	Very	Yes
12	Sunny	Cool	Normal	Medium	Yes
13	Overcast	Mild	High	Not	No
14	Overcast	Mild	High	Medium	No
15	Overcast	Cool	Normal	Not	Yes
16	Overcast	Cool	Normal	Medium	Yes

续表

属　　性	Outlook	Temperature	Humidity	Windy	类
17	Rain	Mild	Normal	Not	No
18	Rain	Mild	Normal	Medium	No
19	Overcast	Mild	Normal	Medium	Yes
20	Overcast	Mild	Normal	Very	Yes
21	Sunny	Mild	High	Very	Yes
22	Sunny	Mild	High	Medium	Yes
23	Sunny	Hot	Normal	Not	Yes
24	Rain	Mild	High	Very	No

解：因为初始时刻属于 Y 类和 N 类的实例个数均为 12 个，所以初始时刻的熵值为

$$\text{entropy}(X)=-\frac{12}{24}\lg\frac{12}{24}-\frac{12}{24}\lg\frac{12}{24}=1$$

如果选取 Outlook 属性作为测试属性，根据式(10-2)，此时的条件熵为

$$\text{entropy}(X,\text{Outlook})=\frac{9}{24}\left(-\frac{4}{9}\lg\frac{4}{9}-\frac{5}{9}\lg\frac{5}{9}\right)+\frac{8}{24}\left(-\frac{1}{8}\lg\frac{1}{8}-\frac{7}{8}\lg\frac{7}{8}\right)+\frac{7}{24}\left(-\frac{7}{7}\lg\frac{7}{7}-0\right)=0.4643$$

如果选取 Temperature 属性作为测试属性，则有

$$\text{entropy}(X,\text{Temp})=\frac{8}{24}\left(-\frac{4}{8}\lg\frac{4}{8}-\frac{4}{8}\lg\frac{4}{8}\right)+\frac{11}{24}\left(-\frac{4}{11}\lg\frac{4}{11}-\frac{7}{11}\lg\frac{7}{11}\right)+\frac{5}{24}\left(-\frac{4}{5}\lg\frac{4}{5}-\frac{1}{5}\lg\frac{1}{5}\right)=0.6739$$

如果选取 Humidity 属性作为测试属性，则有

$$\text{entropy}(X,\text{Humidity})=\frac{12}{24}\left(-\frac{4}{12}\lg\frac{4}{12}-\frac{8}{12}\lg\frac{8}{12}\right)+\frac{12}{24}\left(-\frac{4}{12}\lg\frac{4}{12}-\frac{8}{12}\lg\frac{8}{12}\right)=0.8183$$

如果选取 Windy 属性作为测试属性，则有

$$\text{entropy}(X,\text{Windy})=\frac{8}{24}\left(-\frac{4}{8}\lg\frac{4}{8}-\frac{4}{8}\lg\frac{4}{8}\right)+\frac{6}{24}\left(-\frac{3}{6}\lg\frac{3}{6}-\frac{3}{6}\lg\frac{3}{6}\right)+\frac{10}{24}\left(-\frac{5}{10}\lg\frac{5}{10}-\frac{5}{10}\lg\frac{5}{10}\right)=1$$

可以看出，entropy(X,Outlook)最小，即有关 Outlook 的信息对于分类有最大的帮助，提供最大的信息量，即 gain(X,Outlook)最大。所以应该选择 Outlook 属性作为测试属性。还可以看出，“entropy(X)＝entropy(X,Windy)”最小，即 gain(X,Windy)＝0，有关 Windy 的信息不能提供任何分类信息。选择 Outlook 作为测试属性之后，将训练实例分为 3 个子集，生成 3 个叶结点，对每个叶结点依次利用上面过程则生成如图 10-3 所示的决策树。

【例 10.2】 如表 10-3 所示为一个商场顾客数据库(训练样本集合)属性。样本集合的类别属性为 buy computer，该属性有两个不同取值，即{yes,no}，因此就有两个不同的类别(m=2)。设 C_1 对应 yes 类别，C_2 对应 no 类别。C_1 类别包含 9 个样本，C_2 类别包含 5 个样本。

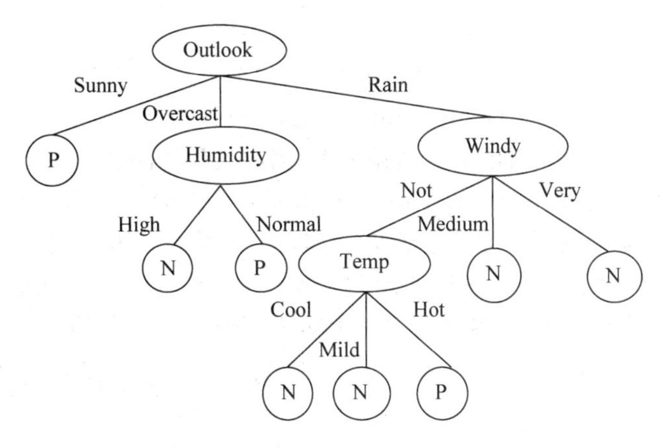

图 10-3　生成的决策树

表 10-3　一个商场顾客数据库(训练样本集合)

rid	age	income	student	credit rating	buy computer
1	<30	High	No	Fair	No
2	<30	High	No	Excellent	No
3	30～40	High	No	Fair	Yes
4	>40	Medium	No	Fair	Yes
5	>40	Low	Yes	Fair	Yes
6	>40	Low	Yes	Excellent	No
7	30～40	Low	Yes	Excellent	Yes
8	<30	Medium	No	Fair	No
9	<30	Low	Yes	Fair	Yes
10	>40	Medium	Yes	Fair	Yes
11	<30	Medium	Yes	Excellent	Yes
12	30～40	Medium	No	Excellent	Yes
13	30～40	High	Yes	Fair	Yes
14	>40	Medium	No	Excellent	No

解：为了计算每个属性的信息增益，首先计算出所有(对一个给定样本进行分类所需要)的信息量，具体计算过程如下。

$$I(s_1, s_2) = I(9,5) = -\frac{9}{14}\log_2\frac{9}{14} - \frac{5}{14}\log_2\frac{5}{14} = 0.94$$

接着需要计算每个属性的信息熵。假设先从属性 age 开始，根据属性 age 每个取值在 C_1 类别和 C_2 类别中的分布，就可以计算出每个分布所对应的信息。

对于 age="<30"：$s_{11}=2, s_{21}=3, I(s_{11}, s_{21})=0.971$。

对于 age="30～40"：$s_{12}=4, s_{22}=0, I(s_{11}, s_{21})=0$。

对于 age=">40"：$s_{13}=3, s_{23}=2, I(s_{11}, s_{21})=0.971$。

然后就可以根据属性 age 对样本集合进行划分，获得对一个数据对象进行分类而需要的信息熵，由此获得利用属性 age 对样本集合进行划分所获得的信息增益为

$$\text{Gain}(\text{age}) = I(s_1, s_2) - E(\text{age}) = 0.245$$

类似可以获得

$$\text{Gain(income)} = 0.0029$$
$$\text{Gain(student)} = 0.151$$
$$\text{Gain(credit rating)} = 0.048$$

显然，选择属性 age 所获得的信息增益最大，因此被作为测试属性用于产生当前分支结点。这个新产生的结点被标记为 age；同时，根据属性 age 的 3 个不同取值，产生 3 个不同的分支，当前的样本集合被划分为 3 个子集，如图 10-4 所示。其中，落入 age="30～40"子集的样本类别均为 C_1 类别，因此在这个分支末端产生一个叶结点并标记为 C_1 类别。根据如表 10-3 所示的训练样本集合，最终产生一个如图 10-4 所示的决策树。

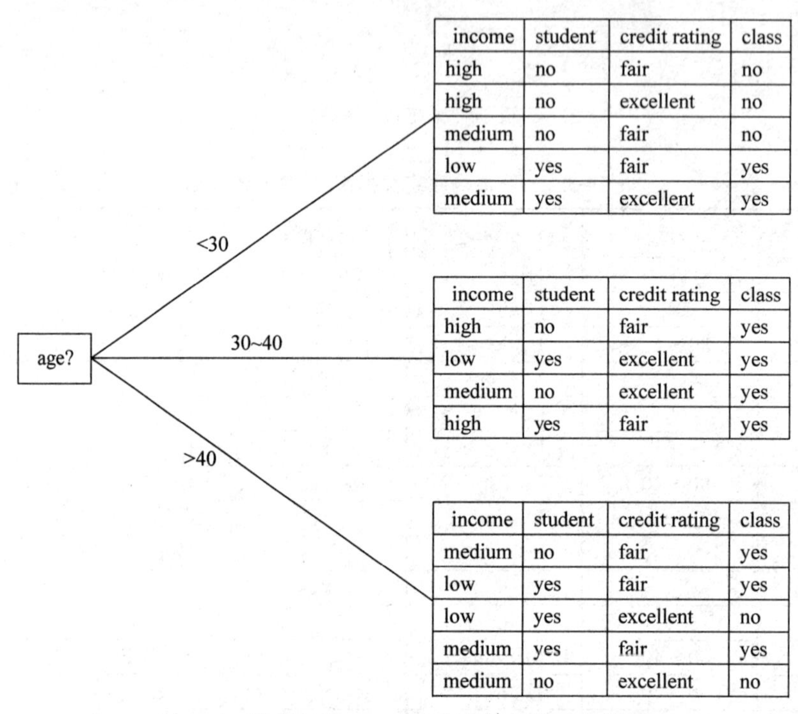

income	student	credit rating	class
high	no	fair	no
high	no	excellent	no
medium	no	fair	no
low	yes	fair	yes
medium	yes	excellent	yes

income	student	credit rating	class
high	no	fair	yes
low	yes	excellent	yes
medium	no	excellent	yes
high	yes	fair	yes

income	student	credit rating	class
medium	no	fair	yes
low	yes	fair	yes
low	yes	excellent	no
medium	yes	fair	yes
medium	no	excellent	no

图 10-4　选择属性 age 产生相应分支的示意描述

从图 10-4 中可以看出，age="30～40"的子集样本的类别相同，均为 Yes，故该结点将成为一个叶子结点，并且其类别标记为 Yes。

接下来，对 age 结点的不纯分支子结点进一步完成与上述步骤类似的计算，最后得到的决策树如图 10-5 所示。

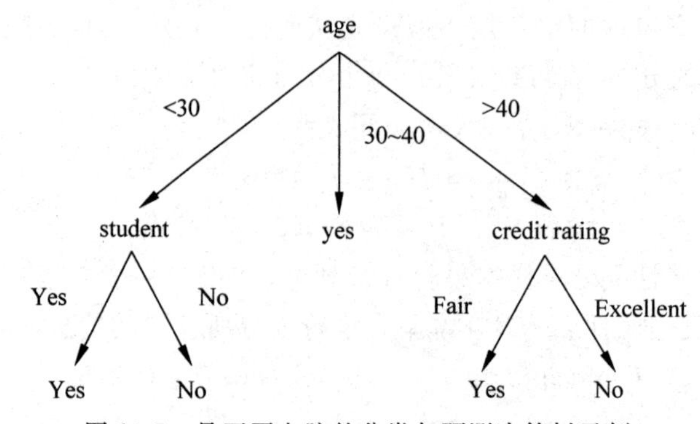

图 10-5　是否买电脑的分类与预测决策树示例

10.4 ID3算法的特点及应用

10.4.1 ID3算法的特点

ID3算法的优点如下。

（1）算法的理论清晰。

（2）方法简单。

（3）学习能力较强。

ID3算法的缺点如下。

（1）信息增益的计算依赖于特征数目较多的特征，而属性取值最多的属性并不一定最优。

（2）ID3是非递增算法。

（3）ID3是单变量决策树（在分支结点上只考虑单个属性），许多复杂概念的表达困难，属性相互关系强调不够，容易导致决策树中子树的重复或有些属性在决策树的某一路径上被检验多次。

（4）抗噪性差。训练例子中正例和反例的比例较难控制。

10.4.2 ID3算法的应用

1. ID3算法在汽车售后服务中的应用

据调查，国外汽车的80%的利润是由售后服务得到，而整车销售只占总利润的20%，因此很多公司都努力提高汽车售后服务水平。而随着数据库的多年使用，在日益竞争激烈的汽车行业里，汽车售后服务商存有大量的客户数据。如何提高汽车售后服务水平，发现客户的需求和服务中的一些规律，这些将成为汽车售后服务企业关心和重视的问题。鉴于此种情况，利用数据挖掘技术ID3算法，根据汽车售后服务业客户消费行为特征对客户进行细分及客户特征分析，把大量的客户按照标准分成不同的类，最终根据客户的类别属性特征，为不同的类型的客户制定不同营销策略，从而为企业获得较高的利润。

2. ID3算法在ATM选点预测系统中的应用

自动柜员机ATM作为银行为客户提供服务的窗口，其快捷有效的自助方式，早已被国内金融机构及客户所广泛认可。在中国，金融自助服务具有巨大的增长潜力。金融业在布放ATM时需要在满足用户需要的基础上保证银行收益最大化，最大限度地提高ATM利用率。而现有ATM的布点并不完全合理。有些区域ATM网点的密度过大，很容易加剧竞争，造成效率低下；有些区域ATM网点的密度反而过小，有些大银行在一些区域存在着网点空白区，不能为客户提供更好的服务。因此如何合理和有效地布放ATM已成为银行有待解决的问题。利用数据挖掘技术和面向属性归纳以及分类决策树的ID3算法，可以挖掘以往积累的ATM部署区域信息，发现累计取款量大、次数多和查询次数高的ATM部署点的特征。通过分析数据，建立选点模型，可以找出利用率高的ATM地区的特征，可作为金融机构部署ATM的参考。

10.5 ID3算法源程序结果分析

相关程序和实验数据可从github中下载，网址为https://github.com/guanyaol/desiciontree-ID3.git。

```
package Decisiontree.ID3;

import java.io.BufferedReader;
import java.io.File;
import java.io.FileReader;
import java.io.FileWriter;
import java.io.IOException;
import java.util.ArrayList;
import java.util.Iterator;
import java.util.LinkedList;
import java.util.List;
import java.util.regex.Matcher;
import java.util.regex.Pattern;

import org.dom4j.Document;
import org.dom4j.DocumentHelper;
import org.dom4j.Element;
import org.dom4j.io.OutputFormat;
import org.dom4j.io.XMLWriter;

public class ID3 {
    private ArrayList<String> attribute = new ArrayList<String>();//存储属性的名称
    private ArrayList<ArrayList<String>> attributevalue = new ArrayList<ArrayList
    <String>>();                                                  //存储每个属性的取值
    private ArrayList<String[]> data = new ArrayList<String[]>(); //原始数据
    int decatt;                                                   //决策变量在属性集中的索引
    public static final String patternString = "@attribute(.*)[{](.*?)[}]";
    Document xmldoc;
    Element root;
    public ID3() {
        xmldoc = DocumentHelper.createDocument();
        root = xmldoc.addElement("root");
        root.addElement("DecisionTree").addAttribute("value", "null");
    }
    //读取arff文件,给attribute、attributevalue、data赋值
    public void readARFF(File file) {
        try {
            FileReader fr = new FileReader(file);
            BufferedReader br = new BufferedReader(fr);
            String line;
            Pattern pattern = Pattern.compile(patternString);
            while ((line = br.readLine()) != null) {
                Matcher matcher = pattern.matcher(line);
                if (matcher.find()) {                     // 读@attribute
```

```
                attribute.add(matcher.group(1).trim());
                String[] values = matcher.group(2).split(",");
                ArrayList<String> al = new ArrayList<String>(values.length);
                for (String value : values) {
                    al.add(value.trim());
                }
                attributevalue.add(al);
            } else if (line.startsWith("@data")) { // 读@data
                while ((line = br.readLine()) != null) {
                    if (line == "")
                        continue;
                    String[] row = line.split(",");
                    data.add(row);
                }
            } else {
                continue;
            }
        }
        br.close();
    } catch (IOException e1) {
        e1.printStackTrace();
    }
}
//设置决策变量
public void setDec(int n) {
    if (n < 0 || n >= attribute.size()) {
        System.err.println("决策变量指定错误。");
        System.exit(2);
    }
    decatt = n;
}
public void setDec(String name) {
    int n = attribute.indexOf(name);
    setDec(n);
}
//给一个样本(数组中是各种情况的计数),计算它的熵
public double getEntropy(int[] arr) {
    double entropy = 0.0;
    int sum = 0;
    for (int i = 0; i < arr.length; i++) {
        entropy -= arr[i] * Math.log(arr[i] + Double.MIN_VALUE)/ Math.log(2);
        sum += arr[i];
    }
    entropy += sum * Math.log(sum + Double.MIN_VALUE) / Math.log(2);
    entropy /= sum;
    return entropy;
}
//给一个样本数组及样本的算术和,计算它的熵
public double getEntropy(int[] arr, int sum) {
    double entropy = 0.0;
    for (int i = 0; i < arr.length; i++) {
```

```
            entropy -= arr[i] * Math.log(arr[i] + Double.MIN_VALUE)/ Math.log(2);
        }
        entropy += sum * Math.log(sum + Double.MIN_VALUE) / Math.log(2);
        entropy /= sum;
        return entropy;
    }
    public boolean infoPure(ArrayList<Integer> subset) {
        String value = data.get(subset.get(0))[decatt];
        for (int i = 1; i < subset.size(); i++) {
            String next = data.get(subset.get(i))[decatt];
            //equals 表示对象内容相同, == 表示两个对象指向的是同一片内存
            if (!value.equals(next))
                return false;
        }
        return true;
    }
    //给定原始数据的子集(subset 中存储行号),当以第 index 个属性为结点时计算它的信息熵
    public double calNodeEntropy(ArrayList<Integer> subset, int index) {
        int sum = subset.size();
        double entropy = 0.0;
        int[][] info = new int[attributevalue.get(index).size()][];
        for (int i = 0; i < info.length; i++)
            info[i] = new int[attributevalue.get(decatt).size()];
        int[] count = new int[attributevalue.get(index).size()];
        for (int i = 0; i < sum; i++) {
            int n = subset.get(i);
            String nodevalue = data.get(n)[index];
            int nodeind = attributevalue.get(index).indexOf(nodevalue);
            count[nodeind]++;
            String decvalue = data.get(n)[decatt];
            int decind = attributevalue.get(decatt).indexOf(decvalue);
            info[nodeind][decind]++;
        }
        for (int i = 0; i < info.length; i++) {
            entropy += getEntropy(info[i]) * count[i] / sum;
        }
        return entropy;
    }
    //构建决策树
    public void buildDT(String name, String value, ArrayList<Integer> subset,
            LinkedList<Integer> selatt) {
            Element ele = null;
            @SuppressWarnings("unchecked")
            List<Element> list = root.selectNodes("//" + name);
            Iterator<Element> iter = list.iterator();
            while (iter.hasNext()) {
            ele = iter.next();
            if (ele.attributeValue("value").equals(value))
                break;
        }
        if (infoPure(subset)) {
```

```
            ele.setText(data.get(subset.get(0))[decatt]);
            return;
        }
        int minIndex = -1;
        double minEntropy = Double.MAX_VALUE;
        for (int i = 0; i < selatt.size(); i++) {
            if (i == decatt)
                continue;
            double entropy = calNodeEntropy(subset, selatt.get(i));
            if (entropy < minEntropy) {
                minIndex = selatt.get(i);
                minEntropy = entropy;
            }
        }
        String nodeName = attribute.get(minIndex);
        selatt.remove(new Integer(minIndex));
        ArrayList<String> attvalues = attributevalue.get(minIndex);
        for (String val : attvalues) {
            ele.addElement(nodeName).addAttribute("value", val);
            ArrayList<Integer> al = new ArrayList<Integer>();
            for (int i = 0; i < subset.size(); i++) {
                if (data.get(subset.get(i))[minIndex].equals(val)) {
                    al.add(subset.get(i));
                }
            }
            buildDT(nodeName, val, al, selatt);
        }
    }
    //把xml写入文件
    public void writeXML(String filename) {
        try {
            File file = new File(filename);
            if (!file.exists())
                file.createNewFile();
            FileWriter fw = new FileWriter(file);
            OutputFormat format = OutputFormat.createPrettyPrint();  //美化格式
            XMLWriter output = new XMLWriter(fw, format);
            output.write(xmldoc);
            output.close();
        } catch (IOException e) {
            System.out.println(e.getMessage());
        }
    }
    public static void main(String[] args) {
        ID3 inst = new ID3();
        inst.readARFF(new File(System.getProperty("user.dir")
                + "\\resource\\weather.nominal.arff"));
        //inst.readARFF(new
        //File("C:\\Users\\wang4\\Desktop\\weather.nominal.arff"));
        inst.setDec("play");
        LinkedList<Integer> ll = new LinkedList<Integer>();
```

```
        for (int i = 0; i < inst.attribute.size(); i++) {
            if (i != inst.decatt)
                ll.add(i);
        }
        ArrayList < Integer > al = new ArrayList < Integer >();
        for (int i = 0; i < inst.data.size(); i++) {
            al.add(i);
        }
        System.out.println("================");
        inst.buildDT("DecisionTree", "null", al, ll);
        inst.writeXML(System.getProperty("user.dir") + "\\resource\\dt.xml");
        return;
    }
}
```

程序运行界面如图 10-6 所示。

```
1  <?xml version="1.0" encoding="UTF-8"?>
2
3  <root>
4    <DecisionTree value="null">
5      <outlook value="sunny">
6        <humidity value="high">no</humidity>
7        <humidity value="normal">yes</humidity>
8      </outlook>
9      <outlook value="overcast">yes</outlook>
10     <outlook value="rainy">
11       <windy value="TRUE">no</windy>
12       <windy value="FALSE">yes</windy>
13     </outlook>
14   </DecisionTree>
15 </root>
16
```

图 10-6　ID3 程序运行结果图

10.6　决策树分类算法——C4.5 算法原理

10.6.1　C4.5 算法

上面已经提到，ID3 还存在着许多需要改进的地方，为此，Quinlan 在 1993 年提出了 ID3 的改进版本 C4.5 算法(Quinlan，1993)。它与 ID3 算法的不同点如下。

(1) 分支指标采用增益比例，而不是 ID3 所使用的信息增益。

(2) 按照数值属性值的大小对样本排序，从中选择一个分割点，划分数值属性的取值区间，从而将 ID3 的处理能力扩充到数值属性上来。

(3) 将训练样本集中的位置属性值用最常用的值代替，或者用该属性的所有取值的平均值代替，从而处理缺少属性值的训练样本。

(4) 使用 K 次迭代交叉验证，评估模型的优劣程度。

(5) 根据生成的决策树，可以产生一个 if-then 规则的集合，每一个规则代表从根结点到叶结点的一条路径。

C4.5算法的核心思想与ID3完全一样，下面仅就C4.5算法与ID3算法的一些不同点进行讨论。

1. 增益比例

信息增益是一种衡量最优分支属性的有效函数，但是它倾向于选择具有大量不同取值的属性，从而产生许多小而纯的子集。例如，病人的ID、姓名和日期等，特别是作为关系数据库中记录的主码的属性，根据这样的属性划分的子集都是单元集，对应的决策树结点当然是纯结点了。因此，需要新的指标来降低这种情况下的增益。Quinlan提出使用增益比例来代替信息增益。

首先考虑训练样本关于属性值的信息量（熵）split_info(S,A)，其中，S代表训练样本集，A代表属性，这个信息量是与样本的类别无关的，它的计算公式如下：

$$\text{split\_info}(S,A)=-\sum_{i=1}^{m}\frac{|S_i|}{|S|}\log_2\frac{|S_i|}{|S|} \tag{10-4}$$

其中，S_i表示根据属性A划分的第i个样本子集，样本在A上的取值分布越均匀，split_info的值也就越大。split_info用来衡量属性分裂数据的广度和均匀性。属性A的增益比例计算如下。

$$\begin{aligned}\text{gain\_ratio}(S,A)&=\frac{\text{gain}(S,A)}{\text{split\_info}(S,A)}\\&=\frac{\text{entropy}(S)-\text{entropy}(S,A)}{-\sum_{i=1}^{m}\frac{|S_i|}{|S|}\log_2\frac{|S_i|}{|S|}}\\&=\frac{-\sum_{i=1}^{n}p_i\log_2 p_i-\sum_{i=1}^{m}\frac{|S_i|}{|S|}\text{entropy}(S_i)}{-\sum_{i=1}^{m}\frac{|S_i|}{|S|}\log_2\frac{|S_i|}{|S|}}\end{aligned} \tag{10-5}$$

其中，gain(S,A)表示信息增益。

当存在i使得$|S_i|\approx|S|$时，split_info将非常小，从而导致增益比例异常地大，C4.5为解决此问题进行了改进，它计算每个属性的信息增益，对于超过平均信息增益的属性，再进一步根据增益比例来选取属性。

一个属性分割样本的广度越大，均匀性越强；该属性的split_info越大，增益比例就越小。因此，split_info降低了选择那些值较多且均匀分布的属性的可能性。

例如，含n个样本的集合按属性A划分为n组（每组一个样本），A的分裂信息为$\log_2 n$。属性B将n个样本平分为两组，B的分裂信息为1，若A、B有同样的信息增益，显然，按信息增益比例度量应选择B属性。

采用增益比例作为选择属性的标准，克服了信息增益度量的缺点，但是算法偏向于选择取值较集中的属性（即熵值最小的属性），而它并不一定是对分类最重要的属性。

2. 数值属性的处理

C4.5处理数值属性的过程如下。

(1) 按照属性值对训练数据进行排序。

(2) 用不同的阈值对训练数据进行动态划分。

(3) 当输入改变时确定一个阈值。

(4) 取当前样本的属性值和前一个样本的属性值的中点作为新的阈值。

(5) 生成两个划分,所有的样本分布到这两个划分中。

(6) 得到所有可能的阈值、增益和增益比例。

每一个数值属性划分为两个区间,即大于阈值或小于等于阈值。

3. 未知属性值的处理

C4.5 处理样本中未知属性值的方法是将未知值用最常用的值代替,或者用该属性的所有取值的平均值代替。另一种解决办法是采用概率的办法,对属性的每一个取值赋予一个概率,在划分样本集时,将未知属性值的样本按照属性值的概率分配到子结点中去,这些概率的获取依赖于已知的属性值的分布。

在表 10-1 的样本中,属性 outlook 有 3 个不同取值,其中值为 sunny 的样本有 5 个,值为 overcast 的样本有 4 个,值为 rainy 的样本有 5 个,总共 14 个已知属性值的样本。因此,如果存在一个未知 outlook 属性值的样本,那么根据属性 outlook 分支时,分配到 outlook=sunny 的样本数为 5+5/14 个,分配到 outlook=overcast 的样本数为 4+4/14 个,分配到"outlook=rainy"的样本数为 5+5/14 个。

4. *k* 次交叉验证

交叉验证是一种模型评估方法,它将使用学习样本产生的决策树模型应用于独立的测试样本,从而对学习的结果进行验证。如果对学习样本进行分析产生的大多数或者全部分支都是基于随机噪声的,那么使用测试样本进行分类的结果将非常糟糕。

如果将上述的学习-验证过程重复 k 次,就称为 k 次迭代交叉验证。首先将所有的训练样本平均分成 k 份,每次使用其中的一份作为测试样本,使用其余的 $k-1$ 次作为学习样本,然后选择平均分类精度最高的树作为最后的结果。通常,分类精度最高的树并不是结点最多的树。除了用于选择规模较小的树,交叉验证还用于决策树的修剪。k 次迭代交叉验证非常适用于训练样本数据比较少的情形。但是由于要构建 k 棵决策树,它的计算量非常大。

5. 规则的产生

C4.5 还提供了将决策树模型转换为 if-then 规则的算法。规则存储于一个二维数组中,每一行代表一个规则。表的每一列代表样本的一个属性,列的值代表了属性的不同取值,例如,对于分类属性来说,0、1 分别代表取属性的第一、二个值;对于数值属性来说,0、1 分别代表小于等于和大于阈值。如果列值为 -1,则代表工作中不包含该属性。

10.6.2 C4.5 算法的伪代码

假设用 S 代表当前样本集,当前候选属性集用 A 表示,则 C4.5 算法 C4.5formtree(S, A)的伪代码如下。

【算法 10.3】 Generate_decision_tree 由给定的训练数据产生一棵决策树。

输入:训练样本 samples;候选属性的集合 attributelist。

输出:一棵决策树。

(1) 创建根结点 N。

(2) IF S 都属于同一类 C,则返回 N 为叶结点,标记为类 C。

(3) IF attributelist 为空 OR S 中所剩的样本数少于某给定值,则返回 N 为叶结点,标记 N 为 S 中出现最多的类。

(4) FOR each attributelist 中的属性。计算信息增益率 information gain ratio。

(5) N 的测试属性 test. attribute = attributelist 具有最高信息增益率的属性。

(6) IF 测试属性为连续型,则找到该属性的分割阈值。

(7) For each 由结点 N 一个新的叶子结点{

If 该叶子结点对应的样本子集 S' 为空

则分裂此叶子结点生成新叶结点,将其标记为 S 中出现最多的类

Else

在该叶子结点上执行 C4.5 formtree(S', S'. attributelist),继续对它分裂;

}

(8) 计算每个结点的分类错误,进行剪枝。

10.7 C4.5 算法实例分析

下面通过对毕业生就业信息(如表 10-4 所示)的分析,帮助教育者寻找到可能影响毕业生就业的信息,从而在今后的教学过程中进行改进,使得毕业生在就业时更具有竞争力。

表 10-4 毕业生就业信息表

学号	性别	学生干部	综合成绩	毕业论文	就业情况
2000041134	男	是	70～79	优	已
2000041135	女	是	80～89	中	已
2000041201	男	不是	60～69	不及格	未
2000041202	男	是	60～69	良	已
2000041203	男	是	70～79	中	已
2000041204	男	不是	70～79	良	未
2000041205	女	是	60～69	良	已
2000041209	男	是	60～69	良	已
2000041210	女	是	70～79	中	未
2000041211	男	不是	60～69	及格	已
2000041215	男	是	80～89	及格	已
2000041216	男	是	70～79	良	已
2000041223	男	不是	70～79	及格	未
2000041319	男	不是	60～69	及格	已
2000041320	男	是	70～79	良	已
2000041321	男	不是	70～79	良	未
2000041322	男	不是	80～89	良	未
2000041323	女	是	70～79	良	已
2000041324	男	不是	70～79	不及格	未
2000041325	男	不是	70～79	良	未
2000041326	女	是	60～69	优	已
2000041327	男	是	60～69	良	已

解：表 10-4 的数据是经过预处理的数据集，从表中可以得到类标号属性“就业情况”有 2 个不同的值(“已”,“未”)，因此有 2 个不同的类。其中对应于类值“已”有 14 个样本，类值“未”有 8 个样本。

我们先计算训练集的全部信息量。

entropy(就业情况)＝entropy(14,8)＝－14/22log2(14/22)－8/22log2(8/22)＝0.04566030

接着，需要计算每个属性的信息增益比。如以属性“性别”为例：

entropy(男)＝entropy(10,7)＝－10/17log2(10/17)－7/17log2(7/17)＝0.97741728

entropy(女)＝entropy(4,1)＝－4/5log2(1/5)－1/5log2(1/5)＝0.72192809

由公式有：

entropy(性别)＝17/22 * entropy(男)＋5/22 * entropy(女)＝0.91935197

求出这种划分的信息增益：

gain(性别)＝entropy(就业情况)－entropy(性别)＝0.02630833

再根据公式求出在该属性上的分裂信息：

split_Info(性别)＝－17/22log2(17/22)－5/22－log2(55/22)＝0.77322667

最后求出在该属性上的增益比：

gain_ratio(学生干部)＝0.41171446，gain_ratio(综合成绩)＝0.08839108，gain_ratio(毕业成绩)＝0.10167158

由上述计算结果可知：“学生干部”在属性中具有最大的信息增益比，取“学生干部”为根属性，引出一个分支，样本按此划分。对引出的每一个分支再用此分类法进行分类，再引出分支，最后所构造出的判定树如图 10-7 所示。

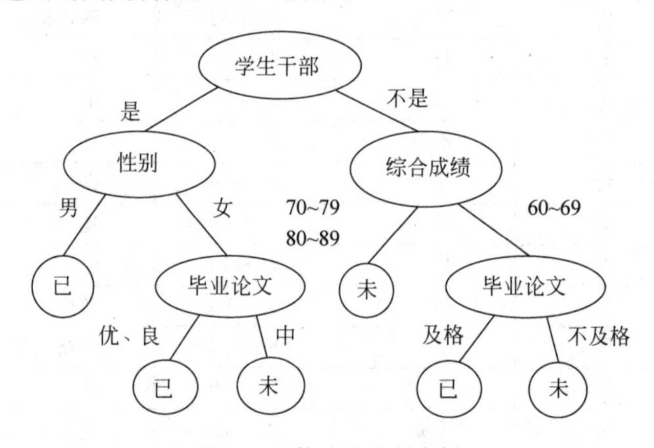

图 10-7　构造出的判定树

10.8　C4.5 算法的特点及应用

10.8.1　C4.5 算法的特点

C4.5 算法的优点如下。

(1) 产生的分类规则易于理解。

(2) 准确率较高。

C4.5 算法的缺点主要是在构造树的过程中，需要对数据集进行多次的顺序扫描和排序，因而导致算法的低效。

10.8.2 C4.5 算法的应用

1. C4.5 算法在保险客户流失分析中的应用

随着我国加入 WTO 后，我国保险市场将逐步对外开放，保险市场的竞争将更加激烈。客户是保险公司生存和发展的根基，而吸引客户、保持客户、避免客户流失是保险公司提高竞争力的关键。数据挖掘在保险领域有着广泛的应用，通过挖掘，可发现购买某一保险险种的客户的特征，从而可以向那些具有同样特征却没有购买该保险险种的客户进行推销；还可找到流失客户的特征，在那些具有相似特征的客户还未流失之前，采取针对性的措施避免客户的流失。利用数据挖掘中的面向属性归纳和分类决策树 C4.5 算法，对保险公司的客户基本信息进行分析，找出了客户流失的特征，可帮助保险公司有针对性地改善客户关系，避免客户流失。

2. C4.5 算法在高校教学决策支持中的应用

随着我国高等教育的发展，各高校的招生规模不断扩大，教育模式也不断更新，使用基于校园网的教学管理系统，实现了信息化、网络化的教学，但同时也积累了大量的数据，如何从这些数据中挖掘出有价值的信息，为学校教学决策提供参考依据，是各高校面临的问题。决策树 C4.5 算法可以从学校积累的数据中有效分类，实现根据现有数据去预测未来的发展趋势，例如，可以通过 C4.5 对学生成绩进行分析，找出影响学生成绩的成因，提出相应的解决策略，更好地指导教学。

3. C4.5 算法在网络入侵检测中的应用

随着计算机网络技术的迅猛发展和广泛应用，从网络资源中获得共享信息已经成为了人们日常生活中必不可少的方式之一。与此同时，人们也不得不面对由于入侵而引发的一系列网络安全问题的困扰。传统的防火墙技术已经难以单独保障网络的安全，入侵检测作为防火墙技术的补充开始发挥出不可替代的作用。入侵检测是一种通过实时监测目标系统来发现入侵攻击行为的安全技术。当前的大多数入侵检测系统采用基于规则的简单模式匹配技术，它们存在计算量大、误报漏报率高等缺点。针对这些不足，以决策树方法作为描述模型，实现决策树 C4.5 算法，使用训练集构建分类树来实现对入侵行为的检测。决策树算法具有构造速度快、分类精度高、检测速率快以及良好的自适应和自学习等特点，适合用于攻击检测中。

10.9 C4.5 源程序结果分析

C4.5 源程序包含 DTree.java、DTreeUtil.java、SequenceComparator.java 和 TreeNode.java 等文件，相关程序和实验数据可从 github 中下载，网址为 https://github.com/guanyao1/desiciontree-C45.git。

1. DTree.java

```
package Decisiontree.C45;
```

```
import java.util.ArrayList;
import java.util.List;
import java.util.TreeSet;
/* 决策树的 ID3 算法
 * @author liuwei
 */
public class DTree {
//根结点
TreeNode root;
//可见性数组
private boolean[] visable;
//未找到结点
private static final int NO_FOUND =- 1;
//训练集
private Object[] trainningArray;
//结点索引
private int nodeIndex;
public static void main(String[] args) {
    Object[] array = new Object[]{
    //new String[]{"男","中年","未婚","大学","中","没购买"},
    //new String[]{"女","中年","未婚","大学","中","购买"},
    //new String[]{"男","中年","已婚","大学","中","购买"},
    //new String[]{"男","老年","已婚","大学以下","低","购买"}
    new String[] { "youth","high","no","fair","no"  },
    new String[] { "youth","high","no","excellent","no"  },
    new String[] { "middle_aged","high","no","fair","yes" },
    new String[] { "senior","medium","no","fair","yes" },
    new String[] { "senior","low","yes","fair","yes" },
    new String[] { "senior","low","yes","excellent","no"  },
    new String[] { "middle_aged","low","yes","excellent","yes" },
    new String[] { "youth","medium","no","fair","no"  },
    new String[] { "youth","low","yes","fair","yes" },
    new String[] { "senior","medium","yes","fair","yes" },
    new String[] { "youth","medium","yes","excellent","yes" },
    new String[] { "middle_aged","medium","no","excellent","yes" },
    new String[] { "middle_aged","high","yes","fair","yes" },
    new String[] { "senior","medium","no","excellent","no"  },
    }
    DTree tree = new DTree();
    tree.create(array,4);
    System.out.println("========= END PRINT TREE =========");
    String[] printData = {"youth","low","yes","excellent","yes"};
    System.out.println("============ DECISION RESULT ============");
    tree.compare(printData, tree.root);
}

/* 根据传入的数据进行预测
 * @param printData
```

```
 * @param node
 */
private void compare(String[] printData, TreeNode node) {
    int index = getNodeIndex(node.nodeName);
    if(index == NO_FOUND){
        System.out.println(node.nodeName);
        System.out.println((node.percent * 100) + "%");
    }
    TreeNode[] chlids = node.childNodes;
    for(int i = 0; i < chlids.length; i++){
        if(chlids[i] != null){
            if(chlids[i].parentArrtibute.equals(printData[index])){
                compare(printData, chlids[i]);
            }
        }
    }

}
private int getNodeIndex(String nodeName) {
    //String[] strs = {"性别","年龄","婚否","学历","中还是低","是否购买"};
    String[] strs = {"age","income","student","credit_rating","buy_computer"};
    for (int i = 0; i < strs.length; i++) {
        if(nodeName.equals(strs[i])){
            return i;
        }
    }
    return NO_FOUND;
}

//创建
private void create(Object[] array, int index) {
    this.trainningArray = array;
    init(array, index);
    createDTree(array);
    printDTree(root);
}

//打印决策树
private void printDTree(TreeNode node) {
    System.out.println(node.nodeName);
    TreeNode[] childs = node.childNodes;
    for(int i = 0; i < childs.length;i++){
        if(childs[i] != null){
            System.out.println(childs[i].parentArrtibute + "");
            printDTree(childs[i]);
        }
    }
}
```

```
//创建决策树
private void createDTree(Object[] array) {
    Object[] maxgain = getMaxGain(array);
    if(root == null){
        root = new TreeNode();
        root.parent = null;
        root.parentArrtibute = null;
        root.arrtibute = getArrtibutes(((Integer)maxgain[1]).intValue());
        root.nodeName = getNodeName(((Integer)maxgain[1]).intValue());
        root.childNodes = new TreeNode[root.arrtibute.length];
        insertTree(array,root);
    }

}

//插入到决策树
private void insertTree(Object[] array, TreeNode parentNode) {
    String[] arrtibutes = parentNode.arrtibute;
    for(int i = 0;i < arrtibutes.length;i++){
        Object[] pickArray = pickUpAndCreateArray(array,arrtibutes[i],getNodeIndex(parentNode.
        nodeName));
        Object[] info = getMaxGain(pickArray);
        double gain = ((Double)info[0]).doubleValue();
        if(gain != 0){
            int index = ((Integer)info[1]).intValue();
            TreeNode currentNode = new TreeNode();
            currentNode.parent = parentNode;
            currentNode.parentArrtibute = arrtibutes[i];
            currentNode.arrtibute = getArrtibutes(index);
            currentNode.nodeName = getNodeName(index);
            currentNode.childNodes = new TreeNode[currentNode.arrtibute.length];
            parentNode.childNodes[i] = currentNode;
            insertTree(pickArray, currentNode);
        }else{
            TreeNode leafNode = new TreeNode();
            leafNode.parent = parentNode;
            leafNode.parentArrtibute = arrtibutes[i];
            leafNode.arrtibute = new String[0];
            leafNode.nodeName = getLeafNodeName(pickArray);
            leafNode.childNodes = new TreeNode[0];
            parentNode.childNodes[i] = leafNode;

            double percent = 0;
            String[] arrs = getArrtibutes(this.nodeIndex);
            for (int j = 0; j < arrs.length; j++) {
                if(leafNode.nodeName.equals(arrs[j])){
                    Object[] subo = pickUpAndCreateArray(pickArray, arrs[j], this.
```

```
                    nodeIndex);
                    Object[] o = pickUpAndCreateArray(this.trainningArray, arrs[j], this.
                    nodeIndex);
                    double subCount = subo.length;
                    percent = subCount / o.length;
                }
            }
            leafNode.percent = percent;
        }
    }

}

//取得页结点名
private String getLeafNodeName(Object[] array) {
    if(array != null && array.length > 0){
        String[] strs = (String[]) array[0];
        return strs[nodeIndex];
    }
    return null;
}

//剪取数组
private Object[] pickUpAndCreateArray(Object[] array, String arrtibute,
        int index) {
    List<String[]> list = new ArrayList<String[]>();
    for(int i = 0;i < array.length;i++){
        String[] strs = (String[]) array[i];
        if(strs[index].equals(arrtibute)){
            list.add(strs);
        }
    }
    return list.toArray();
}

//取得结点名
private String getNodeName(int index) {
//String[] strs = {"性别","年龄","婚否","学历","中还是低","是否购买"};
String[] strs = {"age","income","student","credit_rating","buy_computer"};
    for (int i = 0; i < strs.length; i++) {
        if(i == index){
            return strs[i];
        }
    }
    return null;
}

//初始化
```

```
private void init(Object[] dataArray, int index) {
    this.nodeIndex = index;
    //数据初始化
    visable = new boolean[((String[]) dataArray[0]).length];
    for(int i = 0;i < visable.length;i++){
        if(i == index){
            visable[i] = true;
        }else{
            visable[i] = false;
        }
    }
}

//得到最大的信息增益
public Object[] getMaxGain(Object[] array){
    Object[] result = new Object[2];
    double gain = 0;
    int index =-1;

    for(int i = 0; i < visable.length;i++){
        if(!visable[i]){
            double value = gain(array,i);
            if(gain < value){
                gain = value;
                index = i;
            }
        }
    }
    result[0] = gain;
    result[1] = index;
    if(index !=-1){
        visable[index] = true;
    }
    return result;

}

//Entropy(S)
private double gain(Object[] array, int index) {
    String[] playBAlls = getArrtibutes(this.nodeIndex);
    int[] counts = new int[playBAlls.length];
    for(int i = 0;i < counts.length;i++){
        counts[i] = 0;
    }
    for (int i = 0; i < array.length; i++) {
        String[] strs = (String[]) array[i];
        for (int j = 0; j < playBAlls.length; j++) {
            if(strs[this.nodeIndex].equals(playBAlls[j])){
```

```
                counts[j]++;
            }
        }
    }
    //计算 Entropy(S) = S - p(I)log2 p(I)
    double entropyS = 0;
    for (int i = 0; i < counts.length; i++) {
        entropyS += DTreeUtil.sigma(counts[i], array.length);
    }
    String[] arrtibutes = getArrtibutes(index);

    /* 计算 total * ((Sv / S) * Entropy(Sv))
     */
    double sv_total = 0;
    for (int i = 0; i < arrtibutes.length; i++) {
        sv_total += entropySv(array,index,arrtibutes[i],array.length);
    }
    return entropyS - sv_total;
}

//计算(Sv / S) * Entropy(Sv)
private double entropySv(Object[] array, int index, String arrtibute,
        int allTotal) {
    String[] playBalls = getArrtibutes(this.nodeIndex);
    int[] counts = new int[playBalls.length];
    for(int i = 0;i < counts.length;i++){
        counts[i] = 0;
    }
    for (int i = 0; i < array.length; i++) {
        String[] strs = (String[]) array[i];
        if(strs[index].equals(arrtibute)){
            for (int j = 0; j < playBalls.length; j++) {
                if(strs[this.nodeIndex].equals(playBalls[j])){
                    counts[j]++;
                }
            }
        }
    }
    int total = 0;
    double entropySv = 0;
    for (int i = 0; i < counts.length; i++) {
        total += counts[i];
    }
    for (int i = 0; i < counts.length; i++) {
        entropySv += DTreeUtil.sigma(counts[i], total);
    }
    return DTreeUtil.getPi(total, allTotal) * entropySv;
}
```

```
//取得属性数组
@SuppressWarnings("unchecked")
private String[] getArrtibutes(int index) {
    TreeSet<String> set = new TreeSet<String>(new SequenceComparator());
    for (int i = 0; i < trainningArray.length; i++) {
        String[] strs = (String[]) trainningArray[i];
        set.add(strs[index]);
        }
        String[] result = new String[set.size()];
        return set.toArray(result);
    }

}
```

2. DTreeUtil.java

```
package Decisiontree.C45;

public class DTreeUtil {

    //属性值熵的计算
    public static double sigma(int x, int total){
        if(x == 0){
            return 0;
        }
        double x_pi = getPi(x, total);
        return -(x_pi * logYBase2(x_pi));
    }
    /* logYBase2 的计算
     * @param y
     * @return double
     */
    public static double logYBase2(double y) {
        return Math.log(y) / Math.log(2);
    }
/* Pi 是当前这个属性出现的概率(出现次数/总数)
     * @param x
     * @param total
     */
    public static double getPi(int x, int total) {
        return x * Double.parseDouble("1.0") / total;
    }
}
```

3. SequenceComparator.java

```
    package Decisiontree.C45;

import java.util.Comparator;

public class SequenceComparator implements Comparator<Object>{
```

```java
    @Override
    public int compare(Object o1, Object o2) {
        String str1 = (String) o1;
        String str2 = (String) o2;
        return str1.compareTo(str2);
    }
}
```

4. TreeNode.java

```java
package Decisiontree.C45;

public class TreeNode {

    //父结点
    TreeNode parent;

    //指向父亲的哪个属性
    String parentArrtibute;
    //结点名
    String nodeName;
    //属性数组
    String[] arrtibute;
    //结点数组
    TreeNode[] childNodes;
    //可信度
    double percent;

}
```

对于ID3算法的测试，我们使用了数据集weather.nominal.arff，数据如图10-8所示。

```
@relation weather.symbolic

@attribute outlook {sunny, overcast, rainy}
@attribute temperature {hot, mild, cool}
@attribute humidity {high, normal}
@attribute windy {TRUE, FALSE}
@attribute play {yes, no}

@data
sunny,hot,high,FALSE,no
sunny,hot,high,TRUE,no
overcast,hot,high,FALSE,yes
rainy,mild,high,FALSE,yes
rainy,cool,normal,FALSE,yes
rainy,cool,normal,TRUE,no
overcast,cool,normal,TRUE,yes
sunny,mild,high,FALSE,no
sunny,cool,normal,FALSE,yes
rainy,mild,normal,FALSE,yes
sunny,mild,normal,TRUE,yes
overcast,mild,high,TRUE,yes
overcast,hot,normal,FALSE,yes
rainy,mild,high,TRUE,no
```

图10-8 决策树分类算法数据

运行结果如图 10-9 所示。

```
1 <?xml version="1.0" encoding="UTF-8"?>
2
3 <root>
4   <DecisionTree value="null">
5     <outlook value="sunny">
6       <humidity value="high">no</humidity>
7       <humidity value="normal">yes</humidity>
8     </outlook>
9     <outlook value="overcast">yes</outlook>
10    <outlook value="rainy">
11      <windy value="TRUE">no</windy>
12      <windy value="FALSE">yes</windy>
13    </outlook>
14  </DecisionTree>
15 </root>
16
```

图 10-9　决策树分类算法实验结果图

首先保存首行即属性行数据，存储属性对应的所有的值，根据数据实例计算属性与值组成的 map。检测所有的属性，根据具体属性和值来计算熵，选择信息增益最大的属性产生决策树结点，由该属性的不同取值建立分支，再对各分支的子集递归调用该方法，求做划分后各个值的熵，建立决策树结点的分支，直到所有子集仅包含同一类别的数据为止。通过输出的结果得到了一棵决策树，它可以用来对新的样本进行分类。

10.10　小　　结

本章内容是决策树基本算法，决策树分类算法通常分为两个步骤：决策树生成和决策树修剪。重点介绍了两种决策树分类算法：ID3 算法和 C4.5 算法。阐述了它们的原理，C4.5 算法的核心思想与 ID3 完全一样。总结了它们的优点与缺点，并佐以实例和程序。最后简单介绍了它们的应用。

思　考　题

1. 连续属性如何离散化？请用 ID3 算法或 C4.5 算法举例说明。
2. 结合实例，应用 C4.5 算法挖掘决策树，并与 ID3 算法比较结果。
3. 决策树算法的过拟合问题如何解决？
4. 决策树算法的实质是什么？

第11章 K-means聚类算法

11.1 K-means聚类算法原理

11.1.1 K-means聚类算法原理解析

K-means聚类算法由J. B. MacQueen在1967年提出的，是最为经典也是使用最为广泛的一种基于划分的聚类算法，它属于基于距离的聚类算法。所谓的基于距离的聚类算法是指采用距离作为相似性度量的评价指标，也就是说当两个对象离的近，二者之间的距离比较小，那么它们之间的相似性就比较大。这类算法通常是由距离比较相近的对象组成簇，把得到紧凑而且独立的簇作为最终目标，因此将这类算法称为基于距离的聚类算法。K-means聚类算法就是其中比较经典的一种算法。K-means聚类是数据挖掘的重要分支，同时也是实际应用中最常用的聚类算法之一。

K-means聚类算法的最终目标就是根据输入参数k(这里的k表示需要将数据对象聚成几簇)，把数据对象分成k个簇。该算法的基本思想：首先指定需要划分的簇的个数k值；然后随机地选择k个初始数据对象点作为初始的聚类中心；第三，计算其余的各个数据对象到这k个初始聚类中心的距离(这里一般采用距离作为相似性度量)，把数据对象划归到距离它最近的那个中心所处在的簇类中；最后，调整新类并且重新计算出新类的中心。如果两次计算出来的聚类中心未曾发生任何的变化，那么就可以说明数据对象的调整已经结束，也就是说聚类采用的准则函数(这里采用的是误差平方和的准则函数)是收敛的，表示算法结束。

K-means聚类算法属于一种动态聚类算法，也称作逐步聚类法，该算法的一个比较显著的特点就是迭代过程，每次都要考查对每个样本数据的分类正确与否；如果不正确，就要进行调整。当调整完全部的数据对象之后，再来修改中心，最后进入下一次迭代的过程中。若在一个迭代中，所有的数据对象都已经被正确的分类，那么就不会有调整，聚类中心也不会改变，聚类准则函数也表明已经收敛，那么该算法就成功结束。

传统的K-means算法的基本工作过程：首先随机选择k个数据作为初始中心，计算各个数据到所选出来的各个中心的距离，将数据对象指派到最近的簇中。然后计算每个簇的均值，循环往复执行，直到满足聚类准则函数收敛为止。其具体的工作步骤如下。

输入：初始数据集DATA和簇的数目k。

输出：k个簇，满足平方误差准则函数收敛。

(1) 任意选择k个数据对象作为初始聚类中心。

(2) 计算各个数据到所选出来的各个中心的距离，将数据对象指派到最近的簇中。然后计算每个簇的均值。

(3) 根据簇中对象的平均值,将每个对象赋给最类似的簇。

(4) 更新簇的平均值,即计算每个对象簇中对象的平均值。

(5) 计算聚类准则函数 E。

(6) 直到准则函数 E 值不再进行变化。

K-means 算法的工作流程如图 11-1 所示。

K-means 算法的工作框架如下。

(1) 给出 n 个数据样本,另 $I=1$,随机选择 k 个初始聚类中心 $Z_j(I),j=1,2,3,\cdots,k$。

(2) 求解每个数据样本与初始聚类中心的距离 $D(x_i, Z_j(I)),i=1,2,3,\cdots,n,j=1,2,3,\cdots,k$;若满足 $D(x_i, Z_j^*(I))=\min\{D(x_i, Z_j(I)),i=1,2,3,\cdots,n\}$,那么 $x_i \in w_k, w_k$ 为 $Z_i^*(I)$所属的族。

(3) 令 $I=I+1$,计算新聚类中心 $Z_j(I)=\frac{1}{n_j}\sum_{i=1}^{n_j}x_i^{(j)}$,这里 $x_i^{(j)} \in w_j, n_j$ 为簇 w_j 中的数据个数,$j=1,2,3,\cdots,k$;计算误差平方和准则函数 J_c 的值:

$$J_c(I)=\sum_{j=1}^{k}\sum_{k=1}^{n_j}\| x_k^{(j)}-Z_j(I)\|^2$$

(4) 如果$|J_c(I)-J_c(I-1)|<\xi$则表示算法结束,反之 $I=I+1$,重新返回第(2)步执行。

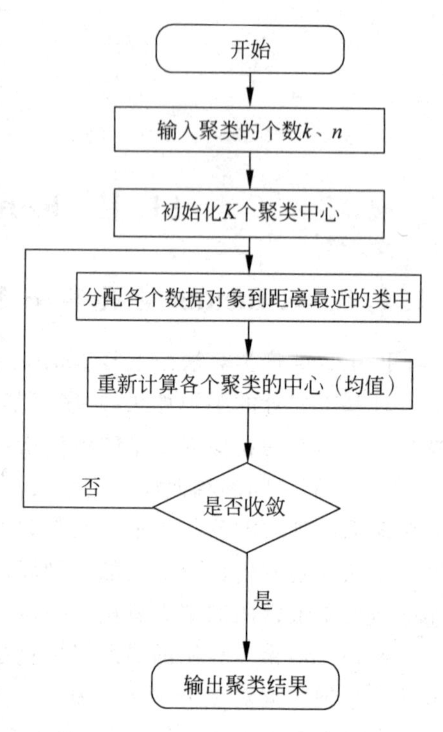

图 11-1　K-means 算法的工作流程
(输入聚类的个数 K 和数据样本 n)

从该算法的框架能够得出:K-means 算法的特点就是调整一个数据样本后就修改一次聚类中心以及聚类准则函数的值,当 n 个数据样本完全被调整完后表示一次迭代完成,这样就会得到新的簇和聚类中心的值。若在一次迭代完成之后,聚类准则函数的值没有发生变化,那么表明该算法已经收敛,在迭代过程中值逐渐缩小,直到达到最小值为止。该算法的本质是把每一个样本点划分到离它最近的聚类中心所在的类。

K-means 聚类算法其本质是一个最优化求解的问题,目标函数虽然有很多局部最小值点,但是只有一个全局最小值点。之所以只有一个全局最小值点是由于目标函数总是按照误差平方准则函数变小的轨迹来进行查找的。

K-means 算法对聚类中心采取的是迭代更新的方法,根据 k 个聚类中心,将周围的点划分成 k 个簇;在每一次的迭代中将重新计算的每个簇的质心,即簇中所有点的均值,作为下一次迭代的参照点。也就是说,每一次的迭代都会使选取的参照点越来越接近簇的几何中心,也就是说簇心。所以目标函数如果越来越小,那么聚类的效果也会越来越好。

11.1.2　K-means 聚类算法应用举例

【例 11.1】 利用 K-means 方法,把 A-L 12 个数据分成两类。初始的随机点指定为 M1(20,60)、M2(80,80)。列出每一次分类结果及每一类中的平均值(中心点)如表 11-1 所示。

表 11-1　A-L 12 个数据

坐标点	X	Y	点 M1		点 M2	
A	2.273	68.367	20	60	80	80
B	27.89	83.127				
C	30.519	61.07				
D	62.049	69.343				
E	29.263	68.748				
F	62.657	90.094				
G	75.735	62.761				
H	24.344	43.816				
I	17.667	86.765				
J	68.816	76.874				
K	69.076	57.829				
L	85.691	88.114				

解：

第一次分类：依次计算出坐标点 A-L 到点 M1 和点 M2 的距离。将数据点到 M1 的距离与数据点到 M2 的距离比较并排序，判断各数据点归属于 M1 类还是 M2 类，如表 11-2 所示。

表 11-2　第一次分类排序结果

	X	Y	点到 M1 的距离	点到 M2 的距离	归属于 M1\M2 点
A	2.273	68.367	24.435 839 03	66.384 276 69	M1
B	27.89	83.127	24.435 839 03	52.203 737 69	M1
C	30.519	61.07	10.573 280 52	52.978 432 04	M1
E	29.263	68.748	12.740 905 5	51.969 709 19	M1
H	24.344	43.816	16.756 855 07	66.384 276 69	M1
I	17.667	86.765	26.866 486 82	62.699 028 01	M1
D	62.049	69.343	43.074 470 98	20.876 064 04	M2
F	62.657	90.094	52.204 104 1	20.066 601 23	M2
G	75.735	62.761	55.803 345 29	17.758 754 07	M2
J	68.816	76.874	51.650 108 73	11.612 653 96	M2
K	69.076	57.829	49.123 996 35	24.716 128 68	M2
L	85.691	88.114	71.454 212 45	9.910 826 252	M2

第一次分类结果如表 11-3 所示。

表 11-3　第一次分类结果

M1 类			M2 类		
A	2.273	68.367	D	62.049	69.343
B	27.89	83.127	F	62.657	90.094
C	30.519	61.07	G	75.735	62.761
E	29.263	68.748	J	68.816	76.874
H	24.344	43.816	K	69.076	57.829
I	17.667	86.765	L	85.691	88.114
M1 类中心 M1′点	21.992 67	68.648 833 33	M2 类中心 M2′点	70.670 67	74.169 166 7

绘制的散点图如图 11-2 所示。

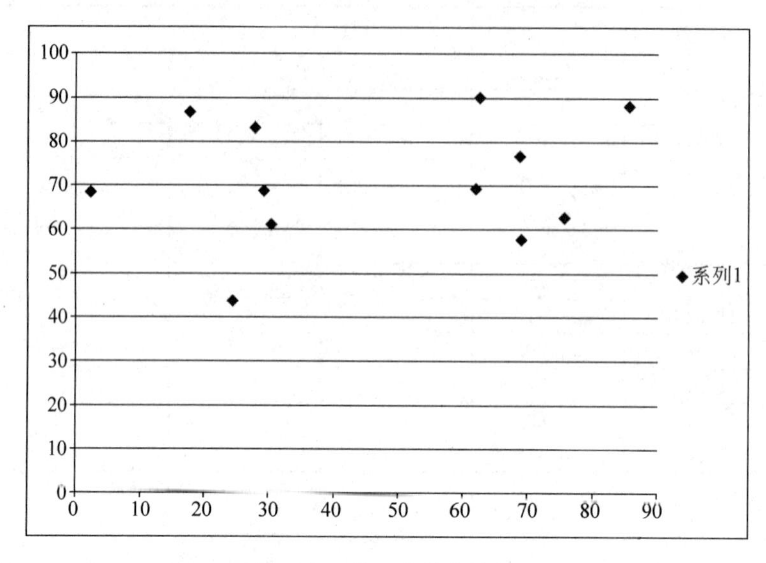

图 11-2 第一次分类结果

第二次分类：使用 AVERAGE 函数求第一次分类后各类的质心 M1′和 M2′。依据第一次分类时的步骤，得到了第二次分类的结果，如表 11-4 和表 11-5 所示。

表 11-4 第二次分类排序结果

	X	*Y*	到 M1′点的距离	到 M2′点的距离	M1′/M2′
A	2.273	68.367	19.721 683 83	68.643 327 7	M1
B	27.89	83.127	15.633 166 91	43.708 448 2	M1
C	30.519	61.07	11.407 759 09	42.234 403 73	M1
E	29.263	68.748	7.271 106 326	41.761 037 09	M1
H	24.344	43.816	24.943 901 03	55.384 792 88	M1
I	17.667	86.765	18.625 440 57	54.479 757 4	M1
D	62.049	69.343	40.062 344 48	9.880 542 012	M2
F	62.657	90.094	45.972 633 71	17.827 482 08	M2
G	75.735	62.761	54.063 893 46	12.481 737 9	M2
J	68.816	76.874	47.540 274 02	3.279 619 816	M2
K	69.076	57.829	48.310 544 24	16.417 799 12	M2
L	85.691	88.114	66.606 081 46	20.495 575 06	M2

表 11-5 第二次分类结果

M1′类			M2′类		
A	2.273	68.367	D	62.049	69.343
B	27.89	83.127	F	62.657	90.094
C	30.519	61.07	G	75.735	62.761
E	29.263	68.748	J	68.816	76.874
H	24.344	43.816	K	69.076	57.829
I	17.667	86.765	L	85.691	88.114

绘制散点如图 11-3 所示。

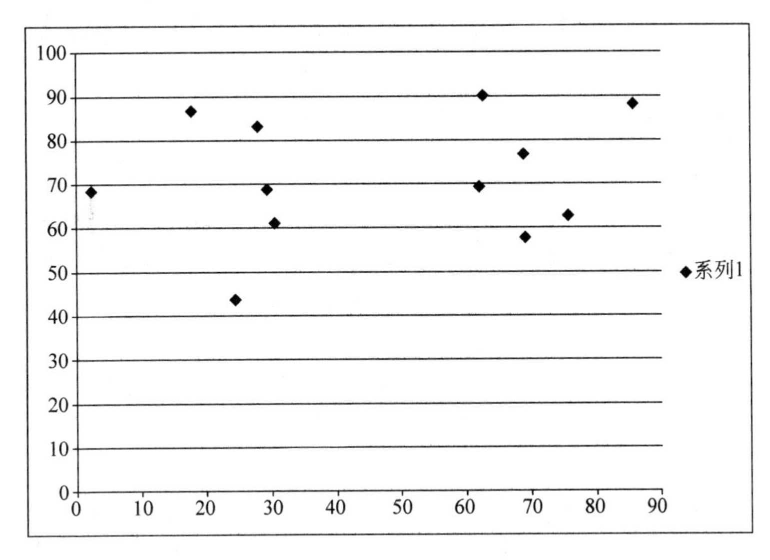

图 11-3　第二次分类结果

根据以上分析过程，可以明显看出第二次聚类结果和第一次聚类结果没有发生变化，由此可以确定聚类结束。

【例 11.2】 设有数据样本集合为 $X=\{1,5,10,9,26,32,16,21,14\}$，将 X 聚为 3 类，即 $k=3$。随机选择前 3 个数值为初始的聚类中心，即 $z_1=1,z_2=5,z_3=10$。(采用欧氏距离进行计算。)

解：

第一次迭代：按照 3 个聚类中心将样本集合分为 3 个簇{1}、{5}、{10,9,26,32,16,21,14}。对于产生的簇分别计算平均值，得到平均值点填入第 2 步的 z_1、z_2、z_3 栏中。

第二次迭代：通过平均值调整对象所在的簇，重新聚类，即将所有点按距离平均值点 1、5、18.3 最近的原则重新分配，得到 3 个新的簇{1}、{5,10,9}、{26,32,16,21,14}。填入第 2 步的 C_1、C_2、C_3 栏中。重新计算簇平均值点，得到新的平均值点为 1、8、21.8。

以此类推，第五次迭代时，得到的 3 个簇与第四次迭代的结果相同，而且准则函数 E 收敛，迭代结束。结果如表 11-6 所示。

表 11-6　K-means 聚类算法

步骤	z_1	z_2	z_3	C_1	C_2	C_3	E
1	1	5	10	{1}	{5}	{10,9,26,32,16,21,14}	433.43
2	1	5	18.3	{1}	{5,10,9}	{26,32,16,21,14}	230.8
3	1	8	21.8	{1}	{5,10,9,14}	{26,32,16,21}	181.76
4	1	9.5	23.8	{1,5}	{10,9,14,16}	{26,32,21}	101.43
5	3	12.3	26.3	{1,5}	{10,9,14,16}	{26,32,21}	101.43

11.2 K-means 聚类算法的特点及应用

11.2.1 K-means 聚类算法的特点

1. 优点

(1) K-means 聚类算法是解决聚类问题的一种经典算法,算法简单、快速。

(2) 对处理大数据集,该算法是相对可伸缩的和高效率的,因为它的复杂度大约是 $O(nkt)$,其中 n 是所有对象的数目,k 是簇的数目,t 是迭代的次数。通常 $k<<n$。这个算法经常以局部最优结束。

(3) 算法尝试找出使平方误差函数值最小的 k 个划分。当簇是密集的、球状或团状的,而簇与簇之间区别明显时,它的聚类效果较好。

2. 缺点

(1) K-means 聚类算法只有在簇的平均值被定义的情况下才能使用,不适用于某些应用,如涉及有分类属性的数据不适用。

(2) 要求用户必须事先给出要生成的簇的数目 k。

(3) 对初值敏感,对于不同的初始值,可能会导致不同的聚类结果。

(4) 不适合于发现非凸面形状的簇,或者大小差别很大的簇。

(5) 对于"噪声"和孤立点数据敏感,少量的该类数据能够对平均值产生极大影响。

11.2.2 K-means 聚类算法的应用

1. K-means 算法在散货船代货运系统中的应用

在散货船代货运系统使用的过程中,动态业务数据的处理及实时分析有助于决策者制定有效的策略。航线是船代公司考虑成本时着重考虑的因素,航线的繁忙程度对船代公司的资源分配和经营策略的制定十分重要。K-means 算法简单、快速而且能有效地处理大型数据库,是数据挖掘中解决聚类问题的一种经典算法,将其应用于散货船代货运方面的航线繁忙度的分析,得出航线繁忙度分析结果的意义。

2. K-means 算法在客户细分中的应用

传统意义上,客户细分往往根据客户的一维属性来进行,如金融行业根据客户资产多少,可以将客户分为高、中、低端客户,该细分方法最大的优点是简单,在实践中简便易行。但是,随着技术的进步与客户需求的日趋多样化,以及企业产品的不断创新,传统的客户细分方法显现出了明显的缺点,即使同是高端客户,客户对同一产品或服务的需求也存在着明显差别,客户对产品或服务的要求日趋理性和严格,需要一种新的细分方法。客户细分通常用聚类分析方法来实现,其中 K-means 算法是实践中最为常用的数据挖掘算法之一,在处理大数据量方面有绝对优势,而且可以取得较好的效果。

11.3 K 均值聚类算法源程序结果分析

K 均值聚类算法源程序包括 Kmeans. java 和 Test. java 两个文件,相关程序和实验数据可从 github 中下载,网址为 https://github. com/guanyao1/k_means. git。

1. Kmeans.java

```
package k_means;

import java.util.ArrayList;
import java.util.Random;
//K 均值聚类算法
public class Kmeans {
    private int k;                                          //分成多少簇
    private int m;                                          //迭代次数
    private int dataSetLength;                              //数据集元素个数,即数据集的长度
    private ArrayList<float[]> dataSet;                     //数据集链表
    private ArrayList<float[]> center;                      //中心链表
    private ArrayList<ArrayList<float[]>> cluster;          //簇
    private ArrayList<Float> jc;                 //误差平方和,K 越接近 dataSetLength,误差越小
    private Random random;
    //* 设置需要分组的原始数据集
     * @param dataSet
     */

    public void setDataSet(ArrayList<float[]> dataSet){
        this.dataSet = dataSet;
    }
    /* 获取分类结果
     * @return 结果表
     */
    public ArrayList<ArrayList<float[]>> getCluster() {
        return cluster;
    }
    /* 构造函数,传入需要分成的簇数量
     * @param k 簇数量,若 k<=0 时,设置为 1.若 k 大于数据源的长度,置为数据源的长度
     */
    public Kmeans(int k) {
        if (k <= 0) {
            k = 1;
        }
        this.k = k;
    }

    //初始化
    private void init(){
       m = 0;
       random = new Random();                               // 生成随机数
       if(dataSet == null || dataSet.size() == 0){
           initDataSet();
       }
       dataSetLength = dataSet.size();
       if(k > dataSetLength){
           k = dataSetLength;
```

```
        }
        center = initCenters();
        cluster = initCluster();
        jc = new ArrayList<Float>();
    }
//如果调用者未初始化数据集,即采用内部测试数据集
    private void initDataSet(){
        dataSet = new ArrayList<float[]>();
        //其中(6,3)是一样的,所以长度为15的数据集分成14簇和15簇的误差都为0
        float[][] dataSetArray = new float[][]{{8,2},{3,4},{2,5},
                {4,2},{7,3},{6,2},{4,7},{6,3},{5,3},
                {6,3},{6,9},{1,6},{3,9},{4,1},{8,6}};
        for(int i = 0;i < dataSetArray.length;i++){
            dataSet.add(dataSetArray[i]);

        }
    }
    /* 初始化中心数据链表,分成多少簇就有多少个中心点
     * @return 中心点集
     */
    private ArrayList<float[]> initCenters(){
        ArrayList<float[]> center = new ArrayList<float[]>();
        int[] randoms = new int[k];
        boolean flag;
        int temp = random.nextInt(dataSetLength);
        randoms[0] = temp;
        for(int i = 1;i < k;i++){
            flag = true;
            while(flag){
                temp = random.nextInt(dataSetLength);
                int j = 0;
                while(j < i){
                    if(temp == randoms[j]){
                        break;
                    }
                    j++;
                }
                if(j == i){
                    flag = false;
                }
            }
            randoms[i] = temp;
        }
        for(int i = 0;i < k;i++){
            center.add(dataSet.get(randoms[i]));                //生成初始化中心链表
        }
        return center;
    }
```

```
/ * 初始化簇集合
  * @return 一个分为 k 簇的空数据的簇集合
 * /
private ArrayList<ArrayList<float[]>> initCluster(){
    ArrayList<ArrayList<float[]>> cluster = new ArrayList<ArrayList<float[]>>();
    for (int i = 0;i<k;i++){
        cluster.add(new ArrayList<float[]>());
    }
    return cluster;
}
/ * 计算两点之间的距离
  * @param element
  * @param center
  * @return 距离
  * /
private float distance(float[] element,float[] center){
    float distance = 0.0f;
    float x = element[0] - center[0];
    float y = element[1] - center[1];
    float z = x * x + y * y;
    distance = (float)Math.sqrt(z);
    return distance;
}
/ * 获取距离集合中最小距离的位置
  * @param distance
  * 距离数组
  * @return 最小距离在距离数组中的位置
  * /
private int minDistance(float[] distance){
    float minDistance = distance[0];
    int minLocation = 0;
    for(int i = 1;i<distance.length;i++){
        if (distance[i] < minDistance){
            minDistance = distance[i];
            minLocation = i;
        }else if (distance[i] == minDistance)           //如果相等,随机返回一个位置
        {
            if(random.nextInt(10) < 5){
                minLocation = i;
            }
        }
    }
    return minLocation;
}
  / * 核心,将当前元素放到最小距离中心相关的簇中
    * /
  private void clusterSet() {
      float[] distance = new float[k];
```

```
        for (int i = 0; i < dataSetLength; i++) {
            for (int j = 0; j < k; j++) {
                distance[j] = distance(dataSet.get(i), center.get(j));
                // System.out.println("test2:" + "dataSet[" + i + "],center[" + j + "],
                //distance = " + distance[j]);

            }
            int minLocation = minDistance(distance);
            //System.out.println("test3:" + "dataSet[" + i + "],minLocation = " + minLocation);
            //System.out.println();

            cluster.get(minLocation).add(dataSet.get(i));
                                                    // 核心,将当前元素放到最小距离中心相关的簇中
        }
    }

    /*求两点误差平方的方法
     * @param element     点 1
     * @param center      点 2
     * @return 误差平方
     */
    private float errorSquare(float[] element, float[] center) {
        float x = element[0] - center[0];
        float y = element[1] - center[1];

        float errSquare = x * x + y * y;

        return errSquare;
    }
    //计算误差平方和准则函数方法
    private void countRule() {
        float jcF = 0;
        for (int i = 0; i < cluster.size(); i++) {
            for (int j = 0; j < cluster.get(i).size(); j++) {
                jcF += errorSquare(cluster.get(i).get(j), center.get(i));

            }
        }
        jc.add(jcF);
    }

    //设置新的簇中心方法
    private void setNewCenter() {
        for (int i = 0; i < k; i++) {
            int n = cluster.get(i).size();
            if (n != 0) {
                float[] newCenter = { 0, 0 };
                for (int j = 0; j < n; j++) {
```

```
                newCenter[0] += cluster.get(i).get(j)[0];
                newCenter[1] += cluster.get(i).get(j)[1];
            }
            //设置一个平均值
            newCenter[0] = newCenter[0] / n;
            newCenter[1] = newCenter[1] / n;
            center.set(i, newCenter);
        }
    }
}
/* 打印数据,测试用
 * @param dataArray     数据集
 * @param dataArrayName     数据集名称
 */
public void printDataArray(ArrayList<float[]> dataArray,
        String dataArrayName) {
    for (int i = 0; i < dataArray.size(); i++) {
        System.out.println("print:" + dataArrayName + "[" + i + "]={"
                + dataArray.get(i)[0] + "," + dataArray.get(i)[1] + "}");
    }
    System.out.println("===================================");
}

//Kmeans算法核心过程方法
private void kmeans() {
    init();
    //printDataArray(dataSet,"initDataSet");
    //printDataArray(center,"initCenter");
    //循环分组,直到误差不变为止
    while (true) {
        clusterSet();
        //for(int i=0;i<cluster.size();i++)
        //{
        //printDataArray(cluster.get(i),"cluster["+i+"]");
        //}
        countRule();
        //System.out.println("count:"+"jc["+m+"]="+jc.get(m));
        //System.out.println();
        //误差不变了,分组完成
        if (m != 0) {
            if (jc.get(m) - jc.get(m - 1) == 0) {
                break;
            }
        }
        setNewCenter();
        //printDataArray(center,"newCenter");
        m++;
        cluster.clear();
```

```
            cluster = initCluster();
        }

        //System.out.println("note:the times of repeat:m = " + m);   //输出迭代次数
    }

    //执行算法
    public void execute() {
        long startTime = System.currentTimeMillis();
        System.out.println("kmeans begins");
        kmeans();
        long endTime = System.currentTimeMillis();
        System.out.println("kmeans running time = " + (endTime - startTime) + "ms");
        System.out.println("kmeans ends");
        System.out.println();
    }
}
```

2. Test.java

```
package k_means;

import java.util.ArrayList;

public class test {
    public static void main(String[] args) {
        //初始化一个 Kmean 对象,将 k 置为 10
        Kmeans k = new Kmeans(10);
        ArrayList<float[]> dataSet = new ArrayList<float[]>();

        dataSet.add(new float[] { 1, 2 });
        dataSet.add(new float[] { 3, 3 });
        dataSet.add(new float[] { 3, 4 });
        dataSet.add(new float[] { 5, 6 });
        dataSet.add(new float[] { 8, 9 });
        dataSet.add(new float[] { 4, 5 });
        dataSet.add(new float[] { 6, 4 });
        dataSet.add(new float[] { 3, 9 });
        dataSet.add(new float[] { 5, 9 });
        dataSet.add(new float[] { 4, 2 });
        dataSet.add(new float[] { 1, 9 });
        dataSet.add(new float[] { 7, 8 });
        //设置原始数据集
        k.setDataSet(dataSet);
        //执行算法
        k.execute();
        //得到聚类结果
        ArrayList<ArrayList<float[]>> cluster = k.getCluster();
        //查看结果
        for (int i = 0; i < cluster.size(); i++) {
```

```
            k.printDataArray(cluster.get(i), "cluster[" + i + "]");
        }
    }
}
```

程序运行结果如图 11-4 所示。

```
kmeans begins
kmeans running time=0ms
kmeans ends

print:cluster[0][0]={3.0,3.0}
print:cluster[0][1]={3.0,4.0}
==================================
print:cluster[1][0]={8.0,9.0}
print:cluster[1][1]={7.0,8.0}
==================================
print:cluster[2][0]={4.0,2.0}
==================================
print:cluster[3][0]={1.0,9.0}
==================================
print:cluster[4][0]={3.0,9.0}
==================================
print:cluster[5][0]={1.0,2.0}
==================================
print:cluster[6][0]={5.0,6.0}
==================================
print:cluster[7][0]={6.0,4.0}
==================================
print:cluster[8][0]={5.0,9.0}
==================================
print:cluster[9][0]={4.0,5.0}
==================================
```

图 11-4　K-means 算法程序运行结果

原始数据集为(8,2),(3,4),(2,5),(4,2),(7,3),(6,2),(4,7),(6,3),(5,3),(6,3),(6,9),(1,6),(3,9),(4,1),(8,6)；新增的数据为(1,2),(3,3),(3,4),(5,6),(8,9),(4,5),(6,4),(3,9),(5,9),(4,2),(1,9),(7,8),一共 27 条数据。目标为输出 10 个聚类,满足平方误差准则函数收敛。首先程序任意选择 10 个数据对象作为初始聚类中心,计算每个剩余对象到 10 个初始聚类中心点的距离,将剩余对象归类给离它最近的中心点所表示的簇,得到中心点分布情况。然后程序更新簇的平均值,即计算每个对象簇中对象的平均值,得到新的聚类中心,同时计算误差平方和准则函数的值,判断是否收敛,再将数据对象指派到最近的簇中,如此反复迭代,最终准则函数值不再进行变化,得到图 11-4 所示的结果。

11.4　基于阿里云数加平台的 K 均值聚类算法实例

K 均值聚类是一种得到最广泛使用的聚类算法,把 n 个对象分为 k 个簇,使簇内具有较高的相似度。相似度的计算根据一个簇中对象的平均值来进行。算法首先随机地选择 k 个对象,每个对象初始地代表了一个簇的平均值或中心。对剩余的每个对象根据其与各个簇中心的距离,将它赋给最近的簇,然后重新计算每个簇的平均值。这个过程不断重复,直到准则函数收敛。它假设对象属性来自于空间向量,并且目标是使各个群组内部的均方误差总和最小。与分类算法不同,聚类算法处理的是无标签数据,因此,我们对一个自己随机创建的数据表进行 K 均值聚类算法操作。数据信息如图 11-5 所示。

操作流程图如图 11-6 所示。

f0	f1
1	2
1	3
1	4
0	3
0	4

图 11-5　数据信息表

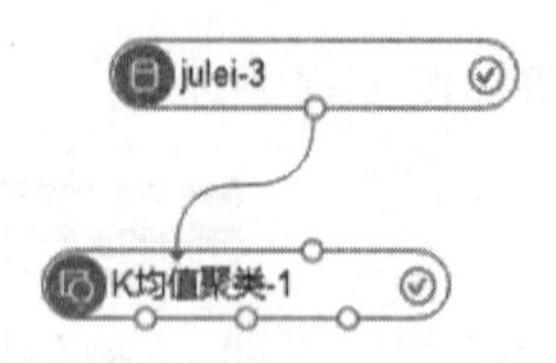

图 11-6　操作流程图

该算法的字段信息与参数设置如图 11-7 所示，其中，字段设置中，特征列选择的是数据表中的 f0、f1 列，附加列可选，输入表的那些列附加输出到输出聚类结果表，列名以逗号分隔。参数设置中，聚类数为要处理的数据的聚类的个数，这里选择的是 3。距离度量方式为计算数据与数据之间的距离计算方式，有 euclidean(欧式距离)、cosine(夹角余弦)和 cityblock(曼哈顿距离)3 种。质心初始化方法为不同的质心的选择方法，有以下 5 种选择方法：

(1) random，从输入数据表中随机采样出 K 个初始中心点，初始随机种子可以有参数 seed 指定。

(2) topk，从输入表中读取前 K 行作为初始中心点。

(3) uniform，从输入数据表，按最小到最大值，均匀计算出 K 个初始中心点。

(4) kmpp，使用 K-means＋＋算法选出 K 个初始中心点。

(5) external，指定额外的初始中心表。

初始随机种子可选，默认值为当前时间，seed 设置为固定值，每次聚类结果是稳定的。

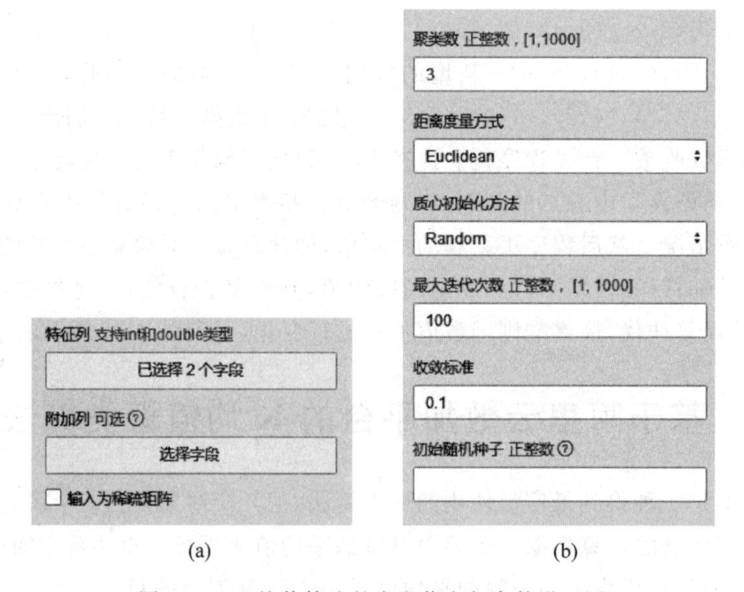

(a)　　(b)

图 11-7　K 均值算法的字段信息与参数设置图

操作结果如图 11-8 所示，图 11-8(a)为聚类结果表，行数等于输入表总行数，每行的值表示输入表对应行表示的点的聚类编号；图 11-8(b)为聚类统计表，行数据等于聚类个数，每行的值表示当前聚类包含的点个数。

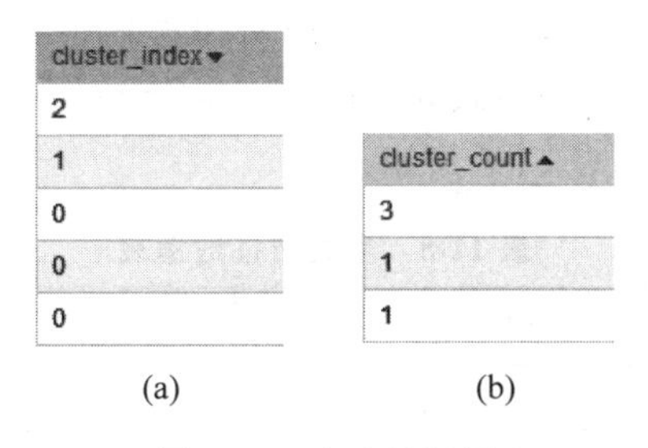

cluster_index
2
1
0
0
0

cluster_count
3
1
1

(a) (b)

图 11-8　实验结果图

K-means 操作的模型图如图 11-9 所示。

KMeans模型

模型名称	xlab_m_KMeans_2_185356_v0	
聚类定义方法	CENTER_BASED	
聚类数目	3	
聚类中心	f0	f1
1	.3333333333333333	3.6666666666666665
2	1	3
3	1	2

关闭

图 11-9　实验模型图

11.5　基于 MaxCompute Graph 模型的 K-means 算法源程序分析

1. 场景和数据说明

假设以下应用场景，随着音乐应用“虾米”曲库的扩充以及用户量的增加，用户可能希望能找到具有相同音乐风格喜好的人一起交流和分享喜欢的音乐。所以“虾米”平台可以根据用户所听音乐的风格类型，为其推荐具有相同喜好的其他用户，同时也可以将其他用户经常听的歌曲推荐给用户。通过“虾米”平台可以获得一份用户最近听的 200 首歌曲中各种音乐风格所占数量的数据，数据格式如表 11-7 所示。

表 11-7　数据格式说明

数 据 类 型	数 据 说 明
User_id	用户标识
Style	音乐风格
Count	用户听此种风格音乐数量

根据已有数据，可以求出用户所听歌曲中每种风格所占的百分比。出于简单，这里选择8种用户所听频率最高的音乐风格，基于用户所听每种风格音乐频率，可以构造特征 user_id、style1、style2、style3、style4、style5、style6、style7、style8，其中 style 表示对应音乐风格的所听频率。生成的特征表如表 11-8 所示。

表 11-8 生成特征数据表

user_id	Style1	Style2	Style3	Style4	Style5	Style6	Style7	Style8
a	0.23	0.31	0.15	0	0.10	0.05	0.13	0.03
b	0	0.35	0.21	0.11	0.15	0	0.18	0

2. 问题分析

本部分描述如何利用 MaxCompute Graph 实现 K-means 聚类算法对用户进行聚类的处理过程。

步骤 1：在 KmeansVertexReader 中，分别读取每条 Rccord，记录的数据点类型为 KmeansVertex，设置 ID 为 user_id，Value 为 Style 中的值。如前两条记录输出如表 11-9 所示。

表 11-9 输出结果表

Vertex	< ID, Value >
v0	< a,{0.23,0.31,0.15,0,0.10,0.05,0.13,0.03}>
v1	< b,{0,0.35,0.21,0.11,0.15,0,0.18,0}>

步骤 2：选择 k 个中心点，在 createInitialValue 方法中，若为初次迭代，则将中心点数据文件 kmeans_centers 导入至 KmeansAggrValue 变量 aggrVal. center 中，并将 aggrValue. sum 和 aggrValue. count 值初始化为 0。若非初次迭代，则将上一次的迭代结果作为本次迭代的中心点。

步骤 3：利用 aggregate 方法计算每个点与各个中心点之间的距离，并将其归于与其距离最小的中心点所在类，同时更新此类的 sum 和 count 值。

步骤 4：利用 merge 方法将各个 worker 中收集到的 sum 和 count 进行合并。

步骤 5：terminate 方法利用每个种类的 sum 和 count 值计算其新的中心点数据，并将其与原先中心点数据进行对比，若新旧两个中心点之间的距离的改变小于给定的阈值或者迭代的次数达到先前所设定的最大迭代次数，则终止迭代；否则，回到步骤 2。

至此，在迭代结束后，就将最终分类结果输出。利用最后的分类结果，"虾米"平台可以将属于同类的用户中尚未相互关注的用户进行相互推荐，同时也可以将同类用户所听的歌曲进行相互推荐。

3. 关键代码实现

```
public static class Kmeans VertexReader extends
    GraphLoader < Text, Tuple, NullWritable, NullWritable > {
  @Override
  public void load(LongWritable recordNum, WritableRecord record,
    MutationContext < Text, Tuple, NullWritable, NullWritable > context) throws IOException {
```

```
    KmeansVertex vertex = new KmeansVertex();
    vertex.setId(new Text(String.valueOf(recordNum.get())));
    vertex.setValue(new Tuple(record.getAll()));
    context.addVertexRequest(vertex);
  }
}

public static class KmeansAggregator extends Aggregator<KmeansAggrValue> {
  @SuppressWarnings("rawtypes")
  @Override
  public KmeansAggrValue createInitialValue(WorkerContext context) throws IOException {
    KmeansAggrValue aggrVal = null;
    if (context.getSuperstep() == 0) {
      aggrVal = new KmeansAggrValue();
      aggrVal.centers = new Tuple();
      aggrVal.sums = new Tuple();
      aggrVal.counts = new Tuple();
      byte[] centers = context.readCacheFile("kmeans_centers");
      String lines[] = new String(centers).split("\n");
      for (int i = 0; i < lines.length; i++) {
        String[] ss = lines[i].split(",");
        Tuple center = new Tuple();
        Tuple sum = new Tuple();
        for (int j = 0; j < ss.length; ++j) {
          center.append(new DoubleWritable(Double.valueOf(ss[j].trim())));
          sum.append(new DoubleWritable(0.0));
        }
        LongWritable count = new LongWritable(0);
        aggrVal.sums.append(sum);
        aggrVal.counts.append(count);
        aggrVal.centers.append(center);
      }
    }else {
      aggrVal = (KmeansAggrValue) context.getLastAggregatedValue(0);
    }
    return aggrVal;
  }
  @Override
  public void aggregate(KmeansAggrValue value, Object item) {
    int min = 0;
    double mindist = Double.MAX_VALUE;
    Tuple point = (Tuple) item;
    for (int i = 0; i < value.centers.size(); i++) {
      Tuple center = (Tuple) value.centers.get(i);
      //use Euclidean Distance, no need to calculate sqrt
```

```
      double dist = 0.0d;
      for (int j = 0; j < center.size(); j++) {
        double v = ((DoubleWritable) point.get(j)).get() - ((DoubleWritable) center.get
        (j)).get();
        dist += v * v;
      }
      if (dist < mindist) {
        mindist = dist;
        min = i;
      }
    }
    //update sum and count
    Tuple sum = (Tuple) value.sums.get(min);
    for (int i = 0; i < point.size(); i++) {
      DoubleWritable s = (DoubleWritable) sum.get(i);
      s.set(s.get() + ((DoubleWritable) point.get(i)).get());
    }
    LongWritable count = (LongWritable) value.counts.get(min);
    count.set(count.get() + 1);
  }
  @Override
  public void merge(KmeansAggrValue value, KmeansAggrValue partial) {
    for (int i = 0; i < value.sums.size(); i++) {
      Tuple sum = (Tuple) value.sums.get(i);
      Tuple that = (Tuple) partial.sums.get(i);
      for (int j = 0; j < sum.size(); j++) {
        DoubleWritable s = (DoubleWritable) sum.get(j);
        s.set(s.get() + ((DoubleWritable) that.get(j)).get());
      }
    }
    for (int i = 0; i < value.counts.size(); i++) {
      LongWritable count = (LongWritable) value.counts.get(i);
      count.set(count.get() + ((LongWritable) partial.counts.get(i)).get());
    }
  }
  @SuppressWarnings("rawtypes")
  @Override
  public boolean terminate(WorkerContext context, KmeansAggrValue value) throws IOException {
    //compute new centers
    Tuple newCenters = new Tuple(value.sums.size());
    for (int i = 0; i < value.sums.size(); i++) {
      Tuple sum = (Tuple) value.sums.get(i);
      Tuple newCenter = new Tuple(sum.size());
      LongWritable c = (LongWritable) value.counts.get(i);
      for (int j = 0; j < sum.size(); j++) {
```

```
          DoubleWritable s = (DoubleWritable) sum.get(j);
          double val = s.get() / c.get();
          newCenter.set(j,new DoubleWritable(val));
          //reset sum for next iteration
          s.set(0.0d);
        }
        //reset count for next iteration
        c.set(0);
        newCenters.set(i, newCenter);
      }
      //update centers
      Tuple oldCenters = value.centers;
      value.centers = newCenters;
      LOG.info("old centers: " + oldCenters + ", new centers: " + newCenters);
      //compare new/old centers
      boolean converged = true;
      for (int i = 0; i < value.centers.size() && converged; i++) {
        Tuple oldCenter = (Tuple) oldCenters.get(i);
        Tuple newCenter = (Tuple) newCenters.get(i);
      double sum = 0.0d;
      for (int j = 0; j < newCenter.size(); j++) {
        double v = ((DoubleWritable) newCenter.get(j)).get()
         - ((DoubleWritable) oldCenter.get(j)).get();
          sum += v * v;
        }
        double dist = Math.sqrt(sum);
        LOG.info("old center: " + oldCenter + ", new center: " + newCenter + ", dist: " +
dist);
        //converge threshold for each center: 0.05
        converged = dist < 0.05d;
      }
      if (converged || context.getSuperstep() == context.getMaxIteration() - 1) {
        //converged or reach max iteration, output centers
        for (int i = 0; i < value.centers.size(); i++) {
          context.write(((Tuple) value.centers.get(i)).toArray());
        }
        //true means to terminate iteration
        return true;
      }
      //false means to continue iteration
      return false;
    }
  }
```

11.6 小　　结

本章详细地介绍了 K-means 算法的基本概念、基本原理，并用实例说明。同时，还分析了 K-means 算法的一个具体源程序，并介绍了该算法的特点和存在的缺陷。最后介绍了 K-means 算法的应用，从中可以看出 K-means 算法的应用非常广泛。

思 考 题

1. 简述 K-means 算法的工作流程。

2. K-means 聚类算法的优缺点是什么？

3. 分别取 $k=2$ 和 3，利用 K-means 聚类算法对以下的点聚类：(2,1)，(1,2)，(2,2)，(3,2)，(2,3)，(3,3)，(2,4)，(3,5)，(4,4)，(5,3)，并讨论 k 值以及初始聚类中心对聚类结果的影响。

第12章 K-中心点聚类算法

12.1 K-中心点聚类算法原理

12.1.1 K-中心点聚类算法原理解析

上一章提到的K-means算法对于离群点是敏感的，因为一个具有很大的极端值的对象可能显著地扭曲数据的分布，平方误差函数的使用更是严重恶化了这一影响。为了降低这种敏感性，可以不采用簇中对象的均值作为参照点，而是在每个簇中选出一个实际的对象来代表该簇。其余的每个对象聚类到与其最相似的代表性对象所在的簇中。这样，划分方法仍然基于最小化所有对象与其对应的参照点之间的相异度之和的原则来执行。通常，该算法重复迭代，直到每个代表对象都成为它的簇的实际中心点，或最靠中心的对象。这种算法称为K中心点聚类算法。对于K中心点聚类算法，首先随意选择初始代表对象(或种子)。只要能够提高聚类质量，迭代过程就继续用非代表对象替换代表对象。聚类结果的质量用代价函数来评估，该函数用来度量对象与其簇的代表对象之间的平均相异度。

K-中心点聚类算法的基本思想为：选用簇中位置最中心的对象，试图对n个对象给出k个划分，代表对象也被称为是中心点，其他对象则被称为非代表对象。最初随机选择k个对象作为中心点，该算法反复地用非代表对象来代替代表对象，试图找出更好的中心点，以改进聚类的质量；在每次迭代中，所有可能的对象对被分析，每个对中的一个对象是中心点，而另一个是非代表对象。每当重新分配发生时，平方误差所产生的差别对代价函数有影响。因此，如果一个当前的中心点对象被非中心点对象所代替，代价函数将计算平方误差值所产生的差别。替换的总代价是所有非中心点对象所产生的代价之和。如果总代价是负的，那么实际的平方误差将会减小，代表对象O_i可以被非代表对象O_h替代。如果总代价是正的，则当前的中心点O_i被认为是可接受的，在本次迭代中没有变化。

在K-中心点聚类算法中需要计算所有非选中对象与选中对象之间的相异度作为分组的依据。针对不同的数据类型有不同的相异度或距离函数，因此相异度或距离函数的选择依据数据对象的数据类型。一般情况下，数据对象为数值型，选用曼哈顿距离。

$$d(i,j)=|x_{i1}-x_{j1}|+|x_{i2}-x_{j2}|+\cdots+|x_{in}-x_{jn}| \tag{12-1}$$

此处：$i=(x_{i1},x_{i2},\cdots,x_{in})$和$j=(x_{j1},x_{j2},\cdots,x_{jn})$是两个$n$维的数据对象。具体应用中应根据不同的数据类型选用不同的距离函数。

为了判定一个非代表对象O_h是否是当前一个代表对象O_i的好的替代，对于每一个非中心点对象O_j，有以下4种情况需要考虑。

第一种情况：假设 O_i 被 O_h 代替作为新的中心点，O_j 当前隶属于中心点对象 O_i。如果 O_j 离某个中心点 O_m 最近，$i \neq m$，那么 O_j 被重新分配给 O_m，替换代价为

$$C_{jih} = d(j,m) - d(j,i)$$

第二种情况：假设 O_i 被 O_h 代替作为新的中心点，O_j 当前隶属于中心点对象 O_i。如果 O_j 离这个新的中心点 O_h 最近，那么 O_j 被分配给 O_h，替换代价为 $C_{jih}=d(j,h)-d(j,i)$。

第三种情况：假设 O_i 被 O_h 代替作为新的中心点，但是 O_j 当前隶属于另一个中心点对象 O_m，$m \neq i$。如果 O_j 依然离 O_m 最近，那么对象的隶属不发生变化，替换代价为 $C_{jih}=0$。

第四种情况：假设 O_i 被 O_h 代替作为新的中心点，但是 O_j 当前隶属于另一个中心点对象 O_m，$m \neq i$。如果 O_j 离这个新的中心点 O_h 最近，那么 O_j 被重新分配给 O_h，替换代价为 $C_{jih}=d(j,h)-d(j,m)$。

K-中心点聚类算法描述如下。

输入：簇的数目 k 和包含 n 个对象的数据库。

输出：k 个簇，使得所有对象与其最近中心点的相异度总和最小。

伪代码描述如下。

(1) 任意选择 k 个对象作为初始的簇中心点。

(2) Repeat

(3) 指派每个剩余对象给离它最近的中心点所表示的簇。

(4) Repeat

(5) 选择一个未被选择的中心点 O_i。

(6) Repeat

(7) 选择一个未被选择过的非中心点对象 O_h。

(8) 计算用 O_h 代替 O_i 的总代价并记录在 S 中。

(9) Until 所有非中心点都被选择过。

(10) Until 所有的中心点都被选择过。

(11) If 在 S 中的所有非中心点代替所有中心点后的计算出总代价有小于 0 的存在，then 找出 S 中的用非中心点替代中心点后代价最小的一个，并用该非中心点替代对应的中心点，形成一个新的 k 个中心点的集合。

(12) Until 没有再发生簇的重新分配，即所有的 S 都大于 0。

步骤(1)～(10)是两个循环，让所有的点都被选择过；步骤(11)～(12)是一个循环，找出 k 个簇。

12.1.2 K-中心点聚类算法实例分析

【例 12.1】 假如空间中的五个点{A,B,C,D,E}，各点之间的距离关系如表 12-1 所示，根据所给的数据对其运行 K-中心点算法实现聚类划分(设 $k=2$)。

解：算法执行步骤如下。

第一步建立阶段：设从 5 个对象中随机抽取的 2 个中心点为{A,B}，点 C 到点 A 与点 B 的距离相同，均为 2，故随机将其划入 A 中。同理，将点 E 划入 B 中，则样本被划分为{A,C,D}和{B,E}。

表 12-1　样本点间距离

样本点	A	B	C	D	E
A	0	1	2	2	3
B	1	0	2	4	3
C	2	2	0	1	5
D	2	4	1	0	3
E	3	3	5	3	0

第二步交换阶段：假定中心点{A,B}分别被非中心点{C,D,E}替换，根据 K-中心点算法需要计算下列代价 TC_{AC}、TC_{AD}、TC_{AE}、TC_{BC}、TC_{BD}和 TC_{BE}。其中 TC_{AC}表示中心点 A 被非中心点 C 代替后的总代价。下面以 TC_{AC}为例说明计算过程。

当 A 被 C 替换以后，看各对象的变化情况。

(1) A：A 不再是一个中心点，C 称为新的中心点，因为 A 离 B 比 A 离 C 近，A 被分配到 B 中心点代表的簇，属于上述第一种情况。$C_{AAC}=d(A,B)-d(A,A)=1-0=1$。

(2) B：B 不受影响，属于上面的第三种情况。$C_{BAC}=0$。

(3) C：C 原先属于 A 中心点所在的簇，当 A 被 C 替换以后，C 是新中心点，属于上面的第二种情况。$C_{CAC}=d(C,C)-d(A,C)=0-2=-2$。

(4) D：D 原先属于 A 中心点所在的簇，当 A 被 C 替换以后，离 D 最近的中心点是 C，属于上面的第二种情况。$C_{DAC}=d(D,C)-d(D,A)=1-2=-1$。

(5) E：E 原先属于 B 中心点所在的簇，当 A 被 C 替换以后，离 D 最近的中心点仍然是 B，属于上面的第三种情况。$C_{EAC}=0$。

因此，$TC_{AC}=C_{AAC}+C_{BAC}+C_{CAC}+C_{DAC}+C_{EAC}=1+0-2-1+0=-2$。同理，可以计算出：$TC_{AD}=-2$，$TC_{AE}=-1$，$TC_{BC}=-2$，$TC_{BD}=-2$，$TC_{BE}=-2$。在上述代价计算完毕后，我们要选取一个最小代价，显然有多种替换可以选择，选择第一个最小代价的替换（也就是 A 替换 C），这样，样本被重新划分为{A,B,E}和{C,D}两个簇。通过上述计算，已经完成了 K-中心点算法的第一次迭代。在下一次迭代中，将用非中心点{A,D,E}替换中心点{B,C}，找出具有最小代价的替换。一直重复上述过程，直到代价不再减少为止。

12.2　K-中心点聚类算法的特点及应用

12.2.1　K-中心点聚类算法的特点

K-中心点聚类算法的优势为：对噪声点/孤立点不敏感，具有较强的数据鲁棒性；聚类结果与数据对象点输入顺序无关；聚类结果具有数据对象平移和正交变换的不变性等。

该算法缺陷在于聚类过程的高耗时性。对于大数据集，K-中心点聚类过程缓慢的主要原因在于：通过迭代来寻找最佳的聚类中心点集时，需要反复地在非中心点对象与中心点对象之间进行最近邻搜索，从而产生大量非必需的重复计算。

12.2.2 K-中心点聚类算法的应用

1. K-中心点聚类算法在暂住人口分析中的应用

人口资源是最具战略性的资源，作为世界上人口最多的国家，加强人口管理现代化，对于我们国家各项事业的发展至关重要，其中暂住人口管理就关系着治安管理。把K-中心点聚类算法应用到暂住人口的挖掘中，可以发现不同特征的暂住人群，对暂住人口的调整和控制有很大的帮助。

2. K-中心点算法在软件测试中的应用

在软件测试过程中，测试用例集的好坏直接决定了软件测试的效率高低。如何在约减率和错误检测率中寻找到平衡点依然是一个有待解决的难题。采用聚类分析中的划分方法K-中心点方法对原始测试用例集进行聚类，根据聚类产生的结果和测试需求集从各簇中选择测试用例，以此构成约简后测试用例集，能大幅度地降低测试运行代价。

12.3 K-中心点算法源程序结果分析

K-中心点算法源程序包含如下文件：Cluster. java、ClusterAnalysis. java、DataPoint. java、Mediod. java 和 TestMain. java。相关程序和实验数据可从 github 中下载，网址为 https://github. com/guanyao1/kmediods. git。

1. Cluster. java

```
package kmedoids;

import java.util.ArrayList;

public class Cluster {
    private String clusterName;                     //类簇名
    private Mediod medoid;                          //类簇的质点
    private ArrayList<DataPoint> dataPoints;        //类簇中各样本点
    public Cluster(String clusterName) {
        this.clusterName = clusterName;
        this.medoid = null;                         //will be set by calling setCentroid()
        dataPoints = new ArrayList<DataPoint>();
    }
    public void setMedoid(Mediod c) {
        medoid = c;
    }
    public Mediod getMedoid() {
        return medoid;
    }
    public void addDataPoint(DataPoint dp) {        //called from CAInstance
        dp.setCluster(this);                        //标注该类簇属于某点,计算欧式距离
        this.dataPoints.add(dp);
    }
```

```
    public void removeDataPoint(DataPoint dp) {
        this.dataPoints.remove(dp);
    }
    public int getNumDataPoints() {
        return this.dataPoints.size();
    }
    public DataPoint getDataPoint(int pos) {
        return (DataPoint) this.dataPoints.get(pos);
    }
    public String getName() {
        return this.clusterName;
    }
    public ArrayList<DataPoint> getDataPoints() {
        return this.dataPoints;
    }
    }
```

2. ClusterAnalysis.java

```
package kmedoids;

import java.util.ArrayList;

public class ClusterAnalysis {
    private Cluster[] clusters;                              //所有类簇
    private int miter;                                       //迭代次数
    private ArrayList<DataPoint> dataPoints = new ArrayList<DataPoint>();  //所有样本点
    private int dimNum;                                      //维度

    public ClusterAnalysis(int k, int iter, ArrayList<DataPoint> dataPoints,
            int dimNum) {
        clusters = new Cluster[k];                           //类簇种类数
        for (int i = 0; i < k; i++) {
            clusters[i] = new Cluster("Cluster:" + i);
        }
        this.miter = iter;
        this.dataPoints = dataPoints;
        this.dimNum = dimNum;
    }
    public int getIterations() {
        return miter;
    }
    public ArrayList<DataPoint>[] getClusterOutput() {
        ArrayList<DataPoint> v[] = new ArrayList[clusters.length];
        for (int i = 0; i < clusters.length; i++) {
            v[i] = clusters[i].getDataPoints();
```

```
        }
        return v;
    }
    public void startAnalysis(double[][] medoids) {
        setInitialMedoids(medoids);
        double[][] newMedoids = medoids;
        double[][] oldMedoids = new double[medoids.length][this.dimNum];
        while (!isEqual(oldMedoids, newMedoids)) {
            for (int m = 0; m < clusters.length; m++) {      //每次迭代开始情况各类簇的点
                clusters[m].getDataPoints().clear();
            }
            for (int j = 0; j < dataPoints.size(); j++) {
                int clusterIndex = 0;
                double minDistance = Double.MAX_VALUE;
                for (int k = 0; k < clusters.length; k++) {//判断样本点属于哪个类簇
                    double eucDistance = dataPoints.get(j)
                            .testEuclideanDistance(clusters[k].getMedoid());
                    if (eucDistance < minDistance) {
                        minDistance = eucDistance;
                        clusterIndex = k;
                    }
                }
                //将该样本点添加到该类簇
                clusters[clusterIndex].addDataPoint(dataPoints.get(j));
            }
            for (int m = 0; m < clusters.length; m++) {
                clusters[m].getMedoid().calcMedoid();      //重新计算各类簇的质点
            }
            for (int i = 0; i < medoids.length; i++) {
                for (int j = 0; j < this.dimNum; j++) {
                    oldMedoids[i][j] = newMedoids[i][j];
                }
            }
            for (int n = 0; n < clusters.length; n++) {
                newMedoids[n] = clusters[n].getMedoid().getDimensioin();
            }

            this.miter++;
        }
    }
    private void setInitialMedoids(double[][] medoids) {
        for (int n = 0; n < clusters.length; n++) {
            Mediod medoid = new Mediod(medoids[n]);
            clusters[n].setMedoid(medoid);
            medoid.setCluster(clusters[n]);
```

```
        }
    }
    private boolean isEqual(double[][] oldMedoids, double[][] newMedoids) {
        boolean flag = false;
        for (int i = 0; i < oldMedoids.length; i++) {
            for (int j = 0; j < oldMedoids[i].length; j++) {
                if (oldMedoids[i][j] != newMedoids[i][j]) {
                    return flag;
                }
            }
        }
        flag = true;
        return flag;
    }
}
```

3. DataPoint.java

```
package kmedoids;

import java.util.ArrayList;

public class DataPoint {
    private double dimension[];                          //样本点的维度
    private String pointName;                            //样本点名字
    private Cluster cluster;                             //类簇
    private double euDt;                                 //样本点到质点的距离
    public DataPoint(double dimension[], String pointName) {
        this.dimension = dimension;
        this.pointName = pointName;
        this.cluster = null;
    }
    public void setCluster(Cluster cluster) {
        this.cluster = cluster;
    }
    public double calEuclideanDistanceSum() {
        double sum = 0.0;
        Cluster cluster = this.getCluster();
        ArrayList<DataPoint> dataPoints = cluster.getDataPoints();
        for (int i = 0; i < dataPoints.size(); i++) {
            double[] dims = dataPoints.get(i).getDimensioin();
            for (int j = 0; j < dims.length; j++) {
                double temp = Math.pow((dims[j] - this.dimension[j]), 2);
                sum = sum + temp;
            }
        }
        return Math.sqrt(sum);
    }
```

```
    public double testEuclideanDistance(Mediod c) {
        double sum = 0.0;
        double[] cDim = c.getDimensioin();
        for (int i = 0; i < dimension.length; i++) {
            double temp = Math.pow((dimension[i] - cDim[i]), 2);
            sum = sum + temp;
        }
        return Math.sqrt(sum);
    }
    public double[] getDimensioin() {
        return this.dimension;
    }
    public Cluster getCluster() {
        return this.cluster;
    }
    public double getCurrentEuDt() {
        return this.euDt;
    }
    public String getPointName() {
        return this.pointName;
    }
}
```

4. Mediod.java

```
package kmedoids;
import java.util.ArrayList;

public class Mediod {
    private double dimension[];                    //质点的维度
    private Cluster cluster;                       //所属类簇
    private double etdDisSum;                      //Medoid到本类簇中所有的欧式距离之和
    public Mediod(double dimension[]) {
        this.dimension = dimension;
    }
    public void setCluster(Cluster c) {
        this.cluster = c;
    }
    public double[] getDimensioin() {
        return this.dimension;
    }
    public Cluster getCluster() {
        return this.cluster;
    }
    public void calcMedoid() {                     //取代价最小的点
        calcEtdDisSum();
        double minEucDisSum = this.etdDisSum;
        ArrayList<DataPoint> dps = this.cluster.getDataPoints();
        for (int i = 0; i < dps.size(); i++) {
            double tempeucDisSum = dps.get(i).calEuclideanDistanceSum();
```

```
            if (tempeucDisSum < minEucDisSum) {
                dimension = dps.get(i).getDimensioin();
                minEucDisSum = tempeucDisSum;
            }
        }
    }
    //计算该 Medoid 到同类簇所有样本点的欧式距离和
    private void calcEtdDisSum() {
        double sum = 0.0;
        Cluster cluster = this.getCluster();
        ArrayList<DataPoint> dataPoints = cluster.getDataPoints();
        for (int i = 0; i < dataPoints.size(); i++) {
            double[] dims = dataPoints.get(i).getDimensioin();
            for (int j = 0; j < dims.length; j++) {
                double temp = Math.abs(dims[j] - this.dimension[j]);
                sum = sum + temp;
            }
        }
        etdDisSum = sum;
    }
}
```

5. TestMain.java

```
package kmedoids;

import java.util.ArrayList;
import java.util.Iterator;

public class TestMain {
    public static void main(String args[]) {
        ArrayList<DataPoint> dataPoints = new ArrayList<DataPoint>();
        double[] a = { 2, 3 };
        double[] b = { 2, 4 };
        double[] c = { 1, 4 };
        double[] d = { 1, 3 };
        double[] e = { 2, 2 };
        double[] f = { 3, 2 };
        double[] g = { 8, 7 };
        double[] h = { 8, 6 };
        double[] i = { 7, 7 };
        double[] j = { 7, 6 };
        double[] k = { 8, 5 };
        double[] l = { 100, 2 };                //孤立点
        double[] m = { 8, 20 };
        double[] n = { 8, 19 };
        double[] o = { 7, 18 };
        double[] p = { 7, 17 };
        double[] q = { 7, 20 };
        dataPoints.add(new DataPoint(a, "a"));
        dataPoints.add(new DataPoint(b, "b"));
```

```
            dataPoints.add(new DataPoint(c, "c"));
            dataPoints.add(new DataPoint(d, "d"));
            dataPoints.add(new DataPoint(e, "e"));
            dataPoints.add(new DataPoint(f, "f"));
            dataPoints.add(new DataPoint(g, "g"));
            dataPoints.add(new DataPoint(h, "h"));
            dataPoints.add(new DataPoint(i, "i"));
            dataPoints.add(new DataPoint(j, "j"));
            dataPoints.add(new DataPoint(k, "k"));
            dataPoints.add(new DataPoint(l, "l"));
            dataPoints.add(new DataPoint(m, "m"));
            dataPoints.add(new DataPoint(n, "n"));
            dataPoints.add(new DataPoint(o, "o"));
            dataPoints.add(new DataPoint(p, "p"));
            dataPoints.add(new DataPoint(q, "q"));
            ClusterAnalysis ca = new ClusterAnalysis(3, 0, dataPoints, 2);
            double[][] cen = { { 8, 7 }, { 8, 6 }, { 7, 7 } };
            ca.startAnalysis(cen);
            ArrayList<DataPoint>[] v = ca.getClusterOutput();
            for (int ii = 0; ii < v.length; ii++) {
                ArrayList tempV = v[ii];
                System.out.println("-----------Cluster" + ii + "---------");
                Iterator iter = tempV.iterator();
                while (iter.hasNext()) {
                    DataPoint dpTemp = (DataPoint) iter.next();
                    System.out.println(dpTemp.getPointName());
                }
            }
        }
    }
```

程序运行结果如图 12-1 所示。

结果分析：如运行结果图 12-1 所示。程序通过“ClusterAnalysis ca = **new** ClusterAnalysis(3, 0, dataPoints, 2)”语句设置相关参数，3 表示期望得到的簇的数目，目标输出为 3 簇，0 表示初始迭代次数，dataPoints 表示要处理的数据集，2 表示维度，即每个点是二维的。首先进行初始化，起初时随机确定 3 个点 g=(8,6)，h=(8,7)，i=(7,7)为中心点，指派每个剩余对象给离它最近的中心点所表示的簇，得到中心点分布情况。然后经过 K-中心点算法处理，所有可能的对象被分析，计算用非中心点代替中心点的总代价并记录，如果在记录中有小于 0 的存在，找出用非中心点替代中心点后代价最小的一个，并用该非中心点替代对应的中心点，形成 3 个新的簇，如此反复迭代，直到不再发生簇的重新分配，最终得到以 g、h、i 为中心点的 3 个簇。

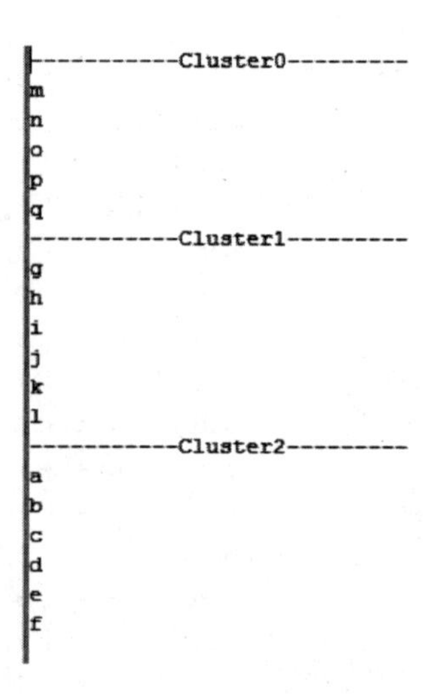

图 12-1 K-中心点算法程序运行结果

12.4 小　　结

本章详细地介绍了 K-中心点算法的基本概念、基本原理，并用实例来进行了说明，同时还分析了 K-中心点算法的一个具体的源程序，并介绍了该算法的特点和存在的缺陷，最后介绍了 K-中心点算法的应用，从中可以看出 K-中心点算法的应用非常广泛。

思　考　题

1. 简述 K-中心点算法的原理。
2. 简述 K-中心点算法的优缺点。
3. 编程实现 K-中心点算法。

第 13 章 自组织神经网络聚类算法

13.1 SOM 网络简介

生物学研究表明，在人脑的感觉通道上，神经元的组织原理是有序排列的。当外界的特定时空信息输入时，大脑皮层的特定区域兴奋，而且类似的外界信息在对应的区域是连续映像的。生物视网膜中有许多特定的细胞对特定的图形比较敏感，当视网膜中有若干个接收单元同时受特定模式刺激时，就使大脑皮层中的特定神经元开始兴奋，输入模式接近，与之对应的兴奋神经元也接近；在听觉通道上，神经元在结构排列上与频率的关系十分密切，对于某个频率，特定的神经元具有最大的响应，位置相邻的神经元具有相近的频率特征，而远离的神经元具有的频率特征差别也较大。大脑皮层中神经元的这种响应特点不是先天安排好的，而是通过后天的学习自组织形成的。

据此芬兰 Helsinki 大学的 Teuvo Kohonen T. 教授提出了一种自组织特征映射网络(Self-organizing feature Map，SOM)，又称 Kohonen 网络。Kohonen 认为，一个神经网络接受外界输入模式时，将会分为不同的对应区域，各区域对输入模式有不同的响应特征，而这个过程是自动完成的。SOM 网络正是根据这一看法提出的，其特点与人脑的自组织特性相类似。SOM 的目标是用低维(通常是二维或三维)目标空间的点表示高维源空间中的所有点，尽可能地保持点间的距离和邻近关系(拓扑关系)。

13.2 竞争学习算法基础

13.2.1 SOM 网络结构

1. 定义

自组织神经网络是无导师学习网络。它通过自动寻找样本中的内在规律和本质属性，自组织、自适应地改变网络参数与结构。

2. 结构

SOM 为层次型结构，典型结构为输入层加竞争层，如图 13-1 所示。

输入层：接受外界信息，将输入模式向竞争层传递，起“观察”作用。

竞争层：负责对输入模式进行“分析比较”，寻找规律并归类。

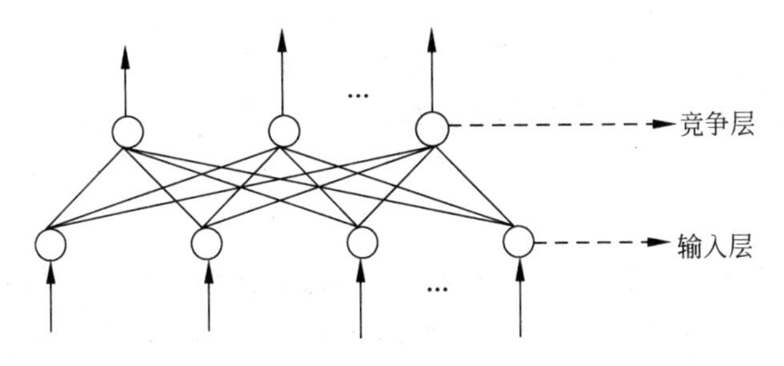

图 13-1　自组织神经网络结构

13.2.2　SOM 网络概述

1. 分类与输入模式的相似性

分类是在类别知识等导师信号的指导下，将待识别的输入模式分配到各自的模式类中。无导师指导的分类称为聚类，聚类的目的是将相似的模式样本划归一类，而将不相似的分离开来，实现模式样本的类内相似性和类间分离性。由于无导师学习的训练样本中不含期望输出，因此对于某一输入模式样本应属于哪一类并没有任何先验知识。对于一组输入模式，只能根据它们之间的相似程度来分为若干类，因此相似性是输入模式的聚类依据。

2. 相似性测量

神经网络的输入模式向量的相似性测量可用向量之间的距离衡量。常用的方法有欧氏距离法和余弦法两种。

1）欧式距离法

设 X、X_i 为两个行向量，其间的欧式距离：

$$d = \| X - X_i \| = \sqrt{(X - X_i)(X - X_i)^{\mathrm{T}}} \tag{13-1}$$

d 越小，X 与 X_i 越接近，两者越相似；当 $d=0$ 时，$X=X_i$；以 $d=T$(常数)为判据，可对输入向量模式进行聚类分析。

如图 13-2 所示，设 d_{ij} 表示 X_i、X_j 间的欧式距离，由于 d_{12}、d_{23}、d_{31} 均小于 T，d_{45}、d_{56}、d_{46} 均小于 T，而 $d_{1i}>T(i=4,5,6)$，$d_{2i}>T(i=4,5,6)$，$d_{3i}>T(i=4,5,6)$，故将输入模式 X_1、X_2、X_3、X_4、X_5、X_6 分为类 1 和类 2 两大类。

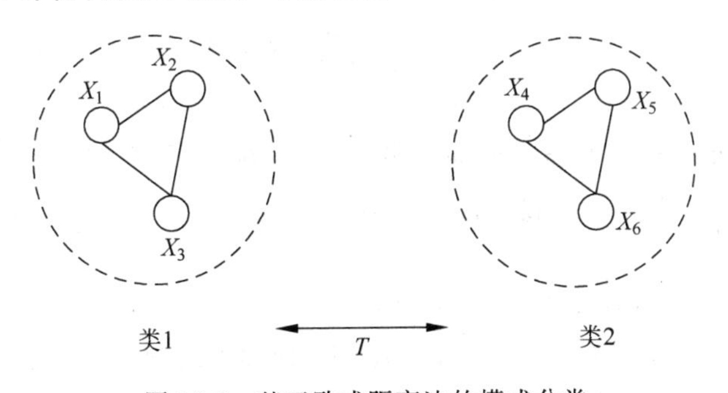

图 13-2　基于欧式距离法的模式分类

2）余弦法

设 X、X_i 为两个行向量，其间的夹角余弦：

$$\cos\varphi = \frac{XX^T}{\| X \| \| X_i \|} \tag{13-2}$$

φ越小，X与X_i越接近，两者越相似；当$\varphi=0$时，$\cos\varphi=1$，$X=X_i$；同样，以$\varphi=\varphi_0$为

判据可进行聚类分析。

3. 竞争学习原理

竞争学习规则的生理学基础是神经细胞的侧抑制现象：当一个神经细胞兴奋后，会对其周围的神经细胞产生抑制作用。最强的抑制作用是竞争获胜的“唯我独兴”，这种做法称为“胜者为王”(Winner-Take-All，WTA)。竞争学习规则就是从神经细胞的侧抑制现象获得的。它的学习步骤如下。

(1) 向量归一化。对自组织网络中的当前输入模式向量X(行向量)、竞争层中各神经元对应的内星权向量$w_j(j=1,2,\cdots,m)$(行向量)，全部进行归一化处理，如图13-3所示，得到$\hat{X}$和$\hat{W}_j$：

$$\hat{X} = \frac{X}{\| X \|},\quad \hat{W}_j = \frac{W_j}{\| W_j \|} \tag{13-3}$$

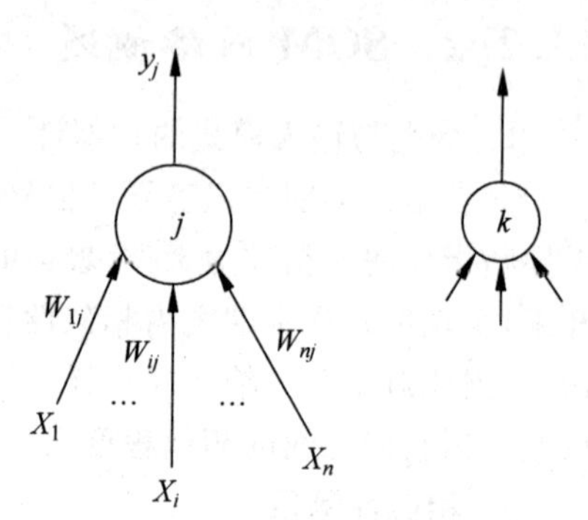

图13-3 向量归一化

(2) 寻找获胜神经元。将$\hat{X}$与竞争层所有神经元对应的内星权向量$\hat{W}_j(j=1,2,\cdots,m)$进行相似性比较。最相似的神经元获胜，权向量为$\hat{W}_{j^*}$：

$$\| \hat{X} - \hat{W}_{j^*} \| = \min_{j\in\{1,2,\cdots,n\}} \{ \| \hat{X} - \hat{W}_j \| \}$$

$$\Rightarrow \| \hat{X} - \hat{W}_{j^*} \| = \sqrt{(\hat{X} - W_{j^*})(\hat{X} - W_{j^*})^{\mathrm{T}}}$$

$$= \sqrt{\hat{X}\hat{X}^T - 2\hat{W}_{j^*}\hat{X}^T + \hat{W}_{j^*}\hat{W}_{j^*}^T} = \sqrt{2(1 - \hat{W}_{j^*}\hat{X}^T)}$$

$$\Rightarrow \hat{W}_{j^*}\hat{X}^T = \max_j(\hat{W}_j\hat{X}^T) \tag{13-4}$$

(3) 网络输出与权调整。

按WTA学习法则，获胜神经元输出为“1”，其余为0。即：

$$y_j(t+1) = \begin{cases} 1 & j = j^* \\ 0 & j \neq j^* \end{cases} \tag{13-5}$$

只有获胜神经元才有权调整其权向量W_{j^*}。其权向量学习调整如下。

$$\begin{cases} W_{j^*}(t+1) = \hat{W}_{j^*}(t) + \Delta W_{j^*} = \hat{W}_{j^*}(t) + \alpha(\hat{X} - \hat{W}_{j^*}) \\ W_j(t+1) = \hat{W}_j(t) \quad j \neq j^* \end{cases} \tag{13-6}$$

$0<\alpha\leqslant 1$为学习率，α一般随着学习的进展而减小，即调整的程度越来越小，趋于聚类中心。

(4) 重新归一化处理。归一化后的权向量经过调整后，得到的新向量不再是单位向量，因此要对学习调整后的向量重新进行归一化，循环运算，直到学习率α衰减到0。

13.3 SOM 网络原理

13.3.1 SOM 网络的拓扑结构

从网络结构上来说,SOM 网络最大的特点是神经元被放置在一维、二维或者更高维的网格结点上。图 13-4 就是最普遍的自组织特征映射二维网格模型。

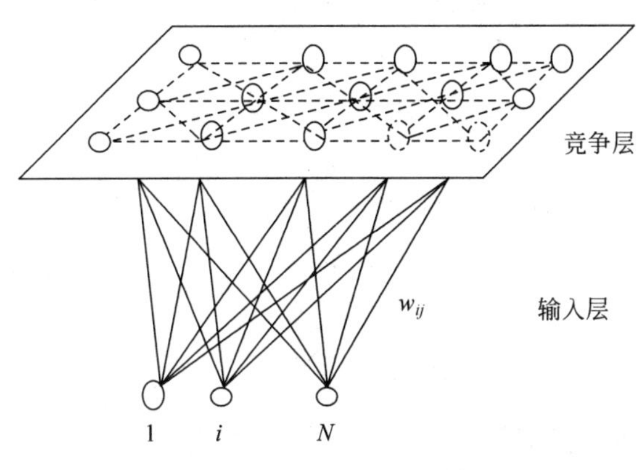

图 13-4 二维 SOM 网格模型

SOM 网络的一个典型特性就是可以在一维或二维的处理单元阵列上,形成输入信号的特征拓扑分布,因此 SOM 网络具有抽取输入信号模式特征的能力。SOM 网络一般只包含有一维阵列和二维阵列,但也可以推广到多维处理单元阵列中去。下面只讨论应用较多的二维阵列。

输入层是一维的神经元,具有 N 个结点,竞争层的神经元处于二维平面网格结点上,构成一个二维结点矩阵,共有 M 个结点。输入层与竞争层的神经元之间都通过连接权值进行连接,竞争层临近的结点之间也存在着局部的互联。SOM 网络中具有两种类型的权值,一种是神经元对外部输入的连接权值,另一种是神经元之间的互连权值,它的大小控制着神经元之间相互作用的强弱。在 SOM 网络中,竞争层又是输出层。SOM 网络通过引入网格形成了自组织特征映射的输出空间,并且在各个神经元之间建立了拓扑连接关系。神经元之间的联系是由它们在网格上的位置所决定的,这种联系模拟了人脑中的神经元之间的侧抑制功能,成为网络实现竞争的基础。

13.3.2 SOM 权值调整域

SOM 网采用的算法称为 Kohonen 算法,它是在"胜者为王"(Winner-Take-All,WTA)学习规则基础上加以改进的,主要区别是调整权向量与侧抑制的方式不同:

WTA:侧抑制[①]是"封杀"式的。只有获胜神经元可以调整其权值,其他神经元都无权调整。

① 侧抑制:神经元彼此之间发生的抑制作用,即在某个神经元受到刺激而产生兴奋时,再刺激相近的神经元,则后者所发生的兴奋对前者产生的抑制作用。

Kohonen 算法：获胜的神经元对其邻近神经元的影响是由近及远，由兴奋逐渐变为抑制。换句话说，不仅获胜神经元要调整权值，它周围的神经元也要不同程度调整权向量。常见的调整方式有如下几种。

1. 墨西哥草帽函数

获胜结点有最大的权值调整量，临近的结点有稍小的调整量，离获胜结点距离越大，权值调整量越小，直到某一距离 d_0 时，权值调整量为零；当距离再远一些时，权值调整量稍负，更远又回到零。如图 13-5(a)所示。

2. 大礼帽函数

它是墨西哥草帽函数的一种简化，如图 13-5(b)所示。

3. 厨师帽函数

它是大礼帽函数的一种简化，如图 13-5(c)所示。

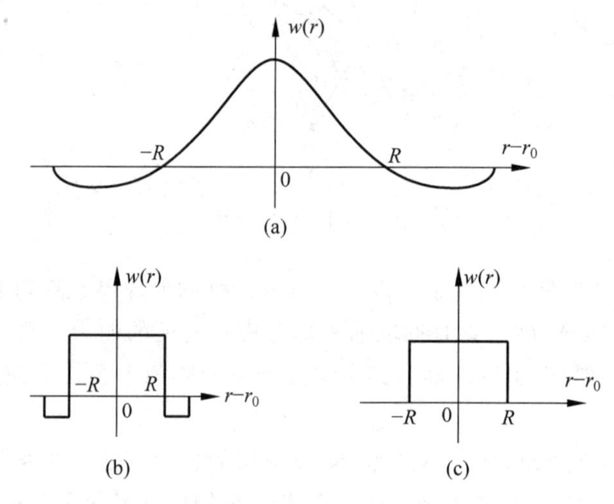

图 13-5　权值调整函数

以获胜神经元为中心设定一个邻域半径 R，该半径固定的范围称为优胜邻域。在 SOM 网学习方法中，优胜邻域内的所有神经元均按其与获胜神经元距离的远近不同程度调整权值。优胜邻域开始定的较大，但其大小随着训练次数的增加不断收缩，最终收缩到半径为零。

13.3.3 SOM 网络运行原理

SOM 网络的运行分训练和工作两个阶段。在训练阶段，网络随机输入训练集中的样本，对某个特定的输入模式，输出层会有某个结点产生最大响应而获胜，而在训练开始阶段，输出层哪个位置的结点将对哪类输入模式产生最大响应是不确定的。当输入模式的类别改变时，二维平面的获胜结点也会改变。获胜结点周围的结点因侧向相互兴奋作用也产生较大影响，于是获胜结点及其优胜邻域内的所有结点所连接的权向量均向输入方向作不同程度的调整，调整力度依邻域内各结点距离获胜结点的远近而逐渐减小。网络通过自组织方式，用大量训练样本调整网络权值，最后使输出层各结点成为对特定模式类敏感的神经元，对应的内星权向量成为各输入模式的中心向量。并且当两个模式类的特征接近时，代表这两类的结点在位置上也接近。从而在输出层形成能反映样本模式类分布情况的有序特征图。

13.3.4 SOM 网络学习方法

对应于上述运行原理，SOM 网络采用的学习算法按如下步骤进行。

(1) 初始化。对输出层各权向量赋小随机数并进行归一化处理，得到$\hat{W}_j(j=1,2,\cdots,m)$，建立初始优胜邻域 $N_j*(0)$和学习率 η 初值。m 为输出层神经元数目。

(2) 接受输入。从训练集中随机取一个输入模式并进行归一化处理，得到$\hat{X}^P(p=1,2,\cdots,n)$，$n$ 为输入层神经元数目。

(3) 寻找获胜结点。计算$\hat{X}^P$ 与$\hat{W}_j$ 的点积，从中找到点积最大的获胜结点 $j*$。

(4) 定义优胜邻域 $N_{j*}(t)$。以 $j*$ 为中心确定 t 时刻的权值调整域，一般初始邻域 $N_{j*}(0)$较大(大约为总结点的 50%～80%)，训练过程中 $N_{j*}(t)$随训练时间收缩，如图 13-6 所示。

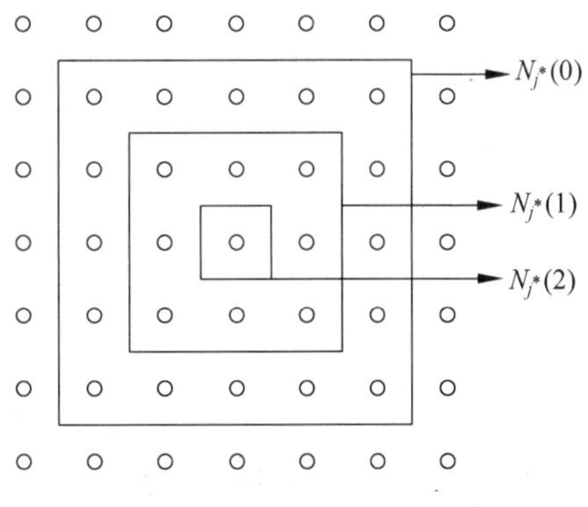

图 13-6　邻域 $N_{j*}(t)$的收缩

(5) 调整权值。对优胜邻域 $N_{j*}(t)$内的所有结点调整权值。

$$w_{ij}(t+1)=w_{ij}(t)+\alpha(t,N)[x_i^p-w_{ij}(t)]$$
$$i=1,2,\cdots,n,j\in N_{j*}(t) \tag{13-7}$$

其中，$\alpha(t,N)$是训练时间 t 和邻域内第 j 个神经元与获胜神经元 j^* 之间的拓扑距离 N 的函数，该函数一般有以下规律。

$t\uparrow\rightarrow\alpha\downarrow,N\uparrow\rightarrow\alpha\downarrow$；如 $\alpha(t,N)=\alpha(t)e^{-N}$，$\alpha(t)$可采用 t 的单调下降函数也称退火函数。

(6) 结束判定。当学习率 $\alpha(t)\leqslant\alpha_{\min}$时，训练结束；不满足结束条件时，转到步骤(2)继续。

13.4 SOM 网络应用举例

13.4.1 问题描述

用 32 个字符作为 SOM 输入样本，包括 26 个英文字母和 6 个数字(1～6)。每个字符对应一个 5 维向量，各字符与向量 X 的关系如表 13-1 所示。由表 13-1 可以看出，代表 A、B、C、D、E 的各向量中有 4 个分量相同，即 $x_i^A,x_i^B,x_i^C,x_i^D,x_i^E=0(i=1,2,3,4)$，因此，A、B、C、D、E 应归为一类；代表 F、G、H、I、J 的向量中有 3 个分量相同，同理也应归为一类；依此类推。这样就可以由表 13-1 中输入向量的相似关系，将对应的字符标在图 13-7 所示的树形结构图中。用 SOM 网络对其他进行聚类分析。

表 13-1 字符与其对应向量

	A	B	C	D	E	F	G	H	I	J	K	L	M	N	O	P	Q	R	S	T	U	V…
X_0	1	2	3	4	5	3	3	3	3	3	3	3	3	3	3	3	3	3	3	3	3	3…
X_1	0	0	0	0	0	1	2	3	4	5	3	3	3	3	3	3	3	3	3	3	3	3…
X_2	0	0	0	0	0	0	0	0	0	0	1	2	3	4	5	3	3	3	3	3	3	3…
X_3	0	0	0	0	0	0	0	0	0	0	0	0	0	0	0	1	2	3	4	5	3	3…
X_4	0	0	0	0	0	0	0	0	0	0	0	0	0	0	0	0	0	0	0	0	1	2…

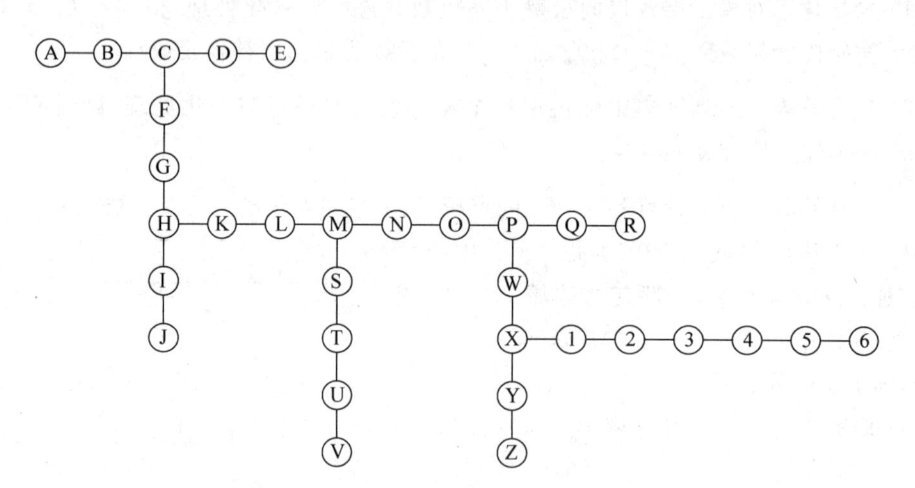

图 13-7 树形结构图

13.4.2 网络设计及学习结果

1. 表格分析

A、B、C、D、E 的各向量有 4 个分量相同——同类。

F、G、H、I、J 的各向量有 3 个分量相同——同类。

……

2. SOM 网络设计

① 输入层结点数 n：样本维数＝5。

② 输出层结点数：取 70 个神经元，二维平面阵。

③ 权值初始化：随机小数。

④ $N_{j*}(t)$领域半径：$r(t)=10(1-t/t_m)$。

⑤ 学习率 $\alpha(t)=C_2(1-t/t_m)0.5(1-t/t_m)$。

3. 训练

将训练集中代表各字符的输入向量 X^P 随机选取后训练，经 10 000 步训练，各权向量趋于稳定。对网络输出进行核准，即根据输出神经元阵列与训练集中已知模式向量对应关系的标号来核准。结果是：70 个神经元中，有 32 个神经元有标号，另外 38 个为未用神经元。

13.4.3 输出结果分析

图 13-8 给出了自组织学习后的输出结果。SOM 网络完成学习训练后，对于每一个输

入字符，输出平面中都有一个特定的神经元对其敏感，这种输入——输出的映射关系在输出特征平面中表现得非常清楚。SOM 网络经自组织学习后在输出层形成了有规则的拓扑结构，在神经元阵列中，各字符之间的相互位置关系与它们在树状结构中的相互位置关系类似，两者结构特征上的一致性是非常明显的。

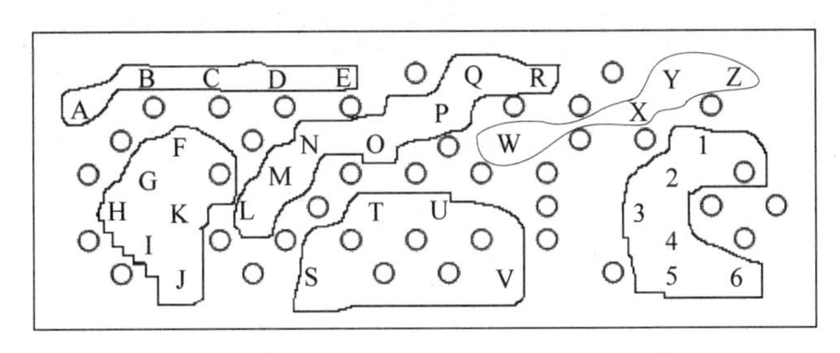

图 13-8 自组织学习的输出结果

13.5 SOM 网络的特点及应用

13.5.1 SOM 网络的特点

SOM 网络的优点：它将相邻关系强加在簇质心上，所以，互为邻居的簇之间比非邻居的簇之间更相关。这种联系有利于聚类结果的解释和可视化。

SOM 网络的缺点如下。

(1) 用户必选选择参数、邻域函数、网格类型和质心个数。

(2) 一个 SOM 簇通常并不对应单个自然簇，可能有自然簇的合并和分裂。例如，像其他基于原型的聚类技术一样，当自然簇的大小、形状和密度不同时，SOM 倾向于分裂或合并它们。

(3) SOM 缺乏具体的目标函数。SOM 受限于质心之间的地形约束(为了更好的近似数据的质心的集合)；但是 SOM 的成功不能用一个函数来表达。这可能使得比较不同的 SOM 聚类的结果是困难的。

(4) SOM 不保证收敛，尽管实际中它通常收敛。

13.5.2 SOM 网络的应用

1. 汽轮发电机多故障诊断的 SOM 神经网络方法

汽轮发电机组的振动故障具有多样性的特点，经常出现多种故障同时发生的情况。传统的 BP 神经网络方法可对单一故障有效诊断，若要对多故障进行诊断，则需对各种多故障样本进行学习，使输入空间在训练过程中被样本空间完全覆盖，将大大地增加样本空间及学习训练负担，同时网络归纳、联想能力随之大幅度下降，诊断难以实施。因此，将自组织特征映射 (SOM)神经网络应用于汽轮发电机组的振动多故障诊断，用单一故障样本对网络进行训练，根据输出神经元在输出层的位置对多故障进行判断。

2. 基于 SOM 神经网络的柴油机故障诊断

利用神经网络的非线性映射及其高度的自组织和自学习能力，将 SOM 网络应用于柴油机的故障诊断。利用传感器获得柴油机喷射系统的燃油压力波形，对波形进行时域分析和特征提取。根据所取得故障信息及其对应的故障类型来构造网络结构，用单一故障样本对网络进行训练，根据输出神经元在输出层的位置对故障进行判断。

13.6 SOM 神经网络源程序结果分析

SOM 神经网络源程序包括 Kohonen_Test_Data. java、Kohenen_Topology. java、Kohenen_Training_Data. java、Kohenen-units. java、MyInput. java、Neural-Window. java、Neuralk. java、Sample_data. java 和 Storage. java 等程序，相关程序和实验数据可从 github 中下载，网址为 https://github.com/guanyao1/som.git。

1. Kohonen_Test_Data. java

```
package som;

public class Kohonen_Test_Data extends Kohonen_Training_Data {
    public String resultsname;
    void request_Kohonen_data(int net_no) {
        System.out
                .println("Please enter the file name containing the test data for Kohonen
network no. " + net_no);
        filename = MyInput.readString();
        System.out.println();
        specify_signal_sample_size();
        normalize_data_in_array();
    }
}
```

2. Kohenen_Topology. java

```
package som;
import java.io.*;

public class Kohonen_Topology {
    int kluster_champ;
    int dimensions_of_signal;
    int maximum_number_of_clusters;
    double max_learning_rate;
    double min_learning_rate;
    double interim_learning_rate;
    Kohonen_units[]node_in_cluster_layer;
    Kohonen_Topology() {
        interim_learning_rate = 1.0;
    }

    void establish_Kohonen_topology(int netuse) {
        String netcreate;
        int looploc = 0;
        if (netuse == 1) {
```

```
        do {
            System.out.println();
            System.out.println("Do you wish to");
            System.out.println("C.   Create your own Kohonen Map ");
            System.out.println("U.   Upload an existing Kohonen Map ");
            System.out.println("Your choice?:   ");
            netcreate = MyInput.readString();
            System.out.println();
            netcreate = netcreate.toUpperCase();
            if ((netcreate.equalsIgnoreCase("C"))
                    || (netcreate.equalsIgnoreCase("U"))) {
                looploc = 1;
            }
        } while (looploc <= 0);
    } else {
        netcreate = "C";
    }
    if ((netcreate.equalsIgnoreCase("U")) && (netuse == 1)) {
        upload_network();
    } else {
        if (netuse == 1) {
            System.out.println("Please enter the dimensions of the network's input signal
            vector: ");
            dimensions_of_signal = MyInput.readInt();
            System.out.println();
        }
        System.out
                .println("please enter the maximum number of clusters to be formed: ");
        maximum_number_of_clusters = MyInput.readInt();
        System.out.println();
        //establish clustering layer of Kohonen network
        node_in_cluster_layer = new Kohonen_units[maximum_number_of_clusters];
        for (int c = 0; c < maximum_number_of_clusters; c++) {
            node_in_cluster_layer[c] = new Kohonen_units();
            node_in_cluster_layer[c].number_of_inputs = dimensions_of_signal;
            node_in_cluster_layer[c].establish_input_output_arrays();
            node_in_cluster_layer[c].establish_input_weight_vector_array();
            node_in_cluster_layer[c].initialize_inputs_and_weights();
        }
    }
}

void upload_network() {
    String getname;
    FileReader get_ptr;
    int netid = 0;
```

```
int nodes, dim;
int dolock = 0;
do {
    System.out.println();
    System.out.println("Please enter the name of the file which holds the Kohonen
    Map");
    getname = MyInput.readString();
    System.out.println();
    try {
        get_ptr = new FileReader(getname);
        BufferedReader br = new BufferedReader(get_ptr);
        String string;
        while ((string = br.readLine()) != null) {
            if (string.trim().equalsIgnoreCase("")) {
                continue;
            }
            netid = Integer.parseInt(string);
            break;
        }
        if (netid == 3) {
            dolock = 1;
            br.close();
            get_ptr.close();
        } else {
                System.out.println("Error ** file contents do not match Kohonen
                specifications");
            System.out.println("try again");
            br.close();
            get_ptr.close();
        }
    } catch (IOException exc) {
        String str = exc.toString();
        System.out.println(str);
    }
} while (dolock <= 0);
try {
    get_ptr = new FileReader(getname);
    BufferedReader br = new BufferedReader(get_ptr);
    String string;
    int row = 0;

    while ((string = br.readLine()) != null) {
        if (string.trim().equalsIgnoreCase("")) {
            continue;
        }
        if (!string.trim().equalsIgnoreCase("")) {
            row++;
        }
        if (row == 2) {
            dimensions_of_signal = Integer.parseInt(string);
        }
```

```
            if (row == 3) {
                maximum_number_of_clusters = Integer.parseInt(string);
                break;
            }
        }
        node_in_cluster_layer = new Kohonen_units[maximum_number_of_clusters];
        for (nodes = 0; nodes < maximum_number_of_clusters; nodes++) {
            node_in_cluster_layer[nodes] = new Kohonen_units();
            node_in_cluster_layer[nodes].number_of_inputs = dimensions_of_signal;
            node_in_cluster_layer[nodes].establish_input_output_arrays();
            node_in_cluster_layer[nodes].establish_input_weight_vector_array();
        }
        while ((string = br.readLine()) != null) {
            if (!string.trim().equalsIgnoreCase("")) {
                row++;
            }
            int indexOfSpace = 0;
            int tempIndexOfSpace = 0;
            if (row >= 4) {
                for (nodes = 0; nodes < maximum_number_of_clusters; nodes++) {
                    for (dim = 0; dim < dimensions_of_signal; dim++) {
                        if (dim == 0) {
                            indexOfSpace = string.indexOf(" ");
node_in_cluster_layer[nodes].input_weight_vector[dim] = Double
        .parseDouble(string.trim().substring(0,indexOfSpace).trim());
                            tempIndexOfSpace = indexOfSpace;
                        } else {
                            indexOfSpace = string.indexOf(" ",
                                    indexOfSpace + 1);
node_in_cluster_layer[nodes].input_weight_vector[dim] = Double
        .parseDouble(string.trim().substring(tempIndexOfSpace, indexOfSpace).trim());
                            tempIndexOfSpace = indexOfSpace;
                        }

                    }
                }
            }
        }
        br.close();
        get_ptr.close();
    } catch (IOException exc) {
        String str = exc.toString();
        System.out.println(str);
    }
}
void kluster_nodes_compete_for_activation() {
    double minimum_distance = 0;
    for (int m = 0; m < maximum_number_of_clusters; m++) {
node_in_cluster_layer[m].calculate_sum_square_Euclidean_distance();
        if (m == 0) {
```

```
                kluster_champ = m;
                minimum_distance = node_in_cluster_layer[m].output_value[0];
            } else {
                if (node_in_cluster_layer[m].output_value[0] < minimum_distance) {
                    kluster_champ = m;
                    minimum_distance = node_in_cluster_layer[m].output_value[0];
                }
            }
        }
    }
    void update_the_Kohonen_network(int epoch_count, int max_epochs) {
        int maxepoch;
        if (max_epochs == 1) {
            maxepoch = 1;
        } else {
            maxepoch = max_epochs - 1;
        }
        double adjusted_learning_rate = max_learning_rate
                - (((max_learning_rate - min_learning_rate) / maxepoch) * epoch_count);
        interim_learning_rate = adjusted_learning_rate * interim_learning_rate;
        node_in_cluster_layer[kluster_champ]
                .update_the_weights(interim_learning_rate);
    }
    public void savenet() {
        String savename;
        FileWriter save_ptr;
        StringBuffer s = new StringBuffer("");
        int node, dim;
        System.out.println();
        System.out.println("Please enter the name of the file which will hold the Kohonen Map");
        savename = MyInput.readString();
        System.out.println();
        try {
            save_ptr = new FileWriter(savename);
            s.append(3).append("\r\n");  //network identifier number
            s.append(dimensions_of_signal).append("\r\n");
            s.append(maximum_number_of_clusters).append("\r\n");
            for (node = 0; node < maximum_number_of_clusters; node++) {
                for (dim = 0; dim < dimensions_of_signal; dim++) {
                    s.append(node_in_cluster_layer[node].input_weight_vector[dim]).append(" ");
                }
                s.append("\r\n");
            }
            save_ptr.write(s.toString());
            save_ptr.close();
        } catch (IOException exc) {
            String str = exc.toString();
            System.out.println(str);
        }
    }
}
```

3. Kohenen_Training_Data. java

```
package som;
import java.io.*;

public class Kohonen_Training_Data {
    //Number of dimensions contained in signal
    int signal_dimensions;
    double[] max_output_value;
    double[] min_output_value;
    //Dimensions of test data output
    int nodes_in_output_layer;
    //Pointer to the array containing signals
    sample_data[]number_of_samples;
    // Number of signals in training set
    int sample_number;
    String filename;
    void acquire_net_info(int signal) {
        signal_dimensions = signal;
    }
    void normalize_data_in_array() {
        int i, j, imax, imin;
        int trigger;
        double min = 0, max = 0;
        max_output_value = new double[signal_dimensions];
        min_output_value = new double[signal_dimensions];
        for (j = 0; j < signal_dimensions; j++) {
            trigger = 1;
            //identify minimum and maximum values for each dimension
            for (i = 0; i < sample_number; i++) {
                if (i == 0) {
                    max = number_of_samples[i].data_in_sample[j];
                    min = number_of_samples[i].data_in_sample[j];
                } else {
                    if (number_of_samples[i].data_in_sample[j] < min) {
                        min = number_of_samples[i].data_in_sample[j];
                    }

                    if (number_of_samples[i].data_in_sample[j] > max) {
                        max = number_of_samples[i].data_in_sample[j];
                    }
                }
            }
            //normalize the values in each dimension of the signal
            max_output_value[j] = max;
            min_output_value[j] = min;
            imax = (int) (max);
            imin = (int) (min);
            if ((imax == 1) && (imin == 0) && (max <= 1.0) && (min <= 0.0)) {
                trigger = 0;
            }
```

```
            if ((imax == 1) && (imin == 1) && (max <= 1.0) && (min <= 1.0)) {
                trigger = 0;
            }
            if ((imax == 0) && (imin == 0) && (max <= 0.0) && (min <= 0.0)) {
                trigger = 0;
            }
            if (trigger != 0)  //do not normalize binary signals
            {
                for (i = 0; i < sample_number; i++) {
                    number_of_samples[i].data_in_sample[j] = (number_of_samples[i].data_
in_sample[j] - min)/ (max - min);
                }
            }
        }
    }
    void specify_signal_sample_size() {
        String tchoice;
        int dolock = 1;
        do {
            System.out.println();
            System.out.println("Please select the number of samples you wish to use");
            System.out.println("A.   All samples in the file");
            System.out.println("S.   Specific number of samples");
            System.out.println("Your Selection: ");
            tchoice = MyInput.readString();
            System.out.println();
            tchoice = tchoice.toUpperCase();
            if ((tchoice.equalsIgnoreCase("A"))
                    || (tchoice.equalsIgnoreCase("S"))) {
                dolock = 0;
            }
        } while (dolock >= 1);
        System.out.println();
        if (tchoice.equalsIgnoreCase("A")) {
            determine_sample_number();
        } else {
            System.out.println();
              System.out.println("please enter the number of testing samples you wish to
use: ");
            sample_number = MyInput.readInt();
            System.out.println();
        }
        load_data_into_array();
    }
    void request_Kohonen_data(int net_no) {
         System.out.println("Enter the file name containing the training data for Kohonen
network no. " + net_no);
        filename = MyInput.readString();
        System.out.println();
        specify_signal_sample_size();
```

```
    normalize_data_in_array();
}
void determine_sample_number() {
    FileReader dfile_ptr;
    try {
        dfile_ptr = new FileReader(filename);
        BufferedReader br = new BufferedReader(dfile_ptr);
        String string;
        sample_number = 0;
        while ((string = br.readLine()) != null) {
            if (string.equalsIgnoreCase("")) {
                continue;
            } else if (!string.equalsIgnoreCase("")) {
                sample_number++;
            }
        }
        br.close();
        dfile_ptr.close();
    } catch (IOException exc) {
        String str = exc.toString();
        System.out.println(str);
    }
}
void load_data_into_array() {
    //open the file containing the data
    FileReader file_ptr;
    int i;
    try {
        file_ptr = new FileReader(filename);
        BufferedReader br = new BufferedReader(file_ptr);
        String string;
        //create dynamic array to hold the specified number of samples
        number_of_samples = new sample_data[sample_number];
        //create a dynamic array to hold the dimensions of each signal
        for (i = 0; i < sample_number; i++) {
            number_of_samples[i] = new sample_data();
            number_of_samples[i].data_in_sample = new double[signal_dimensions
                    + nodes_in_output_layer];
        }
        int dimensions = signal_dimensions + nodes_in_output_layer;
        int row = 0;
        while ((string = br.readLine()) != null) {
            if (string.trim().equalsIgnoreCase("")) {
                //read in data from file and place in array
                String[] s = string.split(",");
                System.out.println("s.length = " + s.length);

                if (row < sample_number) {
                    for (int j = 0; j < dimensions; j++) {
                        if (s[j] != null) {
                            number_of_samples[row].data_in_sample[j] = Double
```

```
                                                .parseDouble(s[j]);
                                    }
                                }
                            }
                            row++;
                        }
                    }
                    file_ptr.close();
                    System.out.println();
                } catch (IOException exc) {
                    String str = exc.toString();
                    System.out.println(str);
                }
            }
            public void delete_signal_array() {
                number_of_samples = null;
            }
        }
```

4. Kohenen-units.java

```
package som;
import java.util.Random;

public class Kohonen_units {
    //输入矢量的维数.
    int number_of_inputs;
    //输出神经元结点个数.
    int number_of_outputs;
    double[] input_weight_vector;
    double[] input_value;
    double[] output_value;
    double transfer_function_width;                //RBFN
    double Gaussian_transfer_output;               //RBFN
    Kohonen_units() {
        number_of_outputs = 1;
    }

    void establish_input_output_arrays() {
        input_value = new double[number_of_inputs];
        output_value = new double[number_of_outputs];
    }
    void establish_input_weight_vector_array() {
        input_weight_vector = new double[number_of_inputs];
    }
    void initialize_inputs_and_weights() {
        Random random = new Random();
        for (int k = 0; k < number_of_inputs; k++) {
            input_weight_vector[k] = random.nextDouble();
            System.out.println("input_weight_vetor[" + k + "] = "
                    + input_weight_vector[k]);
```

```
        }
    }
    void calculate_sum_square_Euclidean_distance() {
        double sumsquare;
        double ss1;
        int ci;
        output_value[0] = 0.0;
        for (int k = 0; k < number_of_inputs; k++) {
            ci = k;
            if (input_value[ci] == 0.0) {
                sumsquare = Math.pow(input_weight_vector[ci], 2.0);
            } else {
                sumsquare = Math.pow(Math.abs(input_weight_vector[ci]
                        - input_value[ci]), 2.0);
            }
            output_value[0] += sumsquare;
        }
        ss1 = output_value[0];
        output_value[0] = Math.sqrt(Math.abs(ss1));
    }
    void update_the_weights(double learning_rate) {
        for (int k = 0; k < number_of_inputs; k++) {
            input_weight_vector[k] = input_weight_vector[k]
                    + (learning_rate * (input_value[k] - input_weight_vector[k]));
        }
    }
    //RBFN
    void execute_Gaussian_transfer_function() {
        double transfer_ratio = (-1.0)
                * Math.pow((output_value[0] / transfer_function_width), 2.0);
        Gaussian_transfer_output = Math.exp(transfer_ratio);
    }
}
```

5. MyInput.java

```
package som;
import java.io.*;

public class MyInput {
    public static String readString() {
        BufferedReader br = new BufferedReader(
                new InputStreamReader(System.in), 1);
        String string = " ";
        try {
            string = br.readLine();

        }
        catch (IOException ex) {
            System.out.println(ex);
        }
```

```
            return string;
        }
        public static int readInt() {
            return Integer.parseInt(readString());
        }
        public static double readDouble() {
            return Double.parseDouble(readString());
        }
}
```

6. Neural-Window.java

```
package som;

public class Neural_Window {
    public String neural_network_type;
    public int neural_network_number;
    public void display_menu_for_net_selection(int NNnum) {
        neural_network_number = NNnum;
        System.out.println(" **************** ");
        System.out.println();
        System.out.println(" Neural Network " + neural_network_number + " ");
        System.out.println();
        System.out.println();
        System.out.println("Please select one of the following network types from the Main
Menu");
        int i = 0;
        do {
            System.out.println();
            i = i + 1;
        } while (i < 3);
        System.out.println("                                        ");
        System.out.println(" *** / Main Menu \\ *** ");
        System.out.println();
        System.out.println(" F.   Feedforward network using backpropagation ");
        System.out.println(" A.   Adaptive Resonance Theory network for binary signals ");
        System.out.println(" K.   Kohonen Self - Organizing Map ");
        System.out.println(" R.   Radial Basis Function Network ");
        System.out.println(" E.   Exit Program");
        System.out.println();
        System.out.println("Network Type (?) ");
        neural_network_type = MyInput.readString();
        neural_network_type = neural_network_type.toUpperCase();
        if (!neural_network_type.equalsIgnoreCase("E")) {
            establish_network_type();
        }
    }
    private void establish_network_type() {
        int NNN = neural_network_number;
        NeuralK KOH;
        //Kohonen Self - Organizing Map
```

```
        KOH = new NeuralK();
        Storage Kstore = new Storage();
        KOH.construct_Kohonen_network();
        KOH.network_training_testing(NNN);
        Kstore.save_neural_network(KOH.Kohonen_Design);
    }
    public static void main(String[] args) {

        int number_of_nets;
        Neural_Window User_net = new Neural_Window();
        System.out.println(" ******* Welcome to Pitt - Networks!! ******** ");
        System.out.println("Please enter the number of networks you wish to develop: ");
        number_of_nets = MyInput.readInt();
        for (int NWnet = 1; NWnet < number_of_nets + 1; NWnet++) {
            User_net.display_menu_for_net_selection(NWnet);
            if (User_net.neural_network_type.equalsIgnoreCase("E")) {
                break;
            }
        }
    }
}
```

7. Neuralk.java

```
package som;
import java.io.*;

public class NeuralK {
    private Kohonen_Training_Data Kohonen_Train = new Kohonen_Training_Data();
    private Kohonen_Test_Data[] Kohonen_Test;  //number of tests is variable
    private int number_of_Kohonen_tests;
    public Kohonen_Topology Kohonen_Design = new Kohonen_Topology();
    public void construct_Kohonen_network() {
        System.out.println(" **** Kohonen Self - Organizing Map **** ");
        Kohonen_Design.establish_Kohonen_topology(1);
    }
    private void initialize_Kohonen_training_storage_array(int KN) {
        int KT = KN;
    Kohonen_Train.acquire_net_info(Kohonen_Design.dimensions_of_signal);
        Kohonen_Train.request_Kohonen_data(KT);
    }
    private void establish_Kohonen_test_battery_size() {
        System.out.println("Please enter the number of tests you wish to run on the Kohonen
Neural Network: ");
        number_of_Kohonen_tests = MyInput.readInt();
        System.out.println();
        if (number_of_Kohonen_tests > 0) {
            //create testing array
            Kohonen_Test = new Kohonen_Test_Data[number_of_Kohonen_tests];
            for (int t = 0; t < number_of_Kohonen_tests; t++) {
                Kohonen_Test[t] = new Kohonen_Test_Data();
```

```
                    Kohonen_Test[t]
        .acquire_net_info(Kohonen_Design.dimensions_of_signal);
                }
            }
        }

        private void train_Kohonen_network(int KOHN) {
            int dim, ep, k_epochs, pattern, knodes, dolock;
            System.out.println();
            System.out.println("For Neural Network #" + KOHN);
            System.out.println("please enter the maximum learning rate parameter (0-1): ");
            Kohonen_Design.max_learning_rate = MyInput.readDouble();
            System.out.println();
            System.out.println("please enter the minimum learning rate parameter (0-1): ");
            Kohonen_Design.min_learning_rate = MyInput.readDouble();
            System.out.println();
             System.out.println("please enter the number of epochs used to train the Kohonen
    Map: ");
            k_epochs = MyInput.readInt();
            System.out.println();
            ep = 0;
            dolock = 0;
            do {
                for (pattern = 0; pattern < Kohonen_Train.sample_number; pattern++) {
                    for (knodes = 0; knodes < Kohonen_Design.maximum_number_of_clusters;
                        knodes++) {
                        for (dim = 0; dim < Kohonen_Design.dimensions_of_signal; dim++) {
                                  Kohonen_Design.node_in_cluster_layer[knodes].input_value
    [dim] = Kohonen_Train.number_of_samples[pattern].data_in_sample[dim];
                        }
                    }
                    Kohonen_Design.kluster_nodes_compete_for_activation();
                    Kohonen_Design.update_the_Kohonen_network(ep, k_epochs);
                }
                System.out.println("Epoch " + (ep + 1) + " is completed");
                if ((ep == k_epochs - 1)
                        || (Kohonen_Design.interim_learning_rate == 0.0)) {
                    dolock = 1;
                }
                ep = ep + 1;
            } while (dolock <= 0);
            Kohonen_Train.delete_signal_array();
        }

        private void test_Kohonen_network(int KNET) {
            int tnet, dim, pattern, knodes;
            double realvalue;
            tnet = KNET;
            for (int ktest = 0; ktest < number_of_Kohonen_tests; ktest++) {
                Kohonen_Test[ktest].request_Kohonen_data(tnet);
                System.out.println("For Kohonen neural network #" + KNET
```

```
                + " and test #" + (ktest + 1) + ":");
        System.out.println("please enter the name of the file to hold the test");
        Kohonen_Test[ktest].resultsname = MyInput.readString();
        System.out.println();
        FileWriter Kohonen_savefile_ptr;
        StringBuffer s = new StringBuffer("");
        try {
            Kohonen_savefile_ptr = new FileWriter(
                    Kohonen_Test[ktest].resultsname);
            for (pattern = 0; pattern < Kohonen_Test[ktest].sample_number; pattern++) {
                for (knodes = 0; knodes < Kohonen_Design.maximum_number_of_clusters;
knodes++) {
        for (dim = 0; dim < Kohonen_Design.dimensions_of_signal; dim++) {
    Kohonen_Design.node_in_cluster_layer[knodes].input_value[dim] = Kohonen_Test[ktest].
number_of_samples[pattern].data_in_sample[dim];
                    }
                }
                Kohonen_Design.kluster_nodes_compete_for_activation();
                s.append(pattern + 1).append(" ");
                for (dim = 0; dim < Kohonen_Design.dimensions_of_signal; dim++) {
                    realvalue = (Kohonen_Test[ktest].number_of_samples[pattern].data_
in_sample[dim] * (Kohonen_Test[ktest].max_output_value[dim] - Kohonen_Test[ktest].min_
output_value[dim])) + Kohonen_Test[ktest].min_output_value[dim];
                    s.append(realvalue).append(" ");
                }
                s.append(" ").append(Kohonen_Design.kluster_champ + 1).append("\r\n");
            }
            Kohonen_savefile_ptr.write(s.toString());
            Kohonen_savefile_ptr.close();
        } catch (IOException exc) {
            System.out.println(exc.toString());
        }
        Kohonen_Test[ktest].delete_signal_array();
    } //end test loop
}
public void network_training_testing(int TT) {
    int tt = TT;
    int menu_choice;
    System.out.println();
    System.out.println(" **************** Operations Menu **************** ");
    System.out.println("  Please select one of the following options:");
    System.out.println("       1. Train Kohonen network only ");
    System.out.println("       2. Test Kohonen network only ");
    System.out.println("       3. Train and Test Kohonen network");
    System.out.println(" ********************************************* ");
    System.out.println("            Your choice?: ");
    menu_choice = MyInput.readInt();
    System.out.println();
    switch (menu_choice) {
    case 1:
        initialize_Kohonen_training_storage_array(tt);
```

```
                train_Kohonen_network(tt);
                break;
            case 2:
                establish_Kohonen_test_battery_size();
                if (number_of_Kohonen_tests > 0) {
                    test_Kohonen_network(tt);
                }
                break;
            case 3:
                initialize_Kohonen_training_storage_array(tt);
                train_Kohonen_network(tt);
                establish_Kohonen_test_battery_size();
                if (number_of_Kohonen_tests > 0) {
                    test_Kohonen_network(tt);
                }
                break;
            default:
                network_training_testing(tt);
            }
        }
    }
```

8. Sample_data. java

```
package som;

public class sample_data {
    double[] data_in_sample;   //pointer to the dimensions of a single signal
}
```

9. Storage. java

```
package som;

public class Storage {
    public void save_neural_network(Kohonen_Topology Kohonen_Design) {
        String schoice;
        int dolock = 0;
        do {
            System.out.println();
            System.out.println("Do you wish to save this neural network? (Y/N): ");
            schoice = MyInput.readString();
            schoice = schoice.toUpperCase();
            if ((schoice.equalsIgnoreCase("Y"))
                    || (schoice.equalsIgnoreCase("N"))) {
                dolock = 1;
            }
        } while (dolock <= 0);
        if (schoice.equalsIgnoreCase("Y")) {
            Kohonen_Design.savenet();
        }
```

```
        }
    }
```

程序运行结果如图 13-9 所示。

```
******** Welcome to Pitt-Networks!! ********
Please enter the number of networks you wish to develop:
1
****************

 Neural Network 1


Please select one of the following network types from the Main Menu




 *** / Main Menu \ ***

 F.  Feedforward network using backpropagation
 A.  Adaptive Resonance Theory network for binary signals
 K.  Kohonen Self-Organizing Map
 R.  Radial Basis Function Network
 E.  Exit Program

Network Type (?)
A
**** Kohonen Self-Organizing Map ****

Do you wish to
C.  Create your own Kohonen Map
U.  Upload an existing Kohonen Map
Your choice?:
C

Please enter the dimensions of the network's input signal vector:
3

please enter the maximum number of clusters to be formed:
5

input_weight_vetor[0]=0.42137421494873595
input_weight_vetor[1]=0.6596879667186796
input_weight_vetor[2]=0.15175247791067925
input_weight_vetor[0]=0.11265679518543092
input_weight_vetor[1]=0.42081244508975424
input_weight_vetor[2]=0.18526846821149012
input_weight_vetor[0]=0.11505727000278398
input_weight_vetor[1]=0.49457104049317113
input_weight_vetor[2]=0.9598551066469106
input_weight_vetor[0]=0.1855395638703694
input_weight_vetor[1]=0.7145884545247534
input_weight_vetor[2]=0.30840139875104244
input_weight_vetor[0]=0.9863736270089521
input_weight_vetor[1]=0.7593386312813042
```

图 13-9　SOM 神经网络程序运行结果

13.7　小　　结

Kohonen 1982 年提出的 SOM 自组织映射神经网络是一个巧妙的神经元网络，它建立在一维、二维或三维的神经元网络上，用于捕获包含在输入模式中感兴趣的特征，描述在复杂系统中从完全混乱到最终出现整体有序的现象。

自组织映射也可以看成向量量化器,从而提供一个导出调整权值向量的更新规则的原理性方法。此方法明确地强调邻域函数作为概率密度函数的作用。

本章讨论竞争算法的学习过程,在此基础上进一步介绍了自组织 SOM 神经网络的结构、工作原理。最后介绍了 SOM 神经网络在汽轮发电机多故障诊断、柴油机故障诊断中的具体应用。

思考题

1. 请介绍 SOM 神经网络的基本构造及工作原理。

2. 自组织神经网络由输入层和竞争层组成,设初始权向量已归一化为:

$$\hat{W}_1=[1\quad 0],\quad \hat{W}_2=[0\quad -1]$$

现有 4 个输入模式,均为单位向量:

$$X_1=1\angle 45^\circ,\quad X_2=1\angle -135^\circ,\quad X_3=1\angle 90^\circ,\quad X_4=1\angle -180^\circ$$

试用 WTA 学习算法调整权值,给出前 20 次的权值学习结果。

3. 给定 5 个四维输入模式如下:

$$X_1=[1\quad 0\quad 0\quad 0],\quad X_2=[1\quad 1\quad 0\quad 0],\quad X_3=[1\quad 1\quad 1\quad 0],$$
$$X_4=[0\quad 1\quad 0\quad 0],\quad X_5=[1\quad 1\quad 1\quad 1]$$

试设计一个具有 5×5 神经元的平面 SOM 网络,学习率 $\alpha(t)$ 在前 1000 步训练中从 0.5 线性下降到 0.04,然后在训练到 10 000 步时减小到 0,优胜邻域半径初始值设为相邻的 2 个结点,1000 个训练步时降为 0,即只含获胜神经元。每训练 200 步记录一次权值,观察其在训练过程中的变化情况。给出训练结束后,5 个输入模式在输出平面上的映射图。并观察下列输入向量映射区间。

$$F_1=[1\quad 0\quad 0\quad 1],\quad F_2=[1\quad 1\quad 0\quad 1],\quad F_3=[0\quad 1\quad 1\quad 0],$$
$$F_4=[0\quad 1\quad 0\quad 1],\quad F_5=[0\quad 1\quad 1\quad 1]$$

4. 介绍一例自组织 SOM 神经网络的具体应用。

第 14 章 DBSCAN 聚类算法

14.1 DBSCAN 算法的原理

14.1.1 DBSCAN 算法原理解析

DBSCAN(Density-Based Spatial Clustering of Applications with Noise)是一个基于高密度连接区域的密度聚类算法,该算法将簇定义为密度相连的点的最大集,将具有高密度的区域划分为簇。要想理解密度相连的含义,需要理解与此相关的一些定义。下面给出这些定义。

1. 邻域。对于给定的对象 p,以 p 为中心、ε 为半径的区域称为对象 p 的 ε-邻域。

2. 核心对象。对于给定的正整数 MinPts,如果对象 p 的 ε-领域内至少包含 MinPts 个对象,则称对象 p 为核心对象。

3. 直接密度可达。给定一个对象集合 D,如果对象 p 在对象 q 的 ε-邻域内,而 q 是一个核心对象,则称对象 p 从对象 q 出发是直接密度可达的。

4. 密度可达。给定一个对象集合 D,如果存在一个对象序列 $p_1, p_2, \cdots, p_n, p_1 = q$, $p_n = p$,对 $p_i \in D, 1 \leqslant i \leqslant n, p_{i+1}$ 是从 p_i 关于 ε 和 MinPts 直接密度可达的,则称对象 p 是从对象 q 关于 ε 和 MinPts 密度可达的。

5. 密度相连。如果对象集合 D 中存在一个对象 o,使得对象 p 和 q 都是从对象 o 关于 ε 和 MinPts 密度可达的,则称对象 p 和 q 是关于 ε 和 MinPts 密度相连的。

需要指出的是,直接密度可达具有方向性,因此密度可达作为直接密度可达的传递闭包是非对称的,而密度相连是对称的。图 14-1 表明了 DBSCAN 使用的概念。图中共有 12 个点,假设 ε 的值由直线表示。在图 14-1(a)中可以看到点 p 的邻域内有 4 个点。由于点 p 的邻域内有 4 个点(MinPts 值),所以 p 是一个核心点。图 14-1(b)展示了图中的 5 个核心点。注意到在点 p 的邻域内有 4 个点,但仅其中的 3 个点是核心点。这 4 个点是从 p 直接密度可达的。点 q 不是核心点,因此它是边界点。可以将点划分为三部分:一部分是彼此接近的核心点;另一部分是与某一核心点接近的边界点;最后一部分是与任何核心点都不接近的剩余的点。图 14-1(c)展示了虽然点 r 不是核心点,但它却是从 q 密度可达的。

在聚类过程中,DBSCAN 将密度相连的最大对象集合作为簇,不包含在任何簇中的对象被认为是“噪声”。下面对 DBSCAN 的关键步骤进行描述。

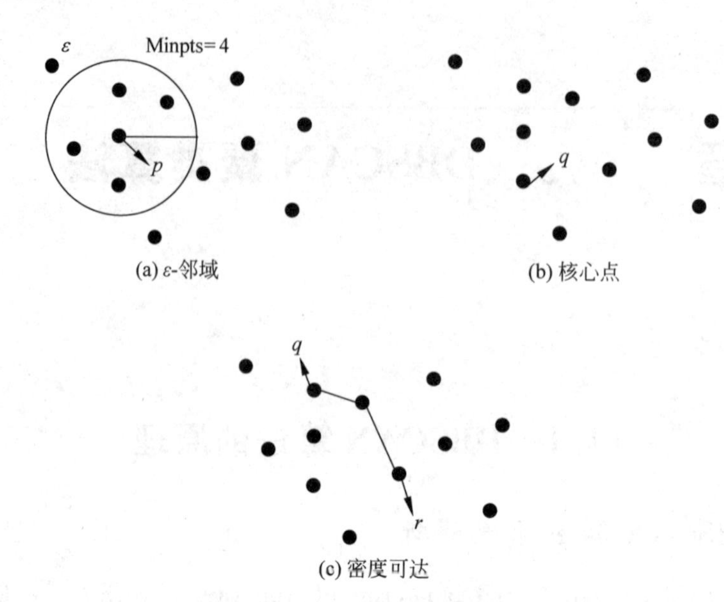

(a) ε-邻域　　(b) 核心点

(c) 密度可达

图 14-1　DBSCAN 例子

【算法 14.1】 DBSCAN 算法。

输入：

- 包含 n 个对象的数据集合 $D=\{d_1,d_2,\cdots,d_n\}$；
- 正整数 MinPts；
- 邻域半径 ε。

输出：簇集合 $C=\{C_1,C_2,\cdots,C_n\}$。

过程：

$k=0$；//开始没有簇

对每一个数据对象 $d_i(i=1,2,\cdots,n)$，执行下列操作：

　　如果 d_i 不在任何簇中，那么

　　$S=\{d_j \mid d_j$ 是从 d_i 密度可达的$\}$；

　　如果 S 是一个有效的簇，那么

　　$k=k+1$；

　　$C_k=S$。

14.1.2　DBSCAN 算法应用举例

本例是一个基于 DBSCAN 的营运车辆超速点聚类。超速多发点段可理解为一条高速路上发生超速事件密度大的地点(或路段)。因此，可以引入 DBSCAN 算法分析超速点聚类规律，此处的点描述为超速事件发生点，邻域(neighborhood)为道路的公里数。

基于 DBSCAN 的营运车辆超速点聚类分析方法的核心思想为：对于构成超速多发点段的每个超速报警，其发生的地点半径邻域 Eps 公里范围内的其他超速报警的个数必须不小于给定的阈值 MinPts，即邻域的密度必须不小于某个阈值。所以，超速多发点段为半径 Eps 公里内发生 MinPts 以上超速事件的地点或者路段。本例中涉及的定义如下。

(1) 核心超速点。给定 Eps，MinPts，若超速点 p 的 Eps 邻域包含的超速对象个数

|Neps(p)|≥MinPts，则称 p 是核心超速点。

(2) 直接密度可达。给定 Eps，MinPts，点 p 是从点 q 出发直接密度可达的，当且仅当 $p \in$ Neps(q)，|Neps(p)|≥MinPts。

(3) 密度可达。给定一个超速集合 D，当存在一个对象链 $p_1, p_2, \cdots, p_n, p_1=q, p_n=p$，对 $p_i \in D$，p_{i+1} 是 p_i 关于 Eps 和 MinPts 直接密度可达的，则称对象 p 从对象 q 关于 Eps 和 MinPts 密度可达(非对称)。

(4) 密度相连。如果对象集合 D 中存在一个对象 o，使得对象 p 和 q 是从 o 关于 Eps 和 MinPts 密度可达的，那么对象 p 和 q 关于 Eps 和 MinPts 密度相连(对称)。

(5) 超速黑点。基于密度可达的最大密度相连对象的集合称为超速黑点。

(6) 噪声点。不属于任何黑点的对象被认为是噪声点。

图 14-2 中所有点均表示超速点，Eps 用 1 个相应的半径表示，设 MinPts=3。由此可知：

(1) 由于有标记的各点 M、P、Q 的 Eps 近邻均包含 3 个以上的点，因此它们都是核心超速点。

(2) M 从 P 直接密度可达，而 Q 从 M 直接密度可达。

(3) 基于上述结果，Q 从 P 密度可达，但 P 从 Q 无法密度可达(非对称)。类似地，S 和 R 从 O 密度可达。

(4) Q 和 P 以及 S 和 R 均是密度相连的。

基于密度聚类是组密度相连的对象，以实现最大化的密度可达。不包含在任何聚类中的对象为噪声数据。因此，图中的 2 个类代表 2 个超速黑点。

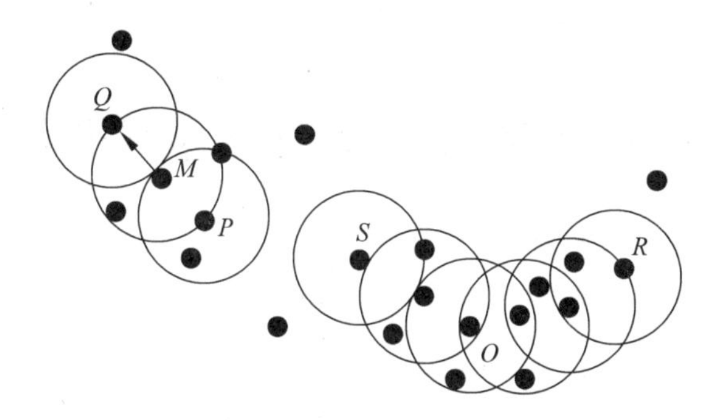

图 14-2 DBSCAN 算法应用实例

DBSCAN 算法检查数据库中每个点的 Eps 近邻。若 1 个对象 P 的 Eps 近邻包含多于 MinPts 个超速点，就要创建包含 P 的新聚类，然后算法根据这些核对象，循环收集直接密度可达对象，其中可能涉及若干密度可达聚类的合并。当各聚类无新点(对象)加入时，聚类进程结束，最后得到的类就是超速黑点。

14.2 DBSCAN 算法的特点与应用

14.2.1 DBSCAN 算法的特点

DBSCAN 算法的目的在于过滤低密度区域，发现稠密度样本点。跟传统的基于层次的聚类和划分聚类的凸形聚类簇不同，该算法可以发现任意形状的聚类簇，与传统的算法相比它有如下优点。

(1) 与K-MEANS比较起来,不需要输入要划分的聚类个数。

(2) 聚类簇的形状没有偏倚。

(3) 可以在需要时输入过滤噪声的参数。

但是由于它直接对整个数据库进行操作且进行聚类时使用了一个全局性的表征密度的参数,因此也具有两个比较明显的弱点。

(1) 当数据量增大时,要求较大的内存支持I/O消耗也很大。

(2) 当空间聚类的密度不均匀、聚类间距差相差很大时,聚类质量较差。

14.2.2 DBSCAN算法的应用

1. 基于DBSCAN算法的电信客户分类的应用研究

为了在激烈的市场竞争中取胜,电信企业意识到必须将客户分类,针对不同的客户研究相应的营销策略,DBSCAN算法能够实现客户分类,但对初始参数Eps和MinPts的取值非常敏感,不同的取值将产生不同的聚类结果,通过对DBSCAN算法进行改进,实现了更加准确和全面的客户分类。

2. 基于划分DBSCAN算法的小区载频配置优化

为了充分利用无线网络资源,提升无线网络质量,充分利用DBSCAN算法的优点,提出基于划分DBSCAN算法的话务量异常小区的检测方法,并通过对现网大量话务数据的统计分析,找出小区载频配置数和最佳话务量之间的关系。对话务量异常、拥塞率高的小区进行载频配置优化,并对城市小区网络优化有一定的指导意义。

14.3 DBSCAN源程序结果分析

DBSCAN源程序包括DBScan.java、Point.java和Utility.java等文件,相关程序和实验数据可从github中下载,网址为https://github.com/guanyao1/dbscn.git。

1. DBScan.java

```
package dbscn;

import java.io.*;
import java.util.*;
public class DBScan {
    private static List<Point> pointsList = new ArrayList<Point>();   //存储所有点的集合
     private static List<List<Point>> resultList = new ArrayList<List<Point>>();
                                                    //存储DBSCAN算法返回的结果集
     private static int e = 2;                      //e半径
     private static int minp = 3;                   //密度阈值
    /*提取文本中的所有点并存储在pointsList中

      * @throws IOException
      */
```

```
private static void display(){
int index = 1;
for(Iterator<List<Point>> it = resultList.iterator();it.hasNext();){
List<Point> lst = it.next();
if(lst.isEmpty()){
continue;
}
System.out.println("-----第" + index + "个聚类-----");
for(Iterator<Point> it1 = lst.iterator();it1.hasNext();){
Point p = it1.next();
System.out.println(p.print());
}
index++;
}
}
//找出所有可以直达的聚类
private static void applyDbscan(){
try {
pointsList = Utility.getPointsList();
for(Iterator<Point> it = pointsList.iterator();it.hasNext();){
Point p = it.next();
if(!p.isClassed()){
List<Point> tmpLst = new ArrayList<Point>();
if((tmpLst = Utility.isKeyPoint(pointsList, p, e, minp)) != null){
//为所有聚类完毕的点做标示

Utility.setListClassed(tmpLst);
resultList.add(tmpLst);
}
}
}
} catch (IOException e) {
//TODO Auto - generated catch block
e.printStackTrace();
}
}
//对所有可以直达的聚类进行合并,即找出间接可达的点并进行合并
private static List<List<Point>> getResult(){
applyDbscan();                    //找到所有直达的聚类
int length = resultList.size();
for(int i = 0;i < length;++i){
for(int j = i + 1;j < length;++j){
if(Utility.mergeList(resultList.get(i), resultList.get(j))){
resultList.get(j).clear();
}
}
}
return resultList;
```

```
    }

/ * 程序主函数

  * @param args * /
    public static void main(String[ ] args) {
    getResult();
    display();
//System.out.println(Utility.getDistance(new Point(0,0), new Point(0,2)));
}
}
```

2. Point.java

```
package dbscn;
public class Point {
    private int x;
    private int y;
    private boolean isKey;
    private boolean isClassed;
    public boolean isKey() {
    return isKey;
    }
    public void setKey(boolean isKey) {
    this.isKey = isKey;
    this.isClassed = true;
    }
    public boolean isClassed() {
    return isClassed;
    }
    public void setClassed(boolean isClassed) {
    this.isClassed = isClassed;
    }

    public int getX() {
    return x;
    }
    public void setX(int x) {
    this.x = x;
    }
    public int getY() {
    return y;
    }
    public void setY(int y) {
    this.y = y;
    }

    public Point(){
    x = 0;
```

```
    y = 0;
    }
    public Point(int x,int y){
    this.x = x;
    this.y = y;
    }
    public Point(String str){
    String[] p = str.split(",");
    this.x = Integer.parseInt(p[0]);
    this.y = Integer.parseInt(p[1]);
    }
    public String print(){

    return "<" + this.x + "," + this.y + ">";
    }
}
```

3. Utility.java

```
package dbscn;
import java.io.BufferedReader;
import java.io.FileReader;
import java.io.IOException;
import java.util.*;
public class Utility {
    /* 测试两个点之间的距离
     * @param p 点
     * @param q 点
     * @return 返回两个点之间的距离
     */
    public static double getDistance(Point p,Point q){
    int dx = p.getX() - q.getX();
    int dy = p.getY() - q.getY();
    double distance = Math.sqrt(dx * dx + dy * dy);
    return distance;
    }
    /* 检查给定点是不是核心点
     * @param lst 存放点的链表
     * @param p 待测试的点
     * @param e e 半径
     * @param minp 密度阈值
     * @return 暂时存放访问过的点
     */
    public static List<Point> isKeyPoint(List<Point> lst,Point p,int e,int minp){
        int count = 0;
        List<Point> tmpLst = new ArrayList<Point>();
        for(Iterator<Point> it = lst.iterator();it.hasNext();){

        Point q = it.next();
```

```
            if(getDistance(p,q)<= e){
            ++count;
            if(!tmpLst.contains(q)){
            tmpLst.add(q);
            }
        }
    }
            if(count >= minp){
            p.setKey(true);
            return tmpLst;
            }
          return null;
        }
            public static void setListClassed(List<Point> lst){
            for(Iterator<Point> it = lst.iterator();it.hasNext();){
            Point p = it.next();
            if(!p.isClassed()){
            p.setClassed(true);
            }
        }
    }
    /* 如果b中含有a中包含的元素,则把两个集合合并
      * @param a
      * @param b
      * @return a
      */


            public static boolean mergeList(List<Point> a,List<Point> b){
            boolean merge = false;
            for(int index = 0;index < b.size();++index){
            if(a.contains(b.get(index))){
            merge = true;
            break;
            }
        }
            if(merge){
             for(int index = 0;index < b.size();++index){
               if(!a.contains(b.get(index))){
                 a.add(b.get(index));
                 }
            }
        }
            return merge;
    }

    /* 返回文本中的点集合
      * @return 返回文本中点的集合
      * @throws IOException
      */
    public static List<Point> getPointsList() throws IOException{
```

```
        List<Point> lst = new ArrayList<Point>();
        String txtPath = "D:\\workspace\\orisun\\src\\Points.txt";
        BufferedReader br = new BufferedReader(new FileReader(txtPath));
        String str = "";

        while((str = br.readLine())!= null && str!= "" && !str.equals("")){
    //问题所在,用 str!= ""不能排除 str 为空的情况,要用!str.equals("")才可以排除为空的情况
        lst.add(new Point(str));
        }
        br.close();
        return lst;
    }
}
```

程序运行结果如图 14-3 所示。

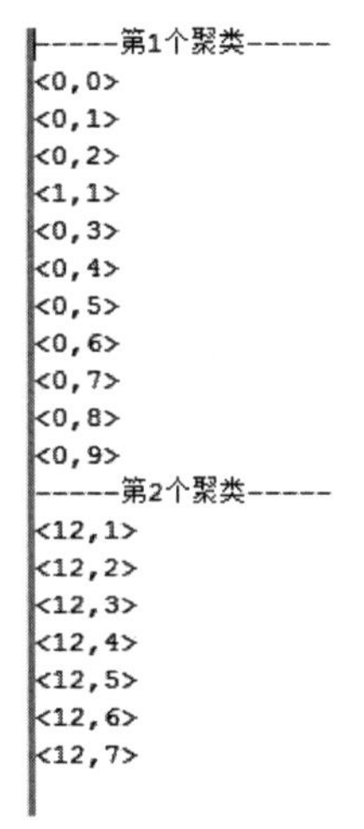

图 14-3　DBSCAN 算法源程序程序运行结果

算法运行结果如图所示,半径邻域 e 取 2,给定的阈值 minp 为 3,对于数据集{(0,0),(0,1),(0,2),(0,3),(0,4),(0,5),(12,1),(12,2),(12,3),(12,4),(12,5),(12,6),(0,6),(0,7),(12,7),(0,8),(0,9),(1,1)}运行上面的程序,程序通过以下过程发现一个簇:先从数据集中找到任意一个对象 P,并查找数据集中关于“e=2,minp=3”的从 P 密度可达的所有对象(其中 e 为聚类半径,minp 为最小对象数),若 P 的 e 领域中所包含的对象个数不少于 minp 个,则 P 为核心对象,根据算法,可以找到一个关于参数 e 和 minp 的类。如果对象 P 的 e 领域所包含的对象数小于 minp,则对象 P 被视为一个边界点,并暂时标注为噪声点,DBSCAN 将继续处理数据集中的下一个对象。

14.4　小　　结

DBSCAN(Density-Based Spatial Clustering of Applications with Noise)是一个基于高密度连接区域的密度聚类算法,该算法将簇定义为密度相连的点的最大集,将具有高密度的区域划分为簇。该算法不需要划分聚类个数,聚类簇的形状也没有偏倚,并且可以在需要的时候输入过滤噪声的参数,但该算法当数据量增大时,对内存消耗也较大,且当空间聚类密度不均匀、聚类间距离相差很大时,聚类效果较差。

思　考　题

1. 简述 DBSCAN 算法的原理。
2. 简述 DBSCAN 算法的优缺点。
3. 编程实现 DBSCAN 算法。

第 三 篇
综合应用篇

第 15 章 社交网络分析方法及应用

15.1 社交网络简介

社交网络是一个系统，具有如下特点。

(1) 系统中的主体是用户(User)，用户可以公开或半公开个人信息。

(2) 用户能创建和维护与其他用户之间的连接(或朋友)关系及个人预分享的内容信息(如日志或照片等)。

(3) 用户通过连接(或朋友)关系能浏览和评价朋友分享的信息。

15.2 K-核方法

15.2.1 K-核方法原理

K-Core(K-核)的概念由 Seidman 于 1983 年在论文"Network Structure and Minimum Degree"中提出的，它可用来描述度分布所不能描述的网络特征，揭示源于系统特殊结构的结构性质和层次性质。

定义 15.1：K-核(K-Core)。对于图 $G(V,E)$的子图 $G'(V',E')(V'\subseteq V)$，且满足对任意的边 $e\subseteq E$。若 e 的两端点均在 V'中，则 $e\subseteq E'$，若集合 V'中的任一顶点 v 的度数不少于 K，称图 G'为图 G 的 K-核，即递归移去图中度数小于 K 的结点及与其连接的边后所得到的子图为图的 K-核。

定义 15.2：核数。若图 $G(V,E)$中某顶点 v 属于 K-核而不属于(K+1)-核，则该顶点的核数为 K。

K-核的一个重要特征是它的连通性，若图的 K-核为 K-联通，那么 K-核中的任意两个顶点之间存在 K 条不相交的路径，这意味着核数越大的顶点，其连通性就越好。

定义 15.3：K-核分解。把图中度数小于 K 的顶点依次去除的过程。

【例 15.1】 K-Core 分解过程如图 15-1 所示，图中(a)、(b)、(c)分别表示图(a)中的 1-核、2-核和 3-核。

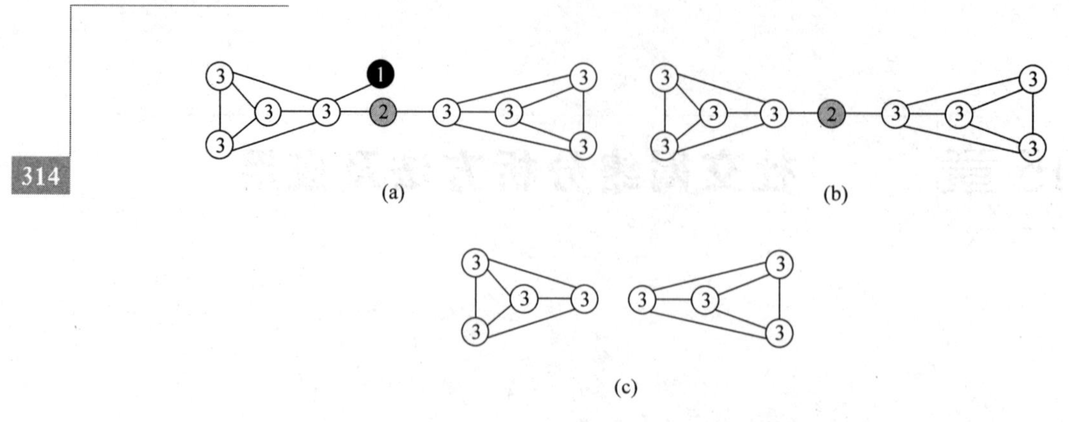

图 15-1　K-Core 分解过程示意图

15.2.2　基于阿里云数加平台的 K-核方法实例

一个图的 K-Core 是指反复去除度小于或等于 K 的结点后，所剩余的子图。若一个结点存在于 K-Core，而在(K+1)-Core 中被移去，那么此结点的核数(coreness)为 K。因此所有度为 1 的结点的核数必然为 0，结点核数的最大值被称为图的核数。由此可以看出，K-core 方法得到的是原图中核数大于 K 的结点所构成的子图，在分析社交关系的人物图时，若想删除主要关系密切人物之外的人时，便可用此方法。如图 15-2 所示，假设其为人物图，明显结点 1、2、3、4 的关系就比结点 5、6 密切，如果想删除结点 5、6，便可对其使用 K-core 方法。

数据信息如图 15-3 所示。阿里云操作流程图如图 15-4 所示。

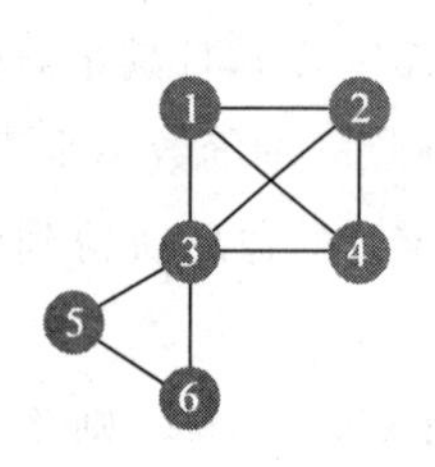

图 15-2　数据图

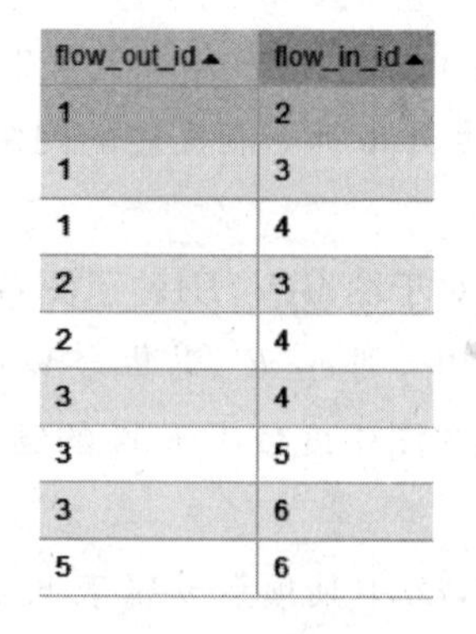

flow_out_id▲	flow_in_id▲
1	2
1	3
1	4
2	3
2	4
3	4
3	5
3	6
5	6

图 15-3　数据信息

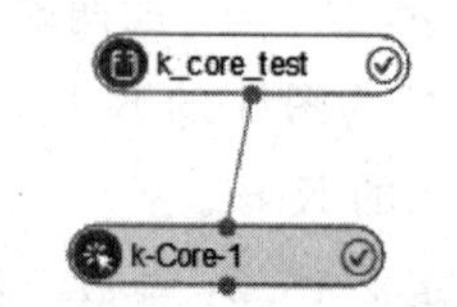

图 15-4　K-Core 方法流程图

如图 15-5 所示，K-Core 方法的字段信息选择所建的表的两列即可，参数设置选择的是 K 的值，这里选择 K=2，因为根据 K-Core 的定义，在图 15-2 中，结点 1、2、4 的度是 3，结点 3 的度为 5，结点 5、6 的度为 2，当 K=2 时，被去除的会是结点 5、6。

运行后得到的结果如图 15-6 所示。

图 15-6 的结果与分析的一致。

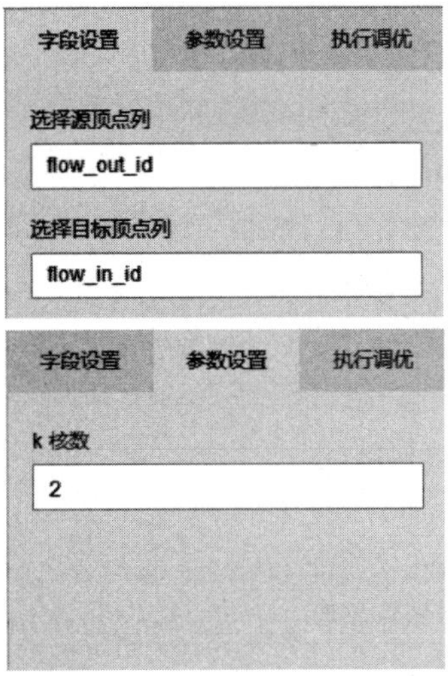

字段设置 参数设置 执行调优

选择源顶点列

flow_out_id

选择目标顶点列

flow_in_id

字段设置 参数设置 执行调优

k 核数

2

图 15-5　K-Core 方法设置界面

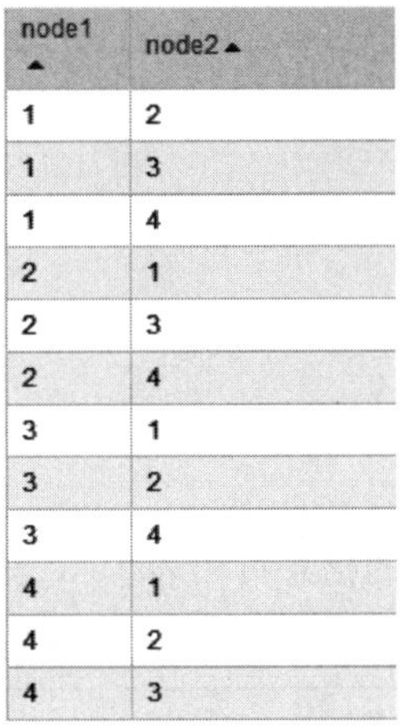

node1	node2
1	2
1	3
1	4
2	1
2	3
2	4
3	1
3	2
3	4
4	1
4	2
4	3

图 15-6　实验结果

15.3　单源最短路径方法

15.3.1　单源最短路径方法原理

定义 15.4：给定一个带权有向图，其中 V 为顶点的集合，E 为边的集合，且每条边的权是一个实数。另外，还给定 V 中的一个顶点，称为源，则称计算从源到其他所有各顶点的最短路径长度(这里的长度就是指路上各边权之和)的问题为单源最短路径问题。

对于带权有向图 $G=(V,E)$，设 $V=\{v_1,v_2,\cdots,v_n\}$，源为 v，d_{ij} 表示顶点 v_i 到顶点 v_j 的直接距离(当没有从顶点 v_i 到顶点 v_j 的有向边时，设该距离为无穷大)，dist(i)表示源 v 到顶点 v_i 的单源最短路径。目前求解单源最短路径的算法有 Dijkstra 算法、Bellman-Ford 算法、SPFA 算法，下面介绍 Dijkstra 算法。

Dijkstra 算法：该算法要求每条边上的权值为正数(因为当权值为负时，可能在图中会存在负权回路，最短路径只要无限次地走这个负权回路，便可以无限制地减少它的最短路径权值，这就变相地说明最短路径不存在)。Dijkstra 算法如下。

(1) 令 S 表示已确定好关于源 v 的单源最短路径的顶点的集合，T 表示未确定好关于源 v 的单源最短路径的顶点的集合，dist$\in R^n$ 其第 i 个分量为 dist(i)。初始化 $S=\{v\}$，$T=V-\{v\}$，当 $v_i=v$ 时，dist(i)=0；否则，dist(i)为无穷大。

(2) 求源 v 经过 S 中的某些点到 T 中各个顶点的最小距离的集合 $d(v,T)=\{d_i|d_i$ 为源 v 经过 S 中的某些点到顶点 t_i 的最短距离，$t_i\in T\}$，找出该集合中最小值 $d=\min\limits_{d\in d(v,T)} d$ 对应的顶点 $v_i\in T$，将顶点 v_i 从 T 中删去并加入到 S 中，令 dist(i)=d。

(3) 重复步骤(2)，直至 $S=V$，且 T 为空集。此时 dist 就是源 v 到其他所有各顶点的最短路径长度的集合。

【**例 15.2**】 对于如图 15-7 所示的带权有向图，通过 Dijkstra 算法求以为源的单源最短路径。

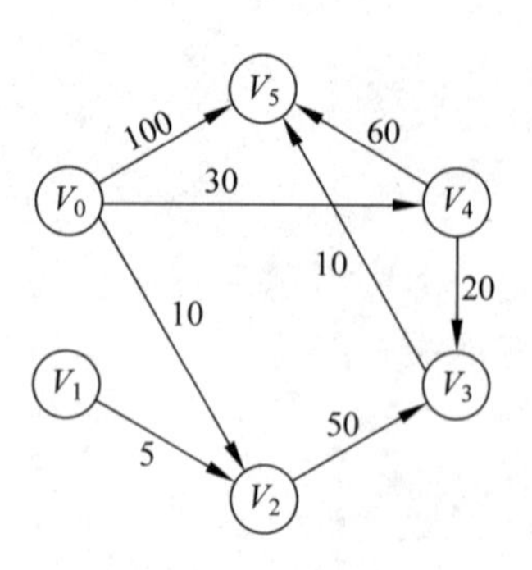

图 15-7　带权有向图

解：该图的信息可用表 15-1 表示。

表 15-1　带权有向图信息表

起点＼距离＼终点	v_0	v_1	v_2	v_3	v_4	v_5
v_0	∞	∞	10	∞	30	100
v_1	∞	∞	5	∞	∞	∞
v_2	∞	∞	∞	50	∞	∞
v_3	∞	∞	∞	∞	∞	10
v_4	∞	∞	∞	20	∞	60
v_5	∞	∞	∞	∞	∞	∞

由 Dijkstra 算法可知：源的最短路径求解过程如表 15-2 所示。

表 15-2　最短路径求解过程表

终点	第 i 步迭代时，从 v_0 到各终点的最短路径和最短距离				
	$i=1$	$i=2$	$i=3$	$i=4$	$i=5$
v_1	∞	∞	∞	∞	∞
v_2	(v_0,v_2) 10	(v_0,v_2) 10	(v_0,v_2) 10	(v_0,v_2) 10	(v_0,v_2) 10
v_3	∞	(v_0,v_2,v_3) 60	(v_0,v_4,v_3) 50	(v_0,v_4,v_3) 50	(v_0,v_4,v_3) 50
v_4	(v_0,v_4) 30	(v_0,v_4) 30	(v_0,v_4) 30	(v_0,v_4) 30	(v_0,v_4) 30
v_5	(v_0,v_5) 100	(v_0,v_5) 100	(v_0,v_4,v_5) 90	(v_0,v_4,v_3,v_5) 60	(v_0,v_4,v_3,v_5) 60
d	10	30	50	60	∞
v_i	v_2	v_4	v_3	v_5	v_1
T	$\{v_1,v_3,v_4,v_5\}$	$\{v_1,v_3,v_5\}$	$\{v_1,v_5\}$	$\{v_1\}$	ϕ
S	$\{v_0,v_2\}$	$\{v_0,v_2,v_4\}$	$\{v_0,v_2,v_3,v_4\}$	$\{v_0,v_2,v_3,v_4,v_5\}$	V

其中，v_i 表示本次迭代应从 T 中去掉的点（或应加入到 S 中的点），d 表示当前源到 v_i 的最短距离。则 v_0 为源的单源最短路径为：v_0 到各顶点（除了 v_1）的最短距离分别为 10、50、30、60。

15.3.2 基于阿里云数加平台的单源最短路径方法实例

阿里云机器学习平台对于单源最短路径的说明为：单源最短路径参考 Dijkstra 算法，该算法中当给定起点，则输出该点和其他所有结点的最短路径。即如图 15-8 所示，所用的图应是有向图，并给出每条边的权重，假如选择结点 a，便可计算出该结点到其他所有结点的最短距离。

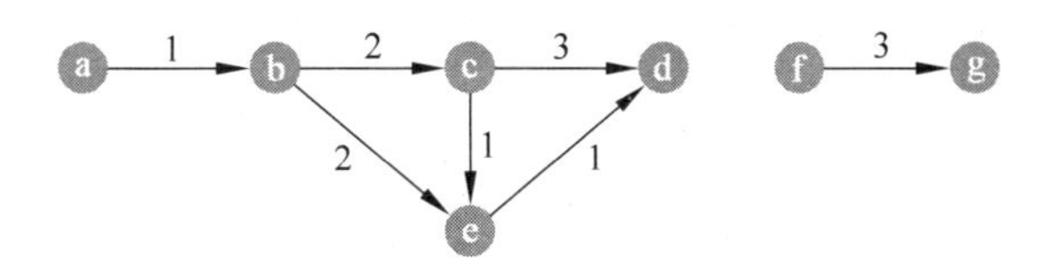

图 15-8　带权有向图

图 15-8 的数据信息如图 15-9 所示。阿里云操作流程图如图 15-10 所示。

flow_out_id▲	flow_in_id▲	weight▲
a	b	1
b	c	2
c	d	3
b	e	2
c	e	1
e	d	1
f	g	3

图 15-9　数据信息

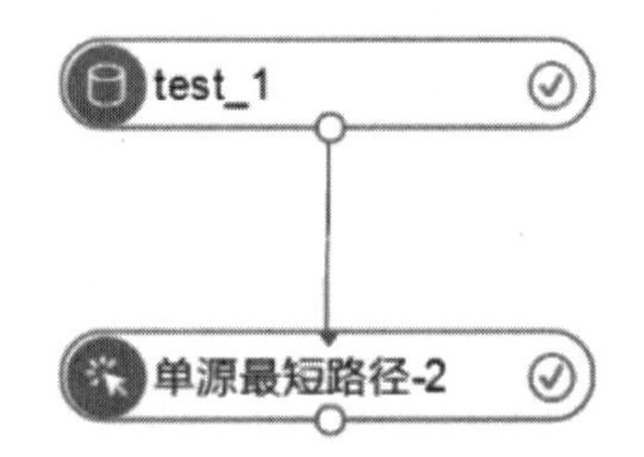

图 15-10　单源最短路径方法流程图

其字段设置与参数设置如图 15-11 所示，其中，源点列与目标顶点列分别选择有向图的起始点列与端点列，权值列依表中的权值列选择即可，起始点 ID 随机选择有向图中的某一端点，这里选择的是端点 a。

实验结果如图 15-12 所示，可清晰地在 distance 查询顶点 a 到其他顶点的最短距离。

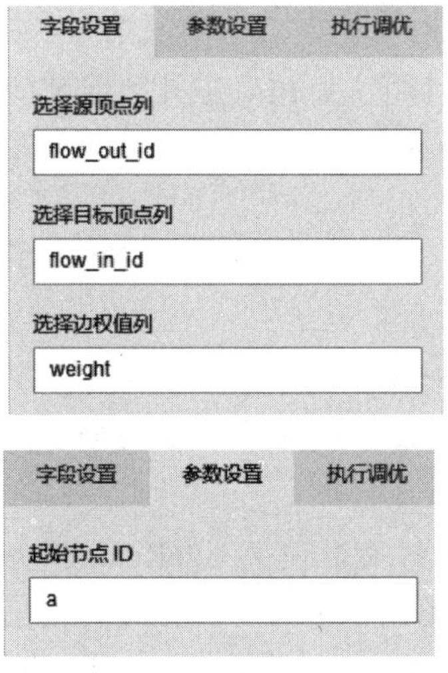

字段设置　参数设置　执行调优

选择源顶点列

flow_out_id

选择目标顶点列

flow_in_id

选择边权值列

weight

字段设置　参数设置　执行调优

起始节点 ID

a

图 15-11　单源最短路径方法设置图

start_node▲	dest_node▲	distance▲	distance_cnt▲
a	a	0	0
a	b	1	1
a	c	3	1
a	d	4	1
a	e	3	1

图 15-12　实验结果

15.4 PageRank 算法

PageRank,即网页排名,又称网页级别、Google 左侧排名或佩奇排名。该方法是 Google 创始人拉里·佩奇和谢尔盖·布林于 1997 年构建早期的搜索系统原型时提出的链接分析算法。自从 Google 在商业上获得空前的成功后,该算法也成为其他搜索引擎和学术界十分关注的计算模型。目前很多重要的链接分析算法都是在 PageRank 算法基础上衍生出来的。

PageRank 是 Google 用来标识网页的等级/重要性的一种方法,是 Google 用来衡量一个网站的好坏的唯一标准。在揉合了诸如 Title 标识和 Keywords 标识等所有其他因素之后,Google 通过 PageRank 调整结果,使那些更具"等级/重要性"的网页在搜索结果中令网站排名获得提升,从而提高搜索结果的相关性和质量。其级别从 0 到 10 级,10 级为满分。PR 值(通过 PageRank 方法计算得来用来衡量网站好坏的数)越高说明该网页越受欢迎(越重要)。例如,一个 PR 值为 1 的网站表明这个网站不太具有流行度,而 PR 值为 7 到 10 则表明这个网站非常受欢迎(或者说极其重要)。一般 PR 值达到 4 就算是一个不错的网站了。Google 把自己的网站的 PR 值定到 10,这说明 Google 这个网站是非常受欢迎的,也可以说这个网站非常重要。

15.4.1 PageRank 算法原理

为了便于叙述,借助于图论中的方法去说明这一算法。对于带权值的有向图 $G=(V,E)$,其中顶点集 $V=\{v_1,v_2,\cdots,v_n\}$,$e_{ij}\in E$ 表示从顶点 v_i 到顶点 v_j 的有向边。假设如下:

(1) 顶点 v_i 表示单个网页 A_i。

(2) v_i 的入度 $\mathrm{ID}(v_i)$表示链接到网页 A_i(这里的链接是指上网者在浏览其他网页后打开网页 A_i)的其他网页的总数目,v_i 的出度 $\mathrm{OD}(v_i)$表示从网页 A_i 链接到他网页的总数目。

(3) 边 e_{ij} 上的权值 $W(e_{ij})=\dfrac{1}{\mathrm{ID}(v_j)}$表示从网页 A_i 链接到网页 A_j 的概率。

(4) $\mathrm{PR}(A_i)$表示网页 A_i 的 PageRank 值(用来衡量网页 A_i 相对于其他网页的重要程度)。

(5) 对于某一上网者来说,其点开网页 A_i 的概率为 P_i。

1. PageRank 算法原理

PageRank 算法主要利用如下假设:

(1) 数量假设。该假设认为:v_i 的入度 $\mathrm{ID}(v_i)$越大,则网页 A_i 越重要。

(2) 质量假设。该假设认为:链接到网页 A_i 的网页越重要(质量高),则该网页传递给 A_i 的权重越多,从而使网页 A_i 变得更重要。

基于以上两个假设,可认为上网者的行为是一个马尔科夫过程。PageRank 算法刚开始赋予每个网页相同的重要性得分,通过迭代递归计算来更新每个网页 PageRank 得分,直到得分稳定为止。PageRank 计算得出的结果是网页的重要性评价,这和用户输入的查询是没有任何关系的,即算法是主题无关的。假设有一个搜索引擎,其相似度计算函数不考虑内容相似因素，完全采用 PageRank 来进行排序，那么这个搜索引擎对于任意不同的查询请求，返回的结果都是相同的，即返回 PageRank 值最高的网页。

2. PageRank 算法步骤

(1) 在初始阶段：每个网页设置相同的 PageRank 值，通过若干轮的计算，会得到每个网页所获得的最终 PageRank 值。随着每一轮的计算进行，网页当前的 PageRank 值会不断地得到更新。

(2) 在一轮中更新页面 PageRank 得分的计算方法：在一轮更新页面 PageRank 得分的计算中，每个页面将其当前的 PageRank 值平均分配到本页面包含的出链上，这样每个链接即获得了相应的权值。而每个页面将所有指向本页面的入链所传入的权值求和，即可得到新的 PageRank 得分。当每个页面都获得了更新后的 PageRank 值，就完成了一轮 PageRank 计算。

对于网页 A_i，其 PageRank 值为：

$$\mathrm{PR}(A_i) = \sum_{j=1}^{n} W(e_{ij})\mathrm{PR}(A_j)$$

当 $\mathrm{OD}(v_i)=0$ 时，也就是 A_i 不链接到任何其他网页，此时为了使得很多网页能被访问到，需要对 PageRank 公式进行修正，即在简单公式的基础上增加了阻尼系数(damping factor)q(一般取为 0.85)。

q 的意义是为，在任意时刻，用户到达某页面后并继续向后浏览的概率；而 $1-q$ 就是用户停止点击，随机跳到新网页的概率的算法被用到了所有页面上。该系数保证页面的 PageRank 值不会是 0，相当于给了每个页面一个最小值。

对于网页 A_i，其修正后的 PageRank 值为

$$\mathrm{PR}(A_i) = q\left(\sum_{j=1}^{n} W(e_{ij})\mathrm{PR}(A_j)\right) + \frac{1-q}{n}$$

令

$$\mathrm{PR} = (\mathrm{PR}(A_1), \mathrm{PR}(A_2), \cdots, \mathrm{PR}(A_n))^{\mathrm{T}}$$

$M \in R^{n\times n}$ 为状态转移矩阵，其中 $M_{ij} = W(e_{ji})$

$$b = \left(\frac{1-q}{n}, \frac{1-q}{n}, \cdots, \frac{1-q}{n}\right)^{\mathrm{T}}$$

则有

$$\mathrm{PR} = b + q \times M \times \mathrm{PR}$$

3. 使用幂法求解 PR

令：$\boldsymbol{E} \in R^{n\times n}$ 为元素均为 1 的矩阵，

$$A = q \times M + \frac{1-q}{n}\boldsymbol{E}$$

$\mathrm{PR}_0 \in R^n$ 为分量均为 1 的向量，表示每个网页的初始 PageRank 值均为 1，则：

$$\mathrm{PR} = \lim_{i\to\infty} A^i X$$

15.4.2 PageRank 算法的特点及应用

PageRank 算法的优缺点如下。

1. 优点

PageRank 算法是一个与查询无关的静态算法,所有网页的 PageRank 值通过离线计算获得;有效减少在线查询时的计算量,极大地降低了查询响应时间。

2. 缺点

(1) 人们的查询具有主题特征,而 PageRank 忽略了主题相关性,导致结果的相关性和主题性降低。

(2) 旧的页面等级会比新页面高。因为即使是非常好的新页面也不会有很多上游链接,除非它是某个站点的子站点。

【例 15.3】 考虑在只有三个网页的情况下,求解每个网页的 PageRank 值。对应的带权值的有向图 $G=(V,E)$,其中顶点集 $V=\{v_1,v_2,v_3\}$,$E=\{e_{12},e_{13},e_{23},e_{31}\}$。

解:依题意可知:

$$n=3;\ W^T=\begin{pmatrix}0 & 0.5 & 0.5\\ 0 & 0 & 1\\ 1 & 0 & 0\end{pmatrix}$$

取 $q=0.85$,则:

$$A=\begin{pmatrix}0.05 & 0.05 & 0.9\\ 0.475 & 0.05 & 0.05\\ 0.475 & 0.9 & 0.05\end{pmatrix};\ X=(1,1,1)^{\mathrm{T}}$$

$$\mathrm{PR}=\lim_{n\to\infty}A^nX=\lim_{n\to\infty}\begin{pmatrix}0.05 & 0.05 & 0.9\\ 0.475 & 0.05 & 0.05\\ 0.475 & 0.9 & 0.05\end{pmatrix}^n\begin{pmatrix}1\\1\\1\end{pmatrix}=\begin{pmatrix}1.2\\0.6\\1.2\end{pmatrix}$$

15.4.3 基于阿里云数加平台的 PageRank 算法实例

阿里云机器学习平台对于 PageRank 算法的说明为:PageRank 起于网页的搜索排序,google 利用网页的链接结构计算每个网页的等级排名,其基本思路是:如果一个网页被其他多个网页指向,这说明该网页比较重要或者质量较高。除考虑网页的链接数量,还考虑网页本身的权重级别,以及该网页有多少条出链到其他网页。对于用户构成的人际网络,除了用户本身的影响力之外,边的权重也是重要因素之一。例如,新浪微博的某个用户,会更容易影响粉丝中关系比较亲密的家人、同学、同事等,而对陌生的弱关系粉丝影响较小。在人际网络中,边的权重等价为用户-用户的关系强弱指数。带连接权重的 PageRank 公式为

$$W(A)=(1-d)+d*\left(\sum_i w(i)*c(Ai)\right)$$

其中,$w(i)$为结点 i 的权重,$c(Ai)$为链接权重,d 为阻尼系数,算法迭代稳定后的结点权重 W 即为每个用户的影响力指数。如图 15-13 所示,假设端点代表某个网页,有向图的指向便代表可以由某网页链接到另一网页,例如 a 指向 b 代表网页 b 能链接到网页 a,权重值代表网页的权重级别,而 PageRank 算法便能对每个网页进行等级排名,而由此,可以引申到人物关系图中来使用,认为使用 PageRank 算法可以得

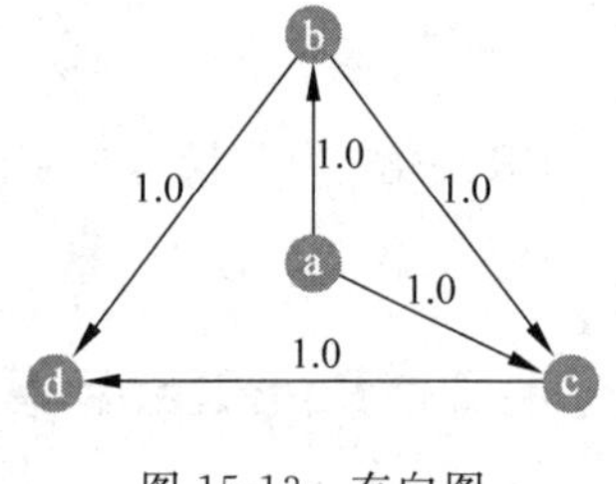

图 15-13 有向图

到每个人物的重要性或影响力排名。

数据图如图 15-14 所示。

操作流程图如图 15-15 所示。

flow_out_id▲	flow_in_id▲	weight▲
b	d	1
b	c	1
a	b	1
a	c	1
c	d	1

图 15-14　数据图

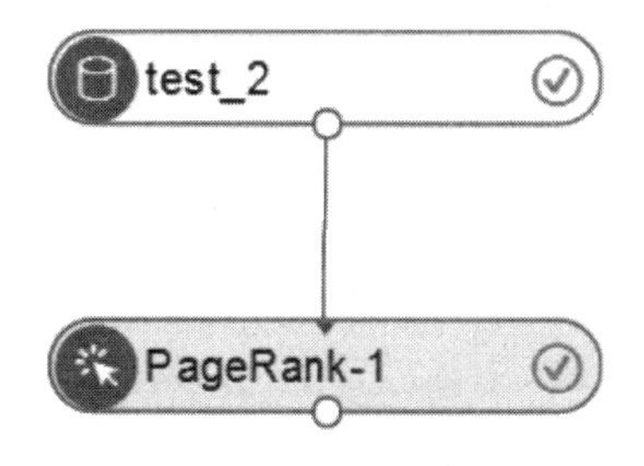

图 15-15　操作流程图

其字段设置与单源最短路径算法一致，参数设置中最大迭代次数与阻尼系数选择默认参数即可，如图 15-16 所示。

其结果如图 15-17 所示，可清楚地看到每个网页的等级。

图 15-16　PageRank 算法字段设置和参数设置图

node▲	weight▲
a	0.0375
b	0.0534375
c	0.07614844
d	0.12493711

图 15-17　实验结果

15.5　标签传播算法

15.5.1　标签传播算法原理

标签传播算法是一类半监督式机器学习算法，即用少量已知数据去训练模型、去预测大量未知数据的性质。标签传播算法还可以应用于网页的重要度排序，可扩展到垃圾信息的屏蔽、信任评价等。另一方面，标签传播算法也可以合并迁移学习，进行情感分类方面的研究。

1. 算法原理

标签传播算法(Label Propagation Algorithm，LPA)是由 Zhu 等人于 2002 年提出的，它是一种基于图的半监督学习方法，其基本思路是：用已标记结点的标签信息去预测未标记结点的标签信息，利用样本间的关系建立关系完全图模型。在完全图中，结点包括已标注和未标注数据，其边表示两个结点的相似度，结点的标签按相似度传递给其他结点。标签数据就像是一个源头，可以对无标签数据进行标注，结点的相似度越大，标签越容易传播。LPA 的步骤如下所示。

(1) 将原问题转换为数学形式：在某一系统中，设 $C=\{c_1,c_2,\cdots,c_n\}$ 表示该系统中所有实例标签的集合，$x\in R^m$ 表示一个实例，$y\in C$ 表示 x 对应的标签，则原问题等价于：利用已知标签的数据集 $L=\{(x_1,y_1),(x_2,y_2),\cdots,(x_u,y_u)\}$，去预测未知数据集 $U=\{(x_{u+1},y_{u+1}),(x_{u+2},y_{u+2}),\cdots,(x_{u+l},y_{u+l})\}$ 的标签，即 $y_i\in C$ 的值($i=u+1,u+2,\cdots,u+l$)，一般情况下 $u\ll l$。

(2) 构建上述问题对应的加权有向图 $G=(V,E)$，其中顶点集 $V=\{v_1,v_2,\cdots,v_{u+l}\}$ 中 v_i 表示实例 x_i；有向边 e_{ij} 的权重 $w_{ij}=e^{-\frac{\| x_i-x_j \|^2}{\sigma}}$ 表述实例 x_i、x_j 的相似度，其中 $\| x_i-x_j \|^2$ 表示向量 x_i、x_j 间的欧氏距离，σ 为参数(具体值视情况而定)；一般情况下，默认 G 为完全图(还可以只保留每个顶点的 k 近邻权重，此时对应的邻接矩阵为稀疏的相似矩阵)。

(3) 令 $P=(P_{ij})_{(u+l)\times(u+l)}$ 表示概率转移矩阵，其中 $P_{ij}=\dfrac{W_{ij}}{\sum\limits_{k=1}^{u+l}W_{ik}}$ 表示顶点 v_i 转向顶点 v_j 的概率。令 $Y_L=(Y_{ij})_{u\times n}$，其中 $Y_{ij}=\begin{cases}1, & y_i=c_i\\ 0, & y_i\neq c_i\end{cases}$；$Y_U=(Y_{ij})_{l\times n}$，其中 Y_{ij} 的值可以随便取；$F=\begin{pmatrix}F_L\\ F_U\end{pmatrix}$，其中 $\begin{cases}F_L=Y_L\\ F_U=Y_U\end{cases}$。

(4) 进行如下迭代。

① 令 $F=RF$。

② 令 $F_L=Y_L$。

③ 重复以上步骤直至 F 不再变化，记此时的 F_U 为 $F_{\text{lable\_U}}$。

(5) 基于以上步骤，可以得到：

$$F_{\text{lable\_U}}=(I-P_{UU})^{-1}P_{UL}Y_L$$

其中，$P=\begin{pmatrix}P_{LL} & P_{LU}\\ P_{UL} & P_{UU}\end{pmatrix}$，$P_{LL}\in R^{u\times u}$，$P_{UU}\in R^{l\times l}$。可认为：

$$P(y_{u+i}=c_j)=F_{\text{lable}_U}(i,j),\quad i=1,2,\cdots,l;\ j=1,2,\cdots,n$$

其中，$P(y_{u+i}=c_j)$ 表示 x_{u+i} 的标签为 c_j 的概率，$F_{\text{lable}_U}(i,j)$ 表示矩阵 F_{lable_U} 第 i 行第 j 列对应的元素。

LPA 具有如下特点。

(1) LPA 是一种半监督学习算法，具有半监督学习算法的以下两个假设前提：

① 邻近的样本点拥有相同的标签。根据该假设，分类时边界两侧尽可能地避免选择较为密集的样本数据点，而是尽量选择稀疏数据，便于算法利用少量已标注数据指导大量的未

标注数据。

② 相同流结构上的点能够拥有相同的标签。根据该假设，未标记的样本数据能够让数据空间变得更加密集，便于充分分析局部区域特征。

(2) LPA 只需利用少量的训练标签指导，利用未标注数据的内在结构、分布规律和邻近数据的标记，即可预测和传播未标记数据的标签，然后合并到标记的数据集中。该算法操作简单、运算量小，适合大规模数据信息的挖掘和处理。

(3) LPA 可以通过相近结点之间的标签的传递来学习分类，它不受数据分布形状的局限，可以克服一些算法只能发现“类圆形”结构的缺点。只要同一类的数据在空间分布上是相近的，那么不管数据分布是什么形状，都能通过标签传播将它们分到同一个类里。因此，可以处理包括音频、视频、图像及文本的标注、检索及分类。算法简单、执行速度快、可扩展性强、效果好。

【例 15.4】 对于标签集合为 $C=\{1,2,3,4\}$，实例 $x \in R^2$ 的系统，已知标签实例集 L 如表 15-3 所示。

表 15-3 已知标签实例集表

实　例	横　坐　标	纵　坐　标	标　签
1	0.800 280 469	0.141 886 339	1
2	0.276 922 985	0.046 171 391	1
3	0.373 745 209	0.979 528 792	2
4	1.170 535 502	0.447 623 879	2
5	2.787 790 87	1.049 951 298	3
6	1.141 337 541	1.703 464 922	3
7	0.609 512 076	3.303 267 91	4
8	3.121 008 273	1.558 955 348	4

未知标签实例集 U 如表 15-4 所示。

表 15-4 未知标签实例集表

实　例	横　坐　标	纵　坐　标	标　签
1	0.126 986 816	0.913 375 856	未知
2	0.632 359 246	0.097 540 405	未知
3	0.278 498 219	0.546 881 519	未知
4	0.157 613 082	0.970 592 782	未知
5	0.655 740 699	0.035 711 679	未知
6	0.743 132 468	0.392 227 02	未知
7	0.655 477 89	0.171 186 688	未知
8	0.706 046 088	0.031 832 846	未知
9	0.194 263 562	1.646 915 657	未知
10	1.389 657 246	0.634 198 96	未知
11	1.900 444 098	0.068 892 161	未知
12	0.877 488 719	0.763 116 914	未知
13	0.891 172 401	1.292 626 02	未知
14	0.552 050 154	1.359 405 354	未知

续表

实　例	横 坐 标	纵 坐 标	标　签
15	1.310 196 008	0.325 223 47	未知
16	0.237 995 363	0.996 728 104	未知
17	2.253 801 178	0.765 285 346	未知
18	1.517 871 155	2.097 230 168	未知
19	2.522 151 768	0.762 846 537	未知
20	2.442 854 478	0.730 574 906	未知
21	1.848 134 028	1.419 866 547	未知
22	1.054 978 521	2.492 485 884	未知
23	1.755 792 273	1.649 170 825	未知
24	2.751 580 991	0.857 517 056	未知
25	2.123 190 212	3.116 668 92	未知
26	3.736 042 737	0.519 624 834	未知
27	0.648 729 233	3.177 138 163	未知
28	0.915 907 875	3.653 349 446	未知
29	0.426 611 081	3.847 592 323	未知
30	0.018 536 897	3.099 641 859	未知
31	1.039 481 611	3.200 273 921	未知
32	1.350 877 639	3.600 215 386	未知

解：取参数 σ 为 1 矩阵 $\boldsymbol{W}=(w_{ij})_{40\times 40}$ 见附录 A，P 矩阵见附录 A。

$F_{\text{lable\_}U}$ 如表 15-5 所示。

表 15-5　$F_{\text{lable\_}U}$ 数据表

实　例	标签为 1 的概率	标签为 2 的概率	标签为 3 的概率	标签为 4 的概率	预 测 标 签
1	0.361 050 562	0.446 883 376	0.149 613 536	0.042 452 526	2
2	0.449 554 217	0.397 883 739	0.119 072 368	0.033 489 676	1
3	0.407 436 548	0.425 154 249	0.131 070 003	0.036 339 2	2
4	0.353 125 076	0.448 281 189	0.154 553 353	0.044 040 382	2
5	0.454 843 695	0.394 424 711	0.117 558 774	0.033 172 82	1
6	0.409 032 857	0.416 850 034	0.136 296 501	0.037 820 607	2
7	0.440 034 862	0.403 061 069	0.122 538 655	0.034 365 415	1
8	0.452 118 918	0.395 399 207	0.118 873 785	0.033 608 09	1
9	0.269 818 877	0.422 798 722	0.214 732 825	0.092 649 577	2
10	0.322 717 653	0.404 407 978	0.210 694 32	0.062 180 049	2
11	0.300 450 253	0.370 575 437	0.247 932 459	0.081 041 851	2
12	0.353 753 011	0.427 068 178	0.172 177 288	0.047 001 523	2
13	0.281 971 914	0.407 703 057	0.239 628 335	0.070 696 695	2
14	0.291 356 303	0.426 575 499	0.215 173 978	0.066 894 22	2
15	0.366 659 016	0.410 220 555	0.172 303 415	0.050 817 014	2
16	0.348 159 938	0.447 205 815	0.159 420 037	0.045 214 209	2
17	0.194 092 014	0.281 643 38	0.381 873 121	0.142 391 484	3
18	0.153 199 206	0.242 522 727	0.371 495 265	0.232 782 802	3

续表

实　　例	标签为1的概率	标签为2的概率	标签为3的概率	标签为4的概率	预 测 标 签
19	0.165 900 176	0.242 418 247	0.420 973 996	0.170 707 581	3
20	0.175 288 791	0.255 326 208	0.409 119 782	0.160 265 219	3
21	0.192 639 809	0.293 099 805	0.373 322 859	0.140 937 527	3
22	0.118 263 487	0.190 288 048	0.290 563 124	0.400 885 341	4
23	0.181 627 083	0.280 954 89	0.381 502 628	0.155 915 399	3
24	0.142 493 477	0.208 946 072	0.445 200 258	0.203 360 194	3
25	0.088 896 836	0.140 782 223	0.243 568 312	0.526 752 629	4
26	0.104 955 499	0.152 420 928	0.472 533 147	0.270 090 426	3
27	0.067 523 249	0.108 257 147	0.168 838 4	0.655 381 203	4
28	0.060 039 178	0.096 043 534	0.153 897 411	0.690 019 876	4
29	0.055 481 442	0.088 861 647	0.138 799 941	0.716 856 97	4
30	0.069 351 391	0.111 681 176	0.153 448 162	0.665 519 271	4
31	0.070 382 423	0.112 517 355	0.184 222 369	0.632 877 853	4
32	0.065 482 476	0.104 566 86	0.171 330 593	0.658 620 07	4

对于未知标签实例集 U,其真实标签为：实例 1 到 8 的标签为 1,实例 9 到 16 的标签为 2,实例 17 到 24 的标签为 3,实例 25 到 32 的标签为 4；结合以上数据分析可知标签传播聚类算法在聚类和分类上的实验效果很好。

15.5.2　基于阿里云数加平台的标签传播聚类应用实例

阿里云机器学习平台对于标签传播聚类算法的说明为：图聚类是根据图的拓扑结构进行子图的划分,使得子图内部结点的链接较多,子图之间的连接较少。标签传播算法是基于图的半监督学习方法,其基本思路是结点的标签依赖其邻居结点的标签信息,影响程度由结点相似度决定,并通过传播迭代更新达到稳定。对于图 15-18 这幅图使用标签传播聚类方法,即根据已知的结点的标签信息(如结点 1 为 0.7)以及结点间的相似度关系(如结点 1 和结点 2 的相似度为 0.7)来迭代更新达到稳定后,会得到各个结点的新的标签信息。

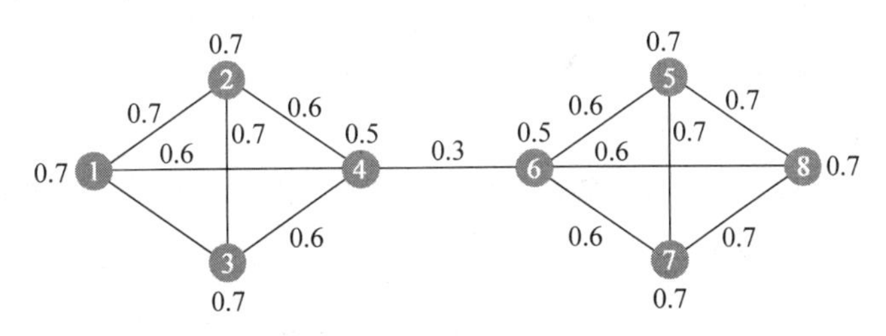

图 15-18　待使用数据图

数据信息如图 15-19 所示。

阿里云操作流程图如图 15-20 所示。

标签传播聚类的字段信息与参数设置如图 15-21 所示,顶点表中的顶点列和权值列选择已知表中对应的两列即可,边表的设置单源最短路径算法一致,最大迭代次数可自己随机选择,这里选择默认参数 30。

得到的结果如图 15-22 所示,即每个结点新的标签信息。

flow_out_id	flow_in_id	edge_weight
1	2	0.7
1	3	0.7
1	4	0.6
2	3	0.7
2	4	0.6
3	4	0.6
4	6	0.3
5	6	0.6
5	7	0.7
5	8	0.7
6	7	0.6
6	8	0.6
7	8	0.7

(a)

node	node_weight
1	0.7
2	0.7
3	0.7
4	0.5
5	0.7
6	0.5
7	0.7
8	0.7

(b)

图 15-19　数据信息

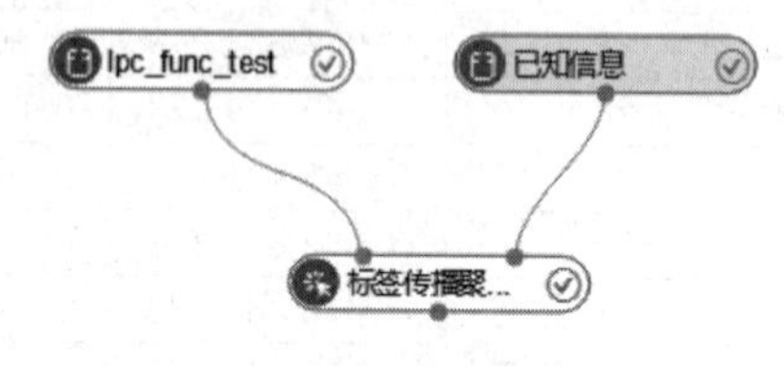

图 15-20　标签传播聚类流程图

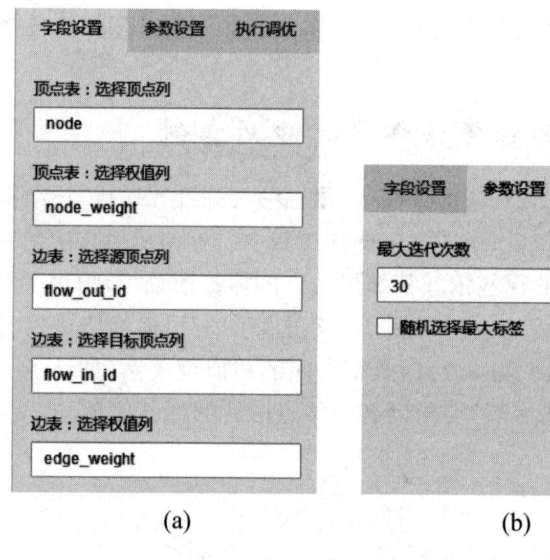

(a)　　(b)

图 15-21　标签传播聚类设置界面

node	group_id
1	1
3	1
2	1
4	1
5	5
7	5
6	5
8	5

图 15-22　实验结果

15.6　最大联通子图算法

定义 15.5：对于无向图 $G=(V,E)$，若 $G'=(V',E')$满足：

(1) G'为 G 的子图。

(2) G'是联通的。

(3) 任意顶点 $e\in(V-V')$加入到 G'中组成的新子图是不联通的。

则 G'是 G 的最大联通子图。

求解无向图最大联通子图的方法有深度优先搜索法(Depth First Search,DFS)和广度优先搜索法(Breadth First Search,BFS)。

1. 深度优先搜索法

假设初始状态是图中所有顶点未曾被访问,则深度优先搜索可从图中某个顶点 v 出发,访问此顶点,然后依次从 v 的未被访问的邻接点出发深度优先遍历图,直至图中所有和 v 有路径相通的顶点都被访问到(此时所访问过的点构成一个最大联通子图);若此时图中尚有顶点未被访问,则另选图中一个未曾被访问的顶点作起始点,重复上述过程,直至图中所有顶点都被访问到为止。在用深度优先搜索法对图进行遍历过程中,每重选一个出发点就对应构成一个最大联通子图。

2. 广度优先搜索法

假设从图中某顶点 v 出发,在访问了 v 之后依次访问 v 的各个未曾访问过的邻接点,然后分别从这些邻接点出发依次访问它们的邻接点,并使"先被访问的顶点的邻接点"先于"后被访问的顶点的邻接点"被访问,直至图中所有已被访问的顶点的邻接点都被访问到。若此时图中尚有顶点未被访问,则另选图中一个未曾被访问的顶点作起始点,重复上述过程,直至图中所有顶点都被访问到为止。换句话说,广度优先搜索遍历图的过程是以 v 为起始点,由近至远,依次访问和 v 有路径相通且路径长度为 1,2,…的顶点。在用深度优先搜索法对图进行遍历过程中,每重选一个出发点就对应构成一个最大联通子图。

【例 15.5】 用深度优先搜索法求如图 15-23 所示的最大联通子图。

解:

(1) 从 A 点出发依次经过的点为:L,M,J,B,C,F。

(2) 从 D 点出发依次经过的点为:E。

(3) 从 I 点出发依次经过的点为:G,H,K。

(4) 完成对图 15-23 顶点的遍历,对应的最大联通子图如图 15-24 所示。

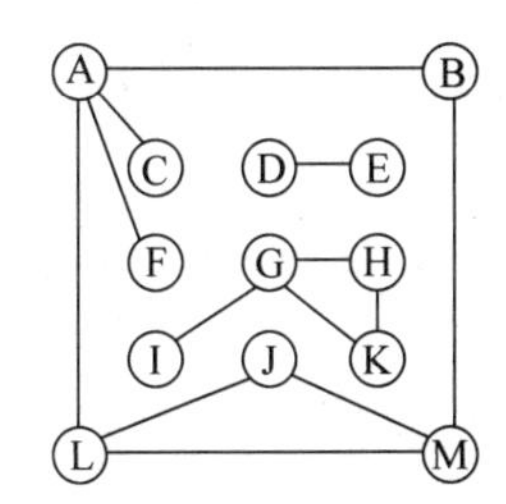

图 15-23 用深度优先搜索法求图的联通子图

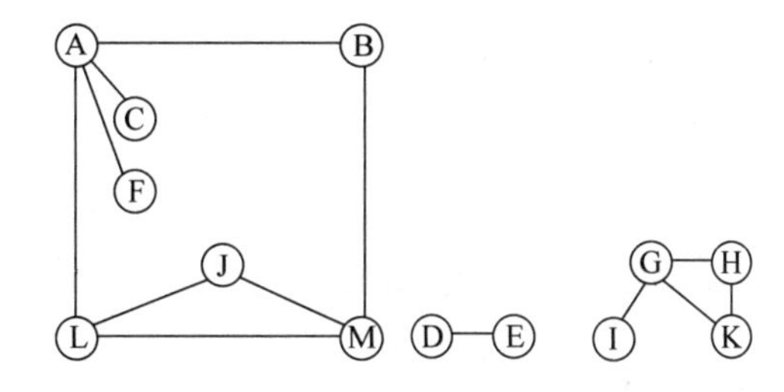

图 15-24 最大联通子图结果

【例 15.6】 用广度优先搜索法求如图 15-25 所示的最大联通子图。

解:

(1) 从 A 点出发依次经过的点为:B,C,F,L;M,J。

(2) 从 D 点出发依次经过的点为:E。

(3) 从 I 点出发依次经过的点为:G,H,K。

(4) 完成对图 15-25 顶点的遍历,对应的最大联通子图如图 15-26 所示。

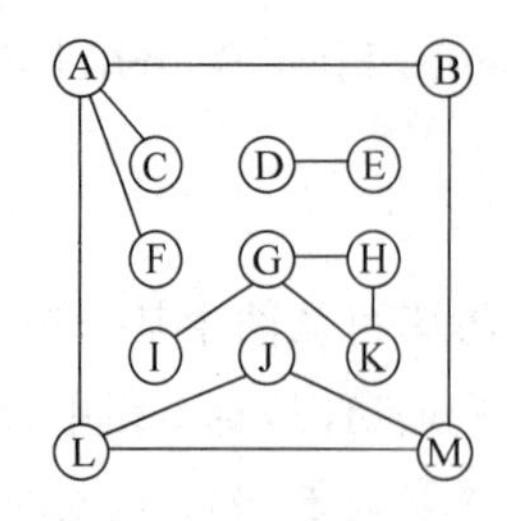

图 15-25 用广度优先搜索法求最大联通子图

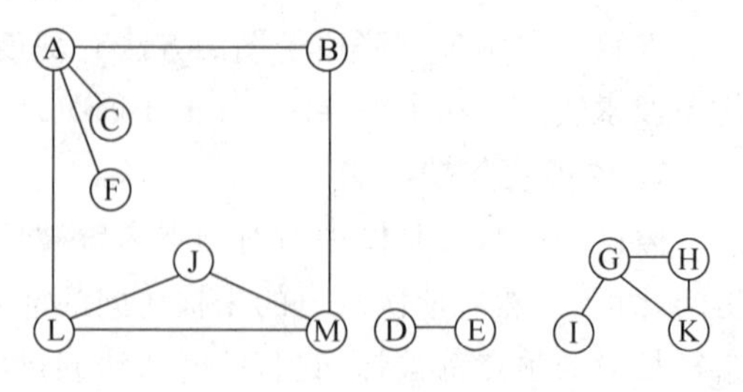

图 15-26 最大联通子图结果

15.7 聚类系数算法

15.7.1 聚类系数算法原理

聚类系数(clustcring coefficient)是关于复杂网络的一个非常重要的测度,它刻画了复杂网络中点的邻居中实际存在的边与该点邻居中可能存在的边的比值的平均值。目前,聚类系数有两个不同的最基本的定义。其一,Watts 和 Strogatz 在其创造性的小世界网络模型中首先提出了聚类系数的概念,记为 C; 其二,在 Watts 和 Strogatz 提出聚类系数不久,Newman Watts 和 Strogatz 定义了与前者相近的一个概念 tran-sitivity,记为 C^* 。

定义 15.6:在无向图 $G(V,E)$ 中三元体(Triple)的形状如图 15-27(a)所示,三角形(Triangle)的形状如图 15-27(b)所示。

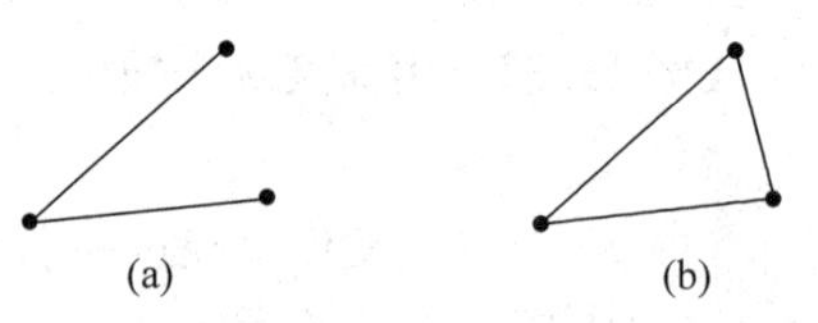

图 15-27 无向图中三元体

定义 15.7:在无向图 $G(V,E)$ 中,对于顶点 $v\in V$,设 $k(v)$ 表示 v 的度,顶点集 $V_v=\{v_i\in V|v_i$ 与 v 相邻$\}$边集 $E_v=\{e_{ij}\in E,|v_i,v_j$ 均属于 $V_v\}$,G 的子图 $N_v=G(V_v,E_v)$表示顶点 v 的邻居,$E(v)$表示 N_v 的边数。则有以下定义:

顶点 v 的聚类系数为:

$$C(v)=\frac{2E(v)}{k(v)\cdot(k(v)-1)}$$

当 $k(v)=1$ 时,令 $C(v)=1$;

图 $G(V,E)$的聚类系数为:

$$C=\frac{\sum\limits_{v\in V}C(v)}{|V|}$$

或

$$C^*=\frac{3\times\text{图 G 中三角形的数量}}{\text{图 G 中所有顶点对于三元体数量的和}}$$

注:上述对于点的聚类系数的定义对二部图是有用的(对于二部图来说,在上述定义下点的聚类系数均为 0 或 1)。

定义 15.8:在无向图 $G(V,E)$中,对于以顶点 v_i,v_j 为端点的边 $e_{ij}\in E$,设 z_{ij} 表示包含边 e_{ij} 的所有三角形的个数,$k(v_i)$、$k(v_i)$分别表示顶点 v_i、v_j 的度,V_{v_i}、V_{v_j} 分别表示与顶点 v_i、v_j 相邻顶点的集合,则边 e_{ij} 的聚类系数定义为:

$$\mathrm{ECC}(e_{ij})=\frac{z_{ij}}{\min\{k(v_i)-1,k(v_i)-1\}}$$

当边存在度为 1 的端点时,令其聚类系数为 1。

或

$$\mathrm{ECC}^*(e_{ij})=\frac{|V_{v_i}\cap V_{v_j}|+1}{\min\{k(v_i)-1,k(v_i)-1\}}$$

【例 15.7】 对于如图 15-28 所示的无向图 G,其各顶点、各边的聚类系数,以及基于点聚类系数的图 G 的聚类系数。

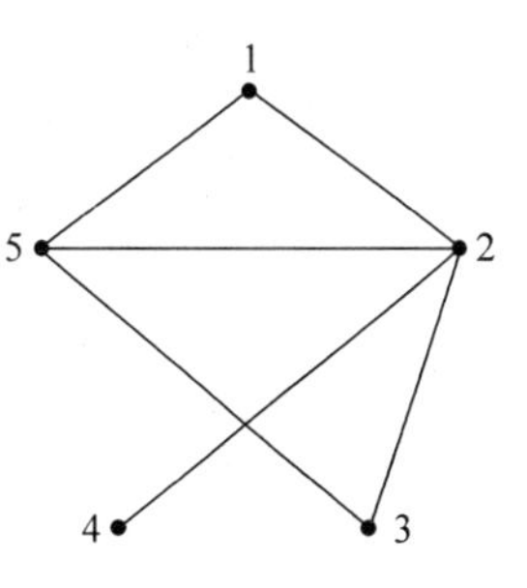

图 15-28 无向图 G

解:记图 G 中 1、2、3、4、5 位置对应的顶点为 v_1、v_2、v_3、v_4、v_5。

(1) 对于顶点 v_1,其度为 $k(v_1)=2$,$E(v_1)=1$,则其聚类系数为

$$C(v_1)=\frac{2E(v_1)}{k(v_1)\times(k(v_1)-1)}=\frac{2}{2}=1$$

同理,对于顶点 v_2、v_3、v_4、v_5 有:

$$C(v_2)=\frac{1}{3},\quad C(v_3)=1,\quad C(v_4)=0,\quad C(v_5)=\frac{2}{3}$$

(2) 对于边 e_{12},$z_{12}=1$,$k(v_1)=2$,$k(v_2)=4$。

$$\mathrm{ECC}(e_{12})=\frac{1}{\min\{1,3\}}=1$$

同理,对于边 e_{15}、e_{23}、e_{24}、e_{25}、e_{35},有

$$\mathrm{ECC}(e_{15})=1,\quad \mathrm{ECC}(e_{23}=1),\quad \mathrm{ECC}(e_{24})=1,\quad \mathrm{ECC}(e_{25})=1,\quad \mathrm{ECC}(e_{35})=1。$$

(3) 图 G 中,三角形的数目为 2,顶点 v_1、v_2、v_3、v_4、v_5 对应的三元组的数目分别为 3、4、3、3、2。基于点聚类系数的图 G 的聚类系数为

$$C=\frac{1+\frac{1}{3}+1+0+\frac{2}{3}}{5}=\frac{3}{5}$$

或

$$C^*=\frac{3\times 2}{3+4+3+3+2}=\frac{2}{5}$$

15.7.2 基于阿里云数加平台的聚类系数算法应用实例

阿里云机器学习平台对其说明:点聚类系数,在无向图 G 中,计算每一个结点周围的稠密度。边聚类系数,在无向图 G(如图 15-29 所示)中,计算每一条边周围的稠密度。借用操作 K-core 方法的数据和图来操作上面两个方法。阿里云流程图如图 15-30 所示。

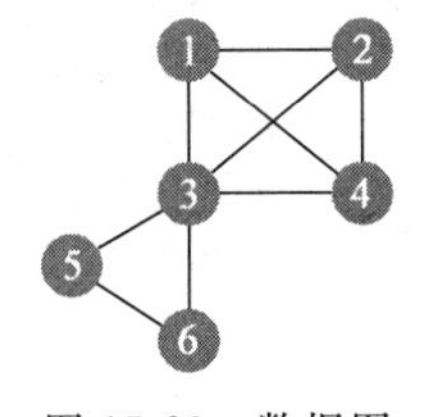

图 15-29 数据图

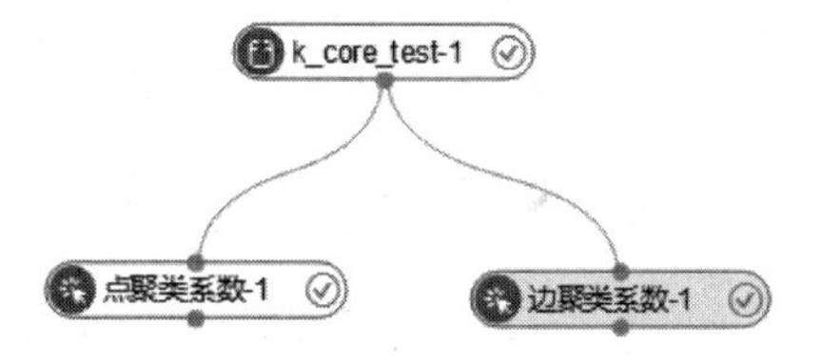

图 15-30 聚类系数算法流程图

点聚类系数的字段设置和参数设置以及边聚类系数的字段设置如图 15-31 所示。

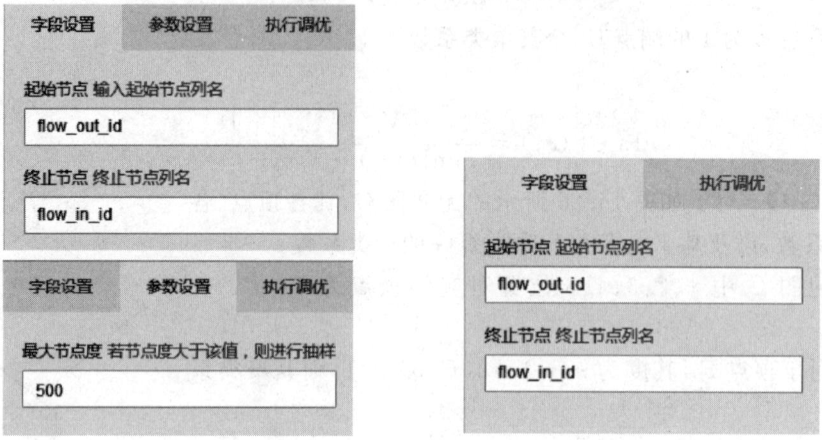

字段设置 参数设置 执行调优
起始节点 输入起始节点列名
flow_out_id
终止节点 终止节点列名
flow_in_id

字段设置 参数设置 执行调优
最大节点度 若节点度大于该值，则进行抽样
500

(a)

字段设置 执行调优
起始节点 起始节点列名
flow_out_id
终止节点 终止节点列名
flow_in_id

(b)

图 15-31　边聚类系数的设置界面

点聚类系数方法得到的结果如图 15-32 所示。

node ▲	node_cnt ▲	edge_cnt ▲	density ▲	log_density ▲
1	3	3	1	1.49038
2	3	3	1	1.49038
3	5	4	0.4	1.45657
4	3	3	1	1.49038
5	2	1	1	1.24696
6	2	1	1	1.24696

图 15-32　点聚类系数方法的实验结果

边聚类系数方法得到的结果如图 15-33 所示。

node1 ▲	node2 ▲	node1_edge_cnt ▲	node2_edge_cnt ▲	triangle_cnt ▲	density ▲
3	1	5	3	2	0.66667
1	2	3	3	2	0.66667
4	2	3	3	2	0.66667
2	3	3	5	2	0.66667
5	3	2	5	1	0.5
1	4	3	3	2	0.66667
3	4	5	3	2	0.66667
3	6	5	2	1	0.5
5	6	2	2	1	0.5

图 15-33　边聚类系数方法的实验结果

15.8 基于阿里云数加平台的社交网络分析实例

【例 15.8】 基于阿里云数加平台，运用单源最短路径方法、标签传播算法和 PageRank 方法分析基于社交网络的欺诈用户。

解：图 15-34 是已知的一份人物通联关系图，每两个人之间的连线表示两人有一定关系，可以是同事关系或者亲人关系等。已知 Enoch 是信用用户，Evan 是欺诈用户，计算出其他人的信用指数。通过图算法，可以算出图中每个人是欺诈用户的概率。

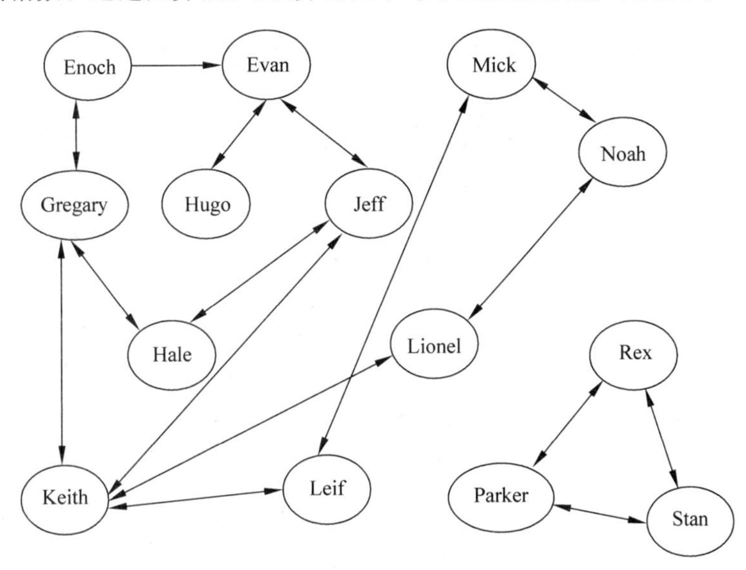

图 15-34 人物关系图

数据信息如图 15-35 所示。阿里云操作流程图如图 15-36 所示。

start_point▲	end_point▲	count▲
Enoch	Evan	10
Enoch	Gregary	2
Gregary	Hale	6
Evan	Hugo	2
Evan	Jeff	4
Gregary	Keith	7
Jeff	Keith	5
Hale	Jeff	11
Keith	Leif	3
Keith	Lionel	1
Leif	Mick	4
Lionel	Noah	8
Mick	Noah	9
Parker	Rex	2
Rex	Stan	11
Parker	Stan	7

图 15-35 数据信息图

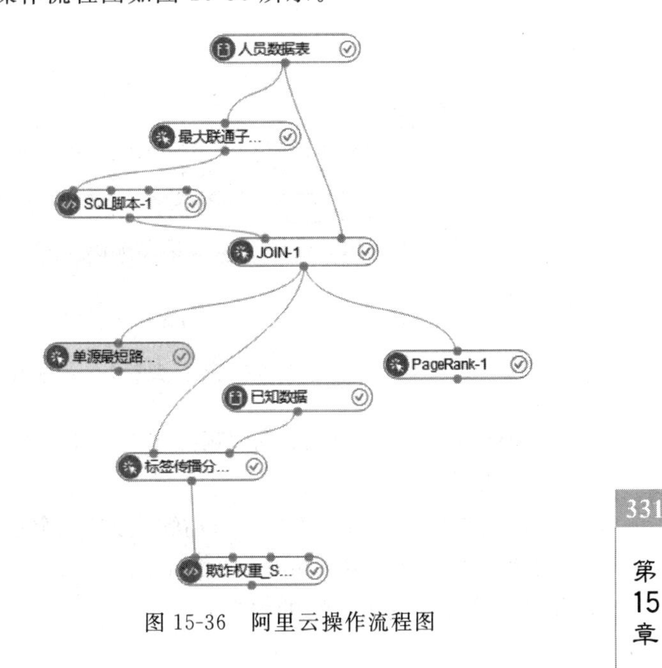

图 15-36 阿里云操作流程图

最大联通子图，可以找到有通联关系的最大集合，图 15-34 右下方 Rex、Parker、Stan，关系上是独立于其他人的，因此可以使用该方法将数据分为两部分，并使用 SQL 脚本和 JOIN 方法将其删除。其字段设置与执行调优信息如图 15-37 所示。

得到的结果如图 15-38 所示。

(a)

字段设置 | 执行调优

起始节点 选择起始节点列名

start_point

结束节点 选择结束节点列名

end_point

(b)

字段设置 | 执行调优

进程数量

默认可不填

进程内存 (MB)

4000

数据切分大小 (MB)

64

图 15-37　最大联通字图方法设置界面

node1 ▲	grp_id ▲
Hale	Noah
Leif	Noah
Rex	Stan
Hugo	Noah
Keith	Noah
Jeff	Noah
Parker	Stan
Evan	Noah
Lionel	Noah
Mick	Noah
Gregary	Noah
Noah	Noah
Stan	Stan
Enoch	Noah

图 15-38　最大联通子图实验结果

SQL 脚本方法使用的 MaxCompute-SQL 语句和得到的结果分别如图 15-39 所示。

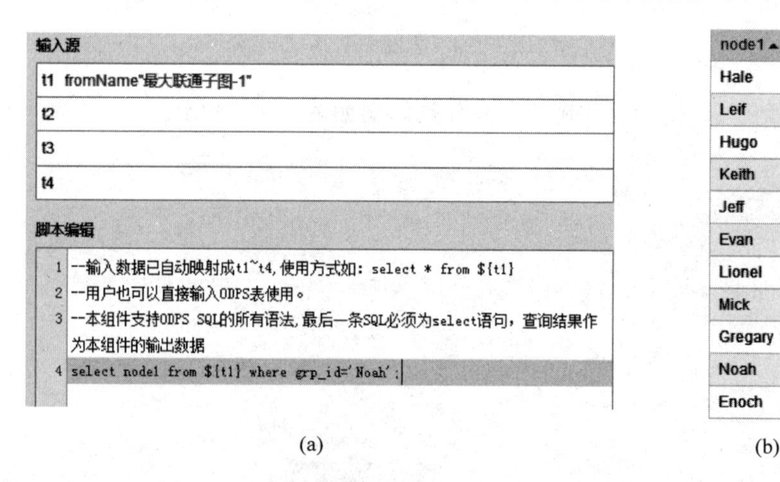

node1 ▲
Hale
Leif
Hugo
Keith
Jeff
Evan
Lionel
Mick
Gregary
Noah
Enoch

图 15-39　SQL 脚本中的类 SQL 语句及得到的结果

如图 15-39(b)的结果所示，删除了 grp_id＝“Stan”的数据。JOIN 方法的字段设置如图 15-40 所示。

其中，连接类型有左连接、内连接、右连接、全连接 4 种方式，可手动添加或删除关联条件，右表输出字段列为 count、start_point 和 end_point。得到的结果如图 15-41 所示，是删除了那三个独立的人之后的数据表。

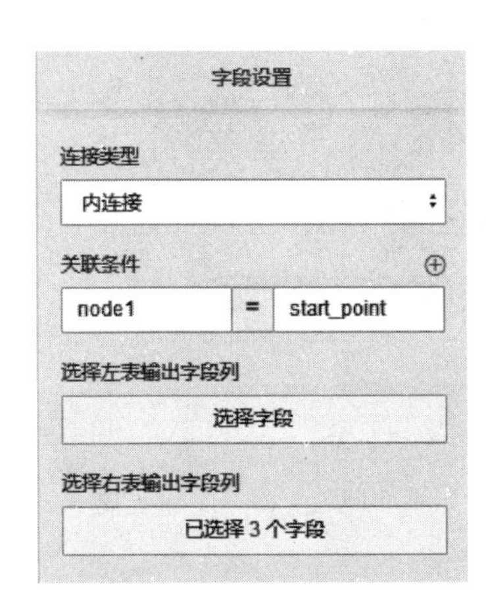

图 15-40　JOIN 方法的设置界面

start_point	end_point	count
Enoch	Gregary	2
Enoch	Evan	10
Evan	Jeff	4
Evan	Hugo	2
Gregary	Keith	7
Gregary	Hale	6
Jeff	Keith	5
Mick	Noah	9
Hale	Jeff	11
Keith	Lionel	1
Keith	Leif	3
Leif	Mick	4
Lionel	Noah	8

图 15-41　JOIN 方法后的实验结果

单源最短路径，用来计算图中一个点到另一个点的最短距离，其字段设置和参数设置如图 15-42 所示，起始结点 ID 选择的是 Enoch。

得到的结果如图 15-43 所示，distance 表示 Enoch 通过几个人可以联络到目标人。

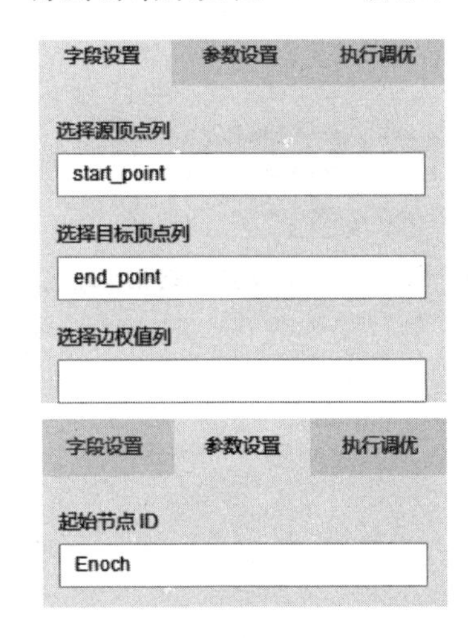

图 15-42　单元最短路径方法的设置界面

start_node	dest_node	distance	distance_cnt
Enoch	Hale	2	1
Enoch	Leif	3	1
Enoch	Hugo	2	1
Enoch	Keith	2	1
Enoch	Jeff	2	1
Enoch	Evan	1	1
Enoch	Lionel	3	1
Enoch	Mick	4	1
Enoch	Gregary	1	1
Enoch	Noah	4	1
Enoch	Enoch	0	0

图 15-43　单源最短路径方法得到的实验结果

PageRank，起于网页的搜索排序，这里用来表示每个人的权重排名。其字段信息与参数设置如图 15-44 所示。得到的结果如图 15-45 所示。

标签传播分类，该算法为半监督的分类算法，原理为用已标记结点的标签信息去预测未标记结点的标签信息。在算法执行过程中，每个结点的标签按相似度传播给相邻结点，在结点传播的每一步，每个结点根据相邻结点的标签来更新自己的标签，与该结点相似度越大，其相邻结点对其标注的影响权值越大，相似结点的标签越趋于一致，其标签就越容易传播。在标签传播过程中，保持已标注数据的标签不变，使其像一个源头把标签传向未标注数据。最终，当迭代过程结束时，相似结点的概率分布也趋于相似，可以划分到同一个类别中，从而完成标签传播过程。已知的标签结点信息便是流程图中的已知数据，信息如图 15-46 所示。

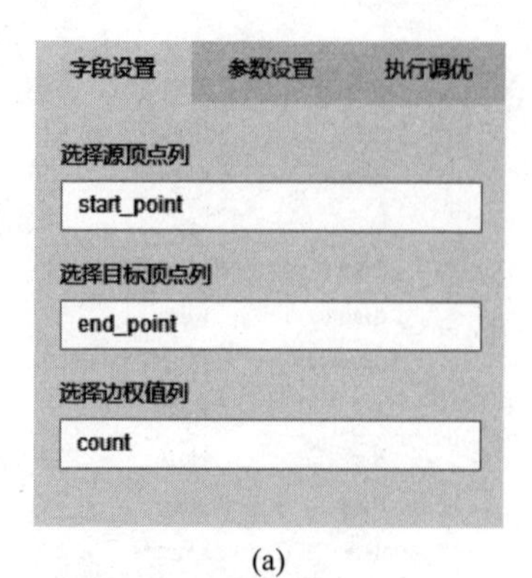

(a)

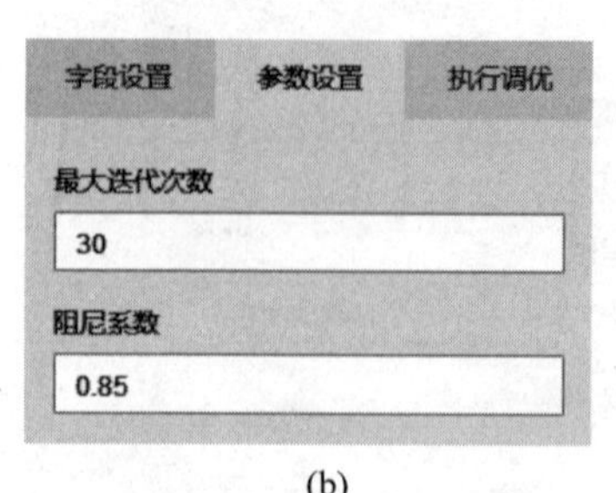

(b)

图 15-44　单源最短路径方法的设置界面

node ▲	weight ▲
Hale	0.01974388
Leif	0.05050828
Hugo	0.02023674
Keith	0.05783831
Jeff	0.04361942
Evan	0.02329545
Lionel	0.025927
Mick	0.05656841
Gre...	0.01556818
Noah	0.08375746
Enoch	0.01363636

图 15-45　单源最短路径方法得到的实验结果

point ▲	point_type ▲	weight ▲
Enoch	信用用户	1
Evan	欺诈用户	0.8

图 15-46　已知数据的信息

其字段信息与参数设置如图 15-47 所示。

字段设置　参数设置　执行调优

顶点表：选择顶点列

point

顶点表：选择标签列

point_type

顶点表：选择权值列

weight

边表：选择源顶点列

start_point

边表：选择目标顶点列

end_point

边表：选择权值列

count

(a)

字段设置　参数设置　执行调优

最大迭代次数

8

阻尼系数

0.8

收敛系数

0.000001

(b)

图 15-47　标签传播分类方法的设置界面

得到的结果如图 15-48 所示。

经过 SQL 语句“select * from ${t1} where tag='欺诈用户';”删除信用用户之后的结果如图 15-49 所示。

Hugo	欺...	1
Keith	欺...	0.2264783897173419
Keith	信...	0.7735216102826581
Jeff	欺...	0.34784053907648443
Jeff	信...	0.6521594609235155
Lionel	欺...	0.2938277295951075
Lionel	信...	0.7061722704048925
Gre...	信...	1
Enoch	信...	1
Hale	信...	1
Leif	欺...	0.24091136964145973
Leif	信...	0.7590886303585404
Evan	欺...	0.8
Mick	欺...	0.3113287445872401
Mick	信...	0.68867125541276
Noah	欺...	0.42059743476528927
Noah	信...	0.5794025652347107

图 15-48　标签传播分类方法得到的实验结果

node ▲	tag ▲	weight ▲
Hugo	欺...	1
Keith	欺...	0.2264783897173419
Jeff	欺...	0.34784053907648443
Lionel	欺...	0.2938277295951075
Leif	欺...	0.24091136964145973
Evan	欺...	0.8
Mick	欺...	0.3113287445872401
Noah	欺...	0.42059743476528927

图 15-49　最终实验结果

从而得到了每个欺诈用户及其概率。

15.9 小　　结

社交网络是一个系统，具有如下特点。

(1) 系统中的主体是用户(User)，用户可以公开或半公开个人信息。

(2) 用户能创建和维护与其他用户之间的连接(或朋友)关系及个人预分享的内容信息(如日志或照片等)。

(3) 用户通过连接(或朋友)关系能浏览和评价朋友分享的信息。

K-core(K-核)的概念由 Seidman 于 1983 年在论文“Network Structure and Minimum Degree”中提出，它可用来描述度分布所不能描述的网络特征，揭示源于系统特殊结构的结构性质和层次性质。

标签传播算法是一类半监督式机器学习算法，即用少量已知数据去训练模型去预测大量未知数据的性质。标签传播算法还可以应用于网页的重要度排序，可扩展到垃圾信息的屏蔽、信任评价等。另一方面，标签传播算法也可以合并迁移学习，进行情感分类方面的研究。

聚类系数(clustering coefficient)是关于复杂网络的一个非常重要的测度，它刻画了复杂网络中点的邻居中实际存在的边与该点邻居中可能存在的边的比值的平均值。

思 考 题

1. 简述 K-核方法的原理。
2. 简述单源最短路径方法的原理。
3. 简述 PageRank 方法的含义。
4. 简述标签传播算法的原理。
5. 简述最大联通子图算法的原理。
6. 简述聚类系数方法的原理。
7. 基于阿里云数加平台对 K-核方法、单源最短路径方法、PageRank 方法、标签传播算法、聚类系数算法等进行应用操作。

第 16 章 文本分析方法及应用

16.1 文本分析简介

文本分析是指对文本的表示及其特征项的选取。文本分析是文本挖掘、信息检索的一个基本问题,它把从文本中抽取出的特征词进行量化来表示文本信息。文本分析的目的是将它们从一个无结构的原始文本转化为结构化的计算机可以识别处理的信息,即对文本进行科学的抽象,建立它的数学模型,用以描述和代替文本,使计算机能够通过对这种模型的计算和操作来实现对文本的识别。

由于文本是非结构化的数据,要想从大量的文本中挖掘有用的信息就必须首先将文本转化为可处理的结构化形式。目前通常采用向量空间模型来描述文本向量,但是如果直接用分词算法和词频统计方法得到的特征项来表示文本向量中的各个维,那么这个向量的维度将是非常的大。这种未经处理的文本矢量不仅给后续工作带来巨大的计算开销,使整个处理过程的效率非常低下,而且会损害分类、聚类算法的精确性,从而使所得到的结果很难令人满意。因此必须对文本向量做进一步净化处理,在保证原文含义的基础上找出对文本特征类别最具代表性的文本特征。为了解决这个问题,最有效的办法就是通过特征选择来降维。因此,文本表示模型的选择和特征词选择算法的选取是文本分析的重要研究内容,特征选择和特征提取的方法在第 2 章已经进行了介绍,本章重点介绍与文本表示模型相关的方法和技术。

16.2 TF-IDF 方法

定义 16.1:TF-IDF(Term Frequency-Inverse Document Frequency)是一种用于信息检索与数据挖掘的加权技术,用来评估一个字词对于一个文件集或一个语料库中的其中一份文件的重要程度。

定义 16.2:词频(Term Frequency,TF)是指某个给定词语在某文件出现的频率。为了防止词数偏向长的文件(同一个词语在长文件里的词数可能会比短文件中的较大),需要进行归一化处理。对于含有 k 种词的文件集 D 中的某一文件 d_j,设 n_{ij} 表示第 i 种词在该文件出现的次数,TF_{ij} 表示第 i 种词在文件 d_j 的 TF 值,则有:

$$\mathrm{TF}_{ij} = \frac{n_{ij}}{\sum_k n_{kj}}$$

定义 16.3：逆向文件频率(Inverse Document Frequency,IDF)用来衡量某一词语在文件集的重要性。对文件集 D,设$|D|$表示 D 中文件的个数,$|D_i|$表示 D 中含有第i 种词的文件的个数,IDF_i 表示第 i 种词在文件集 D 的 TF 值,则有：

$$\text{IDF}_i = \log \frac{|D|}{|D_i|+1}$$

通常取以 10 为底的对数,分母中的 1 是为了避免出现分母为零的情况。TFI-DF 算法是建立在如下假设之上。

(1) 对区别文件最有意义的词语应该是那些在文件中出现频率较高,而在整个文件集的其他文件中出现频率较低的词,所以如果特征空间坐标系取 TF 作为测度,就可以体现同类文本的特点。

(2) 考虑到单个词区别不同文件的能力,TFI-DF 算法认为一个词出现在不同文件的频数越小,它区别不同文件的能力就越大。因此引入了逆向文件频率 IDF 的概念,以 TF 和 IDF 的乘积作为特征空间坐标系的取值测度,并用它完成对权值 TF 的调整,调整权值的目的在于突出重要单词,抑制次要单词。但是在本质上 IDF 是一种试图抑制噪音的加权,并且单纯地认为文本频数小的单词就越重要,文本频数大的单词就越无用,显然这并不是完全正确的。综合考虑,某一文件中第 i 种词的 TFI-DF 值定义为：

$$\text{TF-IDF}_{ij} = \text{TF}_{ij} \cdot \text{IDF}_i$$

IDF 的简单结构并不能有效地反映单词的重要程度和特征词的分布情况,使其无法很好地完成对权值调整的功能,所以 TF-IDF 法的精度并不是很高。

【例 16.1】 假如某文件集 D 中文件个数是 10 000 000 个,词类种数为 k(k 未知)。第 i 种词在 D 中 1000 份文件出现过,其中在文件 d_j 中出现了 3 次,而文件 d_j 的总词语数是 100 个,求文件 d 中第 i 种词的 TFI-DF 值。

解：$\text{TF}_{ij} = \frac{n_{ij}}{\sum_k n_{kj}} = \frac{3}{100}, \text{IDF}_i = \log \frac{|D|}{|D_i|+1} = \log_{10} \frac{10\,000\,000}{1001} \approx 4$

$$\text{TF-IDF}_{ij} = \text{TF}_{ij} \times \text{IDF}_i = 0.03 \times 4 = 0.12$$

16.3 中文分词方法

词是最小的、能够独立活动的、有意义的语言成分,英文单词之间是以空格作为自然分界符的,而汉语是以字为基本的书写单位,词语之间没有明显的区分标记,因此,中文分词是中文信息处理的基础与关键。

分词技术针对用户提交查询的关键词串进行的查询处理后,根据用户的关键词串用各种匹配方法进行分词的一种技术。常见的分词方法分为三类：基于字典或词库匹配的分词方法、基于词频度统计的分词方法以及基于知识理解的分词方法等。

16.3.1 基于字典或词库匹配的分词方法

基于字典或词库匹配的分词方法又叫机械分词方法,它是按照一定的策略将待分析的汉字串与一个"充分大的"机器词典中的词条进行匹配,若在词典中找到某个字符串,则匹配成功(识别出一个词)。按照扫描方向的不同,字符串匹配分词方法可以分为正向匹配和逆向匹配；按照不同长度优先匹配的情况，可以分为最大（最长）匹配和最小（最短）匹配；按照是否与词性标注过程相结合，又可以分为单纯分词方法和分词与词性标注相结合的一体化方法。

1. 正向最大匹配法

最大正向匹配法的基本思想为：假定分词词典中的最长词有 i 个汉字字符，则用被处理文档的当前字串中的前 i 个字作为匹配字段，查找字典。若字典中存在这样的一个 i 字词，则匹配成功，匹配字段被作为一个词切分出来。如果词典中找不到这样的一个 i 字词，则匹配失败，将匹配字段中的最后一个字去掉，对剩下的字串重新进行匹配处理，如此进行下去直到匹配成功，即切分出一个词或剩余字串的长度为零为止。这样就完成了一轮匹配，然后取下一个 i 字字串进行匹配处理，直到文档被扫描完为止。简单而言，正向最大匹配法就是把一个词从左至右来分词，例如，“不知道你在说什么”这句话采用正向最大匹配法的结果是：“不知道”、“你”、“在”和“说什么”。

2. 反向最大匹配法

反向最大匹配法的基本原理与正向最大匹配法相同，不同的是分词切分的方向与正向最大匹配法相反，而且使用的分词辞典也不同。反向最大匹配法从被处理文档的末端开始匹配扫描，每次取最末端的 $2i$ 个字符作为匹配字段，若匹配失败，则去掉匹配字段最前面的一个字，继续匹配。相应地，它使用的分词词典是逆序词典，其中的每个词条都将按逆序方式存放。在实际处理时，先将文档进行倒排处理，生成逆序文档。然后，根据逆序词典，对逆序文档用正向最大匹配法处理即可。简单地说，反向最大匹配法就是把一个词从左至右来分词，例如，“不知道你在说什么”这句话采用反向最大匹配法的结果是：“不”、“知道”、“你在”、“说”和“什么”。

由于汉语中偏正结构较多，若从后向前匹配可以适当提高精确度。所以反向最大匹配法比正向最大匹配法的误差要小。例如，切分字段“硕士研究生产”，正向最大匹配法的结果会是“硕士研究生/产”，而反向最大匹配法利用逆向扫描，可得到正确的分词结果“硕士/研究/生产”。

当然，最大匹配算法是一种基于分词词典的机械分词法，不能根据文档上下文的语义特征来切分词语，对词典的依赖性较大，所以在实际使用时难免会造成一些分词错误。为了提高系统分词的准确度，可以采用正向最大匹配法和反向最大匹配法相结合的分词方案。

3. 双向匹配分词法

双向匹配法将正向最大匹配法与反向最大匹配法组合，先根据标点对文档进行粗切分，把文档分解成若干个句子，然后再对这些句子用正向最大匹配法和反向最大匹配法进行扫描切分，如果两种分词方法得到的匹配结果相同，则认为分词正确；否则，按最小集处理。

4. 最短路径分词法

就是说一段话里面要求分出的词数是最少的。“不知道你在说什么”最短路径分词法的结果是“不知道”、“你在”和“说什么”，这就是最短路径分词法，分出来就只有 3 个词。

16.3.2 基于词的频度统计的分词方法

基于词的频度统计的分词方法是一种全切分方法，在讨论这个方法之前先要明白什么叫全切分方法。全切分要求获得输入序列的所有可接受的切分形式，而部分切分只取得一种或几种可接受的切分形式，由于部分切分忽略了可能的其他切分形式，所以建立在部分切分基础上的分词方法不管采取何种歧义纠正策略，都可能会遗漏正确的切分，造成分词错误或失败；而建立在全切分基础上的分词方法，由于全切分取得了所有可能的切分形式，因而从根本上避免了可能切分形式的遗漏，克服了部分切分方法的缺陷。

全切分算法能取得所有可能的切分形式，它的句子覆盖率和分词覆盖率均为100%，但全切分分词并没有在文本处理中广泛地采用，原因有以下几点。

(1) 全切分算法只是能获得正确分词的前提，因为全切分不具有歧义检测功能，最终分词结果的正确性和完全性依赖于独立的歧义处理方法，如果评测有误，也会造成错误的结果。

(2) 全切分的切分结果个数随句子长度的增长呈指数增长，一方面将导致庞大的无用数据充斥于存储数据库；另一方面，当句长达到一定长度后，由于切分形式过多，造成分词效率严重下降。

基于词的频度统计的分词方法不依靠词典，而是将文章中任意两个字同时出现的频率进行统计，次数越高的就可能是一个词。它首先切分出与词表匹配的所有可能的词，运用统计语言模型和决策算法决定最优的切分结果。它的优点在于可以发现所有的切分歧义并且容易将新词提取出来。从形式上看，词是稳定的字的组合，因此在上下文中，相邻的字同时出现的次数越多，就越有可能构成一个词。因此字与字相邻共现的频率或概率能够较好地反映成词的可信度。可以对语料中相邻共现的各个字的组合的频度进行统计，计算它们的互信息：

$$M(X,Y) = \log \frac{P(X,Y)}{P(X)P(Y)}$$

其中 $P(X, Y)$ 是汉字 X、Y 的相邻共现概率，$P(X)$、$P(Y)$ 分别是 X、Y 在语料中出现的概率。互信息体现了汉字之间结合关系的紧密程度。在紧密程度高于某一个阈值时，便认为此字组可能构成了一个词。实际应用的统计分词系统都要使用一部基本的分词词典进行串匹配分词，与字符串匹配分词方法不同的是，统计分词方法分出来的词都是带有概率信息的，最后通过在所有可能的切分结果中选出一种概率最大的分词结果，这种方法具有自动消除歧义的优点。目前，这种方法是分词的主流方法。

16.3.3 其他中文分词方法

1. 基于知识理解的分词方法

通常的分词系统，都力图在分词阶段消除所有歧义切分现象。而有些系统则在后续过程中来处理歧义切分问题，其分词过程只是整个语言理解过程的一小部分。其基本思想就是在分词的同时进行句法、语义分析，利用句法信息和语义信息来处理歧义现象。它通常包括三个部分：分词子系统、句法语义子系统和总控部分。在总控部分的协调下，分词子系统可以获得有关词、句子等的句法和语义信息来对分词歧义进行判断，即它模拟了人对句子的理解过程。这种分词方法需要使用大量的语言知识和信息。由于汉语语言知识的笼统、复杂性，难以将各种语言信息组织成机器可直接读取的形式，目前，这种方法是分词方法中的主流方法。

2. 并行分词方法

并行分词方法借助于一个含有分词词库的管道进行，比较匹配过程是分步进行的，每一步可以对进入管道中的词同时与词库中相应的词进行比较，由于同时有多个词进行比较匹配，因而分词速度可以大幅度提高。这种方法涉及多级内码理论和管道的词典数据结构。具体内容可参考文献[1]。

总之，基于字典或词库匹配的分词方法应用词典匹配、汉语词法或其他汉语语言知识进行分词，这类方法简单、分词效率较高，但汉语语言现象复杂丰富，词典的完备性、规则的一致性等问题使其难以适应开放的大规模文本的分词处理。基于词频度统计的分词方法基于字和词的统计信息，如把相邻字间的信息、词频及相应的共现信息等应用于分词，由于这些信息是通过调查真实语料而取得的，因而基于统计的分词方法具有较好的实用性，而基于知识理解的分词方法试图让机器具有人类的理解能力，需要使用大量的语言知识和信息。由于汉语语言知识的笼统、复杂性，难以将各种语言信息组织成机器可直接读取的形式。因此目前基于知识的分词系统还处在试验阶段。对中文分词技术而言，出现了基于各种编程语言开发的分词软件包。如庖丁解牛分词包[2]、LingPipe[3]、LibMMSeg[3]、IKAnalyzer[4]、PHPCWS[5]以及 KTDictSeg[6]等。

16.4 PLDA 方法

16.4.1 主题模型

定义 16.4：主题(Topic)就是一个概念或方面。它表现为一系列相关的词语(word)，能够代表某个主题，从数学角度来看就是词汇表上词语的条件概率分布。

在文本挖掘时，计算文档相似性是非常基础的操作，通常对文本进行分词、构建向量空间模型(Vector Space Model，VSM)，通过 Jaccard 系数或者余弦相似性(cosine similarity)计算距离或者相似度。上述方法是基于 corpus 库的思路，即仅仅考虑词组并未考虑文本的语义信息。针对下面情况，基于 corpus 库将很难处理。

“如果时间回到 2006 年，马云和杨致远的手还会握在一起吗?”

“阿里巴巴集团和雅虎就股权回购一事签署了最终协议。”

如果采用基于 corpus 库的 Jaccard 距离等算法，那么这两个文本的完全不相关，但是事实上，“马云”和“阿里巴巴集团”，“杨致远”和“雅虎”有着密切的联系，从语义上看，两者都和“阿里巴巴”有关系。再例如：

“富士苹果真好。”

“苹果四代真好。”

从 corpus 库上来看，两者非常相似，但是事实上，这两个句子从语义上来讲，没有任何关系，一个是“水果”，而另一个是“手机”。基于以上例子，可以通过“主题”去解决这一问题。主题就像一个桶，装了出现频率很高的词语，这些词语和主题有很强的相关性，或者说这些词语定义了这个主题。例如以“阿里巴巴”为主题，那么“马云”、“电子商务”等词会以很高的频率出现，而如果涉及以“腾讯”为主题，那么“马化腾”、“微信”、“QQ”会以较高的频率出现；同时，一个词语可能来自于不同的桶，例如“电子商务”可以来自“阿里巴巴”主题，也可以来自“京东”主题，所以一段文字往往包含多个主题，一个主题也可以对应多段文字。

定义 16.5：主题模型(Topic Model)就是通过大量已知数据训练出文字中所隐含主题

的一种建模方法。

令 D 表示文档，W 表示词语，Z 表示文档中隐含的主题；$P(W|D)$表示词语在给定文档中出现的概率，$P(W|Z)$表示给定主题下文档出现的概率，$P(Z|D)$表示给定文档中主题出现的概率；则有：

$$P(W \mid D) = \sum_{Z} P(W \mid Z) P(Z \mid D)$$

主题模型的一般工作原理是，通过对大量已知文档进行分词，得到词汇列表，这样就可以通过词语的集合去表示每一个文档，此时可令 $P(W|D)=\frac{\text{词语在文档中出现的次数}}{\text{文档中词语的总数}}$，然后利用公式 $P(W \mid D) = \sum_{Z} P(W \mid Z) P(Z \mid D)$ 并通过某种训练方法去推导 $P(W|Z)$和 $P(Z|D)$的值。

主题模型的训练方法有很多，目前主要训练方法有 PLSA(Probabilistic Latent Semantic Analysis)和 LDA(Latent Dirichlet Allocation)。PLSA 主要采用 EM(期望最大化)算法，通过不断进行 E 过程(求期望)与 M 过程(最大化)这两种迭代过程去生成模型，同时 EM 算法保证上述迭代的收敛；LDA 通过 Gibbs sampling 方法去实现。主题模型具有如下特点。

(1) 它可以衡量文档之间的语义相似性。对于一篇文档，求出来的主题分布可以看作是对它的一个抽象表示。对于概率分布，可以通过一些距离公式来计算出两篇文档的语义距离，从而得到它们之间的相似度。

(2) 它可以解决多义词的问题。上述例子中，“苹果”可能是水果，也可能指苹果公司。通过我们求出来的分布，就可以知道“苹果”都属于哪些主题，就可以通过主题的匹配来计算它与其他文字之间的相似度。

(3) 它可以排除文档中噪音的影响。一般来说，文档中的噪音往往处于次要主题中，可以把它们忽略掉，只保持文档中最主要的主题。

(4) 它是无监督的，完全自动化的。只需要提供训练文档，它就可以自动训练出各种概率，无需任何人工标注过程。

(5) 它是跟语言无关的。任何语言只要能够对它进行分词，就可以进行训练，得到它的主题分布。

16.4.2 PLDA 方法原理

1. PLDA 模型的产生

设 PLDA 模型中总共定义了 K 个主题，V 个词语。任何一篇文档是由 K 个主题中多个主题混合而成，换句话说，每篇文档都是主题上的一个概率分布 doc(topic)。每个主题都是词语上的一个概率分布topic_k(word)，下标 k 表示为第 k 个主题，换句话说，文档中的每个词语都是由某一个的主题随机生成的。因此一篇文档的生成过程如下。

(1) 依据 doc(topic)概率分布，生成一个主题。

(2) 依据该主题的概率分布 topic(word)，生成了一个 word。

(3) 回到第(1)步，重复 N 次，则生成了这篇文章的 N 个 word。

因此，doc(topic)是总和为 N 的 K 多项分布，topic_k(word)是总和为 N 的 V 多项分布。如果选择多项分布的先验分布为 Dirichlet 分布，该模型则成了 PLDA 模型。

2. PLDA模型后验分布概率

假设主题的先验概率分布为Dirichlet分布：$\mathrm{Dir}(\vec{\theta}\mid\vec{\alpha})$（$\vec{\theta}\in R^K$ 表示 K 个主题构成的随机变量，$\vec{\alpha}\in R^K$ 为参数）则基于第 m 篇文档的主题的观察数据$\vec{nm}_m\in R^K$（该向量的第 i 个分量是第 i 个主题在文档中所对应的词语出现的个数），则第 m 篇文档主题的后验分布概率为：$\mathrm{Dir}(\vec{\theta}\mid\vec{nm}_m+\vec{\alpha})$，同时主题的生成概率为$\frac{\Delta(\vec{nm}_m+\vec{\alpha})}{\Delta(\vec{\alpha})}$。

假设词语的先验概率分布为Dirichlet分布：$\mathrm{Dir}(\vec{\varphi}\mid\vec{\beta})$（$\vec{\varphi}\in R^V$ 表示 V 个词语构成的随机变量，$\vec{\beta}\in R^V$ 为参数），则基于第 k 个主题的词语观察数据$\vec{nk}_k\in R^V$（对文档中逐个词语进行计数），则第 k 个主题的后验分布概率为 $\mathrm{Dir}(\vec{\varphi}\mid\vec{nk}_k+\vec{\beta})$，同时单词的生成概率为$\frac{\Delta(\vec{nk}_k+\vec{\beta})}{\Delta(\vec{\beta})}$。

由于每篇文档生成的主题的过程相互独立，每个主题生成词语的过程相互独立，而且生成主题和生成词语的过程相互独立，因此 M 篇文档的主题和词语的联合生成概率为：

$$p(\vec{w},\vec{z}\mid\vec{\alpha},\vec{\beta})=\prod_{k=1}^{K}\frac{\Delta(\vec{nk}_k+\vec{\beta})}{\Delta(\vec{\beta})}\prod_{m=1}^{M}\frac{\Delta(\vec{nm}_m+\vec{\alpha})}{\Delta(\vec{\alpha})} \tag{16-1}$$

其中，$\vec{z}\in R^K$表示 K 个主题构成的随机变量，$\vec{w}\in R^V$ 表示 V 个词语构成的随机变量。

3. 随机变量和观测数据的确定

根据文档生成的过程可知：每个词语对应一个主题，因此可选（word，topic）作为Markov链的随机变量。式(16-1)就是该随机变量的概率分布。因此可以采用Gibbs Sampling来获得该随机变量的稳态概率分布。根据前面的推导式(16-1)为后验概率，其$\vec{nm}_m$ 和$\vec{nk}_k$ 是观测数据。

$\vec{nm}_m$ 是对第 m 篇文档各个单词的主题按 1-K 编号进行统计计数而得到的观测数据，可以展开为$[\overrightarrow{nm(1)}_m,\overrightarrow{nm(2)}_m,\cdots,\overrightarrow{nm(K)}_m]$，因此该计数的概率为$(N,K)$的多项分布，$N$ 为第 m 篇文档的词语总数，K 为主题总数。

$\vec{nk}_k$ 是对第 k 个主题各个词语按单词的编号 1-V 进行统计计数而得到的观测数据，可以展开为$[\overrightarrow{nk(1)}_k,\overrightarrow{nk(2)}_k,\cdots,\overrightarrow{nk(V)}_k]$，因此该计数的概率为$(N,V)$的多项分布，$N$ 为第 k 个主题包括的单词总数，V 为单词词汇总数。

4. 状态转移概率的确定

由于文档的主题和词语的先验分布为Dirichlet分布，观测数据$\vec{nm}_m$ 和$\vec{nk}_k$ 为Multinomial分布，二者为Dirichlet-Multinomial共轭，这样某个词语的主题转移概率就可以利用其他词语的主题观测数据来得到后验概率了。具体计算过程如下。

计算词语 t 的主题转移概率，$\vec{nm}_{m,\neg t}$表示第 m 篇文档中去掉词语 t 对应的主题观测数据。$\vec{nk}_{k,\neg t}$表示去掉词语 t 后第 k 个主题的观测数据。因此基于去掉词语 t 的其他词语观测数据，每篇文档主题的后验分布概率为 $\mathrm{Dir}(\vec{\theta}\mid\vec{nm}_{m,\neg t}+\vec{\alpha})$，其估计值为 $\frac{\overrightarrow{nm(k)}_{m,\neg t}+\alpha_k}{\sum_{k=1}^{K}(\overrightarrow{nm(k)}_{m,\neg t}+\alpha_k)}$。每个主题对词语的后验分布概率为 $\mathrm{Dir}(\vec{\varphi}\mid\vec{nk}_{k,\neg t}+\vec{\beta})$，其估计值为 $\frac{\overrightarrow{nk(t)}_{k,\neg t}+\beta_t}{\sum_{t=1}^{V}(\overrightarrow{nk(t)}_{k,\neg t}+\beta_t)}$。从而

对于词语 t 转移到下一个主题 k 的概率为：

$$p(k,t)=\frac{\overrightarrow{nm(k)}_{m,\neg t}+\alpha_k}{\sum_{k=1}^{K}(\overrightarrow{nm(k)}_{m,\neg t}+\alpha_k)}\cdot\frac{\overrightarrow{nk(t)}_{k,\neg t}+\beta_t}{\sum_{t=1}^{V}(\overrightarrow{nk(t)}_{k,\neg t}+\beta_t)}$$

16.5 Word2Vec 基本原理

自然语言处理(Natural Language Processing,NLP)相关任务中,要将自然语言交给机器学习中的算法来处理,通常需要首先将语言数学化,而向量是人把自然界的东西抽象出来交给机器处理的有效形式,是人对机器输入的主要方式之一。

16.5.1 词向量的表示方式

词向量就是用来将语言中的词进行数学化的一种方式,顾名思义,词向量就是把一个词表示成一个向量,主要有以下两种表示方式[7]。

1. One-Hot Representation

该方法是用一个很长的向量来表示一个词,向量的长度为词典的大小,向量的分量只有一个 1,其他全为 0,1 的位置对应该词在词典中的位置。例如,"话筒"和"电视"可能会表示如下。

- "话筒"表示为[0001000000…]
- "电视"表示为[0000000100…]

One-Hot Representation 方式非常适合用稀疏矩阵表示,但这种方法有以下两个缺点。

(1) 容易受维数灾难的困扰。

(2) 不能很好地刻画词与词之间的相似性。

2. Distributed Representation

这种方法最早是 Hinton 于 1986 年提出的,可以克服 One-Hot Representation 的缺点。其基本想法是直接用一个普通的向量表示一个词,这种向量一般是这种样子:[0.792, −0.177, −0.107, 0.109, −0.542,…],也就是普通的向量表示形式。一个词如何表示成如上所示的向量形式,是需要经过一番训练的,训练方法较多,Word2Vec 是其中一种。另外,每个词在不同的语料库和不同的训练方法下,得到的词向量可能是不一样的。用这种方法训练的词向量维数一般不高,所以出现维数灾难的机会比 One-Hot Representation 方法要小得多。

用效果较好的训练算法得到的词向量一般是有空间上的意义的,即将所有这些向量放在一起形成一个词向量空间,而每一向量则为该空间中的一个点,在这个空间上的词向量之间的距离度量也可以表示对应的两个词之间的"距离"。所谓两个词之间的"距离",就是这两个词之间的语法或语义之间的相似性,可以采用欧几里得距离或余弦相似度等方法计算两个词向量之间的距离。

16.5.2 统计语言模型

1. 统计语言模型

统计语言模型(Statistical Language Model,SLM)是 NLP 的基础,它被广泛地应用于

语音识别、机器翻译、分词、词性标注和信息检索等任务。简单来说,SLM 是用来计算一个句子概率的概率模型,它通常基于一个语料库来构建[10]。什么叫做一个句子的概率呢?假设 $W=w_1^T:=(w_1,w_2,\cdots,w_T)$ 表示由 T 个词 $w_1,w_2,\cdots,w_T$ 按顺序构成的一个句子,则 $w_1,w_2,\cdots,w_T$ 的联合概率 $P(W)=P(w_1^T)=P(w_1,w_2,\cdots,w_T)$ 就是这个句子的概率。利用贝叶斯公式,$P(w_1^T)$ 也可以被链式地分解为 $P(w_1^T)=P(w_1)\cdot P(w_2|w_1)\cdot P(w_2|w_1^2)\cdots P(w_T|w_1^{T-1})$。其中的(条件)概率 $P(w_1),P(w_2|w_1),P(w_2|w_1^2),\cdots,P(w_T|w_1^{T-1})$ 就是语言模型的参数。如果这些参数都已经得到,那么给定一个句子 w_1^T 就可以计算得到其对应的 $P(w_1^T)$ 了。

下面考虑一下模型参数的个数问题。刚才考虑的是一个给定长度为 T 的句子,需要计算 T 个参数。设语料库对应词典 D 的大小(即词汇量)为 N,则如果考虑长度为 T 的任意句子,理论上就有 N^T 种可能,而每种可能都要计算 T 个参数,总共就需要计算 TN^T 个参数(这是大概的估算,没有考虑重复参数的情况)。这个数量级是很大的,而且由于在计算过程中需要保存,其内存开销也很大。计算这些参数常见的方法有 N-Gram 模型、决策树、最大熵模型、最大熵马尔科夫模型、条件随机场及神经网络等。下面讨论一下 N-Gram 模型。

2. N-Gram 模型

考虑 $P(w_k|w_1^{k-1})(k>1)$ 的近似计算。利用贝叶斯公式有:

$$P(w_k \mid w_1^{k-1}) = \frac{P(w_1^k)}{P(w_1^{k-1})} \tag{16-2}$$

根据大数定理,当语料库足够大时,$P(w_k|w_1^{k-1})$ 可近似地表示为:

$$P(w_k \mid w_1^{k-1}) \approx \frac{\text{count}(w_1^k)}{\text{count}(w_1^{k-1})} \tag{16-3}$$

其中 $\text{count}(w_1^k)$ 和 $\text{count}(w_1^{k-1})$ 分别表示词串 w_1^k 和 w_1^{k-1} 在语料中出现的次数。由式(16-2)可以看出,一个词出现的概率与它前面的所有词都相关。如果假定一个词出现的概率只与它前面固定数目的词相关呢?这就是 N-Gram 模型的基本思想。N-Gram 模型做了一个 $n-1$ 阶的 Markov 假设,认为一个词出现的概率就只于它前面的 $n-1$ 个词相关,即:

$$P(w_k \mid w_1^{k-1}) \approx P(w_k \mid w_{k-n+1}^{k-1})$$

因此式(16-3)变成了

$$P(w_k \mid w_1^{k-1}) \approx \frac{\text{count}(w_{k-n+1}^{k})}{\text{count}(w_{k-n+1}^{k-1})} \tag{16-4}$$

以 $n=2$ 为例,有:

$$P(w_k \mid w_1^{k-1}) \approx \frac{\text{count}(w_{k-1},w_k)}{\text{count}(w_{k-1})}$$

通过这种简化处理,不仅使得单个参数的统计变得更加容易(统计时需要匹配的词串更短),也使得参数的总数变少了。那么 N-Gram 模型中的参数 n 取多大合适呢?一般来说,n 的选取需要同时考虑计算复杂度和模型效果两个因素,具体取值如表 16-1 所示。

表 16-1 N-Gram 模型参数数量与 n 的关系表

n	模型参数数量	n	模型参数数量
1(unigram)	$2*10^5$	3(trigram)	$8*10^{15}$
2(bigram)	$4*10^{10}$	4(4-gram)	$16*10^{20}$

在计算复杂度方面，表16-1给出了N-Gram模型中模型参数数量随着n的逐渐增大而变化的情况。其中假定词典大小$N=200\,000$(汉语的词汇量大致是这个量级)。事实上，模型参数的量级是N的指数函数($O(N^n)$)，显然n不能取值太大，实际应用中最多是采用$n=3$的三元模型。在模型效果方面，理论上是n越大效果越好。但当n大到一定程度时，模型效果的提升幅度会变小。例如，当n从1到2，再从2到3时，模型的效果上升显著，而从3到4时，效果的提升就不显著了[8]。实际上，这里涉及一个可靠性和可区别性的问题，参数越多，可区别性越好，但同时单个参数的实例变少，从而降低了可靠性，因此需要在可靠性和可区别性之间进行折中。另外，N-Gram模型中还有一个叫做平滑化的重要环节，如式(16-4)所示，考虑如下问题：

(1) 若$\text{count}(w_{k-n+1}^{k})=0$，能否认为$P(w_k \mid w_1^{k-1})=0$？

(2) 若$\text{count}(w_{k-n+1}^{k})=\text{count}(w_{k-n+1}^{k-1})$，能否认为$P(w_k \mid w_1^{k-1})=1$？

很显然上面两个问题的答案都是否定的。但这个问题无法回避，不管语料库有多大。平滑技术就是用来处理这个问题的，这里不展开讨论。总的来说，N-Gram模型的主要工作就是在语料中统计各种词串出现的次数以及平滑处理，概率值计算好之后就存储起来，下次需要计算一个句子的概率时，只需找到相关的概率参数，将它们连乘起来即可。

如何利用模型进行预测呢？一种通用的思路就是对所考虑的问题建模后先为其构造一个目标函数，然后对这个目标函数进行优化，从而求得一组最优的参数，最后利用这组最优参数对应的模型进行预测。对于统计语言模型而言，利用最大似然法可把目标函数设定为：

$$\prod_{w \in C} P(w \mid \text{Context}(w))$$

这里的C表示语料(corpus)，Context(w)表示词w的上下文(context)，即w周围的词的集合。当Context(w)为空时，就取$P(w|\text{Context}(w))=P(w)$，特别的，对于N-Gram模型，就有$\text{Context}(w_i)=w_{i-n+1}^{i-1}$。注意语料$C$和词典$D$的区别：词典$D$是从语料$C$中抽取出来的，不存在重复的词，而语料$C$是指所有的文本内容，包括重复的词。在实际应用中常采用最大对数似然法，即把目标函数设定为：

$$\ell = \sum_{w \in C} \log P(w \mid \text{Context}(w)) \tag{16-5}$$

然后对式(16-5)进行最大化。从式(16-5)可以看出，概率$P(w|\text{Context}(w))$已经被视为w和Context(w)的函数，即：

$$P(w \mid \text{Context}(w)) = F(w, \text{Context}(w), \theta)$$

其中θ为待定参数集。因此一旦公式(16-5)进行优化得到最优参数集θ^*后，F函数也就被唯一确定了，以后任何概率$P(w|\text{Context}(w))$就可以通过函数$F(w, \text{Context}(w), \theta^*)$来计算。与N-Gram模型相比，该方法不需要事先计算并保存算法的概率值，而是通过直接计算来获得，且通过选取合适的模型可以使得θ中参数的个数远小于N-Gram模型中参数的个数。很显然，现在剩下的关键问题就是构造函数F了。下面介绍一种通过神经网络来构造F函数的方法，这种方法也是接下来要介绍的Word2Vec中算法框架的基础。

3. 神经概率语言模型

这里以文献[9]中提到的模型为例，说明神经概率语言模型的基本原理。图16-1给出了神经网络的结构示意图，它包含四层，即输入层、投影层、隐藏层和输出层。其中W、U分别为投影层与隐藏层以及隐藏层和输出层之间的权值矩阵，p、q分别为隐藏层和输出层上的偏置向量。

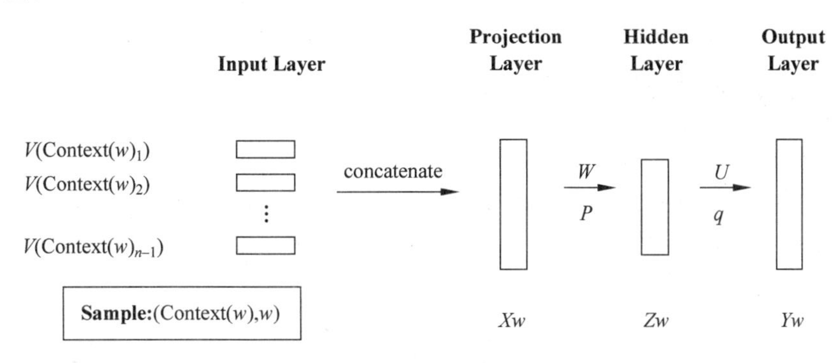

图 16-1 神经网络结构示意图

对于语料 C 中的任意一个词 w，将 Context(w)取为其前面的 $n-1$ 个词(与 N-Gram 模型类似)，二元组(Context(w)，w)就是一个训练样本了，接下来讨论样本(Context(w)，w)经过图 16-1 所示的神经网络是如何计算的。需要说明的是，一旦语料 C 和词向量长度 m 给定后，投影层和输出层的规模就确定了，前者为“$(n-1)m$”，后者为“$N=|D|$”，即语料 C 的词汇量大小，而隐藏层的规模 n_h 由用户指定，是参数可调的。

为什么投影层的规模是$(n-1)m$？因为输入层包含 Context(w)中 $n-1$ 个词的词向量，而投影层的向量 x_w 构造过程为：将输入层的 $n-1$ 个词向量按照顺序首尾相连地拼成一个长向量，其长度即为$(n-1)m$。根据向量 x_w，可进行如下计算。

$$\begin{cases} z_w = \tanh(Wx_w + p) \\ y_w = Uz_w + q \end{cases} \tag{16-6}$$

其中 tanh 为双曲正切函数，用来作为隐藏层的激活函数。经过式(16-6)的计算，得到的 $y_w=(y_{w,1},y_{w,2},\cdots,y_{w,N})^{\mathrm{T}}$ 只是一个长度为 N 的向量，其分量不能表示概率。如果想要 y_w 的分量 $y_{w,i}$ $1\leqslant i\leqslant N$ 表示上下文为 Context(w)的时候下一个词恰为词典 D 中的第 i 个词的概率，则还需要做 Softmax 归一化，即：

$$P(w \mid \text{Context}(w)) = \frac{e^{y_{w,i_w}}}{\sum_{i=1}^{N} e^{y_{w,i}}} \tag{16-7}$$

其中 i_w 表示词 w 在词典 D 中的索引。式(16-7)给出了概率 $P(w|\text{Context}(w))$的函数表示，即根据上一小节提到的 $F(w,\text{Context}(w),\theta)$函数，那么其中待确定的参数 θ 包括两部分：

(1) 词向量 $v(w)\in R^m$，$w\in D$ 以及填充向量。

(2) 神经网络参数：$W\in R^{n_h\times(n-1)m}$，$p\in R^{n_h}$，$U\in R^{N\times n_h}$，$q\in R^N$。

上述参数均通过训练算法得到。需要说明的是，在机器学习算法中输入都是已知的，而在图 16-1 所示的神经概率语言模型中，输入 $v(w)$也需要通过训练才能得到。在图 16-1 所示的神经网络中，投影层、隐藏层和输出层的规模分别为$(n-1)m$、n_h 和 N。整个模型的大部分计算集中在隐藏层和输出层之间的矩阵向量计算以及输出层上的 softmax 归一化运算，很多工作都是对这一部分内容进行优化，包括 Word2Vec 的工作。与 N-Gram 模型相比，神经概率语言模型具有如下优势。

(1) 词语之间的相似性可以通过词向量来体现。

(2) 基于词向量的模型自带平滑功能,不需要额外的处理。

16.5.3 霍夫曼编码

1. 霍夫曼树

为了介绍霍夫曼编码,需要介绍霍夫曼树等基本概念。树是一种重要的非线性数据结构,它是数据元素(树结点)按照分支关系组织起来的结构。若干棵互不相交的树所构成的集合称为森林。下面先给出几个常用概念。

1) 路径和路径长度

在一棵树中,从一个结点往下可以到达的孩子或孙子结点之间的通路称为路径。通路中分支的数目称为路径长度。若规定根结点的层号为1,则从根结点到第 L 层结点的路径长度为 $L-1$。

2) 结点的权和带权路径长度

若为树中结点赋予一个具有某种含义的非负数值,则这个数值称为该结点的权。结点的带权路径长度是指,从根结点到该结点之间的路径长度与该结点的权的乘积。

3) 树的带权路径长度

树的带权路径长度规定为所有叶子结点的带权路径长度之和。

二叉树是每个结点最多有两个子树的有序树,两个子树通常被称为"左子树"和"右子树",所谓"有序"是指两个子树有左右之分,顺序不可颠倒。给定 n 个权值作为 n 个叶子结点,构造一棵二叉树,若它的带权路径长度达到最小,则称之为最优二叉树,也叫做哈夫曼(Huffman)树。给定 n 个权值 $\{w_1, w_2, \cdots, w_n\}$ 作为二叉树的 n 个叶子结点,可以通过如下步骤构造一棵哈夫曼树。

(1) 将 $\{w_1, w_2, \cdots, w_n\}$ 看做是有 n 棵树的森林,即每棵树仅有一个结点。

(2) 在森林中选出两个根结点的权值最小的树合并,作为一棵新树的左、右子树,且新树的根结点全职为其左、右子树根结点权值之和。

(3) 从森林中删除所选取的两棵树,并将新树加入森林。

(4) 重复步骤(2)和(3),直到森林中只剩一棵树位置,该树即为所求的哈夫曼树。

【例 16.2】 假设从新浪微博中抓取的若干微博中,"我"、"喜欢"、"观看"、"巴西"、"足球"、"世界杯"这六个词出现的次数分别为15、8、6、5、3、1。请以这6个词为叶子结点,以相应词频为权值,构造一棵哈夫曼树。

解:构造过程如图16-2所示。

2. 霍夫曼编码

在数据通信中,需要将传送的文字转换成二进制的字符串,用0、1码的不同排列来表示字符。例如,假设要传送报文"AFTER DATA EAR ARE ART AREA",它包含字符集为"A,E,R,T,F,D",这些字母各自出现的次数为8、4、5、3、1、1,现在要求为这些字母设计编码。

最简单的区分上述6种字母的二进制编码方法即为等长编码,也就是为每个字母分配一个二进制序列。如可以用000、001、010、011、100、101对"A,E,R,T,F,D"进行编码。显然这种编码的长度取决于报文中不同字符的个数,字符个数越多,编码长度越大。但在报文

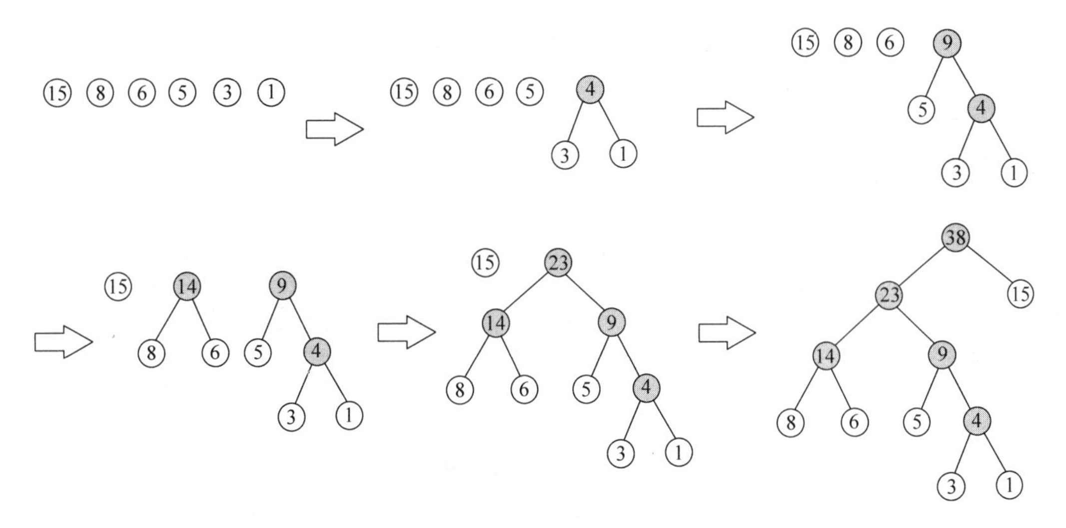

图 16-2　哈夫曼树构造过程

传送过程中总是希望总长度越短越好。另外，在实际应用中，每个字符穿线的频度是不同的，在设计编码的时候总是希望让使用频率高的编码短一些，以优化整个报文编码长度。

为使不等长编码为前缀编码(即要求一个字符的编码不能是另一个字符编码的前缀)，可以用字符集中的每个字符作为叶子结点生成一棵编码二叉树，为了获得传送报文的最短长度，可将每个字符的出现频率作为字符结点的权值赋予该结点。显然，使用频率越小的权值越小，权值越小叶子就越靠下。于是就实现了使用频率小的编码长，使用频率高的编码短，这样就保证了此树的最小带权路径长度，效果上就是传送报文的最短路径。因此求传送报文最短路径问题转化为求由字符集中的所有字符作为叶子结点，由字符出现频率作为其权值所生成的哈夫曼树的问题。利用哈夫曼树设计的二进制前缀编码称为哈夫曼编码，它既能满足前缀编码的条件，又能保证报文编码总长最短。

16.5.4 节将介绍的 Word2Vec 工具中也将用到哈夫曼编码，它把训练语料中的词当成叶子结点，其在语料中出现的次数当做权值，通过构造相应的哈夫曼树来对每一个词进行哈夫曼编码。

【例 16.3】 对于例 16.1 中 6 个词的哈夫曼编码，约定(词频较大者)左孩子结点编码为 1，(词频较小者)右孩子编码为 0。这样，"我"、"喜欢"、"观看"、"巴西"、"足球"、"世界杯"这 6 个词的哈夫曼编码分别为 0、111、110、101、1001 和 1000。编码过程如图 16-3 所示。

16.5.4　Word2Vec 原理简介

解释完 16.5.1 节至 16.5.3 节的基本概念之后，我们来解释一下 Word2Vec 的基本原理。Word2Vec 是 Google 在 2013 年年中开源的一款将词表征为实数值向量的高效工具，其利用深度学习的思想，可以通过训练，把对文本内容的处理简化为 K 维向量空间中的向量运算，而向量空间上的相似度可以用来表示文本语义上的相似度。Word2Vec 输出的词向量可以被用来做很多 NLP 相关的工作，例如聚类、找同义词、词性分析等等。如果换个思路，把词当作特征，那么 Word2Vec 就可以把特征映射到 K 维向量空间，可以为文本数据寻求更加深层次的特征表示。

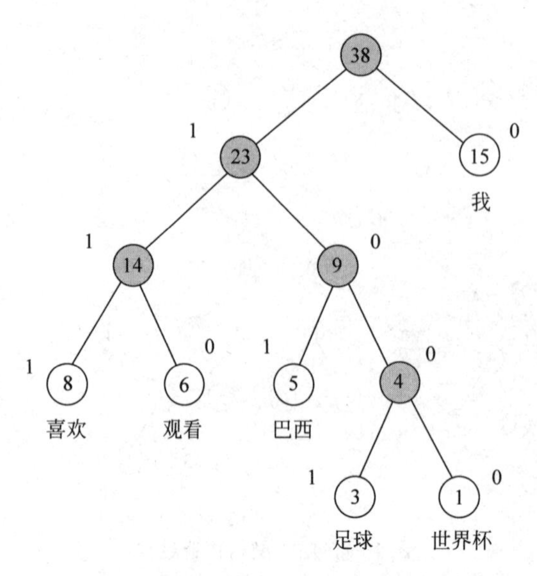

图 16-3 哈夫曼编码示意图

Word2Vec 使用的是 Distributed representation 的词向量表示方式。Distributed representation 最早由 Hinton 在 1986 年提出的。其基本思想是：通过训练将每个词映射成 K 维实数向量(K 一般为模型中的超参数)，通过词之间的距离(例如 cosine 相似度、欧氏距离等)来判断它们之间的语义相似度。其采用一个三层的神经网络，输入层-隐层-输出层。核心技术是根据词频用 Huffman 编码，使得所有词频相似的词隐藏层激活的内容基本一致，出现频率越高的词语，它们激活的隐藏层数目越少，这样有效地降低了计算的复杂度。这个三层神经网络本身是对语言模型进行建模，但也同时获得一种单词在向量空间上的表示，而这个副作用才是 Word2Vec 的真正目标。

16.6 基于阿里云数加平台的文本分析实例

下面对高尔基的作品《海燕》进行文本分析，数据信息如图 16-4 所示。

id▲	content▲
1	在苍茫的大海上，狂风卷集着乌云。在乌云和大海之间，海燕像黑色的闪电，在高傲地飞翔。
2	一会儿翅膀碰着波浪，一会儿箭一般地直冲向乌云，它叫喊着，——就在这鸟儿勇敢的叫喊声里，乌云听出了欢乐。
3	在这叫喊声里——充满着对暴风雨的渴望！在这叫喊声里，乌云听出了愤怒的力量、热情的火焰和胜利的信心。
4	海鸥在暴风雨来临之前呻吟着，——呻吟着，它们在大海上飞窜，想把自己对暴风雨的恐惧，掩藏到大海深处。
5	海鸭也在呻吟着，——它们这些海鸭啊，享受不了生活的战斗的欢乐：轰隆隆的雷声就把它们吓坏了。
6	蠢笨的企鹅，胆怯地把肥胖的身体躲藏到悬崖底下……只有那高傲的海燕，勇敢地，自由自在地，在泛起白沫的大海上飞翔！
7	乌云越来越暗，越来越低，向海面直压下来，而波浪一边歌唱，一边冲向高空，去迎接那雷声。
8	雷声轰响。波浪在愤怒的飞沫中呼叫，跟狂风争鸣。看吧，狂风紧紧抱起一层层巨浪，恶狠狠地把它们甩到悬崖上，把这些大块的翡翠摔成尘雾和碎末。
9	海燕叫喊着，飞翔着，像黑色的闪电，箭一般地穿过乌云，翅膀掠起波浪的飞沫。
10	看吧，它飞舞着，像个精灵，——高傲的、黑色的暴风雨的精灵，——它在大笑，它又在号叫……它笑那些乌云，它因为欢乐而号叫！
11	这个敏感的精灵，——它从雷声的震怒里，早就听出了困乏，它深信，乌云遮不住太阳，——是的，遮不住的！
12	狂风吼叫……雷声轰响……
13	一堆堆乌云，像黑色的火焰，在无底的大海上燃烧。大海抓住闪电的箭光，把它们熄灭在自己的深渊里。这些闪电的影子，活像一条条火蛇，在大海里蜿蜒游动，一晃就消失...
14	——暴风雨！暴风雨就要来啦！
15	这是勇敢的海燕，在怒吼的大海上，在闪电中间，高傲地飞翔；这是胜利的预言家在叫喊：
16	——让暴风雨来得更猛烈些吧！

图 16-4 数据信息

SplitWord 是一种分词方法，对于一篇文章做数据处理时，只能先将其分词，然后对单个的词做统计以及其他处理，因此，可以得到如图 16-5 所示的操作流程图。

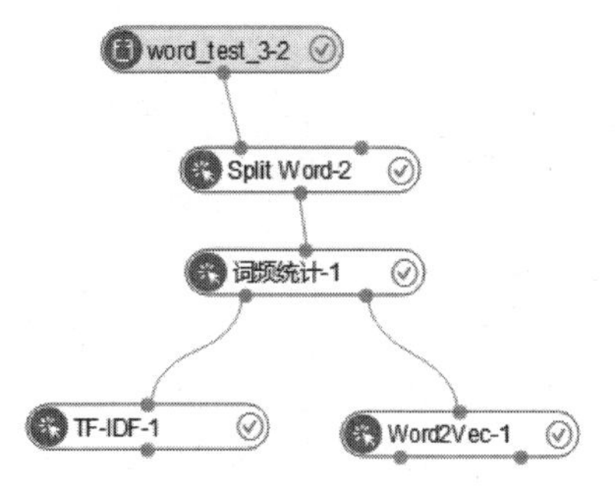

图 16-5　阿里云平台操作流程图

SplitWord，基于 AliWS(Alibaba Word Segmenter 的简称)词法分析系统，对指定列对应的文章内容进行分词，分词后的各个词语间以空格作为分隔符，若用户指定了词性标注或语义标注相关参数，则会将分词结果、词性标注结果和语义标注结果一同输出，其中词性标注分隔符为“/”，语义标注分隔符为“|”。目前仅支持中文淘宝分词和互联网分词。其字段设置与参数设置如图 16-6 所示，其中字段选择的是 id 和 content。

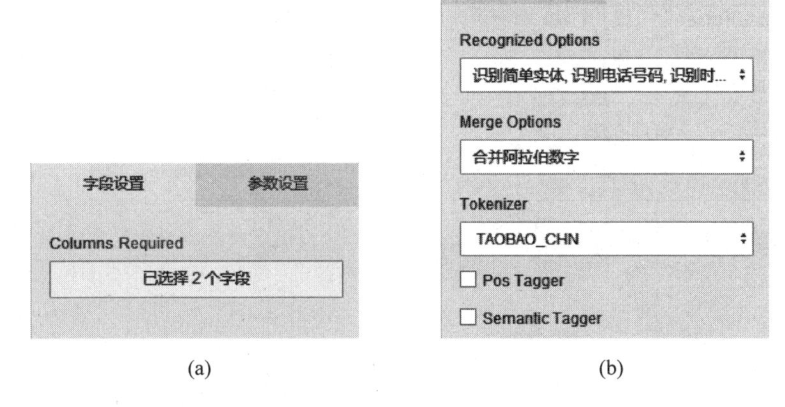

(a)　　(b)

图 16-6　SplitWord 算法设置界面

得到的结果如图 16-7 所示。

id▲	content▲
1	在苍茫的大海上，狂风卷集着乌云。在乌云和大海之间，海燕像黑色的闪电，在高傲地飞翔。
2	一会儿翅膀碰着波浪，一会儿箭一般地直冲向乌云，它叫喊着，——就在这鸟儿勇敢的叫喊声里，乌云听出了欢乐。
3	在这叫喊声里——充满着对暴风雨的渴望！在这叫喊声里，乌云听出了愤怒的力量、热情的火焰和胜利的信心。
4	海鸥在暴风雨来临之前呻吟着，——呻吟着，它们在大海上飞窜，想把自己对暴风雨的恐惧，掩藏到大海深处。
5	海鸭也在呻吟着，——它们这些海鸭啊，享受不了生活的战斗的欢乐：轰隆隆的雷声就把它们吓坏了。
6	蠢笨的企鹅，胆怯地把肥胖的身体躲藏到悬崖底下……只有那高傲的海燕，勇敢地，自由自在地，在泛起白沫的大海上飞翔！
7	乌云越来越暗，越来越低，向海面直压下来，而波浪一边歌唱，一边冲向高空，去迎接那雷声。
8	雷声轰响。波浪在愤怒的飞沫中呼叫，跟狂风争鸣。看吧，狂风紧紧抱起一层层巨浪，恶狠狠地把它们甩到悬崖上，把这些大块的翡翠摔成尘雾和...
9	海燕叫喊着，飞翔着，像黑色的闪电，箭一般地穿过乌云，翅膀掠起波浪的飞沫。
10	看吧，它飞舞着，像个精灵，——高傲的、黑色的暴风雨的精灵，——它在大笑，它又在号叫……它笑那些乌云，它因为欢乐而号叫！
11	这个敏感的精灵，——它从雷声的震怒里，早就听出了困乏，它深信，乌云遮不住太阳，——是的，遮不住的！
12	狂风吼叫……雷声轰响……
13	一堆堆乌云，像黑色的火焰，在无底的大海上燃烧。大海抓住闪电的箭光，把它们熄灭在自己的深渊里。这些闪电的影子，活像一条条火蛇，在大...
14	——暴风雨！暴风雨就要来啦！
15	这是勇敢的海燕，在怒吼的大海上，在闪电中间，高傲地飞翔：这是胜利的预言家在叫喊：
16	——让暴风雨来得更猛烈些吧！

图 16-7　Split 算法实验结果

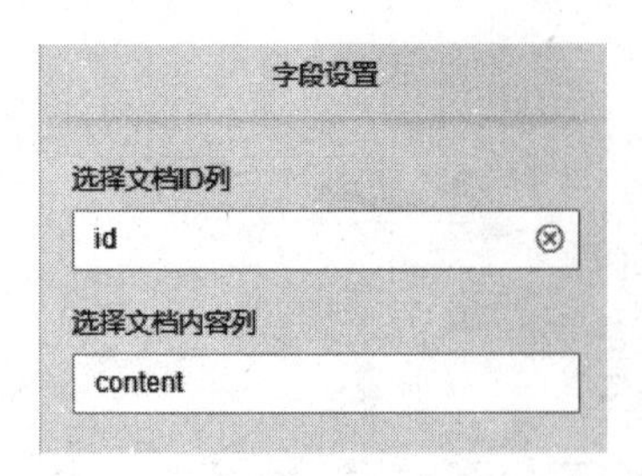

图 16-8　词频统计方法设置界面

词频统计，在对文章进行分词的基础上，按行保序输出对应文章 ID 列(docId)对应文章的词，统计指定文章 ID 列(docId)对应文章内容(docContent)的词频。其字段设置如图 16-8 所示。

得到的结果部分截图如图 16-9 所示。

TF-IDF(term frequency-inverse document frequency)，TF-词频，IDF-逆向文件频率是一种用于资讯检索与文本挖掘的常用加权技术。TF-IDF 是一种统计方法，用以评估某字或词对于一个文件集或一个语料库中的其中一份文件的重要程度。字词的重要性随着它在文件中出现的次数成正比增加，但同时会随着它在语料库中出现的频率成反比下降。TF-IDF 加权的各种形式常被搜索引擎应用，作为文件与用户查询之间相关程度的度量或

id▲	word▲	count▲
1	的	2
1	着	1
1	苍茫	1
1	闪电	1
1	集	1
1	飞翔	1
1	高傲	1
1	黑色	1
1	，	3
2	一	2
2	。	1
2	一会儿	2
2	一般	1
2	乌云	2
2	了	1
2	出	1

(a)

id▲	word▲
1	黑色
1	的
1	闪电
1	，
1	在
1	高傲
1	地
1	飞翔
1	。
1	</s>
2	一会儿
2	翅膀
2	碰
2	着
2	波浪
2	，

(b)

图 16-9　算法实验结果

评级。本组件是词频统计输出的基础上，计算各个 word 对于各篇文章的 TF-IDF 值。其字段设置如图 16-10 所示。

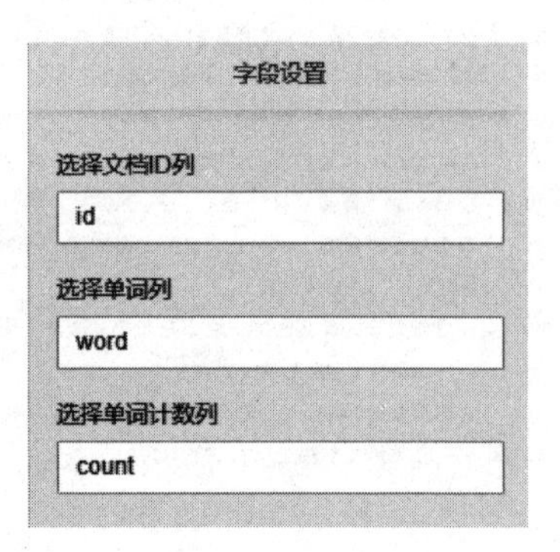

图 16-10　IT-IDF 方法设置界面

得到的结果如图 16-11 所示。

Word2Vec，是 Google 在 2013 年开源的一个将词表转为向量的算法，其利用神经网络，可以通过训练，将词映射到 K 维度空间向量，甚至对于表示词的向量进行操作，还能和语义相对应，由于其简单和高效引起了很多人的关注。其字段设置与参数设置如图 16-12 所示。

得到的结果如图 16-13 所示，这里省略了 f4-f94。

id▲	word▲	count▲	total_word_count▲	doc_count▲	total_doc_count▲	tf▲	idf▲	tfidf▲
1	的	2	29	12	16	0....	0.2...	0.019840142927709022
1	着	1	29	7	16	0....	0.8...	0.028506157696016134
1	苍茫	1	29	1	16	0....	2.7...	0.09560650766344073
1	闪电	1	29	4	16	0....	1.3...	0.04780325383172036
1	集	1	29	1	16	0....	2.7...	0.09560650766344073
1	飞翔	1	29	4	16	0....	1.3...	0.04780325383172036
1	高傲	1	29	4	16	0....	1.3...	0.04780325383172036
1	黑色	1	29	4	16	0....	1.3...	0.04780325383172036
1	，	3	29	13	16	0....	0.2...	0.021479934287404606
10	—	2	47	4	16	0....	1.3...	0.058991249409357044
10	…	2	47	3	16	0....	1.6...	0.0712330397264541
10	–	2	47	6	16	0....	0.9...	0.04173741502177558
10	、	1	47	2	16	0....	2.0...	0.04424343705701778
10	个	1	47	2	16	0....	2.0...	0.04424343705701778
10	乌云	1	47	8	16	0....	0.6...	0.014747812352339261
10	像	1	47	4	16	0....	1.3...	0.029495624704678522

图 16-11　算法实验结果

字段设置　参数设置

选择单词列

word

字段设置　参数设置

单词特征维度

100

语言模型

skip-gram

单词窗口大小

5

☑ 使用随机窗口

截断最小词频

5

☑ 采用 hierarchical softmax

负采样 建议值 5-10

0

向下采样阈值

0

起始学习速率

0.025

迭代次数

1

图 16-12　Word2Vec 方法设置界面

word▲	f0▲	f1▲	f2▲	f3▲
</s>	0....	-0....	-0....	-0....
，	-0....	0....	-0....	0....
的	0....	-0....	0....	0....
在	0....	-0....	0....	0....
。	0....	-0....	-0....	0....
—	-0....	-0....	0....	-0....
着	-0....	0....	0....	-0....
乌云	0....	-0....	-0....	0....
它	-0....	0....	-0....	0....
地	0....	0....	0....	0....
…	-0....	0....	0....	-0....
—	0....	-0....	-0....	0....
！	-0....	0....	-0....	0....
暴风雨	0....	0....	-0....	-0....
大海	0....	-0....	-0....	0....
里	0....	0....	-0....	-0....

f96▲	f97▲	f98▲	f99▲
-0....	-0....	0.0...	0.00066618...
-0....	0.0...	-0....	-0.00657371...
-0....	0.0...	-0....	-0.00076950...
0.0...	-0....	-0....	-0.00274926...
-0....	0.0...	-0....	0.00257859...
-0....	-0....	-0....	0.00147433...
0.0...	0.0...	0.0...	-0.00408132...
-0....	0.0...	-0....	-0.00530956...
-0....	0.0...	-0....	0.00053173...
-0....	0.0...	-0....	0.00269808...
-0....	-0....	0.0...	-0.00003147...
-0....	0.0...	-0....	0.00472160...
0.0...	0.0...	0.0...	-0.00196306...
0.0...	-0....	0.0...	0.00294278...
-0....	0.0...	-0....	-0.00367944...
-0....	-0....	-0....	0.00463707...

word▲	count▲
</s>	16
，	52
的	34
在	19
。	14
—	12
着	10
乌云	10
它	8
地	8
…	8
—	8
！	7
暴风雨	7
大海	7
里	6

图 16-13　算法实验结果

16.7　小　　结

TF-IDF 是一种用于信息检索与数据挖掘的加权技术，用来评估一个字词对于一个文件集或一个语料库中的其中一份文件的重要程度。分词技术针对用户提交查询的关键词串进行的查询处理后，根据用户的关键词串用各种匹配方法进行分词的一种技术。常见的分词方法分为三类：基于字典或词库匹配的分词方法、基于词频度统计的分词方法以及基于知识理解的分词方法等。主题模型就是通过大量已知数据训练出文字中所隐含主题的一种建模方法。

Word2Vec 是 Google 在 2013 年年中开源的一款将词表征为实数值向量的高效工具，其利用深度学习的思想，可以通过训练，把对文本内容的处理简化为 K 维向量空间中的向量运算，而向量空间上的相似度可以用来表示文本语义上的相似度。Word2Vec 输出的词向量可以被用来做很多 NLP 相关的工作，例如聚类、找同义词、词性分析等。

思　考　题

1. 简述 TF-IDF 方法的原理。
2. 简述常见的中文分词方法思想。
3. 什么是主题模型？
4. 简述 PLDA 方法原理。
5. 简述词向量的表述方式。
6. 试着解释 Word2Vec 的基本原理。

第17章 推荐系统方法及应用

17.1 推荐系统简介

推荐系统是通过用户与信息产品之间二元关系，利用已有的选择过程或相似性关系挖掘每个用户潜在感兴趣的对象，进而进行个性化推荐，其本质就是信息过滤。一个完整的推荐系统由3个部分组成：收集用户信息的行为记录模块，分析用户喜好的模型分析模块和推荐算法模块。

17.2 基于内容的推荐算法

17.2.1 基于内容的推荐算法原理

基于内容的推荐(Content-based Recommendations，CBR)是根据用户过去喜欢的物品(item)，为用户推荐和他过去喜欢的产品相似的产品。例如，一个推荐饭店的系统可以依据某个用户之前喜欢很多的烤肉店而为他推荐烤肉店。CBR最早主要是应用在信息检索系统当中，所以很多信息检索及信息过滤里的方法都能用于CBR中。

基于内容的推荐的基本思想是：对每个用户都用一个称作用户兴趣模型(user profile)的文件构成数据结构来描述其喜好；对每个物品的内容进行特征提取(Feature Extraction)，形成特征向量(feature vector)；当需要对某个用户进行推荐时，把该用户的用户兴趣模型同所有物品的特征矩阵进行比较，得到二者的相似度，系统通过相似度进行推荐。CBR的过程一般包括以下三步。

(1) Item Representation：为每个item抽取出一些特征(也就是item的content)来表示此item。

(2) Profile Learning：利用一个用户过去喜欢(及不喜欢)的item的特征数据，来学习出此用户的喜好特征(profile)。

(3) Recommendation Generation：通过比较上一步得到的用户profile与候选item的特征，为此用户推荐一组相关性最大的item。

文献[3]对于上面的三个步骤给出一张很细致的流程图(第一步对应Content Analyzer，第二步对应Profile Learner，第三步对应Filtering Component)，如图17-1所示。

举个例子说明前面的三个步骤。对于个性化阅读来说，一个item就是一篇文章。根据上面的第一步，我们首先要从文章内容中抽取出代表它们的属性。常用的方法就是利用出

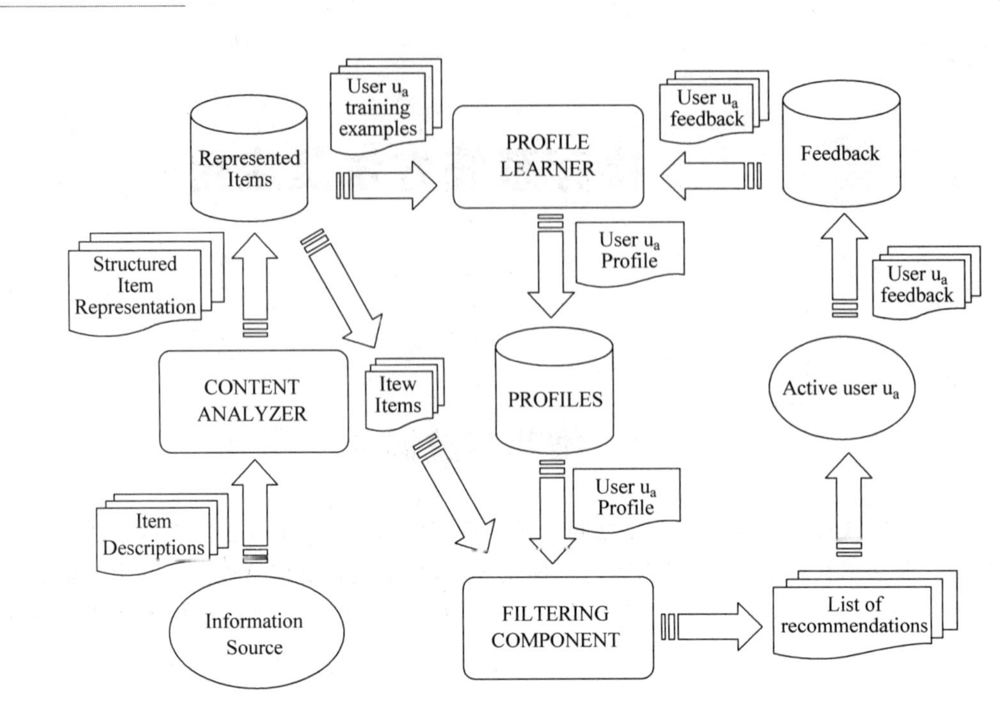

图 17-1　基于内容的推荐系统架构

现在一篇文章中的词来代表这篇文章，而每个词对应的权重往往使用信息检索中的 TF-IDF 来计算。例如对于本文来说，词“CBR”、“推荐”和“喜好”的权重会比较大，而“烤肉”这个词的权重会比较低。利用这种方法，一篇抽象的文章就可以使用一个向量来表示了。第二步就是根据用户过去喜欢什么文章来产生刻画此用户喜好的 profile，最简单的方法可以把用户所有喜欢的文章对应的向量的平均值作为此用户的 profile。例如某个用户经常关注与推荐系统有关的文章，那么他的 profile 中“CBR”、“CF”和“推荐”对应的权重值就会较高。在获得了一个用户的 profile 后，CBR 就可以利用所有 item 与此用户 profile 的相关度对他进行推荐文章了。一个常用的相关度计算方法是余弦相似度(Cosine Similarity)。最终把候选 item 里与此用户最相关(余弦相似度值最大)的 N 个 item 作为推荐返回给此用户。接下来详细介绍下上面的三个步骤。

1. Item Representation

真实应用中的 item 往往都会有一些可以描述它的属性。这些属性通常可以分为两种：结构化的(structured)属性与非结构化的(unstructured)属性。所谓结构化的属性就是这个属性的意义比较明确，其取值限定在某个范围；而非结构化的属性往往其意义不太明确，取值也没什么限制，不好直接使用。例如在交友网站上，item 就是人，一个 item 会有结构化属性如身高、学历、籍贯等，也会有非结构化属性(如 item 自己写的交友宣言，博客内容等)。对于结构化数据，自然可以拿来就用；但对于非结构化数据(如文章)，往往要先把它转化为结构化数据后才能在模型里加以使用。真实场景中碰到最多的非结构化数据可能就是文章了(如个性化阅读中)。下面详细介绍如何把非结构化的一篇文章结构化。如何表征一篇文章在信息检索中已经被研究很长时间了，向量空间模型(Vector Space Model，VSM)是常用的表征技术之一。

假设要表示的所有文章集合为 $D=\{d_1,d_2,\cdots,d_N\}$，而所有文章中出现的词（对于中文文章，首先得对所有文章进行分词）的集合（也称为词典）为 $T=\{t_1,t_2,\cdots,t_n\}$。也就是说，我们有 N 篇要处理的文章，而这些文章里包含了 n 个不同的词。我们最终要使用一个向量来表示一篇文章，例如第 j 篇文章被表示为 $d_j=\{w_{1j},w_{2j},\cdots,w_{nj}\}$，其中 w_{1j} 表示第 1 个词 t_1 在文章 j 中的权重，值越大表示越重要；d_j 中其他向量的解释类似。所以，为了表示第 j 篇文章，现在关键的就是如何计算 d_j 各分量的值。例如，如果词 t_1 出现在第 j 篇文章中，我们可以选取 w_{1j} 为 1；如果 t_1 未出现在第 j 篇文章中，则其值为 0。我们也可以选取 w_{1j} 为词 t_1 出现在第 j 篇文章中的次数（frequency）。但是用得最多的计算方法还是信息检索中常用的词频-逆文档频率（Term Frequency-Inverse Document Frequency，TF-IDF）。第 j 篇文章中与词典里第 k 个词对应的 TF-IDF 为：

$$\mathrm{TF}-\mathrm{IDF}(t_k,d_j)=\underbrace{\mathrm{TF}(t_k,d_j)}_{\mathrm{TF}}\times\underbrace{\log\frac{N}{n_k}}_{\mathrm{IDF}}$$

其中 $\mathrm{TF}(t_k,d_j)$ 是第 k 个词在文章 j 中出现的次数，而 n_k 是所有文章中包含第 k 个词的文章数量。最终第 k 个词在文章 j 中的权重由下面的公式获得：

$$w_{k,j}=\frac{\mathrm{TF}-\mathrm{IDF}(t_k,d_j)}{\sqrt{\sum_{s=1}^{|T|}\mathrm{TF}-\mathrm{IDF}(t_s,d_j)^2}}$$

做归一化的好处是不同文章之间的表示向量被归一化到一个量级上，便于下面步骤的操作。

2. Profile Learning

假设用户 u 已经对一些 item 给出了他的喜好判断，喜欢其中的一部分 item，不喜欢其中的另一部分。那么，这一步要做的就是通过用户 u 过去的这些喜好判断，为他产生一个模型。有了这个模型，我们就可以根据此模型来判断用户 u 是否会喜欢一个新的 item。所以，我们要解决的是一个典型的有监督分类问题，理论上机器学习里的分类算法都可以照搬进这里。CBR 里常用的学习算法有如下几种。

1）KNN 算法

对于一个新的 item，最近邻方法首先找用户 u 已经评判过并与此新 item 最相似的 k 个 item，然后依据用户 u 对这 k 个 item 的喜好程度来判断其对此新 item 的喜好程度。这种做法和后面介绍的协同过滤（Collaborative Filtering，CF）推荐算法中的 item-based KNN 很相似，差别在于这里的 item 相似度是根据 item 的属性向量计算得到，而 CF 中是根据所有用户对 item 的评分计算得到。

该方法的关键问题是如何通过 item 的属性向量计算 item 之间的相似度。文献[2]中建议对于结构化数据，相似度计算使用欧几里得距离；而如果使用向量空间模型（VSM）来表示 item 的话，则相似度计算可以使用余弦相似度。

2）Rocchio 算法

Rocchio 算法是信息检索中处理相关反馈（Relevance Feedback）的一个著名算法。例如用户在搜索引擎里搜"苹果"，当用户最开始搜索这个词时，搜索引擎不知道用户到底是要搜索水果还是电子产品，所以往往会尽量呈现各种结果。当用户看到这些结果后，用户会点击一些自己觉得相关的结果（这就是所谓的相关反馈）。然后如果用户翻页查看第二页的结果时，搜索引擎可以通过用户刚才给的相关反馈，修改用户的查询向量取值，重新计算网页得分，把跟用户刚才点击的结果相似的结果排前面。例如用户最开始搜索“苹果”时，对应的查询向量是{“苹果”：1}。而当用户点击了一些与 Mac、iPhone 相关的结果后，搜索引擎会把用户的查询向量修改为{“苹果”：1，“Mac”：0.8，“iPhone”：0.7}，通过这个新的查询向量，搜索引擎就能比较明确地知道用户要找的是电子产品了。Rocchio 算法的作用就是用来修改用户的查询向量：{“苹果”：1}-> {“苹果”：1，“Mac”：0.8，“iPhone”：0.7}。在 CBR 中，可以使用 Rocchio 算法来获取用户 u 的 profile $\overrightarrow{w_u}$：

$$\overrightarrow{w_u}=\beta\times\frac{1}{|I_r|}\times\sum_{\overrightarrow{w_j}\in I_r}\overrightarrow{w_j}-\gamma\times\frac{1}{|I_{nr}|}\times\sum_{\overrightarrow{w_k}\in I_{nr}}\overrightarrow{w_k}$$

其中$\overrightarrow{w_j}$表示 item j 的属性，I_r 和 I_{nr} 分别表示已知的用户 u 喜欢与不喜欢的 item 集合。β 和 γ 为正负反馈的权重，它们的值由系统给定。在获得$\overrightarrow{w_u}$后，对于某个给定的 item j，可以使用$\overrightarrow{w_u}$与$\overrightarrow{w_j}$的相似度来代表用户 u 对 j 的喜好度。Rocchio 算法的一个好处是$\overrightarrow{w_u}$可以根据用户的反馈实时更新，其更新代价很小。由于要解决的问题是一个典型的有监督学习问题，所以常见的分类算法都可以用到这里。

3）决策树（Decision Tree，DT）

当 item 的属性较少而且是结构化属性时，决策树一般会是个好的选择。这种情况下决策树可以产生简单直观、容易让人理解的结果。而且我们可以把决策树的决策过程展示给用户 u，告诉他为什么这些 item 会被推荐。但是如果 item 的属性较多，且都来源于非结构化数据（如 item 是文章），那么决策树的效果可能并不会很好。

4）朴素贝叶斯（Naïve Bayesian，NB）算法

现在的 profile learning 问题中包括两个类别：用户 u 喜欢的 item，以及他不喜欢的 item。在给定一个 item 的类别后，其各个属性的取值概率互相独立。我们可以利用用户 u 的历史喜好数据训练朴素贝叶斯方法，之后再用训练好的朴素贝叶斯算法对给定的 item 做分类。

5）线性分类算法

对于这里的二类问题，线性分类器（Linear Classifier，LC）尝试在高维空间找一个平面，使得这个平面尽量分开两类点。也就是说，一类点尽可能地在平面的某一边，而另一类点尽可能地在平面的另一边。

仍以学习用户 u 的分类模型为例。$\overrightarrow{w_j}$表示 item j 的属性向量，那么 LC 尝试在$\overrightarrow{w_j}$空间中找平面$\overrightarrow{c_u}\cdot\overrightarrow{w_j}$，使得此平面尽量分开用户 u 喜欢与不喜欢的 item。其中的$\overrightarrow{c_u}$就是我们要学习的参数。最常用的学习$\overrightarrow{c_u}$的方法就是梯度下降法，其更新过程如下：

$$\overrightarrow{c_u}^{(t+1)}:=\overrightarrow{c_u}^{(t)}-\eta(\overrightarrow{c_u}^{(t)}\cdot\overrightarrow{w_j}-y_{uj})\overrightarrow{w_j}$$

其中的上角标 t 表示第 t 次迭代，y_{uj} 表示用户 u 对 item j 的打分（例如，喜欢则值为 1，不喜欢则值为－1）。η 为学习率，它控制每步迭代变化多大，由系统给定。和 Rocchio 算法一样，上面更新公式的好处就是它可以以很小的代价进行实时更新，实时调整用户 u 对应的$\overrightarrow{c_u}$。

3. Recommendation Generation

如果上一步 Profile Learning 中使用的是分类模型（如 DT、LC 和 NB 算法），那么我们只要把模型预测的用户最可能感兴趣的 n 个 item 作为推荐返回给用户即可。而如果 Profile Learning 中使用的直接学习用户属性的方法（如 Rocchio 算法），那么我们只要把与

用户属性最相关的 n 个 item 作为推荐返回给用户即可。其中的用户属性与 item 属性的相关性可以使用如余弦相似度等度量获得。

17.2.2 基于内容的推荐算法的特点

CBR 有如下优点。

(1) 不需要其他用户的数据，没有冷启动问题和稀疏问题。即每个用户的 profile 都是依据它本身对 item 的喜好获得的，自然就与他人的行为无关。

(2) 能为具有特殊兴趣爱好的用户进行推荐。

(3) 能推荐新的或不是很流行的物品，没有新物品问题。新物品进入推荐系统后，基于内容的推荐方法为其提取特征，进而建立刻画其内容的特征向量，然后根据用户偏好文档决定是否向用户推荐。

(4) 通过列出推荐物品的内容特征，可以解释为什么推荐那些物品。如果需要向用户解释为什么推荐了这些产品给他，系统只要告诉他这些产品有某某属性，这些属性跟他的品位很匹配等等。

CBR 的缺点如下。

(1) 有限的内容分析。只能分析一些容易提取的文本类内容（新闻、网页、博客），而自动提取多媒体数据（图形、视频流、声音流等）的内容特征具有技术上的困难。

(2) 过度规范问题。不能为用户发现新的感兴趣的资源，只能发现和用户已有兴趣相似的资源。

(3) 新用户问题。当一个新的用户没有或很少对任何商品进行评分时，系统无法向该用户提供可信的推荐。

17.3 协同过滤推荐算法

17.3.1 协同过滤推荐算法简介

协同过滤（Collaborative Filtering，CF）推荐算法是推荐系统中主流的推荐算法。其基本假设为：为了给用户推荐感兴趣的内容，可通过找到与该用户偏好相似的其他用户，并将他们感兴趣的内容推荐给该用户。协同过滤方法分为基于记忆（memory-based）的协同过滤方法和基于模型（model-based）的协同过滤方法。

1. 基于记忆（memory-based）的协同过滤方法

基于记忆方法采用用户-物品（user-item）评分数据，为目标用户估计对某一特定物品的评分或产生一个推荐列表。该方法又可分为基于用户的协同过滤推荐算法、基于物品的协同过滤推荐算法、基于用户的 Top-N 算法以及基于物品的 Top-N 算法。

1) 基于用户的协同过滤推荐算法

该算法通过不同用户对物品的评分来评测用户之间的相似性，然后基于用户之间的相似性做出推荐。具体而言，基于用户的协同过滤算法是通过用户的历史行为数据，发现用户对物品的喜好（如商品购买、收藏、内容评论或分享），并对这些喜好进行度量和打分。根据不同用户对相同商品或内容的态度和偏好程度计算用户之间的关系，在有相同喜好的用户间进行商品推荐。简单地说，如图 17-2 所示，用户 user1 和 user2 都购买了 Product2 和 Product3，若他们都给出了 5 星好评，那么用户 user1 和 user2 就属于同一类用户。可以将 user1 买过的产品 Product1 和 Product4 推荐给 user2。

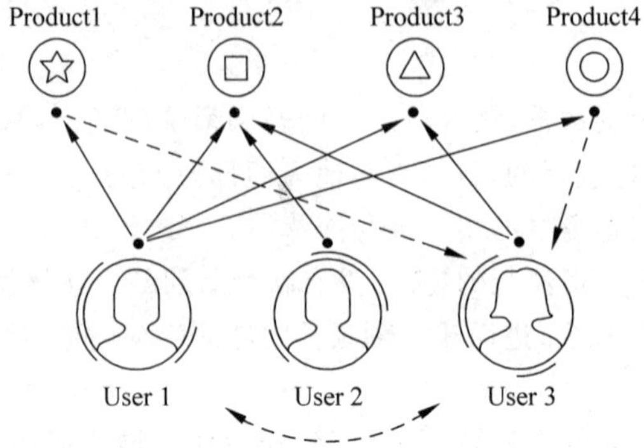

图 17-2　基于用户的协同过滤推荐算法示意图

基于用户的协同过滤推荐算法的实现步骤如下。

① 找到和目标用户兴趣相似的用户集合。首先计算两个用户 u、v 的兴趣相似度，这里主要利用用户行为相似度来计算其兴趣相似度，设表示用户 u 曾经有过正反馈的物品集合，表示集合中元素的个数，可以采用 Jaccard 公式或余弦相似度进行度量，其公式如下：

Jaccard 公式：$w_{\mathrm{uv}}=\dfrac{|N(\mathrm{u})\cap N(\mathrm{v})|}{|N(\mathrm{u})\cup N(\mathrm{v})|}$

余弦相似度：$w_{\mathrm{uv}}=\dfrac{|N(\mathrm{u})\cap N(\mathrm{v})|}{\sqrt{N(\mathrm{u})N(\mathrm{v})}}$

然后根据 w_{uv} 的大小选出与用户 u 兴趣最接近的 K 个用户（K 的大小视情况而定），求与这 K 个用户有过正反馈的物品集合的并集。

② 找到这个集合中的用户喜欢的，且目标用户没有听说过的物品推荐给目标用户。首先计算用户 u 对物品 i 的感兴趣程度：

$$p_{\mathrm{u}i}=\sum_{v\in S_{\mathrm{u}K}\cap N(i)} w_{\mathrm{uv}} r_{\mathrm{v}i}$$

其中，$S_{\mathrm{u}K}$ 表示与用户 u 兴趣最接近的 K 个用户的集合，$N(i)$ 表示对物品 i 有过正反馈的用户的集合，$r_{\mathrm{v}i}$ 表示用户 v 对物品 i 的感兴趣程度（用正整数表示）。通过设定阈值来决定是否推荐物品 i。

2）基于物品的协同过滤推荐算法

该算法通过用户对不同物品的评分来评测物品之间的相似性，基于物品之间的相似性做出推荐。这里不是利用物品自身属性去计算物品之间的相似度，而是通过分析用户的行为记录来计算物品之间的相似度。具体而言，基于物品的协同过滤算法与基于用户的协同过滤算法很相像，将商品和用户互换，通过计算不同用户对不同物品的评分获得物品间的关系，基于物品间的关系对用户进行相似物品的推荐，这里的评分代表用户对商品的态度和偏好。简单地说，如图 17-3 所示，用户 User1 购买了商品 Product1、Product3 和 Product4，用户 User2 购买了商品 Product1 和 Product3，那说明，商品 Product1 和 Product3 有关联，当用户 User3 也购买了商品 Product3 时，可以推断他也有购买商品 Product2 的需求。

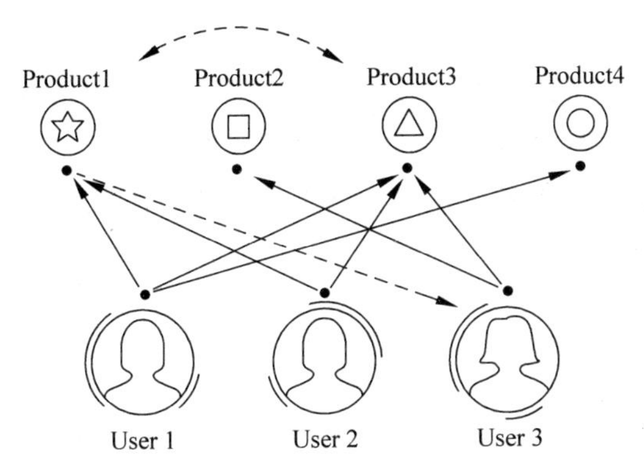

图 17-3　基于物品的协同过滤推荐算法示意图

基于物品的协同过滤推荐算法的实现步骤如下。

① 计算物品之间的相似度。设 $N(i)$表示喜欢物品 i 的用户的集合，$|N(i)|$表示集合 $N(i)$中元素的个数，则喜欢物品 i 的用户中喜欢物品 j 的用户的比例 w_{ij} 为：

$$w_{ij} = \frac{|N(i) \cap N(j)|}{|N(i)|}$$

为避免造成任何物品都会和热门的物品有很大的相似度（当物品 j 比较热门时，w_{ij} 会接近 1)，可以将上述公式改进为：

$$w_{ij} = \frac{|N(i) \cap N(j)|}{\sqrt{|N(i)||N(j)|}}$$

然后根据 w_{ij} 的大小选出与物品 i 最接近的 K 个物品（K 的大小视情况而定)，求这 K 个物品集合。

② 根据物品的相似度和用户的历史行为给用户生成推荐列表。计算用户 u 对物品 j 的感兴趣程度 $p_{\mathrm{u}j}$：

$$p_{\mathrm{u}j} = \sum_{i \in S_{jK} \cap N(\mathrm{u})} w_{ij} r_{\mathrm{u}j}$$

其中，$N(\mathrm{u})$表示用户 u 曾经有过正反馈的物品集合，S_{jK}表示与物品 i 最相似的 K 个物品的集合，$r_{\mathrm{u}j}$表示用户 u 对物品 j 的感兴趣程度（用正整数表示)，通过设定阈值来决定是否推荐物品从而生成推荐列表。

3) 基于用户的 Top-N 算法

与基于用户的协同过滤推荐算法相似，但不再设阈值，而是通过对物品的感兴趣程度的大小选取前 N(N 为参数，其值视情况而定)个物品。

4) 基于物品的 Top-N 算法

与基于物品的协同过滤推荐算法相似，但不再设阈值，而是通过对物品的感兴趣程度的大小选取前 N(N 为参数，其值视情况而定)个物品。

2. 基于模型(model-based)的协同过滤方法

推荐问题可以看作是分类或预测问题。基于模型的推荐方法采用统计学、机器学习、数据挖掘等方法，根据用户历史数据为用户建立模型，并据此产生合理的推荐。这类方法其在一定程度上解决了用户-物品评分矩阵的稀疏性问题，下面给出了一个简单的评分模型。

$$R_{\mathrm{u}i} = \sum_{r=1}^{N} P_{\mathrm{u}r} \times r$$

其中 N 为正整数(具体值视情况而定),r 为评分估计值(取 1 到 N 之间的整数),表示用户 u 对物品 i 的评分估计(取 1 到 N 之间的整数),为用户给出评分估计为 r 的概率。基于模型的算法可以借助分类、线性回归和聚类等机器学习实现,主要有基于朴素贝叶斯分类的推荐算法、基于线性回归的推荐方法以及基于马尔科夫决策过程的推荐算法等。

【例 17.1】 对于用户 A、B、C、D 和物品 a、b、c、d,设 $N(A)=\{a,b,d\}$,$N(B)=\{a,c\}$,$N(C)=\{b,e\}$,$N(D)=\{c,d,e\}$,各用户对各物品的感兴趣程度均为 1,推荐阈值为 0.7。基于用户的协同过滤推荐算法给用户 A 推荐物品。

解:由余弦相似度计算公式可知

$$w_{\mathrm{AB}}=\frac{1}{\sqrt{6}},\quad w_{\mathrm{AC}}=\frac{1}{\sqrt{6}},\quad w_{\mathrm{AD}}=\frac{1}{3}$$

取 $K=3$,则用户 A 对物品 c、e 的感兴趣程度为

$$p_{\mathrm{Ac}}=w_{\mathrm{AB}}+w_{\mathrm{AD}}\approx 0.7416,\quad p_{\mathrm{Ae}}=w_{\mathrm{AC}}+w_{\mathrm{AD}}\approx 0.7416$$

则由阈值为 0.7 可知:物品 c、e 均可推荐给 A。

【例 17.2】 对于用户 A、B、C、D 和物品 a、b、c、d,设 $N(\mathrm{A})=\{a,b,d\}$,$N(\mathrm{B})=\{a,c\}$,$N(\mathrm{C})=\{b,e\}$,$N(\mathrm{D})=\{c,d,e\}$,各用户对各物品的感兴趣程度均为 1,推荐阈值为 0.5。基于物品的协同过滤推荐算法给通过物品 a 给用户 A 推荐物品。

解:$N(\mathrm{a})=\{\mathrm{A},\mathrm{B}\}$,$N(\mathrm{b})=\{\mathrm{A},\mathrm{C}\}$,$N(\mathrm{c})=\{\mathrm{B},\mathrm{D}\}$,$N(\mathrm{d})=\{\mathrm{A},\mathrm{D}\}$,$N(\mathrm{e})=\{\mathrm{C},\mathrm{D}\}$;

$$w_{\mathrm{ab}}=\frac{1}{2},\quad w_{\mathrm{ac}}=\frac{1}{2},\quad w_{\mathrm{ad}}=\frac{1}{2},\quad w_{\mathrm{ae}}=\frac{0}{2}=0$$

取 $K=3$,则用户 A 对物品 c、e 的感兴趣程度为

$$p_{\mathrm{Ae}}=0.5$$

则由阈值为 0.5 可知:物品 c 可推荐给 A。

17.3.2 协同过滤推荐算法的特点

协同过滤有下列优点。

(1) 能够过滤难以进行机器自动基于内容分析的信息,如艺术品、音乐。

(2) 能够基于一些复杂的、难以表达的概念(信息质量、品位)进行过滤。

(3) 推荐的新颖性。

协同过滤算法的缺点如下。

(1) 用户对商品的评价非常稀疏,这样基于用户的评价所得到的用户间的相似性可能不准确(即稀疏性问题)。

(2) 随着用户和商品的增多,系统的性能会越来越低。

(3) 如果从来没有用户对某一商品加以评价,则这个商品就不可能被推荐(即最初评价问题)。

17.4 混合推荐算法

混合推荐算法是指将多种推荐技术进行混合来相互弥补缺点,从而获得更好的推荐效果。具体而言,混合推荐算法有如下几种类型。

1. 加权型

将多种推荐技术的计算结果加权混合产生推荐。最简单的方式是线性混合，首先将协同过滤的推荐结果和基于内容的推荐结果赋予相同的权重值，然后比较用户对物品(item)的评价与系统的预测是否相符，然后调整权重值。加权型混合方式的特点是整个系统性能都直接与推荐过程相关，这样一来就很容易调整相应的混合模型，不过这种技术有一个假设的前提，即对于整个空间中所有可能的物品，使用不同技术的相关参数值都基本相同。

2. 转换型

根据问题背景和实际情况采用不同的推荐技术。例如，使用基于内容推荐和协同过滤混合的方式，系统首先使用基于内容的推荐技术，如果它不能产生高可信度的推荐，然后再尝试使用协同过滤技术。因为需要各种情况比较转换标准，所以这种方法会增加算法的复杂度和参数化，当然这样做的好处是对各种推荐技术的优点和弱点比较敏感。

3. 合并型

同时采用多种推荐技术给出多种推荐结果，为用户提供参考。例如，可以构建这样一个基于 Web 日志和缓存数据挖掘的个性化推荐系统，该系统首先通过挖掘 Web 日志和缓存数据构建用户多方面的兴趣模式，然后根据目标用户的短期访问历史与用户兴趣模式进行匹配，采用基于内容的过滤算法，向用户推荐相似网页，同时，通过对多用户间的系统过滤，为目标用户预测下一步最有可能的访问页面，并根据得分对页面进行排序，附在现行用户请求访问页面后推荐给用户。也就是“猜你喜欢可能感兴趣的网页”。

4. 特征组合型

将来自不同推荐数据源的特征组合起来，由另一种推荐技术采用。一般会将协同过滤的信息作为增加的特征向量，然后在这增加的数据集上采用基于内容的推荐技术。特征组合的混合方式使得系统不再仅仅考虑协同过滤的数据源，所以它降低了用户对物品评分数量的敏感度；相反的，它允许系统拥有项的内部相似信息，其对协同系统是不透明的。

5. 瀑布型

这是一个分阶段的过程，即后一个推荐方法优化前一个推荐方法。该类型的方法首先用一种推荐技术产生一个较为粗略的候选结果，在此基础上使用第二种推荐技术对其做出进一步精确地推荐。瀑布型允许系统对某些项避免采用低优先级的技术，这些项可能是通过第一种推荐技术被较好的予以区分了的，或者是很少被用户评价从来都不会被推荐的物品。因为瀑布型的第二步，仅仅是集中在需要另外判断的项上。另外，瀑布型在低优先级技术上具有较高的容错性，因为高优先级得出的评分会变得更加精确，而不是被完全修改。

6. 特征递增型

该类型方法将前一个推荐方法的输出作为后一个推荐方法的输入。例如，可以将聚类分析作为关联规则的预处理，首先对会话文件进行聚类，再针对每个聚类进行关联规则挖掘，得到不同聚类的关联规则。当一个访问会话获得后，首先计算该访问会话与各聚类的匹配值，确认其属于哪个聚类，再应用这个聚类对应的关联规则进行推荐。这个类型和瀑布型的区别在于，在特征递增型中第二种推荐方法使用的特征包括了第一种的输出，而在瀑布型中第二种推荐方法并没有使用第一种产生的任何等级排列的输出，其两种推荐方法的结果以一种优化的方式进行混合。

7. 元层次型

该类型的方法用一种推荐方法产生的模型作为另一种推荐方法的输入。它与特征递增型的不同在于：在特征递增型中使用一个学习模型产生某些特征作为第二种算法的输入，而在元层次型中，整个模型都会作为输入。例如，可以通过组合基于用户的协同过滤和基于物品的协同过滤算法，先求解目标物品的相似物品集，在目标物品的相似物品集上再采用基于用户的协同过滤算法。这种基于相似物品的邻居用户协同推荐方法，能很好地处理用户多兴趣下的个性化推荐问题，尤其是候选推荐物品的内容属性相差很大的时候该方法性能会更好。

17.5 基于阿里云数加平台的推荐算法实例

阿里云机器学习平台对其的说明为：etrec 是一个 item-based 的协同过滤算法，输入为两列或者三列，两列的情况下，第一列为 user，第二列 item。三列的情况下：第一列为 user，第二列 item，第三列为 payload。输出为 item 之间的相似度。我们对如下数据做协同过滤 etrec 算法操作，其中 user 表示用户 id，item 表示购买的物品 id，如图 17-4 所示。

阿里云数加平台的流程图如图 17-5 所示。

user▲	item▲
0	0
0	1
1	0
1	1

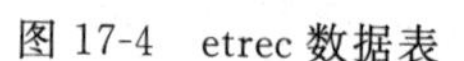

图 17-4　etrec 数据表

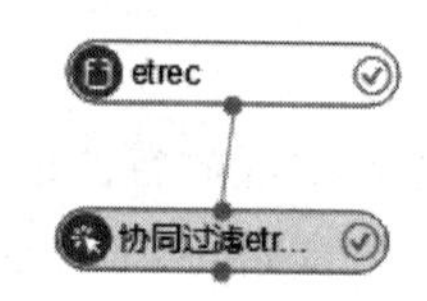

图 17-5　阿里云数加平台 etrec 算法操作流程图

etrec 算法的字段和参数设置如图 17-6 所示，字段设置选择表中两列即可，参数设置中，数据格式支持 user-item-payload 格式的表，也支持把某一个 user 的所有 item 合并到一行的表，即 item-payload 格式；相似度类型中，有两种不同的余弦相似度——wbcosine 类型和 asymcosine 类型和一个集合相似度类型——jaccard 类型，用来计算集合之间的相似度，选择其一即可；TopN 表示的是输出结果中最多保留多少个相似物品；计算行为表示当同一个 user 的某个物品出现多次时，payload 的计算行为有 add、mul、min、max 四个选项，即加、乘、取最小值、取最大值；最小物品值表示当用户的物品数小于此值时，忽略该用户的行为，最大物品值则表示当用户的物品书大于此值时，忽略该用户的行为；平滑因子仅当相似度类型为 asymcosine 类型时，该值设置才有效，权重系数择应注意当相似度类型为 asymcosine 类型时，取 double 类型的值。

etrec 算法在阿里云数加平台上的运算结果如图 17-7 所示，其中协同过滤结果，表示的是商品的关联性，itemid 表示目标商品，similarity 字段的冒号左侧表示与目标关联性高的商品，右边表示概率。我们可以理解为用户对于商品 0 和 1 联合购买的可能性极大，对于仅购买商品 0 的用户可向其推荐购买商品 1。

字段设置 参数设置

训练的列名 可选

已选择 2 个字段

(a) etrec字段设置

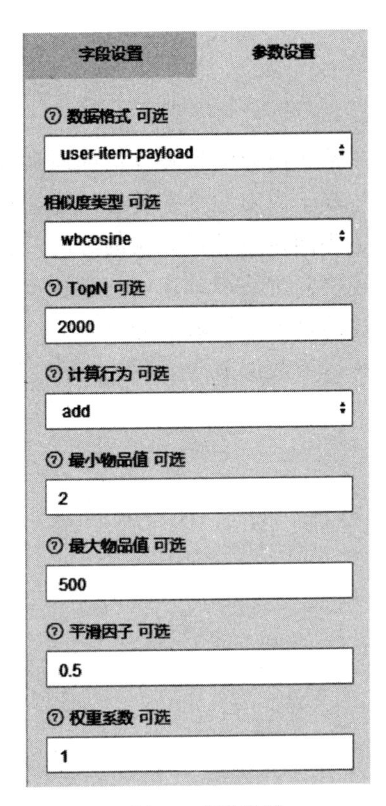

(b) etrec参数设置

图 17-6　etrec 字段和参数设置

itemid	similarity
0	1:1
1	0:1

图 17-7　实验结果

17.6 小　　结

完整的推荐系统由三个部分组成：收集用户信息的行为记录模块，分析用户喜好的模型分析模块和推荐算法模块。常见的推荐算法分为三种类型：基于内容的推荐算法、协同过滤推荐算法及混合推荐算法。协同过滤(Collaborative Filtering，CF)推荐算法是推荐系统中主流的推荐算法，它又包含基于记忆的协同过滤方法和基于模型的协同过滤方法，前者又可以细分为基于用户的协同过滤推荐算法、基于物品的协同过滤推荐算法、基于用户的Top-N 算法及基于物品的 Top-N 算法。混合推荐算法通过将多种推荐技术进行混合来互相弥补缺点，它可以细分为加权型、转换型、合并型、特征组合型、瀑布型、特征递增型以及元层次型等多种类型。

思考题

1. 简述基于内容的推荐算法的原理和算法步骤。
2. 简述基于内容的推荐算法的优缺点。
3. 简述协同过滤推荐算法的分类及其原理。
4. 简述协同过滤推荐算法的优缺点。
5. 简述混合推荐算法的分类。
6. 在阿里云数加平台上利用 etrec 算法进行推荐算法的实践操作。

参 考 文 献

[1] 方巍,郑玉,徐江.大数据:概念、技术及应用研究综述[J].南京信息工程大学学报:自然科学版,2014,6(5):405-419.

[2] 马建光,姜巍.大数据的概念、特征及其应用[J].国防科技,2013,34(2):10-17.

[3] 孟小峰.大数据管理:概念、技术与挑战[J].计算机研究与发展,2013,50(1):146-169.

[4] 刘智慧,张泉灵.大数据技术研究综述[J].浙江大学学报:工学版,2014,48(6):957-972.

[5] 何清,李宁,罗文娟,等.大数据下的机器学习算法综述[J].模式识别与人工智能,2014,27(4):327-336.

[6] 熊赟,朱扬勇,陈志渊.大数据挖掘[M].上海:上海科学技术出版社,2016.

[7] ENISA. Cloud Computing: Benefits, Risks and Recommendations for Information Security[EB/OL]. Nov. 2009. https://www.enisa.europa.eu/events/speak/cloud.jpg/view.

[8] 谭天,袁嵩,肖洁.云计算安全问题研究[J].计算机技术与发展,2016.

[9] 葛美玲.多分类 logistic 回归及其统计推断[D].北京:北京工业大学,2010.

[10] 徐建民,粟武林,吴树芳,等.基于路基回归的微博用户可信度建模[J].计算机工程与设计,2015,36(3):772-777.

[11] 张良,朱湘,李爱平,等.一种基于逻辑回归算法的水军识别方法[J].实践方法,2015:57-61.

[12] 孙广路,齐浩亮.基于在线排序逻辑回归的垃圾邮件过滤[J].清华大学学报:自然科学版,2013,53(5):734-740.

[13] 方匡南,吴见彬,朱建平,等.随机森林方法研究综述[J].统计与信息论坛,2011,26(3):32-35.

[14] 董师师,黄哲学.随机森林理论浅析[J].集成技术,2013,2(1):1-7.

[15] 吴潇雨,和敬涵,张沛,等.基于灰色投影改进随机森林算法的电力系统短期负荷预测[J].电力系统自动化,2015,39(12):50-54.

[16] 马玥,姜琦刚,孟治国,等.基于随机森林算法的农耕区土地利用分类研究[J].北京:农业机械学报,2016,46(1):297-302.

[17] 林成德,彭国兰.随机森林在企业信用评估指标体系确定中的应用[J].福建:厦门大学学报(自然科学版),2007,46(2):199-203.

[18] 吴胜远.并行分词方法研究[J].计算机研究与发展,1997,543-545.

[19] http://www.oschina.net/p/paoding.

[20] http://www.oschina.net/p/libmmseg.

[21] http://www.oschina.net/p/ikanalyzer.

[22] http://www.oschina.net/p/phpcws.

[23] http://www.cnblogs.com/eaglet/archive/2007/05/24/758833.html.

[24] http://www.zhihu.com/question/21714667/answer/19433618.

[25] 吴军.数学之美(第二版)[M].北京:人民邮电出版社,2014.

[26] Yoshua Bengio, Rejean Ducharme, Pascal Vincent, and Christian Jauvin. A neural probabilistic language model[J]. Journal of Machine Learning Research(JMLR),3:1137-1155,2003.

[27] http://blog.csdn.net/itplus/article/details/37969817.

[28] Gediminas Adomavicius, Alexander Tuzhilin. Towards the Next Generation of Recommender Systems: A Survey of the State-of-the-Art and Possible Extensions.

[29] Pazzani M J, Billsus D. Content-Based Recommendation Systems. Adaptive Web: Methods & Strategies of Web Personalization 4321 of Lecture Notes in Computer Science. Springer-Verlag, 2007: 325-341.

[30] Lops P, Gemmis M D, Semeraro G. Content-based Recommender Systems: State of the Art and Trends Recommender Systems Handbook. Springer us, 2017: 13-105.

[31] Pazzani M J. A Framework for Collaborative, Content-Based and Demographic Filtering[J]. Artificial Intelligence Review, 1999, 13(5): 393-408.

[32] 项亮. 推荐系统实践[M]. 北京：人民邮电出版社，2012.

[33] 杨博，赵鹏飞. 推荐算法综述[J]. 山西大学学报：自然科学版，2011，34(3)：337-350.

图书资源支持

感谢您一直以来对清华版图书的支持和爱护。为了配合本书的使用，本书提供配套的素材，有需求的用户请到清华大学出版社主页(http://www.tup.com.cn)上查询和下载，也可以拨打电话或发送电子邮件咨询。

如果您在使用本书的过程中遇到了什么问题，或者有相关图书出版计划，也请您发邮件告诉我们，以便我们更好地为您服务。

我们的联系方式：

地　　址：北京海淀区双清路学研大厦 A 座 707

邮　　编：100084

电　　话：010－62770175－4604

资源下载：http://www.tup.com.cn

电子邮件：weijj@tup.tsinghua.edu.cn

QQ：883604(请写明您的单位和姓名)

扫一扫

资源下载、样书申请

新书推荐、技术交流

用微信扫一扫右边的二维码，即可关注清华大学出版社公众号"书圈"。